中文版

3ds Max 2020
实用教程（微课视频版）

骆驼在线课堂◎编著

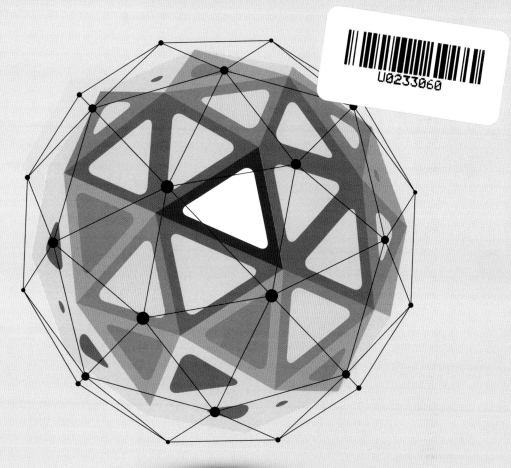

中国水利水电出版社

www.waterpub.com.cn

·北京·

内 容 提 要

《中文版 3ds Max 2020 实用教程（微课视频版）》以目前最新版本 3ds Max 2020 软件为操作平台，以"基础知识+实例操作"的形式系统全面地介绍了 3ds Max2020 的基本功能操作与实际应用技术，包含了制作三维模型、制作模型材质与贴图、设置场景灯光、渲染以及制作三维动画等相关知识，并重点讲解了三维基本体建模、三维修改建模、样条线建模、复合对象建模、一体化建模和 NURBS 建模等建模技术；最后通过两个综合案例详细讲解了使用 3ds Max 2020 绘制别墅卧室效果图和绘制普通住宅楼效果图的完整过程。

《中文版 3ds Max 2020 实用教程（微课视频版）》也是一本视频实例教程，全书配备了 293 集 46 小时的视频讲解，覆盖了全书绝大部分的基础知识和实例操作；另外，本书包含实例 147 个，其中 28 个综合案例。本书赠送素材源文件，读者可以边学边操作，提高实际应用技能。

本书语言通俗易懂，内容讲解到位，书中实例具有很强的实用性和代表性，不仅可以作为初学者的自学教程，而且可以作为高等院校和各类三维设计培训班的教材，从事建筑、室内外装潢设计和影视制作等相关工作人员也可学习参考书。

图书在版编目（CIP）数据

中文版 3ds Max 2020 实用教程：微课视频版 / 骆驼在线课堂

编著 . — 北京：中国水利水电出版社，2020.6（2021.2 重印）

ISBN 978-7-5170-8392-4

Ⅰ . ①中… Ⅱ . ①骆… Ⅲ . ①三维动画软件—教材

Ⅳ . ① TP391.414

中国版本图书馆 CIP 数据核字 (2020) 第 027470 号

书　名	中文版 3ds Max 2020 实用教程（微课视频版） ZHONGWENBAN 3ds Max 2020 SHIYONG JIAOCHENG
作　者	骆驼在线课堂　编著
出版发行	中国水利水电出版社 （北京市海淀区玉渊潭南路 1 号 D 座 100038） 网址：www.waterpub.com.cn E-mail: zhiboshangshu@163.com 电话：(010) 62572966-2205/2266/2201（营销中心）
经　售	北京科水图书销售中心（零售） 电话：(010) 88383994、63202643、68545874 全国各地新华书店和相关出版物销售网点
排　版	北京智博尚书文化传媒有限公司
印　刷	北京天颖印刷有限公司
规　格	190mm×235mm　16 开本　22.5 印张　706 千字　2 插页
版　次	2020 年 6 月第 1 版　　2021 年 2 月第 3 次印刷
印　数	10001—15000 册
定　价	99.80 元

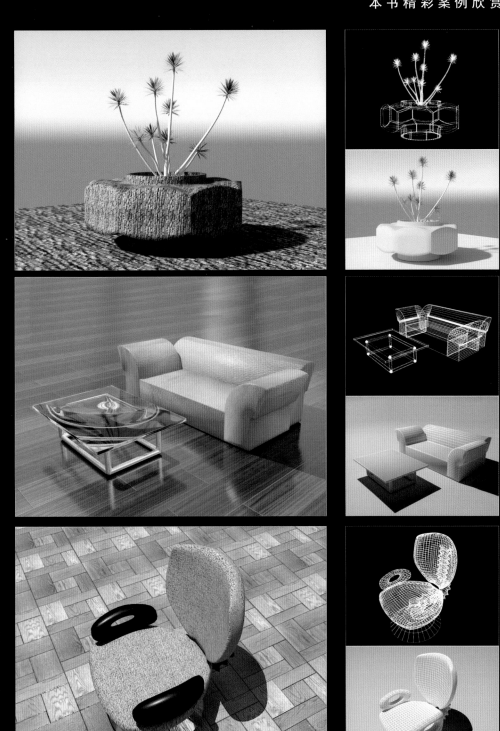

▲ 住宅楼效果图后期处理

▲ 山坡材质与灯光渲染效果

▲ 为户外椅制作不锈钢材质

▲ 别墅卧室人工光辅助光源照明效果

▲ 别墅卧室人工光主光源照明效果

▲ 别墅卧室自然光照明效果

▲ 厨房人工光照明效果

▲ 卫生间人工光照明效果

▲ 办公室一角材质与贴图渲染效果

前 言
Preface

3ds Max 2020是一款应用广泛的三维设计软件，其强大的三维建模与渲染功能深受广大三维设计人员的喜爱。为使广大读者能快速掌握最新版3ds Max 2020软件的操作技能，并将其应用到实际工作中，我们编写了这本书。

本书特色

1.视频讲解，手把手教学

本书配备了293集视频讲解，涵盖了全书绝大部分的基础知识和实例操作，读者可以扫描二维码观看视频，也可以从计算机端下载视频观看教学，学习轻松高效。

2.实例丰富，强化动手能力

全书包含实例147个，其中26个综合案例演示操作，2个大型商业案例模拟真实场景进行实战演练，模仿操作，学习效率更高。

3.内容丰富，注重学习规律

本书涵盖了3ds Max 2020常用工具、命令的功能介绍，采用"基础知识+实例"的形式进行讲解，符合轻松易学的认知规律，对关键知识点设置"知识拓展""疑问解答""小贴士"等特色段落，以便拓展知识面，扫除技术盲点，巩固所学。

4.赠送资源

本书赠送素材源文件，读者可以边学边操作，提高实战应用技能。

5.QQ在线交流答疑

本书提供QQ群交流答疑，读者之间可以互相交流学习。

本书内容

本书共17章内容。

第1章： 初识3ds Max 2020。本章主要讲解3ds Max 2020的操作界面与应用领域等基本知识。

第2章： 3ds Max 2020的基本操作与设置。本章主要讲解3ds Max 2020的基本操作知识，具体包括新建与重置、打开与关闭、保存与归档、导入与导出、系统设置、坐标类型和轴中心等基本知识。

第3章： 3ds Max 2020场景对象的基本操作。本章主要讲解选择、变换、镜像与克隆、阵列、对齐、间距等基本操作知识。

第4章： 三维基本体建模。本章主要讲解使用三维基本体建模的相关方法与技巧。

第5章： 三维修改建模。本章主要讲解使用各种修改器对三维基本修改建模的相关方法与技巧。

第6章： 绘制与编辑样条线对象。本章主要讲解绘制、编辑样条线对象的方法与技巧。

第7章： 样条线建模。本章主要讲解使用样条线创建三维模型的方法与技巧。

第8章： 复合对象建模。本章主要讲解通过复合对象创建三维模型的方法与技巧。

第9章： 一体化建模。本章主要讲解通过编辑网格和编辑多边形创建三维模型的方法与技巧。

第10章： NURBS建模。本章主要讲解通过NURBS曲线创建三维模型的方法与技巧。

第11章： 制作基本动画。本章主要讲解制作基本动画的方法与技巧。

第12章： 粒子系统与空间扭曲。本章主要讲解粒子系统与空间扭曲对象的应用方法与技巧。

第13章： 材质。本章主要讲解制作模型对象材质的相关方法与技巧。

第14章： 贴图。本章主要讲解应用贴图表现三维模型对象质感的相关方法与技巧。

第15章： 灯光与渲染。本章主要讲解设置三维场景灯光与渲染的相关方法与技巧。

第16章： 商业案例——绘制别墅卧室效果图。本章通过绘制某别墅卧室效果图，详细讲解使用3ds Max 2020进行室内效果图绘制的方法与技巧。

第17章： 商业案例——绘制普通住宅楼效果图。本章通过绘制某住宅楼效果图，详细讲解使用3ds Max 2020进行室外效果图绘制以及后期处理的方法与技巧。

随书资源

为了便于读者更好地学习，本书对所有实例的素材文件和结果文件进行了整理，以便读者在使用本书时随时调用。

素材： 本书各章所调用的所有素材文件。

效果： 本书各章实例的最终效果文件。

贴图： 本书所有贴图文件。

渲染效果： 本书所有案例的渲染效果图。

后期处理： 本书室外效果图后期处理结果文件。

本书资源获取方式和相关服务

（1）关注微信公众号"设计指北"，然后输入"3D83924"，并发送到公众号后台，即可获取本书资源的下载链接，然后将此链接复制到计算机浏览器的地址栏中，根据提示下载即可。

（2）加入本书学习QQ群：1045665079（注意加群时的提示，并根据提示加群），可在线交流学习。

本书作者

本书由骆驼在线课堂全体工作人员共同创作完成，主编史宇宏，编委李强、陈玉蓉、张伟、姜华华、史嘉仪、郝晓丽、翟成刚、陈玉芳、石旭云、陈福波。在此感谢所有给予我们关心和支持的同行们，由于编者水平有限，书中难免有不妥之处，恳请广大读者批评指正。

编　者

目 录
Contents

第16章　商业案例——绘制别墅卧室效果图 ·············· 306

🎬 视频讲解：10集，249分钟

第17章　商业案例——绘制普通住宅楼效果图 ·············· 329

🎬 视频讲解：7集，180分钟

Chapter
01
第1章

初识3ds Max 2020

本章导读：

　　3ds Max是Autodesk公司的拳头产品，该产品以强大的三维建模、三维动画制作以及三维场景渲染而闻名于世。随着版本的不断升级，其功能更加强大，操作更为方便简单。本书以最新版本3ds Max 2020为平台，向大家讲解3ds Max三维设计的相关知识，本章首先来认识最新版3ds Max 2020。

本章主要内容如下：

- 认识3ds Max 2020的操作界面；
- 设计标准操作界面组件与基本操作；
- 3ds Max 2020的应用领域与三维设计。

1.1 认识3ds Max 2020操作界面

成功安装3ds Max 2020后，双击桌面上的 图标，或执行桌面任务栏中的 "开始"按钮，选择【3ds Max 2020–simplified Chinese】选项，即可启动该软件。

3ds Max 2020为用户提供了多种操作界面，并允许用户使用多种方法自定义用户界面，如添加键盘快捷键、移动工具栏和命令面板、创建新工具栏和按钮，甚至将脚本录制到工具栏按钮中。这一节我们首先来认识3ds Max 2020的操作界面。

1.1.1 欢迎界面

扫一扫，看视频

启动3ds Max 2020后，首先进入的是欢迎界面，该界面以滚动的形式分别展示了3ds Max 2020的强大制作功能、基本操作、新增功能介绍等内容，如图1–1所示。

该欢迎界面对用户帮助很大，尤其是对于初次接触3ds Max的用户来说非常有帮助，用户可以单击所需了解的内容项进入相关网页，获取相关的资讯。例如，单击"新增功能和帮助"选项，即可打开3ds Max 2020的帮助主页，了解3ds Max 2020的新增功能以及其他相关内容，当然，这需要用户在联网的情况下才能进入，其帮助主页如图1–2所示。

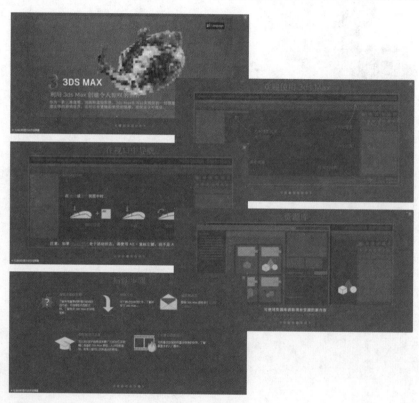

图1–1　欢迎界面

图1–2　3ds Max 2020帮助主页

 小贴士

如果用户不想以后启动3ds Max 2020时出现欢迎界面，可以取消欢迎界面左下角的"在启动时显示此欢迎界面"选项，以后启动3ds Max 2020时将不会出现该界面。

1.1.2 默认操作界面

扫一扫，看视频

单击欢迎界面右上角的关闭按钮将欢迎界面关闭，进入3ds Max 2020的默认操作界面，使用过3ds Max其他版本的读者对该操作界面应该不陌生，该操作界面沿袭了其他版本的界面布局，对于3ds Max老用户来说，操作起来可能会更得心应手，如图1–3所示。

1. 标题栏：显示软件版本号。
2. 菜单栏：用于执行创建、修改、模型编辑等操作。
3. 主工具栏：放置3ds Max 2020各种主要操作工具，如移动、旋转、缩放、镜像等。

中文版3ds Max 2020实用教程（微课视频版）

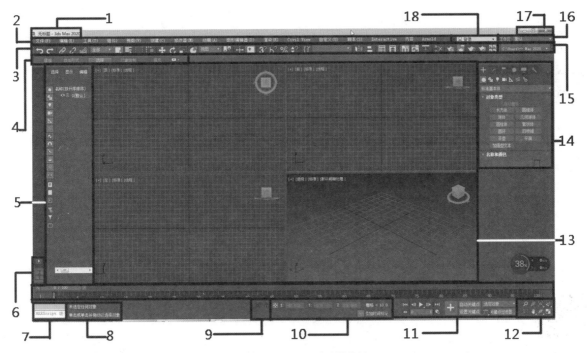

图1-3 3ds Max 2020默认操作界面

4. 功能区:显示3ds Max 2020其他功能,用于编辑修改模型对象。

5. 场景资源管理器:用于管理场景资源,如显示、隐藏、冻结等。

6. 视口布局:设置视口的布局。

7. MAXScript:迷你侦听器。

8. 状态行和提示行:显示当前的操作状态与提示。

9. 孤立当前选择切换和选择锁定切换:将当前选择对象孤立以及锁定当前选择的对象。

10. 坐标显示:用于显示坐标当前的坐标系。

11. 动画设置和时间轴控件:用于插入动画关键帧、设置动画时间、帧速率以及播放动画。

12. 视口控制控件:用于控制视口的缩放、显示状态。

13. 视口:用于创建、编辑模型对象。

14. 命令面板:包含创建、修改等几个模块,用于创建、修改模型对象以及其他操作。

15. 项目工具栏:显示软件的安装路径。

16. 操作界面选择器:选择不同的操作界面。

17. 最小、最大以及关闭按钮:控制软件的最小化、最大化界面以及退出程序。

18. 用户账号:用户登录。

1.1.3 Alt菜单和工具操作界面

在默认操作界面右上角展开"工作区"列表,在其下拉列表中有多种操作界面供用户选择,如图1-4所示。

扫一扫,看视频

图1-4 选择界面模式

选择"Alt菜单和工具栏"模式,将操作界面切换到"Alt菜单和工具栏"操作界面,如图1-5所示。

图1-5　"Alt菜单和工具栏"操作界面

从操作界面布局的内容上来说，"Alt菜单和工具栏"操作界面少了"视口布局"功能。另外，在界面布局安排上有变化，将"场景资源管理器"移到了"命令"面板的右侧。除此之外，"Alt菜单和工具栏"操作界面与默认操作界面基本相同，其各组件的作用也与默认操作界面中组件的作用相同，在此不再赘述。

1.1.4　设计标准操作界面

继续在"Alt菜单和工具栏"操作界面右上角展开"工作区"列表，在其下拉列表中选择"设计标准"选项，将操作界面切换到该操作界面，如图1-6所示。

用户会发现，该操作界面布局与默认操作界面布局非常相似，这对初次使用3ds Max 2020的用户来说特别有用，它将操作中的一些主要内容以选项卡的形式排列在主工具栏下方的功能区中，这样就使得操作起来更加方便，具体内容如下。

图1-6　"设计标准"操作界面

（1）"快速入门"选项卡：提供用于自定义3ds Max、启动新场景（包括使用其他文件中的几何体）以及访问学习资源的控件，如图1-7所示。

图1-7　"快速入门"选项卡

（2）"对象检验"选项卡：提供用于浏览场景几何体和用于控制对象在视口中显示的控件，如图1-8所示。

图1-8　"对象检验"选项卡

（3）"基本建模"选项卡：提供用于创建新几何体的工具，如图1-9所示。

图1-9 "基本建模"选项卡

（4）"材质"选项卡：提供用于创建或编辑材质并管理它们的工具，如图1-10所示。

图1-10 "材质"选项卡

（5）"对象放置"选项卡：提供用于移动和放置对象的工具，如图1-11所示。

图1-11 "对象放置"选项卡

（6）"填充"选项卡：提供用于将动画行人和空闲人添加到场景的工具，如图1-12所示。

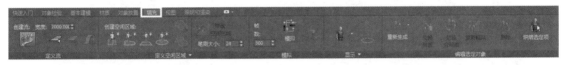

图1-12 "填充"选项卡

（7）"视图"选项卡：提供用于控制视口显示以及用于创建摄影机的工具，如图1-13所示。

图1-13 "视图"选项卡

（8）"照明和渲染"选项卡：提供用于添加灯光和创建渲染的工具，如图1-14所示。

图1-14 "照明和渲染"选项卡

1.1.5 主工具栏和模块操作界面

继续在"设计标准"操作界面右上角展开"工作区"列表，在其下拉列表中选择"主工具栏和模块"选项，将操作界面切换到该操作界面，如图1-15所示。

扫一扫，看视频

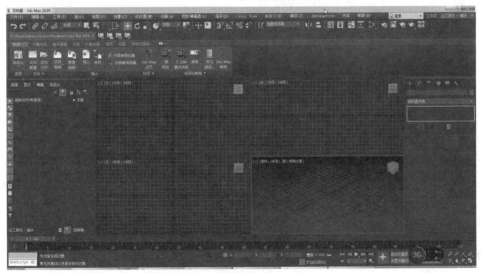

图1-15 "主工具栏和模块"操作界面

该操作界面与"设计标准"操作界面基本相同，也是将操作中的一些主要内容以选项卡的形式排列在主工具栏下方的功能区中，这样就使得操作起来更加方便，其相关功能在此不再赘述。

1.1.6 模块-迷你操作界面

继续在"主工具栏和模块"操作界面右上角展开"工作区"列表，在其下拉列表中选择"模块-迷你"选项，将操作界面切换到该操作界面，如图1-16所示。

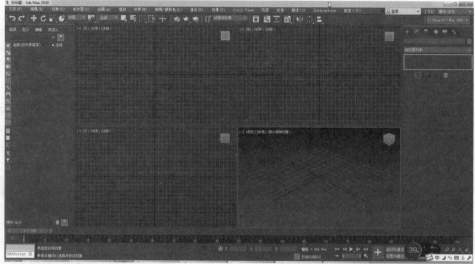

图1-16 "模块-迷你"操作界面

该操作界面与默认操作界面基本相同，只是少了"视口布局"功能，其他组件的功能与默认操作界面的组件功能完全相同，在此不再赘述。

1.1.7 用户自定义操作界面

除了以上系统提供的五种操作界面外，系统也允许用户定制自己的操作界面。执行【自定义】/【自定义用户界面】命令，打开【自定义用户界面】对话框，可以自定义用户界面，如图1-17所示。

图1-17 【自定义用户界面】对话框

用户自定义操作界面后，可以执行【自定义】/【保存自定义用户界面方案】命令，打开【保存自定义用户界面方案】对话框，为自定义用户界面命名并将其保存，如图1-18所示。

图1-18 【保存自定义用户界面方案】对话框

保存后的自定义用户界面可以随时载入，执行【自定义】/【加载自定义用户界面方案】命令，在打开的【加载自定义用户界面方案】对话框中选择保存的用户自定义界面方案并将其载入，如图1-19所示。

图1-19 【加载自定义用户界面方案】对话框

这样，用户就可以使用自己定义的操作界面进行设计工作了。

1.2 设计标准界面组件与基本操作

在前面章节中我们了解到3ds Max 2020一共有五种操作界面，在这五种操作界面中，用户可以根据自己的喜好和操作习惯选择其中一种操作界面。这一节我们以设计标准操作界面为例，对该操作界面中的主要组件以及基本操作进行讲解，其他操作界面中各组件及基本操作与此相同。

1.2.1 命令面板

命令面板位于操作界面的最右侧，它包含了 "创建"、 "修改"、 "层次"、 "运动"、 "显示"以及 "程序"六部分内容，每部分内容下又分为若干个子内容，如图1-20所示。

下面对常用的【创建】和【修改】面板进行讲解。

1.【创建】面板

【创建】面板用于创建三维、二维、相机、灯光等一系列场景对象。进入要创建的对象类型面板，选择要创建的对象，在视口拖曳即可创建。例如，单击 "几何体"按钮进入几何体创建面板，在"对象类型"卷展栏激活 长方体 按钮，在视口拖曳创建长方体，如图1-21所示。

图1-20 命令面板

图1-21 创建长方体

2.【修改】面板

【修改】面板用于对创建的场景对象进行修改。选择要修改的对象，单击 "修改"按钮进入【修改】面板即可修改。

修改时分两方面：一方面是修改对象的原始尺寸，如长方体的长、宽、高等，如图1-22所示；另一方面是添加相关修改器进行修改，如添加【锥化】修改器进行锥化修改，如图1-23所示。

图1-22 修改参数　　图1-23 添加修改器修改

1.2.2 【视口控制控件】面板

图1-24 【视口控制控件】面板

【视口控制控件】面板位于操作界面的左边位置，用于对场景模型对象进行选择、显示、冻结等控制，该面板分为【菜单栏】【过滤工具栏】和【对象列表】三部分，如图1-24所示。

【菜单栏】用于执行相关命令，实现对场景对象的选择、显示、编辑等操作，如执行【选择】/【全部】命令，结果场景所有对象全部被选择，如图1-25所示。

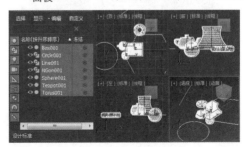

图1-25 全部选择对象

【过滤工具栏】用于根据对象类型过滤场景对象，如二维图形、三维模型、灯光、相机等。例如，单击"二维图形"按钮，结果所有二维图形对象在对象列表中被过滤，如图1-26所示。

【对象列表】用于显示、隐藏、冻结场景对象等。例如，单击名为"Box001"的对象名称，结果该对象

图1-26　过滤二维图形

被选择；单击该对象名称前面的 图标，图标消失，则该对象被隐藏，如图1-27所示。

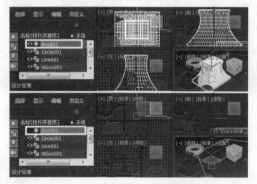

图1-27　选择与隐藏对象

1.2.3　视口布局

扫一扫，看视频

视口是用户创建、查看模型对象的主要区域，视图位于视口内，视口共有"前视图""后视图""左视图""右视图""顶视图"和"底视图"6个正投影视图以及"透视图"和"正交"视图2个斜投影视图。6个正投影视图反映模型对象的前、后、左、右、顶、底6个方向的特征，如图1-28所示。

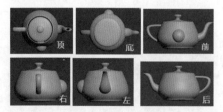

图1-28　6个正投影视图

而2个斜投影视图则允许用户调整不同的角度来观察模型对象的不同面的特征，使得用户对模型对象的观察更加灵活方便，如图1-29所示。

图1-29　透视图和正交视图

默认设置下视口是由3个正投影视图和1个斜投影视图共4个均等大小的视图为布局，即顶视图、左视图、前视图和透视图，如图1-30所示。

图1-30　默认视口布局

这4个视图并不是一成不变的，用户可以根据需要移动光标到视口中间位置拖曳，以改变视图的大小，如图1-31所示。

图1-31　改变视图大小

在该位置右击，选择"重置布局"选项，则可以使视图恢复为原来的大小。另外，用户也可以重设视口布局，方法是单击界面左下角的 "创建新的视口布局选项卡"按钮，打开【标准视口布局】列表，选择满意的视口布局，此时即可新建视口布局，如图1-32所示。

图1-32　选择新视口布局

中文版3ds Max 2020实用教程（微课视频版）

1.2.4　视图的切换与着色模式

前面讲过，默认设置下视口是由3个正投影视图和1个斜投影视图共4个视图为布局，即顶视图、左视图、前视图和透视图。其实，在实际操作中，用户可以根据具体需要对视图进行切换、设置视图着色模式以及控制视图等，这一小节继续学习相关知识。

扫一扫，看视频

1. 切换视图

可以通过两种方法切换视图，操作其实都很简单。一是移动光标到视口左上角视口名称位置单击，在弹出的菜单中选择所需切换的视图，即可将该视图切换为所需视图。例如，在"左视图"名称位置单击并选择"顶"，即可将左视图切换为顶视图，如图1-33所示。

图1-33　切换视图

二是使用快捷键切换，3ds Max 2020为多个视图都设置了切换快捷键，快捷键其实是视图英文名称的第一个字母：透视图为P、前视图为F、左视图为L、顶视图为T、底视图为B、正视图为U。激活所要切换的视图，按视图快捷键，即可将该视图切换为所需的视图。

2. 设置视图着色模式

着色模式是指模型对象在视图中的显示方式，用户会发现，默认设置下，模型在透视图中的着色模式为实体，而在其他视图中的着色模式为线框，如图1-34所示。

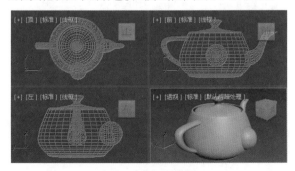

图1-34　默认下的视图着色

实际上，系统允许用户根据自己的需要重新设置视图的其他着色模式，方法非常简单。移动光标到视图左上角着色模式控件按钮上单击，弹出着色模式列表，该列表罗列了视图的多种着色模式，如图1-35所示。

例如，在前视图左上角着色模式控件按钮上单击并选择"默认明暗处理"选项，此时会发现，前视图中的模型对象以实体显示，如图1-36所示。

图1-35　着色模式列表　　　图1-36　实体着色效果

用户可以根据不同的需要选择相关着色模式，其他着色模式效果如图1-37所示。

图1-37　其他着色模式效果

1.2.5　视图的缩放与调整

通过对视图进行缩放与调整，可以从任意角度和方向更加仔细地观察模型对象，以方便对模型对象的编辑修改。在操作界面右下角有一组视口操控控件按钮，使用这些按钮就可以完成对视图的缩放与控制操作，如图1-38所示。

扫一扫，看视频

这一小节继续学习相关知识。

1. 缩放视图

图1-38　视口控件

缩放视图其实就是调整视图中模型的显示大小，以方便更仔细地观察模型。可以对单个视图进行缩放而不影响其他视图，也可以对所有视图同时缩放。另外，缩放时既可以整体缩放也可以局部缩放，具体操作如下。

（1）激活"缩放"按钮，移动光标到视图中，向上拖曳放大视图，向下拖曳缩小视图，如图1-39所示。

图1-39 整体缩放

（2）激活 ▦ "缩放区域"按钮，在视图拖曳选取区域，释放鼠标，区域被放大，如图1-40所示。

图1-40 局部缩放

（3）激活 ▣ "缩放所有视图"按钮，在任意视图拖曳鼠标进行缩放，其他视图也会被缩放，如图1-41所示。

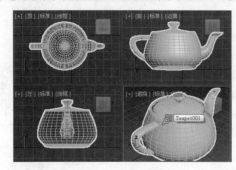

图1-41 缩放所有视图

2. 最大化显示

可以将视图内的模型对象最大化显示。最大化显示时，既可以单视图最大化显示，也可以多视图最大化显示。

（1）右击前视图将其激活，单击 ▣ "最大化显示"按钮，结果前视图中的所有对象最大化全部显示，如图1-42所示。

（2）单击球体将其选择，单击 ▣ "最大化显示选定对象"按钮，结果球体对象最大化显示，如图1-43所示。

图1-42 最大化显示　　图1-43 最大化显示选定对象

（3）单击 ▣ "所有视口最大化显示选定对象"按钮，则4个视图中被选定的球体对象最大化显示，如图1-44所示。

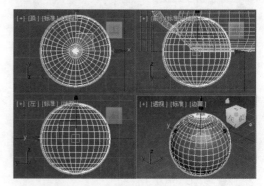

图1-44 所有视图最大化显示选定对象

（4）单击 ▣ "所有视口最大化显示"按钮，则4个视图中所有对象最大化显示，如图1-45所示。

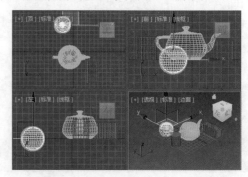

图1-45 所有视图最大化显示对象

（5）单击■"最大化视口切换"按钮，将当前视图最大化显示。

3. 环绕观察场景

环绕观察场景时，场景中出环绕框，拖动环绕框即可动态观察场景。

（1）激活"透视图"，激活■"环绕"按钮，拖动环绕框，以视图中心为环绕中心动态观察场景，如图1-46所示。

图1-46　围绕场景中心动态观察

（2）单击选择茶壶，激活■"选定的环绕"按钮，拖动环绕框，以茶壶为环绕中心动态观察场景，如图1-47所示。

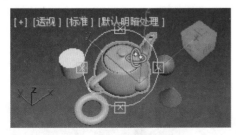

图1-47　围绕选定对象动态观察

（3）单击选择茶壶，激活■"环绕子对象"按钮，拖动环绕框，以对象的子对象为环绕中心动态观察场景。

（4）单击选择茶壶，激活■"动态观察关注点"按钮，拖动环绕框，以关注点为环绕中心动态观察场景。

1.2.6　摄像机视图的控制

在三维场景中创建了摄像机后，可以将一般视图转换为摄像机视图，摄像机视图的控制有专用的相关按钮，下面我们就来学习摄像机视图的控制方法与技巧。

扫一扫，看视频

1. 创建摄像机视图

（1）打开"素材"/"摄像机.max"场景文件，单击命令面板上的╋"创建"按钮进入创建面板，激活■"摄像机"按钮，单击"对象类型"卷展栏下的 目标 按钮，在顶视图左下向右上拖曳鼠标创建一架目标摄像机，如图1-48所示。

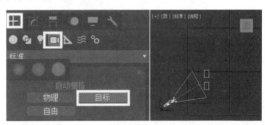

图1-48　创建摄像机

（2）激活透视图，按键盘上的C键，将该视图转换为摄像机视图，如图1-49所示。

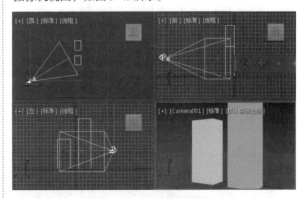

图1-49　转换摄像机视图

此时，视图控制区中的部分按钮显示为摄像机视图控制按钮，如图1-50所示。

使用这些按钮可以实现对摄像机视图的控制，如调整摄像机视图的透视、侧滚摄像机视图、平移摄像机视图、环游/摇移摄像机视图以及设想仰视或鸟瞰视图效果等。下面继续学习摄像机视图的控制方法。

图1-50 摄像机视图控制按钮

2. 移动摄像机及其目标

摄像机包括摄像机及其目标，当摄像机视图处于激活状态时，此时视图控制区的 🔍 "缩放"按钮被 ➡️ "推拉摄像机"按钮、➡️ "推拉目标"按钮和 ➡️ "推拉摄像机＋目标"按钮替代，使用这些按钮可以沿着摄像机的主轴移动摄像机或其目标，移向或移离摄像机所指的方向。

（1）激活 ➡️ "推拉摄像机"按钮，在摄像机视图向上拖曳鼠标，摄像机移向目标，镜头拉近，向下拖曳鼠标，将摄像机移离目标，镜头拉远，如图1-51所示。

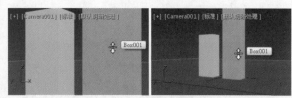

图1-51 推拉摄像机

（2）激活 ➡️ "推拉目标"按钮，在摄像机视图向上拖曳鼠标，目标移离摄像机，继续向下拖曳鼠标，目标移向摄像机，如图1-52所示。

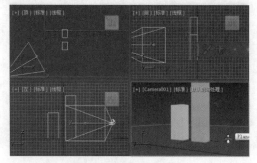

图1-52 目标移向摄像机

（3）激活 ➡️ "推拉摄像机＋目标"按钮，在摄像机视图向上拖曳鼠标，同时将目标和摄像机移向场景，镜头拉近，向下拖曳鼠标，同时将目标和摄像机移离场景，镜头拉远，如图1-53所示。

图1-53 推拉摄像机与目标

3. 调整摄像机视图的透视效果

当摄像机视图处于活动状态时，视图控制区中的 ▦ "缩放所有视图"按钮被 ⊞ "透视"按钮替代，此时可以调整摄像机视图的透视效果。

激活 ⊞ "透视"按钮，在摄像机视图向上拖曳鼠标，将摄像机移向目标，扩大 FOV 范围以及增加透视张角量，向下拖曳鼠标，将摄像机移离目标，缩小 FOV 范围以及减少透视张角量，如图1-54所示。

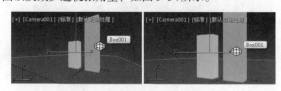

图1-54 将摄像机移离目标

4. 侧滚摄像机视图

当摄像机视图处于活动状态时，视图控制区中的 ⊡ "最大化显示选定对象"按钮被 ⟳ "侧滚摄像机"按钮替换，使用该按钮水平拖动可以侧滚摄像机，使其围绕其视线旋转目标摄像机，围绕其局部 Z 轴旋转自由摄像机，如图1-55所示。

图1-55 侧滚摄像机

5. 平移摄像机视图

当摄像机视图处于活动状态时，"平移视图"按钮将替换为"平移摄像机"按钮，使用该按钮可以沿着平行于视图平面的方向移动摄像机，如图 1-56 所示。

图 1-56　平移摄像机

6. 环游 / 摇移摄像机视图

当摄像机视图处于活动状态，"环绕"按钮替换为"环游摄像机"按钮和"摇移摄像机"按钮，使用"环游摄像机"按钮水平拖动可围绕目标旋转摄像机，使用"摇移摄像机"按钮水平拖动可围绕摄像机旋转目标，如图 1-57 所示。

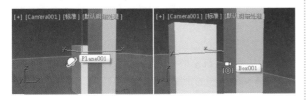

图 1-57　摇移摄像机

> **小贴士**
>
> 按 Shift 键水平拖动，可将视图旋转锁定为围绕世界 Y 轴，从而产生水平环游；按 Shift 键，然后垂直拖动，可将旋转锁定为围绕世界 X 轴，从而产生垂直环游；按 Shift 键，然后水平拖动，可将视图旋转锁定为围绕世界 Y 轴，从而产生水平摇移；按 Shift 键，然后垂直拖动，可将旋转锁定为围绕世界 X 轴，从而产生垂直摇移。

7. 设置仰视和鸟瞰效果

可以使用移动工具调整摄像机和目标，以调整摄像机视图的视角，制作仰视或鸟瞰效果。所谓"鸟瞰"，其实就是指像鸟一样在高空向下看到的场景效果，而仰视就是指我们抬起头向高空观看的效果。鸟瞰一般能很好地观察到场景的全景，常用于表现大型场景的全貌，而仰视能给人高耸的感觉，一般用于表现高大建筑物的高挺、雄壮效果。

一般情况下，可以直接在前视图或左视图将摄像机及其目标点垂直向下或向上调整，这就相当于我们使用"环游摄像机"按钮垂直调整视图。如图 1-58 所示，左图为仰视效果，右图为鸟瞰效果。

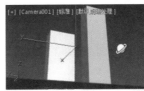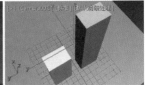

图 1-58　鸟瞰效果与仰视效果

1.3　3ds Max 2020 的应用领域与三维设计

3ds Max 从面世起就受到三维设计者的青睐，这一节了解 3ds Max 2020 的应用领域与三维设计。

1.3.1　3ds Max 2020 的应用领域

3ds Max 2020 强大的三维设计功能被广泛应用于建筑、园林、装潢、影视、动画、广告、工业制造等多个领域，具体内容如下。

扫一扫，看视频

1. 建筑设计领域

在建筑及园林等大型工程项目中，使用 3ds Max 软件制作的工程项目静态效果图或动态全景动画不仅是招投标的重要资料，也是工程项目前期宣传的重要资料。图 1-59 所示是使用 3ds Max 制作的某住宅小区效果图。

图 1-59　建筑效果图

2. 室内装饰装潢设计领域

在室内装饰装潢设计中，设计师可以事先使用 3ds Max 软件来制作室内装饰效果图，作为项目接单和谈判的重要资料。图1-60所示是使用3ds Max制作的某室内装饰效果图。

图1-60 室内装饰效果图

3. 影视动画领域

说起影视动画那就太多了，许多享誉全球的美国科幻大片中的很多特效几乎都是使用3ds Max制作的，如《阿凡达》《诸神之战》《2012》《变形金刚》等，这些大片都引进了3D技术，才能使得这些大片画面震撼、效果逼真、引人入胜。

4. 网络游戏领域

目前非常火爆的许多网络游戏中，游戏场景创建以及角色建模都是使用3ds Max来完成的。另外，游戏中的许多动画效果也是使用3ds Max来完成的。

5. 工业设计领域

在工业设计中，使用3ds Max软件制作的工业产品的三维设计图是工业产品加工与制作的重要依据，也是工业产品进行宣传推广的重要资料。图1-61所示是使用3ds Max制作的某品牌的座机三维效果图。

图1-61 座机效果图

6. 3D 打印领域

随着3D打印技术的不断成熟，3D打印技术已进入我们生活的方方面面，尤其是在工业设计中，使用3ds Max绘制出工业产品的三维设计图，再结合3D打印技术，就可以很快地打印出工业产品的三维模型。

1.3.2 3ds Max 2020三维设计的流程与方法

使用3ds Max进行三维设计时，会有一套完整的设计流程与方法，遵循该设计流程与方法，不仅可以提高三维设计工作效率，也可以使我们的设计工作更规范、更标准。

以3ds Max建筑效果图制作为例，具体流程如下。

1. 导入 CAD 平面图纸

在3ds Max建筑效果图制作中，首先要向3ds Max中导入CAD建筑设计图作为三维设计的依据，这样不仅有利于我们顺利地制作建筑三维模型，而且还能使设计更精确。一般情况下，需要导入的建筑设计图包括建筑平面图、建筑正立面图和侧立面图，必要时还需要调入其他图。

2. 制作建筑三维模型

导入CAD建筑设计图之后就可以开始制作建筑三维模型了，建筑三维模型会影响后期模型材质的制作、灯光的设置和最终的渲染输出，从而影响三维场景的最终效果。因此，建筑模型一定要尺寸精确。图1-62所示是使用3ds Max制作的别墅建筑三维模型。

图1-62 别墅建筑三维模型

3. 为模型制作材质

如果说模型是骨架，那么材质就是皮肤。制作完建筑模型后需要为模型制作材质和贴图，材质和贴图的制作要真实，与建筑物实际所用材料匹配，这样才能展现真实的建筑场景效果，表达设计意图。图1-63所示是为别墅建筑模型制作材质后的效果。

4. 设置场景相机与灯光

相机其实就是人眼的观察角度，设置相机不仅可以很好地表现建筑场景空间感，对制作材质、设置场景照明也非常重要，因为在大多数情况下，材质会在不同的观察角度下表现出不同的纹理和质感。因此，设置相机后，还需要对材质做进一步的调整，使其能表现得更出色。

另外，一般情况下，一个场景中设置一个相机即可完全表现建筑物主要场景，但有时也可以设置多个相机，从不同的角度表现建筑物场景效果，同时输出多个不同角度的效果图。图1-64所示是为别墅建筑场景设置相机与灯光后的效果。

图1-63　制作别墅模型的　　图1-64　设置别墅场景
　　　　　材质　　　　　　　　　　　相机与灯光

5. 渲染输出与后期处理

场景灯光和相机设置好后就可以进行渲染输出了。对于建筑室外效果图来说，这还不是最后的结果，还需要对渲染输出后的建筑室外效果图场景进行后期处理。可以使用PS软件进行后期处理，对场景进行颜色调整以及添加场景配景等，如树木、花草、人物，对场景进行完善和美化，使其达到完美效果。图1-65所示是别墅建筑室外场景后期处理后的效果。

图1-65　别墅建筑室外场景后期处理

1.3.3　3ds Max 2020三维建模方法

在3ds Max 2020三维设计中有多种建模方法可创建三维模型，常用的建模方法包括二维线编辑建模、NURBS曲线建模、修

扫一扫，看视频

改三维基本体建模、编辑多边形建模等。每一种建模方法都有其各自的特点，用户可以根据模型的特点和自己的建模习惯选择不同的建模方法，下面对这几种建模方法进行详细讲解。

1. 三维基本体建模

三维基本体建模是一种较常用的建模方法，通过对三维基本体（如长方体、圆柱体）的修改，可以创建各种常用模型。但对于较复杂的三维模型来说，三维基本体建模难度较大，如图1-66所示，餐厅效果图中的酒柜以及墙体、吊顶等模型就是使用三维基本体建模方式创建的。

图1-66　三维基本体建模

2. 二维图形建模

比起三维基本体建模，二维图形建模更具灵活性与可操作性，通过对二维图形添加修改器进行挤出、放样、设置可渲染性等，可以制作出更复杂的三维模型，如图1-67所示，在别墅室外三维模型中，使用二维图形建模方法创建了大量的别墅构件。

图1-67　二维图形建模

3. 编辑多边形建模

编辑多边形建模是将三维基本体模型转换为可编辑多边形对象，然后对其进行编辑以创建三维模型。这种

建模方法功能非常强大，而且操作非常简单，深受三维设计人员的青睐，如图1-68所示，别墅室内客厅欧式墙面装饰、茶几、坐墩以及外凸窗就是使用了编辑多边形建模方法创建的。

边形建模技术创建的，而地面则是通过三维基本体建模技术创建的。

图1-68　编辑多边形建模

4. NURBS 曲线建模

NURBS曲线是一种特殊的二维线，它有比二维线更强大的建模功能，常用于创建一些更为复杂的三维模型，如图1-69所示，在别墅卧室效果图中，由床上拖到地板上的毛毯模型就是使用了NURBS曲线建模技术制作的。

图1-69　NURBS曲线建模

5. 综合建模

所谓综合建模，是指在一个三维场景中，综合应用多种建模技术来创建场景模型，这也是三维场景建模最常用的建模方法。因为任何一个三维场景都不太可能使用一种建模技术完成场景所有模型的创建，基本上都是多种建模技术相结合来完成三维场景模型的建模工作的，如图1-70所示，高层楼体外墙以及顶楼装饰模型是使用二维图形建模技术创建的，高层窗户是通过编辑多

图1-70　NURBS曲线建模

小贴士

在三维设计时，要养成以下3个好习惯，这对三维设计人员非常有好处。

（1）养成为模型命名的习惯。凡是大型三维场景，模型都会很多，如果对每一个模型都命名，那么在对模型制作材质以及编辑修改时，就可以通过模型名称很快找到该模型，否则要在众多模型中找到一个模型并不是件容易的事情。

（2）养成精简模型面的好习惯。精简每一个模型面可以大大减少场景总面数，以加快系统计算时间和场景渲染速度，提高工作效率。精简模型面的方法很多。例如，在建模时，尽量减少模型的分段数，必要时甚至可以不设置分段数，以够用为主；模型创建完成后，在满足模型编辑的条件下将模型转换为可编辑多边形对象；场景中摄像机看不到的地方可以不做等，采用这些方法都可以减少场景总面数。

（3）养成定时保存场景文件的好习惯。三维场景大多都比较复杂，在场景操作中程序容易出现问题，有随时退出或死机的情况。如果场景没有保存，一旦发生这样的情况，那前面所有操作都会丢失，如果能定时保存场景文件，即使这样的情况发生了，至少能保证前面的操作不会丢失。

以上是作者多年来的三维设计经验，希望对广大三维设计初学者有帮助。

Chapter
02
第2章

3ds Max 2020 的基本操作与设置

本章导读：

本章学习 3ds Max 2020 的基本操作知识，包括文件的新建、三维场景的重置，打开、保存三维场景、三维场景设置以及坐标系等，这些知识对于初学者来说非常关键。

本章主要内容如下：

- 新建与重置；
- 打开与关闭；
- 保存与归档；
- 导入、导出与其他命令；
- 系统设置；
- 坐标类型与坐标中心；
- 轴中心与变换Gizmo。

2.1 新建与重置

新建与重置都是重新设置场景的操作：新建命令用于新建一个新的场景文件；重置是清除场景所有内容，重新设置场景，但场景布局不会改变。这一节学习新建与重置场景的相关知识。

2.1.1 新建

扫一扫，看视频

新建文件包括"新建全部""从模板新建"两种，其中"新建全部"是新建一个场景文件，而"从模板新建"则是调用系统预设的三维场景文件，下面学习相关知识。

1.【新建全部】命令（快捷键：Ctrl+N）

【新建全部】命令将清除场景所有内容，新建一个不包含任何内容的新场景。该操作比较简单，执行【文件】/【新建】/【新建全部】命令，或单击"快速入门"选项卡中的 "文件新建"按钮即可新建新场景文件。

2.【从模板新建】命令

所谓模板，是指包含相关信息的空白文件，如渲染设置、捕捉设置、界面布局等。执行【文件】/【新建】/【从模板新建】命令，打开【创建新场景】对话框，该对话框提供5种模板，如图2-1所示。

图2-1 【创建新场景】对话框

这5种场景中保存了以下内容。

- 显示单位和系统单位；
- 渲染器和渲染分辨率；
- 设置动画的场景几何体对象；
- 活动工作区；
- 界面中的卷展栏顺序；
- ViewCube设置；
- 视口布局和设置；
- 用户路径。

用户可以根据需要选择一个场景作为模板，如选择"示例–水下"模板，单击 创建新场景 按钮即可创建一个包含动画场景的新场景，如图2-2所示。

图2-2 新建场景

2.1.2 重置

扫一扫，看视频

实际上【重置】命令就是重置3ds Max程序。重新打开startup.max默认文件并不会修改界面的工具栏的布置。

执行【文件】/【重置】命令，打开一个询问对话框，询问是否保存场景，如图2-3所示。

如不保存场景，则直接单击 不保存(N) 按钮，再次打开询问对话框，询问是否真的重置，如图2-4所示。

图2-3 询问对话框（1） 图2-4 询问对话框（2）

再次单击 是(Y) 按钮，则场景被重置，重新得到一个新的场景。

疑问解答

疑问："新建全部"与"重置"有什么区别？当需要一个新场景时采用哪种方式比较好？

解答："新建全部"与"重置"其实并没有太大的区别，选择"新建全部"时一般会保留场景界面布局，而选择"重置"则相当于打开一个系统文件。在实际操作中，用户可以根据自己的喜好选择"全部重建"还是"重置"场景。

3ds Max 2020实用教程（微课视频版）

2.2 打开与关闭

"打开"是指向场景中引入.max格式的3ds Max三维场景文件。打开包括两个命令：一个是【打开】命令；另一个是【打开最近】命令。这两个命令都可以向场景引入场景文件，而关闭就是关闭3ds Max场景文件。下面学习相关知识。

2.2.1 打开

执行【文件】/【打开】命令，或单击"快速入门"选项卡中的 "打开"按钮，会打开【打开文件】对话框，如图2-5所示。

图 2-5 【打开文件】对话框

选择要打开的场景文件，单击 打开(O) 按钮，即可打开该场景文件。

2.2.2 打开最近

【打开最近】命令用于打开最近打开过的场景文件，执行【文件】/【打开最近】命令，则在其子菜单显示最近打开过的场景文件，如图2-6所示。

图 2-6 打开最近

选择要打开的场景文件即可将其打开。

2.2.3 关闭

关闭场景文件其实是退出3ds Max，单

击操作界面右上角的 ✕ 按钮，或执行【文件】/【退出】命令，此时系统会打开询问对话框询问是否保存场景文件，如果要保存场景，单击 保存(S) 按钮，在打开的对话框中为场景选择存储路径并命名，然后退出3ds Max程序；如果不保存场景，直接单击 不保存(N) 按钮退出3ds Max程序。

2.3 保存与归档

创建的三维场景文件需要将其存储，以便后期进行编辑和应用，这就是"保存"。而"归档"则是将场景文件连同灯光、材质、贴图一同打包为压缩包，以防在第三方计算机上打开该场景文件时的贴图的丢失。这是两个完全不同的命令，但其目的却是一致的。下面学习这两个命令。

2.3.1 保存

"保存"有4个命令，分别是【保存】【另存为】【保存为副本】以及【保存选定对象】，用户可以根据具体情况选择一种保存方式对场景进行保存。下面学习相关知识。

1. 保存

执行【文件】/【保存】命令，打开【文件另存为】对话框，从中选择保存路径、保存类型并为场景命名，如图2-7所示。

图 2-7 【文件另存为】对话框

单击 保存(S) 按钮即可保存该场景文件。

> **小贴士**
>
> 在3ds Max以前的版本中，低版本不能打开高版本

所创建的场景文件，这对用户来说非常不方便，而3ds Max 2020允许用户将场景文件保存为低版本类型，这就方便了用户在不同版本之间的数据交流，因此强烈建议保存场景时将场景保存为最低版本。

2. 另存为

【另存为】命令与【保存】命令基本相同，都是保存场景文件，二者的区别在于【另存为】命令一般是在场景文件进行修改后的一种保存方式，这样就可以保持原场景数据不变。

执行【文件】/【另存为】命令，打开【文件另存为】对话框，从中选择保存路径、保存类型并为场景命名，单击 保存(S) 按钮将其保存。

3. 保存为副本

【保存为副本】命令也与【保存】命令基本相同，都是保存场景文件，二者的区别在于【保存为副本】命令可以将场景保存为原场景的副本文件。

执行【文件】/【保存为副本】命令，打开【将文件另存为副本】对话框，从中选择保存路径、保存类型并为场景命名，单击 保存(S) 按钮将其保存。

4. 保存选定对象

【保存选定对象】命令可以将场景中的选定对象保存为一个场景文件，而不会对场景其他对象产生影响，保存时会将场景的所有属性一起保存。

选择要保存的对象，执行【文件】/【保存选定对象】命令，打开【文件另存为】对话框，从中选择保存路径、保存类型并为场景命名，单击 保存(S) 按钮将其保存。

2.3.2 归档

扫一扫，看视频

【归档】其实是将场景文件打包成为一个压缩包，这是一个非常重要的命令，它不仅可以保存场景文件，还会将外部资源，如位图贴图、广域网文件等一起压缩在场景中，以防止这些文件的丢失，打开"素材"/"变换对象01.max"文件，下面我们将该文件归档。

实例——归档场景文件

步骤 01 执行【文件】/【归档】命令，打开【文件归档】对话框，选择保存路径、保存类型并为场景命名，如图2-8所示。

图2-8 【归档】对话框

步骤 02 单击 保存(S) 按钮，将该场景文件压缩并保存。

步骤 03 打开相关文件夹，查看归档后的文件，如图2-9所示。

图2-9 归档后的文件

这样一来，该场景文件中的贴图文件就不会丢失，当在第三方计算机上打开该文件时，只需将该压缩包解压，然后再打开该文件即可。

2.4 导入、导出与其他命令

【导入】与【导出】命令为3ds Max软件和其他应用软件之间进行数据交换架起了一座桥梁，使其软件交换变得非常简单。另外，这两个命令还将其他相似的命令都集合在了子菜单上，如图2-10所示。这一节学习相关知识。

图2-10 【导入】【导出】及其子菜单

2.4.1 导入

扫一扫，看视频

【导入】命令可以将非.max格式的文件导入到3ds Max场景中，如CAD格式的.dwg文件等。下面我们将CAD格式的文件导入

3ds Max 2020实用教程（微课视频版）

到3ds Max中，学习【导入】文件的方法。

实例——向三维场景中导入CAD文件

步骤 01 执行【文件】/【导入】命令，打开【选择要导入的文件】对话框，选择"素材"/"建筑墙体平面图.dwg"CAD文件，如图2-11所示。

图2-11 选择CAD文件

步骤 02 单击 打开① 按钮，打开【AutoCAD DWG/DXF导入选项】对话框，如图2-12所示。

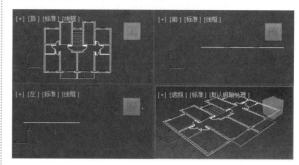

图2-12 【AutoCAD DWG/DXF 导入选项】对话框

步骤 03 在该对话框中分别进入"几何体""层"和"样条线渲染"选项卡设置相关参数，设置完成后单击 确定 按钮，将该CAD文件导入到3ds Max场景中，如图2-13所示。

图2-13 导入CAD文件

2.4.2 导出

3ds Max三维场景文件通常需要导出后才能与其他第三方软件进行数据交换，继续上一节的操作，将导入的CAD场景文件再次导出为DXF文件。

扫一扫，看视频

实例——将三维场景文件导出为DXF文件

步骤 01 执行【文件】/【导出】命令，打开【选择要导出的文件】对话框，在"保存类型"列表中选择"AutoCAD(*.DXF)"类型，并为其命名为"墙体平面图"，为其选择存储路径，如图2-14所示。

图2-14 存储导出文件

步骤 02 单击 保存(S) 按钮打开【导出到AutoCAD文件】对话框，在该对话框中选择版本以及其他设置，如图2-15所示。

图 2-15　设置导出参数

步骤 03 单击 确定 按钮将该文件导出为DXF文件，打开相关对话框查看导出结果，如图2-16所示。

图 2-16　导出 DXF 文件

2.4.3　合并

扫一扫，看视频

【合并】命令是将其他3ds Max场景文件合并到当前场景中，合并时可以在打开的【合并】对话框中过滤掉不需合并的对象。

继续上一小节的操作，下面向CAD墙体图三维场景文件中合并"素材"/"变换对象01.max"三维场景文件。

实例——合并"变换对象01.max"三维场景文件

步骤 01 执行【文件】/【导入】/【合并】命令，打开【合并文件】对话框，选择"变换对象01"的三维场景文件，如图2-17所示。

图 2-17　选择要合并的文件

步骤 02 单击 打开(O) 按钮，打开【合并–变换对象01.max】对话框，如图2-18所示。

图 2-18　【合并 – 变换对象 01.max】对话框

步骤 03 在"列出类型"选项中对合并的对象进行过滤，可以过滤掉不需合并的对象，如灯光、摄像机等，过滤时只需取消对象的勾选即可。

步骤 04 在左侧列表框中选择要合并的部分对象或全部对象，单击 确定 按钮进行合并，结果如图2-19所示。

图 2-19　合并结果

> 🤖 **小贴士**
>
> 合并时，如果合并文件中有对象名称与场景文件名称相同，则弹出【重复名称】对话框，单击 合并 按钮，将按照右侧的名称合并文件；单击 跳过 按钮，不合并该文件；单击 删除原有 按钮，在合并之前删除当前场景中的同名文件；单击 自动重命名 按钮，将全部重名的对象以副本名称合并，如图2-20所示。

图 2-20 【重复名称】对话框

另外，如果合并对象的材质与场景中的对象材质重名，则弹出【重复材质名称】对话框，单击 重命名合并材质 按钮，在合并前将对合并的同名材质进行重命名；单击 使用合并材质 按钮，将使用合并对象的材质替换场景中同名材质；单击 使用场景材质 按钮，将使用场景材质替换合并对象的重名材质；单击 自动重命名合并材质 按钮，将合并对象重名的材质自动命名；勾选"应用于所有重复情况"选项，将全部重名的材质以副本名称进行合并，如图 2-21 所示。

图 2-21 【重复材质名称】对话框

2.4.4 替换

替换是指使用一个三维场景文件替换当前场景文件，继续上一小节的操作，使用"变换对象01.max"文件替换当前合并后的场景文件。

扫一扫，看视频

实例——使用"变换对象01.max"三维场景文件替换当前场景文件

步骤 01 执行【文件】/【导入】/【替换】命令，打开【替换文件】对话框，选择"变换对象01"的三维场景文件。

步骤 02 单击 打开(O) 按钮，打开【替换-变换对象01.max】对话框，如图 2-22 所示。

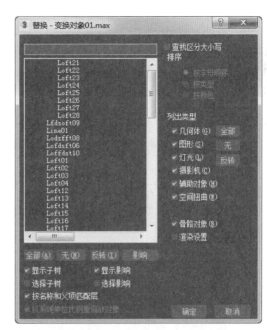

图 2-22 【替换-变换对象 01.max】对话框

步骤 03 该对话框与【合并】对话框相似，可以过滤不需替换的文件，然后在左侧列表中选择要替换的文件，单击 确定 按钮，此时会打开询问对话框，询问是否要替换材质，如图 2-23 所示。

图 2-23 询问对话框

步骤 04 如需替换材质，单击"是"按钮；如不需替换，单击"否"按钮，这样就完成了场景的替换。

2.5 系统设置

与界面布局设置不同，系统设置不仅有利于用户快速建模、制作材质、渲染输出，更重要的是，可以使设计结果更精准。系统设置主要包括系统单位设置、捕捉设置以及渲染设置三部分，这一节继续学习设置系统的相关知识。

2.5.1 系统单位设置

默认设置下，3ds Max 2020使用的是美国标准单位，这不符合我国对图形设计的单位要求，因此，设置系统单位对于我国用户来说尤为重要。这一小节我们就通过一个简单实例来学习系统单位设置的相关知识。

动手练——设置系统单位

步骤 01 执行【自定义】/【单位设置】命令，打开【单位设置】对话框，我们发现默认设置下使用的是美国标准单位，如图2-24所示。

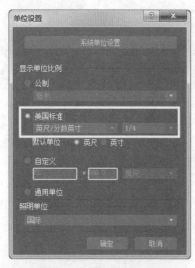

图2-24 【单位设置】对话框

该对话框分为两部分内容：一部分是"显示单位比例"；另一部分是"照明单位"。其中，"显示单位比例"选项下罗列出了常用的一些系统单位，具体内容如下。

- 公制：这是一种国际通用的单位，在其列表下可以选择"毫米""厘米""米""千米"等作为单位。
- 美国标准：这是美国标准。
- 自定义：选择该选项，用户可以自定义系统单位。
- 通用单位：软件使用的系统单位。

在"照明单位"列表中，用于设置系统照明的单位采用默认即可。

步骤 02 勾选"公制"单位，并设置系统单位为"毫米"。

步骤 03 单击 系统单位设置 按钮，打开【系统单位设置】对话框，设置系统单位比例，在此选择默认，如图2-25所示。

图2-25 【系统单位设置】对话框

步骤 04 单击 确定 按钮回到【单位设置】对话框，再次单击 确定 按钮关闭该对话框，完成系统单位的设置。

疑问解答

疑问：为什么要选择"公制"单位比例？系统单位为什么要选择"毫米"？

解答："公制"单位比例是我国标准制图单位比例，也是国际通用的制图单位比例，因此选择"公制"单位比例符合我国的制图要求。另外，选择"毫米"作为系统单位，一个原因是绘图精度更高，另一个原因是许多的设计软件采用的单位都是"毫米"，这样可以方便3ds Max 2020三维场景文件与其他软件进行数据交流。

2.5.2 捕捉设置

先来看看什么是捕捉？所谓捕捉，是指使光标能自动吸附到某特定位置，如对象的特征点、视图的栅格点上，或者使角度按照特定的度数进行旋转等，以精确绘图。

捕捉包括特征点捕捉和角度捕捉。特征点捕捉包括端点、顶点、中点、交点等；而角度捕捉则是指设置角度的度数，是对象按照特定的角度进行旋转。下面通过简单操作学习捕捉设置的相关知识。

动手练——设置捕捉模式

1. 捕捉

步骤 01 将光标移动到主工具栏的 2 "捕捉开关"按钮上，右击打开【栅格和捕捉设置】对话框。

步骤 02 在"捕捉"选项卡中勾选所要捕捉的内容选项即可激活该捕捉模式，如图2-26所示。

图 2-26　设置捕捉

下面对三维设计中较常用的捕捉进行讲解。

- 栅格点：勾选该选项，光标自动捕捉视图的栅格点。
- 顶点：勾选该选项，捕获对象顶点，如线的顶点、多边形的顶点等。
- 端点：勾选该选项，捕捉对象的端点。
- 中点：勾选该选项，捕捉对象的中点。

小贴士

设置相关捕捉模式后，一定要激活 ☑ "捕捉开关"按钮，这样捕捉才能起作用。另外，可以选择任何组合以提供多个捕捉。例如，如果同时设置"顶点"和"中点"捕捉，则在顶点和中点同时发生捕捉。

2. 角度捕捉设置

步骤 01 将光标移动到主工具栏的 ☑ "角度捕捉切换"按钮上，右击打开【栅格和捕捉设置】对话框。

步骤 02 在"选项"选项卡的"角度"输入框输入角度，系统默认为5，表示每旋转一次为5°，用户可以根据自己的需要设置合适的角度，如设置为30，表示每旋转一次即为30°，如图2-27所示。

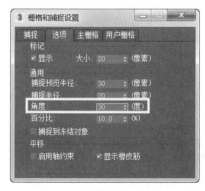

图 2-27　设置角度捕捉

步骤 03 设置完成后关闭该对话框即可。

同样需要说明的是，设置了角度捕捉后，必须激活 ☑ "角度捕捉切换"按钮，这样角度捕捉才起作用。

2.5.3　渲染设置

所谓渲染，是指为三维场景进行着色，使其真实再现三维场景效果。渲染是三维设计的最后环节，也是最关键的环节，渲染时需要设置渲染场景，如指定渲染器、设置渲染参数、输入路径等。下面继续通过简单操作学习渲染设置的相关知识。

扫一扫，看视频

动手练——渲染设置

1. 指定渲染器与视图

渲染器是用于对三维场景进行着色的工具，3ds Max 2020自身有多种渲染器供用户选择，也支持其他外挂渲染器。在渲染场景时，首先要根据三维场景的不同指定合适的渲染器。

步骤 01 进入"照明和渲染"选项卡，单击 ☑ "渲染设置"按钮，打开【渲染设置：扫描线渲染器】对话框，在"目标"列表中选择渲染模式，默认为"产品级渲染模式"，这也是最常用的一种渲染模式，除此之外，还有其他渲染模式可供选择，如图2-28所示。

图 2-28　选择渲染模式

步骤 02 在"渲染器"列表中指定渲染器，默认为"扫描线渲染器"，这也是默认渲染器，同时也是最简单、最常用的渲染器，除此之外，还有其他渲染器供选择，如图2-29所示。

图 2-29　指定渲染器

步骤 03 如果要保存渲染结果，单击渲染器列表右侧的"保存文件"选项，打开【渲染输出文件】对话框，如图2-30所示。

图2-30　【渲染输出文件】对话框

步骤 04 在该对话框选择存储路径、保存格式并为文件命名，单击 保存(S) 按钮保存文件。

步骤 05 继续在"查看到渲染"列表中选择要渲染的视图，默认为"四元菜单4-透视"，表示渲染透视图，用户可以选择渲染其他视图，如图2-31所示。

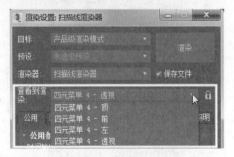

图2-31　选择渲染视图

2. 渲染参数设置

渲染参数包括渲染分辨率以及其他设置，这也是渲染的关键。

步骤 01 进入"公用"选项卡，如果渲染静态单幅图像，请勾选"单帧"渲染；如果渲染动画，请勾选"活动时间段"选项，并设置动画范围，如图2-32所示。

图2-32　设置渲染范围

步骤 02 继续在"要渲染的区域"列表中选择渲染区域，在"输出大小"列表中选择输入分辨率，如图2-33所示。

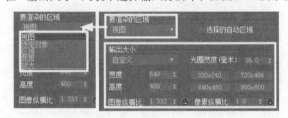

图2-33　设置渲染区域与分辨率

完成以上设置后，就可以进行3ds Max 2020三维场景的基本渲染了。当然，要想获得更好的渲染效果，还需要设置其他参数，这些参数要根据模型所使用的材质进行设置，具体设置将在后面章节进行详细讲解，在此不再讲述。最后关闭该对话框，完成三维场景的渲染设置。

2.6　坐标类型与坐标中心

在3ds Max 2020系统中，创建三维场景是一个复杂的过程，其中坐标系统与坐标中心是创建三维场景模型对象的重要工具，缺少了这两种工具，创建三维场景模型对象的难度将无法想象。为此，3ds Max 2020提供了9种坐标类型和3种坐标中心，以帮助用户创建三维模型，这一节就来学习相关知识。

2.6.1　坐标类型

扫一扫，看视频

在创建三维模型时，用户要根据具体情况选择不同的坐标类型，这是创建三维模型的关键。在主工具栏的"视图"下拉列表中，用户可以选择不同的坐标类型，如图2-34所示。

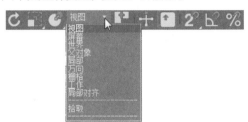

图2-34　坐标类型

下面我们对常用的坐标类型进行简单介绍。

- 屏幕：以X轴为水平、Y轴为垂直、Z轴为景深的一种坐标，如图2-35所示。

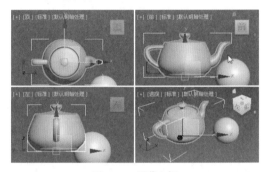

图2-35　屏幕坐标

- 视图：3ds Max系统默认的坐标类型，它是"世界坐标"与"屏幕坐标"的结合。一般情况下，在正投影视图（前、顶和左视图）中使用"屏幕坐标"，但在"透视图"中使用"世界坐标"，如图2-36所示。

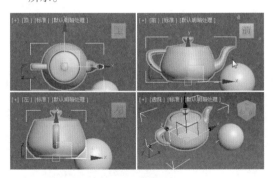

图2-36　视图坐标

- 世界：一种在前视图中将X轴定为水平、Y轴定为景深，而将Z轴定为垂直的坐标，类似于AutoCAD中的用户坐标，如图2-37所示。

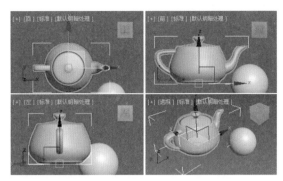

图2-37　世界坐标

- 父对象：这种坐标主要体现在连接对象中，两个连接对象有父子从属关系，即子对象以父对象的坐标为其自身坐标。
- 局部：对象自身的一种坐标，一般在对对象自身进行编辑时使用。
- 万向：一种专用于旋转对象的坐标。
- 栅格：以扶助对象为中心的坐标系统。
- 拾取：这是用户自定的坐标系统，非常重要，它取自对象自身的坐标系统，但允许另一个对象使用该坐标系统，该坐标往往与 "使用变换坐标中心"配合使用。例如，选择茶壶对象，并选择"拾取"坐标，单击选择球体，之后选择 "使用变换坐标中心"，此时发现，茶壶对象将使用球体对象的坐标作为自身的坐标，如图2-38所示。

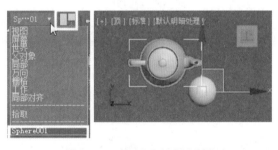

图2-38　"拾取"坐标应用示例

2.6.2　坐标中心

在创建三维模型时，除了选择坐标类型外，坐标中心也非常重要，在3ds Max 2020主工具栏的坐标中心列表中有三种坐标中心，如图2-39所示。

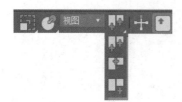

图 2-39　3 种坐标中心

这三种坐标中心具体如下。

● ▥ "使用轴点中心"：对象自身的中心。例如，分别选择茶壶于球体，发现茶壶与球体都使用自身的中心，如图 2-40 所示。

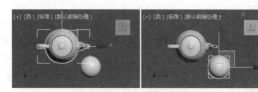

图 2-40　轴点中心示例

● ▥ "使用选择中心"：公共中心，简单来说就是两个对象使用一个公共中心。例如，按住 Ctrl 键单击茶壶和球体将其同时选择，然后设置坐标中心为 ▥ "使用选择中心"，此时发现，这两个对象使用一个公共中心，如图 2-41 所示。

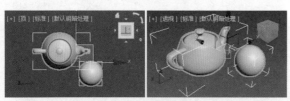

图 2-41　选择中心示例

● ▥ "使用变换坐标中心"：设定的中心，简单说就是一个对象使用另一个对象的中心作为自身中心，如图 2-38 所示。

2.7　轴中心与变换Gizmo

　　轴中心与变换 Gizmo 也是三维场景模型创建与编辑中两个非常重要的内容，这一节继续学习相关知识。

2.7.1　轴中心

扫一扫，看视频

　　轴中心即对象的中心，它是对象在创建时就定义好的，但在实际工作中，对象的中心是可以改变的，以满足编辑要求。继续上一节的操作，下面我们将茶壶的中心调整到茶壶嘴位置。

实例——调整茶壶的中心到茶壶嘴位置

步骤 01 选择茶壶对象，单击命令面板中的 ▦ "层次"按钮，在调整轴选项下激活 [仅影响轴] 按钮，如图 2-42 所示。

步骤 02 在顶视图中将光标移动到X轴，按住鼠标将其轴向右拖曳，将轴坐标拖到右侧的茶壶嘴位置，如图 2-43 所示。

图 2-42　激活 "仅影响轴"　　　图 2-43　移动轴坐标
　　　　　按钮

步骤 03 继续在前视图中沿Y轴将坐标向上拖到茶壶嘴位置，如图 2-44 所示。

图 2-44　沿 Y 轴调整轴坐标

步骤 04 在【层次】面板中再次单击 [仅影响轴] 按钮退出操作，此时茶壶的轴坐标被移动到了茶壶嘴上，如图 2-45 所示。

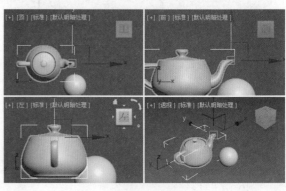

图 2-45　调整茶壶的轴中心

3ds Max 2020实用教程（微课视频版）

步骤 05 右击选择【旋转】命令旋转茶壶，发现茶壶以茶壶嘴为中心进行旋转，如图2-46所示。

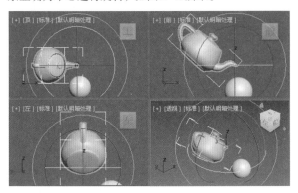

图 2-46　沿茶壶嘴旋转

练一练

继续上一小节的操作，调整球体的中心到球体顶部位置，如图2-47所示。

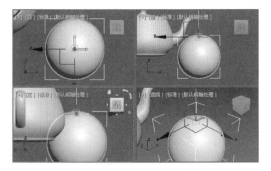

图 2-47　调整球体的中心到球体顶部

操作提示

（1）旋转球体，在"层次"面板激活 **仅影响轴** 按钮，在前视图中沿Y轴移动坐标到球体顶部。

（2）再次在"层次"面板单击 **仅影响轴** 按钮退出操作。

2.7.2　变换Gizmo

变换Gizmo是视口图标。在对对象进行选择变换（移动、旋转、缩放）时，通过变换Gizmo可以轻松确定一个轴或两个轴的面，以实现对对象的变换。不同的变换操作，其变换Gizmo图标不同，图2-48中分别是移动、旋转、缩放变换Gizmo。

图 2-48　变换 Gizmo

下面通过简单操作了解各自的变换Gizmo图标。

1. 移动变换

激活主工具栏中的 ✛ "选择并移动"工具，单击选择茶壶对象，此时显示该对象的变换Gizmo，如图2-49所示。

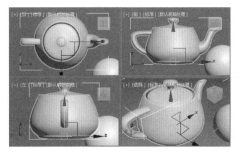

图 2-49　移动变换 Gizmo

在前视图中将光标移动到X轴上，此时X轴显示黄色，按住鼠标向右拖曳，将茶壶沿X轴移动，将光标移动到Y轴上，此时Y轴显示黄色，按住鼠标向下拖曳，将茶壶沿Y轴向下移动，如图2-50所示。

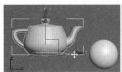

图 2-50　沿 X 轴和 Y 轴移动

移动光标到XY平面上，该平面显示黄色，按住鼠标沿XY平面随意移动，如图2-51所示。

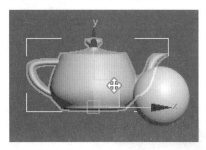

图 2-51　沿 XY 平面移动

2. 旋转变换

旋转 Gizmo 是根据虚拟轨迹球的概念而构建的，用户可以围绕 X、Y 或 Z 轴或垂直于视口的轴自由旋转对象，旋转轴控制柄是围绕轨迹球的圆圈，如图 2-52 所示。

在任一轴控制柄的任意位置拖动鼠标，可以围绕该轴旋转对象。当围绕 X、Y 或 Z 轴旋转时，一个透明切片会以直观的方式说明旋转方向和旋转量。如果旋转大于 360°，则该切片会重叠，并且着色会变得越来越不透明。另外，系统还会显示数字数据以表示精确的旋转度量，如图 2-53 所示。

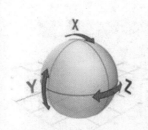 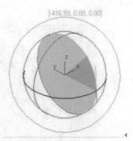

图 2-52　旋转 Gizmo　　　图 2-53　旋转变换

右击选择【旋转】命令，再透视单击选择茶壶，此时茶壶上出现旋转变换Gizmo，移动光标到任意轴上拖曳即可对茶壶进行旋转，如图 2-54 所示。

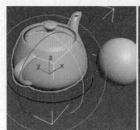 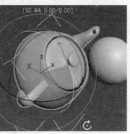

图 2-54　旋转变换茶壶

3. 缩放变换

缩放 Gizmo 包括平面控制柄，以及通过 Gizmo 自身拉伸的缩放反馈，如图 2-55 所示。

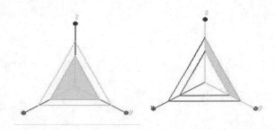

图 2-55　缩放 Gizmo

右击选择【缩放】命令，再透视单击选择茶壶，此时茶壶上出现缩放变换Gizmo，移动光标到任意轴或轴平面上拖曳即可对茶壶进行缩放，如图 2-56 所示。

图 2-56　缩放变换茶壶

小贴士

变换Gizmo是变换对象的图标，有关变换对象的详细操作将在后面章节进行详细讲解，在此不再赘述。

3ds Max 2020场景对象的基本操作

本章导读：

  本章学习3ds Max 2020场景对象的基本操作知识，包括对象的选择、变换、镜像、克隆、阵列、对齐以及冻结、群组、隐藏等，这些知识对于初学者同样非常重要。

本章主要内容如下：

- 选择；
- 变换；
- 镜像与克隆；
- 阵列；
- 场景对象的其他操作；
- 职场实战——在小桌周围快速布置坐垫。

3.1 选择

在3ds Max 2020三维设计中，几乎所有的操作都与选择有关，如修改、编辑对象、为对象指定材质等，都要首先选择对象。3ds Max 2020提供了多种选择对象的方法，这一节学习选择对象的方法。

3.1.1 点选

扫一扫，看视频

点选是最简单也是最常用的选择方式，点选一般只能选择一个对象，如果想选择多个对象，可以按住Ctrl键单击对象将其选择，被选择的对象周围出现天蓝色线框；如果想取消对象的选择，则按住Alt键单击，对象被取消选择。

打开"素材"/"三维场景示例文件.max"文件，使用"点选"选择场景对象。

实例——使用"点选"选择场景对象

步骤 01 激活主工具栏中的 ■ "选择"按钮，移动光标到茶壶对象上，茶壶对象周围出现亮黄色线框，此时单击，茶壶对象被选择，茶壶周围显示天蓝色线框，如图3-1所示。

图3-1　选择茶壶对象

步骤 02 按住Ctrl键继续单击圆柱体和长方体，这两个对象与茶壶对象同时被选择，如图3-2所示。

图3-2　选择其他对象

步骤 03 按住Alt键单击圆柱体和茶壶，结果这两个对象被取消选择，如图3-3所示。

图3-3　取消对象的选择

小贴士

在【场景资源管理器】面板中，直接单击对象名称即可将对象选中，按住Ctrl键单击对象名称可以加选择，按住Alt键单击对象名称可以将其从选择中减去。

3.1.2 框选/交叉

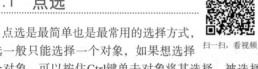

扫一扫，看视频

这种选择也是使用了 ■ "选择"工具来选择对象，只是在选择方式上与点选不同。继续上一小节的操作，使用"框选/交叉"方式选择场景对象。

实例——使用"框选/交叉"方式选择对象

步骤 01 激活 ■ "选择"工具，并确保选择方式为 ■ "交叉"按钮，在顶视图中拖出选择框，将要选择的对象包围或与其相交，如图3-4所示。

步骤 02 放开鼠标，发现包围在选框之内或与选框相交的对象被全部选择，如图3-5所示。

图3-4　拖出选择框　　　图3-5　选取对象

步骤 03 单击 ■ "交叉"按钮使其显示为 ■ "框选"按钮，再次在顶视图中拖出选择框，将对象包围或与其相交，如图3-6所示。

步骤 04 放开鼠标，发现只有被包围在选框之内的对象被选择，而与选框相交的对象并没有被选择，如图3-7所示。

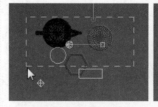

图3-6　框选对象　　　图3-7　选择结果

小贴士

通过以上操作我们发现，在"框选/交叉"选择对象时，在 ■ "交叉"方式下，只有对象与选框相交或被选框包围时，对象才会被选择，而在 ▦ "框选"方式下，只有被选框包围的对象才会被选择。

系统默认下，选择区域为矩形，在主工具栏中按住 ▦ "矩形"按钮即可显示其他选择框，包括 ▦ "圆形"、▦ "多边形"、▦ "套索"以及 ▦ "绘制"多种选择框，方便用户选取对象。

扫一扫，看视频

▦ "圆形"：创建圆形选择框，适合选择圆形范围内的对象或者对象的子对象，如选择圆柱体对象的端面顶点或多边形，如图3-8所示。

图3-8 选择端面顶点和多边形子对象

▦ "多边形"：该工具的使用类似于PS中的多边形套索工具，移动光标到合适位置单击，再次移动光标到其他位置再单击，依次创建不规则的选择框，适合选择不规则范围内的对象或者对象的子对象，如选择球体的不规则多边形或顶点子对象，如图3-9所示。

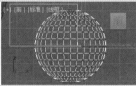

图3-9 选择球体的顶点和多边形子对象

▦ "套索"：该工具的使用也类似于PS中的套索工具，移动光标到合适位置，按住鼠标拖出不规则的选择框，适合选择不规则范围内的对象或者对象的子对象，如选择茶壶上不规则多边形或顶点子对象，如图3-10所示。

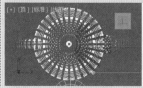

图3-10 选择茶壶顶点与多边形子对象

▦ "绘制"：该工具的使用也类似于PS中的画笔工具，直接拖曳绘制出不规则的选择框，适合选择不规则范围内的对象或者对象的子对象，如选择茶壶上不

规则多边形或顶点子对象，如图3-11所示。

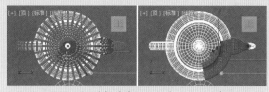

图3-11 选择茶壶顶点与多边形子对象

练一练

继续上一小节的操作，自己尝试使用"框选/交叉"等方式选择场景中的对象。

3.1.3 按名称选择

在创建对象时系统会自动为每一个对象命名，另外，用户也可以为对象重命名，这样，在选择对象时就可以按对象名称来选择对象。

继续上一小节的操作，下面通过简单操作学习按名称选择对象的方法。

扫一扫，看视频

实例——按名称选择对象

步骤 01 单击主工具栏中的 ▦ "按名称选择"按钮，打开【从场景选择】对话框。该对话框包括两部分：最上方为过滤工具，用于对对象进行过滤；下方为对象列表，罗列出了场景中的所有对象，如图3-12所示。

图3-12 【从场景选择】对话框

下面我们来选择几何体对象中的茶壶和圆柱体两个对象。

步骤 02 在工具栏中单击除 ▦ "几何体"按钮之外的其他按钮使其成为灰色，将除几何体之外的其他对象过滤掉，此时，对象列表只显示几何体对象，如图3-13所示。

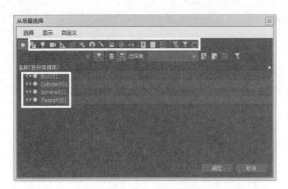

图3-13　过滤结果

这样一来，列表只显示所有几何体对象，方便我们选择茶壶和圆柱体。

步骤 03 按住Ctrl键在列表中单击Teapot001和Cylinder001选择这两个对象，单击 确定 按钮关闭该对话框，结果发现茶壶和圆柱体对象被选择，如图3-14所示。

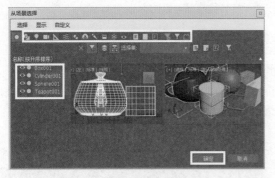

图3-14　选择茶壶和圆柱体对象

练一练

继续上一小节的操作，自己尝试使用"按名称选择"方式选择场景中的圆、多边形和球体对象，如图3-15所示。

图3-15　选择圆、多边形和球体

操作提示

（1）打开【从场景选择】对话框，按住Ctrl键在列表中单击圆、多边形和球体对象的名称并将其选中。

（2）单击 确定 按钮确认并关闭该对话框。

3.1.4　选择过滤器

选择过滤器其实是选择的一个辅助工具，它可以对选择类型进行过滤，过滤后用户只能选择某一种类型的对象。

系统默认设置下，在主工具栏的"选择过滤器"列表中显示类型为"全部"，如图3-16所示。

图3-16　选择过滤器

这表示用户可以选择场景中的任何对象，在实际工作中，为了能快速选择某一类型的对象，可以在"选择过滤器"列表中选择过滤类型。例如，要选择场景中的所有几何体对象，此时展开该列表，选择"几何体"选项，如图3-17所示。

图3-17　选择"几何体"类型

激活 "选择"工具，在场景中框选所有对象，释放鼠标结果发现只有所有几何体对象被选择，如图3-18所示。

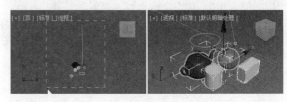

图3-18　选择结果

练一练

继续上一小节的操作，使用"选择过滤器"过滤选择场景中的所有二维图形，如图3-19所示。

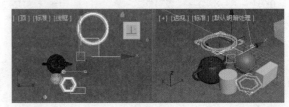

图3-19　选择所有二维图形

3ds Max 2020实用教程（微课视频版）

操作提示

（1）在"选择过滤器"列表中选择"图形"，在场景框中选择所有对象。

（2）结果所有二维图形对象被选择。

小贴士

颜色是模型对象在创建时就具有的一种表面特征，这种表面特征随时都可以改变，当为对象指定材质和贴图之后，对象的表面颜色就会被材质和贴图所代替。另外，选择对象，进入修改面板，单击颜色按钮，打开【对象颜色】对话框，为对象重新选择一种颜色，如图3-20所示。

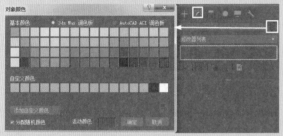

图 3-20　选择颜色

除了以上所讲的各种选择对象的方式之外，还可以根据颜色选择对象，方法是，执行【编辑】/【选择方式】/【颜色】命令，在视图中单击要选择的对象，几个与该对象颜色相同的对象都会被选择。按Ctrl+A组合键就可以将场景中的所有对象全部选择，对象被选择后，单击状态栏中的"选择锁定切换"按钮锁定选择，锁定选择后不能选择其他对象。

练一练

继续上一小节的操作，使用"按颜色选择"方式选择场景中的绿色颜色的所有对象，如图3-21所示。

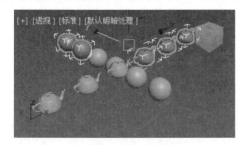

图 3-21　选择绿色对象

操作提示

执行【编辑】/【选择方式】/【颜色】命令，在透视图中单击选择绿色茶壶。

3.2　变换

通过移动变换、旋转变换、缩放变换可以改变对象的位置、角度和比例。另外，也可以通过变换对象制作动画。

在变换对象时会显示变换Gizmo，变换 Gizmo 是视图图标，由X、Y和Z三个轴向控制柄组成，每种变换类型使用不同的Gizmo。图3-22中分别是移动Gizmo、旋转Gizmo和缩放Gizmo。

图 3-22　变换 Gizmo

有关变换Gizmo的相关知识，在前面章节已经做了详细讲解，在此不再赘述，这一节我们主要学习变换对象的具体操作知识。

3.2.1　移动变换

移动变换是指沿X、Y和Z三个轴向或不同的坐标面移动对象，从而改变对象的位置。移动变换时显示移动Gizmo，同时操作轴显示黄色。

扫一扫，看视频

打开"素材"/"变换对象01.max"文件，该场景中有一个平面对象、一个小桌、一个坐垫和一瓶花，如图3-23所示。

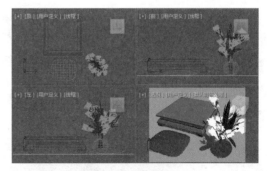

图 3-23　场景文件

下面通过移动变换将花与花瓶放置在小桌上。

实例——将花与花瓶移动到小桌上

步骤 **01** 激活主工具栏中的 ✛ "选择并移动"工具，在顶视图中单击选择花对象，此时显示对象约束轴，移动光标到约束轴的X、Y轴上，X、Y轴显示黄色，按住鼠标拖曳，将花与花瓶拖到小桌上方位置，如图3-24所示。

图 3-24 在顶视图中沿X、Y轴移动花瓶到小桌上

> **小贴士**
>
> 由于三维空间的特殊性，在顶视图中移动花瓶到小桌上，并不代表花瓶就真正放在了小桌上，在前视图、左视图以及透视图中观察发现，花瓶并没有真正放在小桌上，这是因为顶视图只是一个平面，并不是三维空间，因此还需要在其他视图中继续调整。

步骤 **02** 继续在前视图中定位光标到Y轴上，Y轴显示黄色，按住鼠标向上拖曳，将花瓶移动到小桌上方，如图3-25所示。

图 3-25 在前视图中沿Y轴移动花瓶到小桌上

步骤 **03** 在其他视图中观察，发现花瓶被移动到了小桌上面，如图3-26所示。

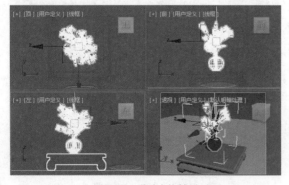

图 3-26 移动变换结果

> **小贴士**
>
> 由于三维空间的特殊性，在移动变换对象时要在每一个视图中移动并观察对象，以确保对象被移动到合适的位置。另外，在切换视图时要使用右键单击进行切换，以免对象脱离选择状态。

练一练

继续上一小节的操作，再次将花瓶从小桌上移动到平面对象上，如图3-27所示。

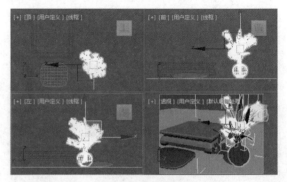

图 3-27 移动花瓶到平面对象上

操作提示

首先在前视图中沿Y轴将花瓶向下移动到平面对象上，然后在顶视图中沿X、Y平面将花瓶移出小桌。

3.2.2 旋转变换

扫一扫，看视频

可以围绕X、Y或Z轴自由旋转变换对象，旋转时可以设置旋转角度精确旋转，也可以旋转任意角度。

继续上一小节的操作，在顶视图中将坐垫沿Z轴旋转45°。

实例——在顶视图中将坐垫沿Z轴旋转45°

步骤 **01** 单击主工具栏中的 "角度捕捉切换"按钮使其高亮显示，然后右击打开【栅格和捕捉设置】对话框，在"选项"选项卡设置角度为45°，如图3-28所示。

步骤 **02** 关闭该对话框，激活主工具栏中的 ↻ "选择并旋转"按钮，在顶视图中沿Z轴拖曳鼠标，将茶壶旋转45°，如图3-29所示。

3ds Max 2020实用教程（微课视频版）

图 3-28　设置旋转角度

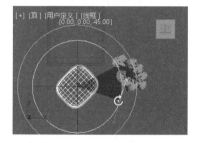

图 3-29　将坐垫旋转 45°

小贴士

旋转变换对象时，设置了旋转角度后一定要激活  "角度捕捉切换"按钮使其高亮显示，否则，设置的角度不起作用。另外，旋转时，即使是相同的变换轴以及角度，在不同的视图中旋转结果会有所不同。例如，在前视图中将坐垫沿Z轴旋转45°时，由于Z轴是垂直于视图的，其旋转结果如图3-30所示。而如果沿Y轴旋转对象，则效果如图3-31所示。

图 3-30　在前视图中沿 Z 轴 旋转	图 3-31　在前视图中沿 Y 轴 旋转

另外，旋转变换时是以对象的坐标中心为旋转中心进行旋转的，在实际工作中，用户可以根据具体情况调整对象的坐标中心，以达到满意的旋转变换效果。有关调整坐标中心的具体操作，在前面章节已经做了详细讲解，在此不再赘述。

练一练

继续上一小节的操作，在前视图中将小桌沿Y轴旋

转90°，结果如图3-32所示。

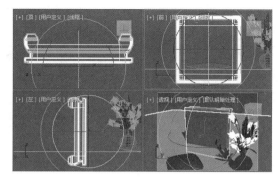

图 3-32　在前视图中将小桌沿 Y 轴旋转 90°

操作提示

（1）设置旋转角度为90°并高亮显示 "角度捕捉切换"按钮。

（2）激活 "选择并旋转"工具，在前视图中选定Y轴并拖曳进行旋转。

3.2.3　缩放变换

3ds Max 2020系统提供了3种缩放变换，分别是 "选择并均匀缩放"、 "选择并非均匀缩放"和 "选择与挤压"。

将光标移动到主工具栏中的 "选择并均匀缩放"工具按钮上，按住鼠标不松手，即可显示其他两种缩放按钮，移动光标到其他按钮上释放鼠标即可将其选择，如图3-33所示。

图 3-33　缩放变换工具

缩放变换对象时，所有缩放都是依靠缩放Gizmo来控制的，缩放 Gizmo 包括平面控制柄，以及通过Gizmo 自身拉伸的缩放反馈。使用平面控制柄可以执行"均匀""非均匀"缩放，而无须在主工具栏中更改选择。

继续上一小节的操作，将坐垫对象进行缩放变换。

实例——缩放变换坐垫对象

步骤 01 激活 "选择并均匀缩放"工具，在透视图中单击坐垫并将其选中，坐垫对象上出现缩放Gizmo。

步骤 02 移动光标到 Gizmo 中心处，向上拖曳放大坐垫，向下拖曳缩小坐垫，对坐垫进行均匀缩放，如图 3-34 所示。

图 3-34　缩放坐垫

步骤 03 继续移动光标到 XZ 平面或 YZ 平面控制柄上拖曳鼠标，对坐垫进行"非均匀"缩放，如图 3-35 所示。

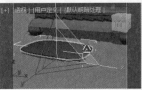

图 3-35　非均匀缩放

步骤 04 激活 ■ "选择与挤压"工具，沿 Z 轴拖曳鼠标对坐垫进行挤压缩放，如图 3-36 所示。

图 3-36　挤压缩放

 小贴士

挤压缩放时，会保持对象的总体尺寸不变，即在宽度增加时高度缩小，而在高度增加时宽度减小。

练一练

继续上一小节的操作，自己尝试对花瓶进行均匀、非均匀和挤压缩放，看看这三种缩放之间有什么区别。

3.2.4　变换输入

以上所学习的各种变换其实并不精确，不管是移动还是旋转或缩放，都是依靠个人感觉在进行变换，如果想更加精确地进行变换，则需要通过变换输入来完成。

扫一扫，看视频

将光标移动到各变换工具按钮上，右击即可打开【变换输入】对话框，对话框的标题反映了活动变换的内容，如图 3-37 所示。

图 3-37　变换输入对话框

变换输入对话框，可以输入绝对变换值或偏移值，大多数情况下，绝对和偏移变换使用活动的参考坐标系。使用世界坐标系的"局部"以及使用世界坐标系进行绝对移动和旋转的"屏幕"属于例外。此外，绝对缩放始终使用局部坐标系，该对话框标签会不断变化以显示所使用的参考坐标系。

使用变换输入方法进行对象变换的操作比较简单。例如，选择坐垫对象，右击激活透视图，在 ● "选择并旋转"工具上右击打开【旋转变换输入】对话框，在"偏移：世界"输入框输入"Z"为 30，按 Enter 键，则坐垫沿 Z 轴旋转了 30°，如图 3-38 所示。

图 3-38　将坐垫沿 Z 轴旋转 30°

3.3　镜像与克隆

镜像与克隆是 3ds Max 2020 复制对象的两种方式，通过这两种方式可以获得大小、形状完全相同的多个模型对象，这一节继续学习相关知识。

3.3.1　镜像与镜像克隆

镜像是指将对象沿一个轴进行翻转。镜像时还可以克隆对象，得到另一个形状、尺寸完全相同的对象。

扫一扫，看视频

打开"素材"/"选择并变换示例文件.max"场景文件，下面将茶壶沿 Y 轴镜像并克隆。

实例——将茶壶沿Y轴镜像并克隆

步骤 01 首先选择茶壶对象，激活主工具栏中的 ![img] "镜像"按钮打开【镜像：世界坐标】对话框，默认设置下是以"X"轴作为镜像轴，以"不克隆"的方式镜像茶壶，效果如图3-39所示。

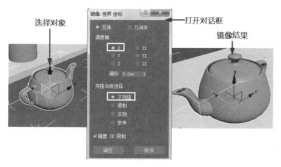

图3-39 镜像

小贴士

镜像对象时，首先必须选择对象，然后单击主工具栏中的 ![img] "镜像"按钮，才能打开【镜像：世界坐标】对话框。如果没有对象被选择，则无法执行【镜像】命令。另外，该对话框分为两部分内容：一部分是设置镜像轴的"镜像轴"选项，用于选择镜像轴；另一部分是"克隆当前选择"选项，用于设置镜像的方式。

步骤 02 在"克隆当前选择"选项中勾选"复制"选项，并向上拖动"偏移"滑块，调整镜像克隆的偏移距离，如图3-40所示。

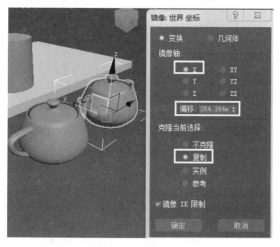

图3-40 镜像克隆

步骤 03 单击 确定 按钮，则茶壶被镜像并克隆了一个副本。

小贴士

"克隆当前选择"选项设置镜像的方式如下。

复制：镜像时会创建新的独立主对象，该对象具有原始对象的所有数据，但它与原始对象之间没有关系，修改源对象时不会对复制的对象产生影响。

实例：镜像时会创建新的独立主对象，该对象与原始对象之间具有关联关系，它们共享对象修改器和主对象，也就是说，修改"实例"对象时将会影响原始对象。

参考：镜像对象时创建与原始对象有关的克隆对象。同"实例"对象一样，"参考"对象至少可以共享同一个主对象和一些对象修改器。

偏移：设置克隆后对象的距离。例如，设置"偏移"值为400，则表示克隆对象与原对象之间的距离为400个绘图单位。

练一练

继续上一小节的操作，在前视图中将茶壶分别沿X轴和Y轴镜像克隆，结果如图3-41所示。

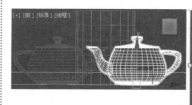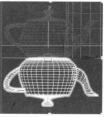

图3-41 在前视图中沿 X 轴和 Y 轴镜像克隆茶壶

操作提示

（1）选择茶壶并激活前视图，打开【克隆：世界坐标】对话框，在"镜像轴"选项中分别勾选"X"轴和"Y"轴，在"克隆当前选择"选项中勾选"复制"选项，镜像克隆。

（2）单击 确定 按钮确认。

3.3.2 移动克隆

移动克隆是指通过移动来克隆对象，这是一种较常用的克隆对象的方法。继续上一节的操作，在前视图中将茶壶沿X轴移动并克隆。

扫一扫，看视频

实例——沿X轴移动克隆茶壶对象

步骤01 激活 "选择并移动"工具，在前视图中选择茶壶对象，移动光标到X轴上，按住Shift键向右拖出另一个茶壶对象到合适的位置，如图3-42所示。

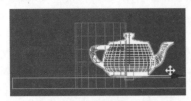

图3-42 拖出茶壶对象

步骤02 释放鼠标，打开【克隆选项】对话框，如图3-43所示。

图3-43 打开【克隆选项】对话框

步骤03 单击 确定 按钮关闭该对话框，完成移动克隆的操作。

小贴士

可在"对象"选项中选择克隆的方法，如果希望克隆多个对象，可以在"副本数"输入框中输入要克隆的对象数。另外，在"名称"输入框中为克隆对象命名。

练一练

继续上一小节的操作，在左视图中将茶壶沿X轴移动克隆3个，结果如图3-44所示。

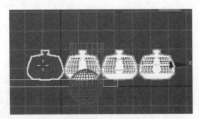

图3-44 在左视图中沿X轴移动克隆

操作提示

（1）激活 "选择并移动"工具，在左视图中选择茶壶并按住Shift键沿X轴向右移动克隆一个对象。

（2）释放鼠标，在【克隆选项】对话框中设置"副本数"为3，单击 确定 按钮确认。

3.3.3 旋转克隆

扫一扫，看视频

旋转克隆对象时，不仅需要设置旋转角度、数量，同时需要确定一个旋转中心点，该中心点既可以是对象自身的中心点，也可以是指定的中心点。

继续上一小节的操作，将球体以茶壶为中心旋转克隆12个。

实例——将球体以茶壶为中心旋转克隆12个

1. 设置角度与中心轴

旋转克隆对象时，首先要根据克隆数计算出每一个对象的旋转角度，同时还要指定一个中心轴。在本实例中，要将球体旋转克隆12个，那么每一个对象的旋转角度就应该是360°/12=30°，另外，还要为球体指定茶壶的中心为其旋转中心。

步骤01 激活 "角度捕捉切换"按钮并右击打开【栅格和捕捉设置】对话框，在"选项"选项卡中设置"角度"为30度，如图3-45所示。

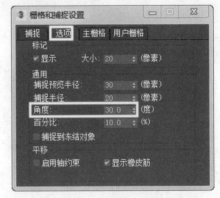

图3-45 设置旋转角度

步骤02 激活主工具栏中的 "选择并旋转"工具，在"视图"列表中选择"拾取"选项，并在顶视图中单击选择茶壶对象，指定坐标的参考中心为"茶壶"，如图3-46所示。

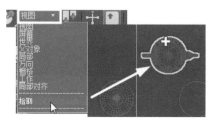

图3-46 拾取茶壶对象

步骤 03 此时显示"茶壶"为参考坐标，选择球体，在坐标中心列表将"参考中心"指定给球体，如图3-47所示。

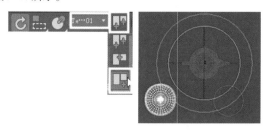

图3-47 指定球体的参考中心

2. 旋转克隆球体对象

下面对球体以茶壶的中心为旋转中心进行旋转克隆。

步骤 01 将光标移动到Z轴上，按住Shift键向右拖曳使其旋转30°，如图3-48所示。

步骤 02 释放鼠标打开【克隆选项】对话框，勾选"复制"选项，并设置"副本数"为11，如图3-49所示。

图3-48 旋转克隆

图3-49 设置克隆数

步骤 03 单击 确定 按钮，结果球体以茶壶为中心旋转克隆了11个，效果如图3-50所示。

> **小贴士**
>
> 在旋转克隆时，要根据具体要求，结合旋转角度计算出克隆的副本数。另外，在设置"副本数"时要比实际数少一个，这是因为克隆时总数会包含源对象。

练一练

继续上一小节的操作，在顶视图中将茶壶以球体为旋转轴旋转克隆5个，结果如图3-51所示。

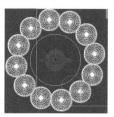

图3-50 旋转克隆球体结果

图3-51 旋转克隆茶壶

操作提示

（1）计算并设置旋转角度，然后为茶壶指定球体为其旋转中心。

（2）激活 ⟳ "选择并旋转"工具，在顶视图中选择茶壶并按住Shift键旋转克隆一个对象。

（3）释放鼠标，在【克隆选项】对话框中设置"副本数"为4，单击 确定 按钮确认。

> **小贴士**
>
> 缩放克隆的操作比较简单，也是按住Shift键进行缩放，释放鼠标后在【克隆选项】对话框中设置克隆数即可。缩放克隆不太常用，在此不再赘述，读者可以自己尝试操作。

3.4 阵列

阵列其实也是克隆对象的一种，只是这种克隆方式对于三种变换（移动、旋转和缩放）的每一种，可以为每个阵列中的对象指定参数或将该阵列作为整体为其指定参数。使用"阵列"获得的很多效果是使用其他技术无法获得的，这一节继续学习阵列对象的方法。

3.4.1 阵列及其【阵列】对话框设置

阵列包括一维阵列、二维阵列和三维阵列，通过设置1D、2D和3D的参数获得不同的阵列效果。如图3-52所示，依次是"1D"计数为6的一维阵列，"1D"计数为4、"2D"计数为4的二维阵列效果以及"1D"计数为4、"2D"计数为4、"3D"计数为2的三维阵列效果。

扫一扫，看视频

图 3-52　阵列效果

在创建阵列时，要注意以下几点。

（1）"阵列"与坐标系和变换中心的当前视口设置有关。

（2）"阵列"不应用轴约束，因为"阵列"可以指定沿所有轴的变换。

（3）可以为"阵列"创建设置动画。通过更改默认的"动画"首选项设置，可以激活所有变换中心按钮，可以围绕选择坐标中心或局部轴直接设置动画。

（4）要生成层次链接的对象阵列，请在单击"阵列"之前选择层次中的所有对象。

阵列时首先要选择一个对象，然后才能打开【阵列】对话框。重置场景并创建半径为20mm的球体，选择球体对象，进入"对象放置"选项卡，单击功能区中的"阵列"按钮打开【阵列】对话框，如图3-53所示。

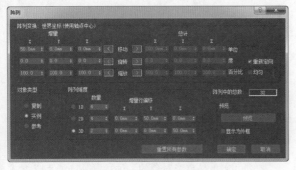

图 3-53　【阵列】对话框

【阵列】对话框提供了两个主要控制区域："阵列变换"区域和"阵列维度"区域，通过设置这两个区域的参数完成阵列克隆。

1. "阵列变换"区域

该区域列出了活动坐标系和变换中心。它定义第一行阵列的变换所在的位置，在此可以确定各个元素的距离、旋转或缩放以及所沿的轴。然后，以其他维数重复该行阵列，以便完成阵列。

对于每种变换，都可以选择是否对阵列中每个新建的元素或整个阵列连续应用变换。例如，如果将"增量"选项组中的"X<移动"设置为120.0和"阵列维度"组中的"1D"计数设置为3，则结果是三个对象的阵列，其

中每个对象的变换中心相距120.0个单位。但是，如果将"总计"组中的"X>移动"设置为120.0，则对于总长为120.0个单位的阵列，三个元素的间隔是40.0个单位。

单击变换标签任意一侧的箭头，以便从"增量"或"总计"中做选择。对于每种变换，可以在"增量"和"总计"之间切换。对一边进行设置时，另一边将不可用。但是，不可用的值将会更新，以显示等价的设置。

（1）"增量"设置。"增量"用于设置"移动""旋转"和"缩放"的参数。

- "移动"：设置对象沿X、Y、Z轴的移动距离，可以用当前单位设置。使用负值时，可以在该轴的负方向移动创建阵列。

- "旋转"：设置对象沿X、Y、Z轴的旋转角度以创建阵列。

- "缩放"：用百分比设置对象沿X、Y、Z轴缩放，100% 是实际大小，小于 100% 时会减小对象，高于 100% 时将会增大对象。

（2）"总计"设置。该设置可以应用于阵列中的总距、总度数或总百分比缩放。例如，如果"总计移动 X"设置为25，则表示沿着 X 轴第一个和最后一个阵列对象中心之间的总距离是 25 个单位；如果"总计旋转 Z"设置为30，则表示阵列中均匀分布的所有对象沿着 Z 轴总共旋转了30°。

2. "对象类型"设置

该设置用于阵列对象时使用的方式。

- "复制"：创建新阵列成员，以其作为原始阵列的副本。

- "实例"：创建新阵列成员，以其作为原始阵列的实例。

- "参考"：创建新阵列成员，以其作为原始阵列的参考。

3. "阵列维度"设置

使用"阵列维度"控件可以确定阵列中使用的维数和维数之间的间隔。

（1）"数量"。在"数量"选项设置每一维度的对象数、行数或层数。

- 1D：一维阵列可以形成3D 空间中的一行对象，1D 计数是一行中的对象数。这些对象的间隔是在"阵列变换"区域中定义的，效果如图3-52（左）所示。

- 2D：两维阵列可以按照两维方式形成对象的层，如棋盘上的方框行，2D 计数是阵列中的行数，效

3ds Max 2020实用教程（微课视频版）

果如图3-52（中）所示。

- 3D：三维阵列可以在3D空间中形成多层对象，如整齐堆放的长方体，3D计数是阵列中的层数，如图3-52（右）所示。

（2）"增量行偏移"。选择2D或3D阵列时，这些参数才可用。这些参数是当前坐标系中任意三个轴方向的距离。如果对2D或3D设置"计数"值，但未设置行偏移，将会使用重叠对象创建阵列。因此，必须至少指定一个偏移距离，以防这种情况的发生。

3.4.2 线性阵列

线性阵列是沿着一个或多个轴的一系列克隆。线性阵列包括1D线性阵列、2D线性阵列和3D线性阵列，其中1D线性阵列又包括1D移动阵列、1D旋转阵列。继续上一小节的操作，对球体进行线性阵列。

扫一扫，看视频

实例——线性阵列球体

1. 1D 线性阵列

下面通过1D线性阵列克隆5个球体。

步骤 01 在设置"增量"选项下的"移动"的X值为"50"，表示沿X轴方向进行移动，勾选"阵列维度"选项下的"1D"选项，并设置"数量"为5。

步骤 02 勾选"对象类型"选项下的"实例"选项，其他设置默认，单击 确定 按钮，阵列结果如图3-54所示。

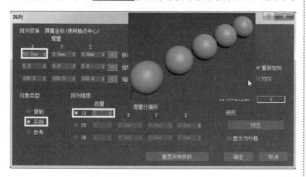

图3-54　1D线性阵列

2. 2D 线性阵列

2D线性阵列时需要设置1D和2D参数，继续上一小节的操作，将球体5行5列。

步骤 01 在设置"增量"选项下的"移动"的X值为"50"，

表示沿X轴方向进行移动，勾选"阵列维度"选项下的"1D"和"2D"选项，并分别设置"数量"均为5。

步骤 02 在"增量行偏移"选项设置"2D"的"Y"为50，表示对象沿Y轴方向移动距离为50，其他设置默认，单击 确定 按钮，阵列结果如图3-55所示。

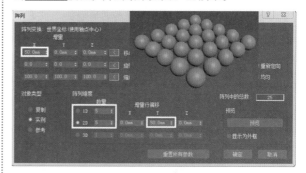

图3-55　2D线性阵列

3. 3D 线性阵列

3D线性阵列与2D线性阵列相似，不同的是除了需要设置1D、2D外，还需要设置3D，3D表示层数，3D阵列其实是三维阵列。继续上一小节的操作，将球体5行5列2层。

步骤 01 在设置"增量"选项下的"移动"的X值为"50"，表示沿X轴方向进行移动，勾选"阵列维度"选项下的"1D"和"2D"选项，并分别设置"数量"均为5，勾选"3D"选项并设置参数为2，表示层高为2。

步骤 02 在"增量行偏移"选项设置"2D"的"Y"为50，表示对象沿Y轴方向移动距离为50，设置"3D"的"Z"为50，表示对象沿Z轴方向移动距离为50，其他设置默认，单击 确定 按钮，阵列结果如图3-56所示。

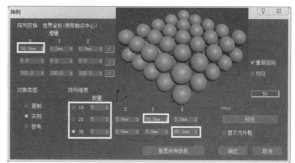

图3-56　3D线性阵列

> 🐶 **小贴士**
>
> 线性阵列对象时，要根据对象的尺寸来确定阵列

的位移距离，一般情况下，阵列的位移尺寸是由对象坐标原点开始算起的。例如在上节的实例操作中，球体的半径为20mm，我们设置了位移距离为50mm，阵列之后对象之间的实际距离就是50-20-20=10（mm），如果位移距离小于20mm，则阵列后球体会出现相互重叠的情况，用户在实际工作中移动要根据阵列对象的尺寸以及设计要求的距离来设置阵列的位移距离。

练一练

继续上一小节的操作，将球体3D线性阵列6行5列4层，各对象之间的距离保持为30个绘图单位，结果如图3-57所示。

图3-57　3D线性阵列球体

操作提示

根据球体半径尺寸设置X、Y和Z的位移尺寸，然后设置1D、2D和3D的参数，最后确认进行阵列。

注意，要保证各对象之间的距离保持为30个绘图单位，球体的半径为20，那么阵列的位移尺寸应该是多少呢？这一点要计算好。

3.4.3　环形阵列

扫一扫，看视频

环形阵列与旋转克隆有些相似，首先需要确定旋转的中心点，然后再设置旋转角度以及数量等。另外，旋转阵列时，同样可以设置2D阵列与3D阵列，2D阵列其实就是阵列2层，而3D阵列其实就是阵列3层，这与线性3D阵列相同。

打开"素材"/"环形阵列示例.max"文件，这是一个圆柱体和一个长方体模型，如图3-58所示，下面将长方体围绕圆柱体进行环形阵列，创建一个旋转楼梯，结果如图3-59所示。

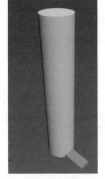

图3-58　圆柱体和长方体模型　　图3-59　环形阵列结果

实例——环形阵列创建旋转楼梯

步骤01 选择长方体对象，在主工具栏的"坐标系"列表中选择"拾取"选项，然后单击圆柱体确定坐标系为圆柱体，然后在主工具栏的"坐标中心"列表中选择 "使用变换坐标中心"按钮，如图3-60所示。

图3-60　设置中心与坐标系

步骤02 打开【阵列】对话框，设置"增量"选项下的"移动"的Z值为"5"，表示沿Z轴方向移动5个绘图单位；设置"增量"选项下的"旋转"的Z值为"18"，表示沿Z轴旋转18°，勾选"阵列维度"选项下的"1D"选项，并设置"数量"为40，其他设置默认，如图3-61所示。

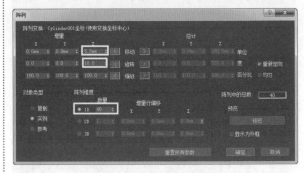

图3-61　设置阵列参数

步骤03 单击 确定 按钮，完成环形阵列，结果如图3-59所示。

通过以上操作发现，环形阵列其实与旋转复制很相似，区别在于环形阵列时设置了对象的高度为距离，使对象在旋转的同时增加高度，形成螺旋形的阵列效果。

3ds Max 2020实用教程（微课视频版）

练一练

继续上一小节的操作，在底层的长方体一端创建半径为2、高度为20的圆柱体，使用环形阵列命令将圆柱体环形阵列，制作楼梯栏杆，结果如图3-62所示。

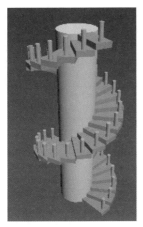

图3-62　环形阵列圆柱体

操作提示

根据长方体的位移高度、旋转角度、数量确定圆柱体的旋转角度、位移高度以及数量，并设置圆柱体的参照中心与坐标系进行环形阵列。

3.5 场景对象的其他操作

在3ds Max 2020三维操作中，除了以上所掌握的对象的操作之外，还有其他的操作，这些操作包括对齐、冻结、群组、隐藏等，这些操作也很重要，这一节继续学习这些操作技能。

3.5.1　对齐

对齐是指在三维空间将当前对象与目标对象在某一平面或某一位置进行对齐。对齐包括多种工具，按住主工具栏中的 "对齐" 按钮不松手，即可显示其他对齐工具按钮，包括 "快速对齐"、 "法线对齐"、 "对齐到摄像机"、 "对齐到视图" 以及 "放置高光" 等，这些对齐工具的使用方法基本相同。下面通过简单操作主要讲解 "对齐" 工具的使用，其他对齐工具大家可以自己尝试操作。

再次打开 "素材" / "三维场景示例文件.max" 文件，下面将球体对齐到圆柱体上。

扫一扫，看视频

实例——将球体对齐到圆柱体上

步骤 01 选择球体对象，单击主工具栏中的 "对齐" 按钮，在场景中单击圆柱体打开【对齐当前选择（Cylinder001）】对话框，如图3-63所示。

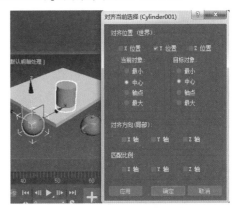

图3-63　【对齐当前选择（Cylinder001）】对话框

在该对话框中，主要包括以下内容。

- "对齐位置（世界）"组："X位置""Y位置""Z位置"用于指定要在其中执行对齐操作的一个或多个轴。启用所有三个选项可以将当前对象移动到目标对象位置。

- "当前对象" / "目标对象"组：指定对象边界框上用于对齐的点，可以为当前对象和目标对象选择不同的点。例如，可以将当前对象的轴点与目标对象的中心对齐。其中，"最小"是将具有最小 X、Y 和 Z 值的对象边界框上的点与其他对象上选定的点对齐；"中心"是将对象边界框的中心与其他对象上的选定点对齐；"轴点"是将对象的轴点与其他对象上的选定点对齐；"最大"是将具有最大 X、Y 和 Z 值的对象边界框上的点与其他对象上选定的点对齐。

- "对齐方向（局部）"组：这些设置用于在轴的任意组合上匹配两个对象之间的局部坐标系的方向。该选项与位置对齐设置无关。可以不管"位置"设置，使用"方向"复选框，旋转当前对象以与目标对象的方向匹配。位置对齐使用世界坐标，而方向对齐使用局部坐标。

- "匹配比例"组：使用"X 轴""Y 轴"和"Z 轴"选项可匹配两个选定对象之间的缩放轴值。该操作仅对变换输入中显示的缩放值进行匹配。这不一定会导致两个对象的大小相同。如果两个对象先前都未进行缩放，则其大小不会更改。

步骤 02 在"对齐位置（世界）"选项下勾选"X位置""Y位置"和"Z位置"选项，在"当前对象"和"目标对象"选项勾选"中心"，其他设置默认，此时球体自动与圆柱体的中心对齐，如图3-64所示。

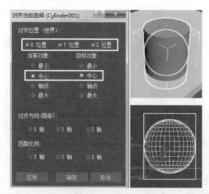

图3-64　对齐结果

步骤 03 单击 确定 按钮关闭该对话框，完成对齐的操作。

练一练

继续上一小节的操作，将茶壶的轴点与圆柱体的中心对齐，结果如图3-65所示。

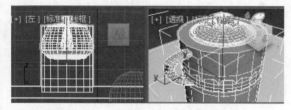

图3-65　茶壶的轴点与圆柱体的中心对齐

操作提示

（1）选择茶壶，激活【对齐】命令并单击圆柱体，打开【对齐】对话框。

（2）在"对齐位置（世界）"选项下勾选"X位置""Y位置"和"Z位置"选项，在"当前对象"选项勾选"轴点"，在"目标对象"选项勾选"中心"，其他设置默认，最后确认。

扫一扫，看视频

3.5.2　间距

间距是一个路径阵列命令，可以使对象沿路径进行阵列，方式有"定数等分"与"定距等分"两种，类似于AutoCAD中的点的【定数等分】和【定距等分】。

打开"素材"/"间距示例.max"场景文件，这是一个样条线和球体对象，如图3-66所示。下面我们沿样条线均匀分布10个球体，效果如图3-67所示。

图3-66　场景文件　　　　图3-67　间距结果

实例——将球体沿路径阵列

1. 定数等分

定数等分相当于使用对象将路径等分为多少段。下面将球体沿圆弧路径阵列10个，这相当于使用球体将圆弧等分为10段。

步骤 01 选择球体对象，进入"对象放置"选项卡，单击 ▦ "间距"按钮，打开【间隔工具】对话框，勾选"计数"选项，设置参数为10。

步骤 02 单击 Arc001 按钮，在场景中单击圆弧路径，结果球体沿圆弧路径均匀阵列为10个，如图3-68所示。

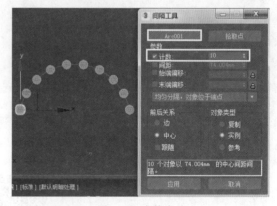

图3-68　定数阵列

2. 定距等分

定距等分相当于将对象按照固定的间距沿路径排列，下面将球体沿圆弧路径阵列，对象之间的距离为50。

步骤 01 继续上一小节的操作，勾选"间距"选项，并设置参数为50，表示每一个对象之间的距离为50。

3ds Max 2020实用教程（微课视频版）

步骤 02 单击 Arc001 按钮，在场景中单击圆弧，结果球体沿圆弧路径进行阵列，球体之间的距离为50个绘图单位，如图3-69所示。

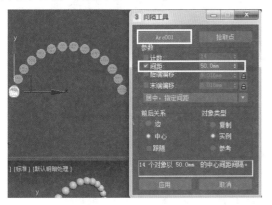

图3-69　定距阵列

小贴士

沿路径阵列对象时，还可以选择阵列的其他方式、设置阵列后的对象类型等，这些设置比较简单，在此不再详述，读者可以自己尝试操作。

练一练

继续上一小节的操作，将球体删除，在圆弧一端创建一个茶壶，然后将茶壶沿圆弧路径阵列6个，并使茶壶对齐到圆弧路径，结果如图3-70所示。

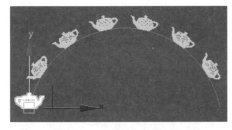

图3-70　3D线性阵列球体

操作提示

所谓对齐，是指茶壶的法线与圆弧对齐。选择茶壶并打开【间隔工具】对话框，勾选"计数"选项，设置参数为6，勾选下方的"跟随"选项，然后激活 Arc001 按钮，在场景中单击圆弧。

3.5.3　冻结与解冻

冻结是将对象暂存的有效方法，可以冻

结场景中的任一对象。默认情况下，无论是线框模式还是渲染模式，冻结对象都会变成深灰色。这些对象仍保持可见，但无法选择，因此不能直接进行变换或修改。冻结功能可以防止对象被意外编辑，并可以加速计算机运算速度。

冻结与解冻的操作非常简单，打开"素材"/"三维场景示例文件.max"文件，下面将茶壶冻结。选择茶壶对象并右击，选择【冻结选定对象】命令，此时茶壶显示灰色，在此尝试选择茶壶，结果不能选择，如图3-71所示。

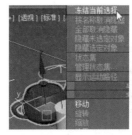

图3-71　冻结茶壶

小贴士

在场景中右击，选择【全部冻结】命令，则冻结场景中的所有对象，对象被冻结后不能进行任何操作，想要取消冻结，再次右击并选择【全部解冻】命令，则可以解冻被冻结的对象。

3.5.4　群组与解组

群组是指将两个以上的对象组合为一个成组对象，成组后的对象可以将其重命名，并像编辑其他对象一样对它们进行编辑。

继续上一小节的操作，选择茶壶、圆柱体、球体和长方体，执行【组】命令，打开【组】对话框，将组命名为"几何体"，如图3-72所示。

单击 确定 按钮，关闭该对话框，单击球体，发现其他几何体对象也被选择，这表示这几个几何体被群组，如图3-73所示。

图3-72　为组命名　　图3-73　群组后的对象

选择组对象，执行【组】/【解组】命令，即可将组对象解组。需要说明的是，如果执行【打开】命令，可以将组对象暂时打开，打开后可以对每一个对象单独编辑，编辑完成后执行【组】/【关闭】命令，此时对象又会成为组对象。

3.5.5　隐藏与取消隐藏

可以将对象隐藏，隐藏后对象在场景中消失，以加速计算机的运算速度。可以通过右键菜单执行隐藏命令。继续上一小节的操作，选择茶壶与圆柱体对象，右击并选择【隐藏选定对象】命令，此时茶壶与圆柱体消失，如图3-74所示。

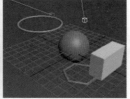

图3-74　隐藏茶壶与圆柱体

再次右击并选择【全部取消隐藏】命令，则隐藏的圆柱体和茶壶又显现出来了，如果选择【按名称取消隐藏】命令，会打开【取消隐藏对象】对话框，如图3-75所示。

图3-75　【取消隐藏对象】对话框

在对话框中选择要取消隐藏的对象，单击 取消隐藏 按钮，即可取消对象的隐藏。

小贴士

在【场景资源管理器】对话框中，单击对象名称前面的 👁 图标，图标显示黑色，则该对象被隐藏，再次单击该图标，图标亮显，则对象取消隐藏。

3.6　职场实战——在小桌周围快速布置坐垫

打开"素材"/"变换对象01.max"场景文件，该三维场景中有一个小桌、一个坐垫和一瓶花，如图3-76所示。

下面我们向小桌周围快速布置4个坐垫，并将花移动到小桌上，结果如图3-77所示。

图3-76　场景文件　　　图3-77　布置结果

1. 布置坐垫

下面首先在小桌周围布置4个坐垫。要想让坐垫整齐地布置到小桌四周，最快的方法就是使用旋转克隆或者旋转阵列的方法，以小桌中心为旋转中心，将坐垫旋转90°并克隆。但不管采用哪种方法，都要首先设置坐标中心，下面就来设置坐标中心。

步骤01 选择坐垫对象，在主工具栏的"视图"列表中选择"拾取"选项，并在视图中单击小桌对象，指定坐标的参考中心为"小桌"，然后在坐标中心列表中将"参考中心"，此时坐垫将以小桌的中心为自身中心，如图3-78所示。

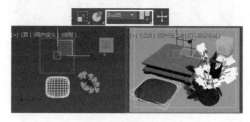

图3-78　设置坐标中心

下面采用【阵列】的方式对坐垫进行旋转阵列，将其快速布置到小桌四周。

步骤02 选择坐垫，进入"对象放置"选项卡，单击功能区中的 📊 "阵列"按钮，打开【阵列】对话框，在"增量"选项中设置"旋转"的"Z"角度为90°，在"阵列维度"选项中勾选"1D"选项，并设置参数为4，其他默认，如图3-79所示。

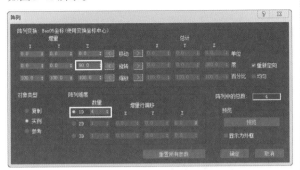

图 3-79　设置【阵列】参数

步骤 03 单击 ■ 确定 按钮,结果坐垫被均匀地布置到了小桌四周,如图3-80所示。

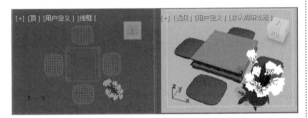

图 3-80　布置坐垫

2. 调整花瓶

坐垫布置好后,下面将花与花瓶调整到小桌上面,该操作比较简单。

步骤 01 激活主工具栏中的 ✛ "选择并移动"工具,在顶视图中单击选择花对象,然后移动光标到约束轴的X/Y轴上,将花与花瓶拖到小桌上方位置,如图3-81所示。

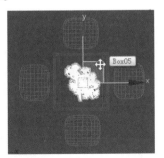

图 3-81　在顶视图中移动花到小桌上

步骤 02 继续在前视图中定位光标到Y轴向上拖曳,将花瓶移动到小桌上方,如图3-82所示。

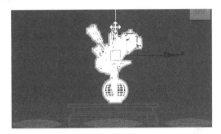

图 3-82　在前视图中移动花到小桌上

步骤 03 这样就完成了所有操作,在其他视图观察,整体效果如图3-83所示。

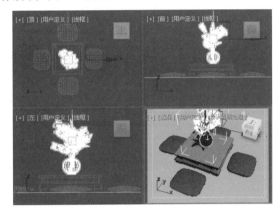

图 3-83　调整效果

步骤 04 执行【文件】/【另存为】命令,将该场景保存为"职场实战——向小桌四周快速布置坐垫.max"文件。

Chapter
04
第4章

三维基本体建模

本章导读：

    3ds Max 2020中有多种建模方法，其中三维基本体建模是最简单的一种方法，它通过对三维基本体进行简单的参数修改即可创建三维场景模型。本章学习三维基本体建模的相关知识。

本章主要内容如下：

- 标准基本体建模；
- 扩展基本体建模；
- 创建门、窗和楼梯模型；
- AEC扩展建模；
- 综合练习——创建儿童乐园卡通场景；
- 职场实战——创建老榆木沙发、茶几组合。

4.1 标准基本体建模

在3ds Max 2020中，标准基本体都是常见的一些物体，如长方体、圆柱体、圆锥体、球体、圆环等，使用这些对象可以直接创建一些简单的三维场景模型，如三维场景地面、墙体、立柱等。本节学习标准基本体建模的方法。

4.1.1 长方体建模

使用【长方体】命令生成最简单的基本长方体模型，立方体是长方体的唯一变量。在3ds Max 2020三维设计中，长方体的应用最广泛，许多复杂三维模型都是通过长方体编辑创建来的。下面创建长度为1000mm、宽度为1000mm、高度为10mm的长方体作为三维场景地面，学习长方体建模的方法。

扫一扫，看视频

实例——创建长度为1000mm、宽度为1000mm、高度为10mm的底面模型

步骤 01 单击命令面板中的 ➕ "创建"按钮进入创建面板，再单击 ⭕ "几何体"按钮，在其列表中选择"标准基本体"选项。

步骤 02 展开【对象类型】卷展栏，激活 长方体 按钮，在透视图中拖曳，以定义长方体的底部矩形尺寸，如图4-1所示。

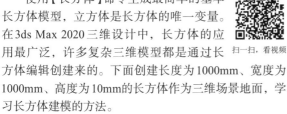

图4-1 定义长方体底面矩形

步骤 03 上下移动鼠标定义长方体的高度，然后单击鼠标创建长方体，如图4-2所示。

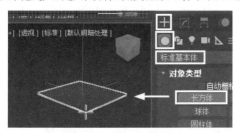

图4-2 创建长方体

步骤 04 单击命令面板中的 ✎ "修改"按钮进入修改面板，展开【参数】卷展栏，修改长方体的"长度""宽度"为1000mm，"高度"为10mm，结果如图4-3所示。

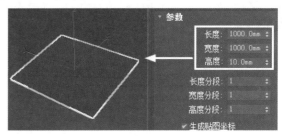

图4-3 修改参数

- "长度""宽度""高度"：分别设置长方体的长度、宽度和高度。
- "长度分段""宽度分段""高度分段"：分别设置长方体的长度、宽度和高度的段数。所谓"段数"，就是将长、宽、高分为几段，图4-4是"长度分段""宽度分段""高度分段"分别为3和10的效果比较。

小贴士

在对长方体添加修改器进行编辑时，设置分段很有必要，这样会使编辑效果更出色，但一般情况下，建议在不影响模型外观效果的前提下不设置分段数或设置更低的分段数，以减少场景的点、面数，加快程序的运算速度。

练一练

自己尝试创建长、宽、高均为300mm的立方体，如图4-5所示。

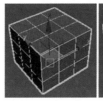

图4-4 分度数效果比较　　图4-5 创建立方体

操作提示

创建任意尺寸的长方体，进入【修改】面板，在"参数"卷展栏中修改长、宽、高的参数。

4.1.2　圆柱体建模

扫一扫，看视频

使用【圆柱体】命令生成圆柱体基本模型，创建各种柱类模型，如房屋的立柱、圆柱形沙发、茶几腿等。继续4.1.1小节的操作，创建半径为50mm、高度为100mm的圆柱体模型。

实例——创建半径为50mm、高度为100mm的圆柱体模型

步骤 01 在【对象类型】卷展栏中激活 圆柱体 按钮，在透视图中拖曳以定义圆柱体的底面半径，如图4-6所示。

步骤 02 上下移动鼠标以定义圆柱体的高度，单击鼠标创建圆柱体，如图4-7所示。

　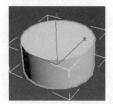

图 4-6　定义圆柱体的底面半径　　图 4-7　创建圆柱体

步骤 03 单击命令面板中的 "修改"按钮进入修改面板，展开【参数】卷展栏，修改"半径"为50mm、"高度"为100mm，结果如图4-8所示。

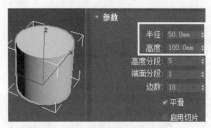

图 4-8　修改圆柱体参数

● 边数：设置圆柱体的边，边决定了圆柱体的圆度，值越高，圆柱体越圆，反之会成为多面体，图4-9是"边数"为8和20时的效果。

图 4-9　边数效果比较

● 启用切片：设置"切片起始位置"和"切片结束位置"参数，生成扇形柱体模型，如图4-10所示。

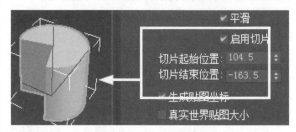

图 4-10　"启用切片"效果

● 高度分段、端面分段：设置圆柱体的高度与端面的分段，这与长方体的分段效果相同。

练一练

继续4.1.1小节的操作，自己尝试创建"半径"为300mm、"高度"为10mm、"边数"为8的圆柱体模型，并启用切片，设置"切片起始位置"和"切片结束位置"分别为150和-150，结果如图4-11所示。

图 4-11　创建的圆柱体模型

操作提示

创建任意尺寸的圆柱体，在"参数"卷展栏中修改半径、高度、边数并设置切片参数。

4.1.3　球体建模

扫一扫，看视频

使用【球体】命令生成完整的圆球、半球体或球体的其他部分。另外，还可以围绕球体的垂直轴对球体进行"切片"，以生成其他模型效果。继续4.1.2小节的操作，创建半径为50mm的球体。

实例——创建半径为50mm的球体模型

步骤 01 在【对象类型】卷展栏中激活 球体 按钮，在透视图中拖曳鼠标创建球体，如图4-12所示。

步骤 02 单击命令面板中的 "修改"按钮进入修改面板，展开【参数】卷展栏，修改"半径"为50mm，结果

3ds Max 2020实用教程（微课视频版）

如图4-13所示。

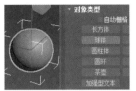 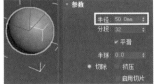

图4-12　创建球体　　　　图4-13　修改半径

球体看似简单，但参数设置较多，具体如下。

- 分段：决定球体的圆度，值越大球体越圆，如图4-14所示。
- 半球：设置参数创建半球，如图4-15所示。

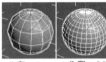

图4-14　分段效果　　　　图4-15　半球效果

- 切除/挤压：创建半球时，"切除"会将半球的其他边进行切除，而"挤压"在生成半球时会将其他边挤压到未切除的部分。
- 启用切片：勾选该选项，设置切片的开始与结束值，创建另一种球体，如图4-16所示。
- 轴心在底部：该选项控制球体的轴心，默认下轴心在球体的中心，勾选该选项后，轴心位于球体的底部，如图4-17所示。

 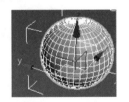

图4-16　切片效果　　　　图4-17　设置轴心在底部

4.1.4　加强型文本建模

【加强型文本】是一个创建三维文本的命令，可以对文本进行挤出、倒角等编辑，以创建三维文本。继续上一小节的操作，下面来创建内容为"3ds Max 2020"的三维文本。

扫一扫，看视频

实例——创建三维文本

步骤 01 在【对象类型】卷展栏中激活 加强型文本 按钮，向上推动面板，在"参数"卷展栏下的输入框中输入3ds

Max 2020的文本内容，在透视图中单击创建文本，如图4-18所示。

图4-18　创建文本

步骤 02 单击命令面板中的 "修改"按钮进入修改面板，展开【插值】卷展栏，勾选"自适应"选项，这样系统会自动根据需要设置步数，以优化文字效果。

> 小贴士
>
> "步数"决定了文字的效果，"步数"值越高，文字越平滑，但"步数"过多会增加场景的点和面，影响计算机的运算和渲染输出。勾选"自适应"选项后，系统会自动选择合适的步数，使文字达到最佳效果。

步骤 03 展开【布局】卷展栏，选择文本的平面，有XY、XZ和YZ，在"参数"卷展栏中选择字体，设置文字大小、间距等参数，如图4-19所示。

图4-19　设置文字

步骤 04 展开【几何体】卷展栏，勾选"生成几何体"选项，然后设置"挤出"参数挤出文字，勾选"应用倒角"选项，并设置"倒角深度"以及其他参数，制作文字倒角，如图4-20所示。

图4-20　挤出与倒角文字

步骤 05 单击 倒角剖面编辑器 按钮，在打开的【倒角剖面编辑器】对话框的斜线上单击添加点并调整点的位置，对倒角进行精确编辑，如图4-21所示。

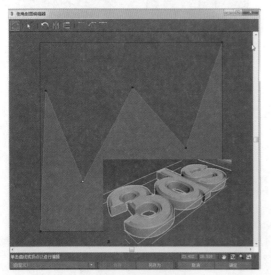

图4-21 调整倒角参数

步骤 06 单击 显示高级参数 按钮显示更多的参数，对文本倒角效果进行调整，展开"动画"卷展栏，可以将倒角设置为动画，如图4-22所示。

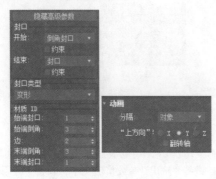

图4-22 调整倒角的更多参数

步骤 07 调整完成后，调整视图查看三维文字效果，如图4-23所示。

图4-23 三维文字效果

小贴士

"加强型文本"参数设置看似繁多，但都比较简单，

其设置与一般的文本设置相似，在此不再讲解，读者可以自己尝试操作。

练一练

继续4.1.3小节的操作，使用【加强型文本】创建内容为"微课视频版"的三维文字，并进行倒角处理，结果如图4-24所示。

微课视频版

图4-24 三维文本效果

4.1.5 其他标准基本体建模

扫一扫，看视频

除以上讲的这些标准基本体建模外，还有其他标准基本体，包括圆环、圆锥、几何球体、管状体、四棱锥以及平面，这些标准基本体的建模方法基本相同，但也有个别标准基本体略有不同，具体如下。

1. 球体与几何球体

从表面看，球体的面是四边形，而几何球体的面则是三角形，如图4-25所示。另外，球体是旋转体，可以通过切片形成半圆球，而几何球体属于多面体，可以生成四面、八面、十二面等多种多面的球体，如图4-26所示。

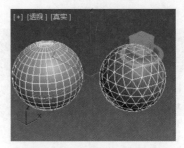

图4-25 球体与几何球体

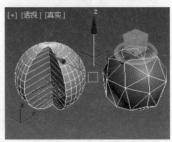

图4-26 球体与几何球体比较

2. 圆柱体与圆锥体

圆柱体两端半径相同，而圆锥体的两端半径不同，如图4-27所示。

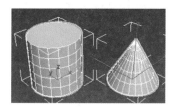

图4-27　圆柱体与圆锥体

3. 长方体与平面

长方体有长、宽、高三个参数，而平面只有长和宽，如图4-28所示。

图4-28　长方体与平面

4. 其他

管状体是一个空心的圆柱体；四棱锥的顶面缩为一点，而长方体的顶面为一个面。除此之外，茶壶是标准基本体中的一个另类，其创建简单但内部结构较复杂，通常作为三维设计中测试场景、材质、灯光以及渲染使用，如图4-29所示。

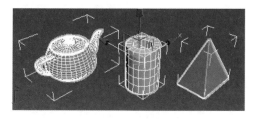

图4-29　茶壶、管状体与四棱锥

4.2　扩展基本体建模

从外表看，扩展基本体与标准基本体基本相似，但扩展基本体其实是标准基本体的复杂集合。因此，扩展基本体的创建方法与标准基本体完全不同，本节继续学习扩展基本体建模的方法。

4.2.1　切角长方体

切角长方体由长方体演变而来，与长方体不同的是，切角长方体除了具有长方体所有的参数设置与特性外，其"圆角"和"圆角分段"设置使长方体具有了"圆角"特性。

扫一扫，看视频

与创建长方体相同，创建切角长方体之后可以进入【修改】面板，通过修改各参数创建圆角或倒角边的长方体对象，下面使用切角长方体创建席梦思床垫模型。

实例——创建席梦思床垫模型

步骤 01 单击命令面板中的 ➕ "创建"按钮进入创建面板，单击 ◯ "几何体"按钮，在其列表中选择"扩展基本体"选项。

步骤 02 展开【对象类型】卷展栏，激活 切角长方体 按钮，在透视图中拖曳以定义切角长方体的底部矩形尺寸，如图4-30所示。

步骤 03 释放鼠标，向上或向下拖曳定义高度，单击鼠标，继续拖曳定义切角，最后单击创建切角长方体，如图4-31所示。

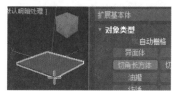 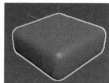

图4-30　定义底面矩形　　　图4-31　创建切角长方体

步骤 04 选择创建的切角长方体对象，单击命令面板中的 ☑ "修改"按钮进入修改面板，展开其【参数】卷展栏修改参数，修改"长度"为2000mm、"宽度"为1500mm、"高度"为100mm、"圆角"为5mm、"圆角分段"为3，其他设置默认，如图4-32所示。

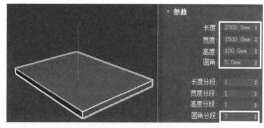

图4-32　修改床垫的参数

这样就完成了该席梦思床垫的创建。其实，切角长方体的大多数参数设置与长方体完全相同。

● 长度、宽度、高度：分别设置切角长方体的长度、宽度和高度。

● 圆角：设置切角长方体的圆角度，该值越大，切角长方体的圆角越明显；反之，圆角不明显，如图4-33所示。

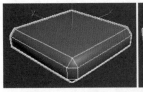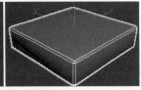

图4-33　圆角效果比较

● 长度分段、宽度分段、高度分段：分别设置切角长方体的长度、宽度和高度的段数。

● 圆角分段：设置切角长方体圆角的分段数，数值越大，圆角越平滑；反之，圆角不平滑，如图4-34所示。

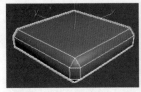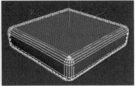

图4-34　圆角分段效果比较

练一练

使用切角长方体创建坐墩模型，长度、宽度、高分别为100mm、100mm、100mm，圆角为5，圆角分段为5。

4.2.2　切角圆柱体建模

扫一扫，看视频

切角圆柱体由圆柱体演变而来，除了具有圆柱体的所有特征与参数设置外，还包括"圆角"和"圆角分段"设置，从而使圆柱体具有切角效果。创建切角圆柱体后，进入【修改】面板，设置"圆角""圆角分段"以及其他值，以创建圆角或倒角边的圆柱体对象。下面使用切角圆柱体创建"半径"为30mm、"高度"为10mm、"圆角"为5、"圆角分段"为5的圆形坐垫模型。

实例——创建圆形坐垫模型

步骤01 继续4.2.1小节的操作，在【对象类型】卷展栏中激活 切角圆柱体 按钮，在透视图中拖曳鼠标以定义切角圆柱体的底面圆，如图4-35所示。

图4-35　定义底面圆

步骤02 释放鼠标，向上或向下拖曳定义切角圆柱体的高度，单击鼠标，然后继续拖曳定义切角，再单击鼠标完成切角圆柱体的创建，如图4-36所示。

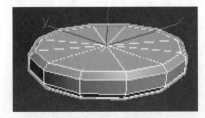

图4-36　创建切角圆柱体

步骤03 选择切角圆柱体对象，单击 "修改"按钮进入修改面板，展开【参数】卷展栏修改参数，修改"半径"为30mm、"高度"为10mm、"圆角"为5mm、"圆角分段"为5、"边数"为20，其他设置默认，如图4-37所示。

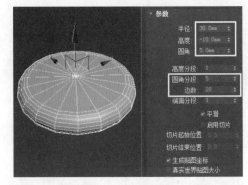

图4-37　修改参数

小贴士

切角圆柱体的大多数参数设置与圆柱体完全相同，其"圆角""圆角分段"的设置与"切角长方体"的设置相同，在此不再赘述，读者可以参阅前面章节的内容，自己尝试操作。

练一练

使用"切角圆柱体"创建"半径"为800mm、"边数"

3ds Max 2020实用教程（微课视频版）

为32、"圆角"为2的圆桌桌面模型，结果如图4-38所示。

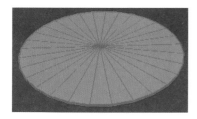

图4-38　创建圆桌桌面模型

4.2.3　L-Ext与C-Ext建模

　　L-Ext与C-Ext是两种比较特殊的扩展体，可以创建L形以及C形墙体或其他三维对象，这两种扩展体的创建方法比较简单。

扫一扫，看视频

　　执行【导入】/【导入】命令，选择"素材"目录下的"建筑墙体平面图.dwg"文件，将其导入三维场景中，如图4-39所示。

图4-39　导入CAD文件

　　下面在CAD图形中创建建筑墙体，学习L-Ext与C-Ext建模的方法。

实例——创建建筑墙体

步骤 01 选择导入的CAD图形文件，右击并选择【冻结选定对象】命令，将该图形冻结。

步骤 02 在透视图中将CAD图形放大显示，在【对象类型】卷展栏中激活 切角圆柱体 按钮，在透视图中依照CAD图形的墙体拖曳鼠标，以定义L形墙体的宽度和形状，如图4-40所示。

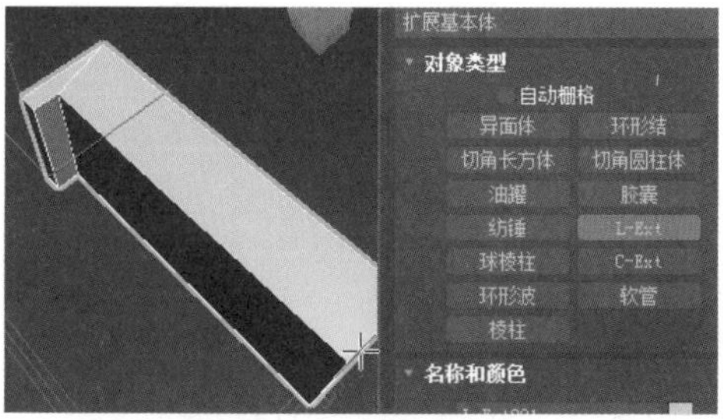

图4-40　创建L形墙体外形

步骤 03 释放鼠标并向上或向下移动鼠标定义高度，单击并移动鼠标定义宽度，再次单击创建L形墙体，如图4-41所示。

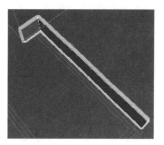

图4-41　创建L形墙体

　　下面调整L形墙体的参数。建筑设计中，墙体的宽度一般为240mm、高度一般为3000mm。下面设置墙体的宽度、高度以及长度等参数。

步骤 04 单击 "修改"按钮进入修改面板，在【参数】卷展栏中修改"侧面长度"为-5555mm、"前面长度"为715mm、"侧面宽度"与"前面宽度"均为240mm、"高度"为3000mm，其他设置默认，如图4-42所示。

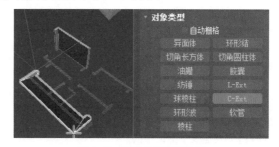

图4-42　设置墙体参数

　　这样就完成了该L形墙体的创建。下面继续创建C形墙体。

步骤 05 在【对象类型】卷展栏中激活 C-Ext 按钮，在透视图中依照CAD图形的C形墙体拖曳鼠标，以定义C形墙体的外形，如图4-43所示。

图4-43　创建C形墙体外形

步骤 06 释放鼠标并向上或向下移动鼠标定义高度，单击并移动鼠标定义宽度，再次单击创建L形墙体，如图4-44所示。

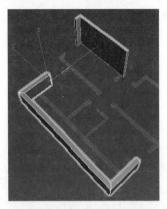

图 4-44 创建 C 形墙体外形

步骤 07 单击 "修改" 按钮进入修改面板，在【参数】卷展栏中修改 "侧面长度" 为–10123mm、"前面长度" 和 "背面长度" 均为–1164mm、"背面宽度" "侧面宽度" 与 "前面宽度" 均为240mm、"高度" 为3000mm，其他设置默认，如图4-45所示。

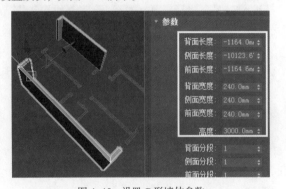

图 4-45 设置 C 形墙体参数

这样就完成了C形墙体的创建，调整各视图查看效果。

小贴士

L-Ext与C-Ext的参数设置都非常简单，其 "分段数" 用于设置各段的分段，这和其他模型的分段设置与效果相同。一般情况下，作为建筑墙体，其 "分段数" 采用系统默认值即可。

练一练

继续4.2.2小节的操作，自己尝试使用【L-Ext】与【C-Ext】创建建筑平面图中的其他墙体模型。注意，其墙体的宽度均为240mm，高度均为3000mm，其他

参数可以根据墙体的具体长度确定。另外，不是使用【L-Ext】与【C-Ext】创建的墙体可以使用 "长方体" 模型替代，结果如图4-46所示。

图 4-46 创建建筑墙体模型

4.2.4 其他扩展基本体建模

扫一扫，看视频

其他扩展基本体包括异面体、环形结、油罐、胶囊、纺锤、球棱柱、环形波以及棱柱、软管，这些扩展体形状不同，其创建方法也各异，但都比较简单。

在此不再赘述，读者可以自己尝试使用这些扩展基本体创建其他三维模型。

4.3 创建门、窗和楼梯模型

门、窗和楼梯是建筑设计中不可缺少的建筑构件，3ds Max 2020提供了各种门、窗和楼梯模块，用户可以对这些模块的参数进行修改，以满足实际工作的需要。本节学习创建门、窗和楼梯的相关知识。

4.3.1 创建门

扫一扫，看视频

在3ds Max 2020中，门的种类有3种，分别是枢轴门、推拉门、折叠门。下面分别学习这3种门的建模方法。

首先打开 "素材" / "建筑墙体模型.max" 文件，这是一个建筑墙体三维模型，墙体上留有门窗洞，如图4-47所示。

本小节首先在门洞位置创建门三维模型。

实例——在门洞位置创建门三维模型

1. 创建枢轴门

步骤 01 在 "几何体" 列表中选择 "门" 选项。在【对象类型】卷展栏中激活 枢轴门 按钮，在顶视图中墙

体右侧的门洞位置由上向下拖曳鼠标确定门的宽度，如图4-48所示。

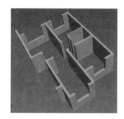 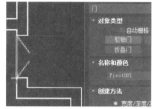

图 4-47　建筑墙体三维模型　　　图 4-48　确定门的宽度

步骤 02 左右移动鼠标确定门的厚度，单击并再次移动鼠标确定门的高度，单击鼠标完成枢轴门的创建，如图4-49所示。

步骤 03 进入修改面板，在【参数】卷展栏中调整门的"宽度"为1000mm、"高度"为2000mm、"深度"为100mm，如图4-50所示。

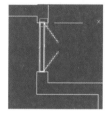 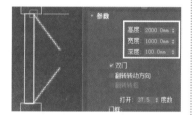

图 4-49　创建枢轴门　　　图 4-50　设置参数

步骤 04 取消"双门"选项的勾选，使其成为单开门，之后设置"打开""门框"参数以及"页面参数"参数，其他设置默认，如图4-51所示。

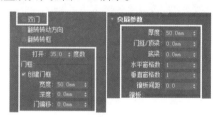

图 4-51　设置相关参数

步骤 05 调整透视图，查看门的效果，如图4-52所示。

图 4-52　创建的枢轴门

小贴士

枢轴门的参数设置繁多，但其内容比较简单，在此不再一一介绍，读者可以自己尝试进行设置操作。

2. 创建推拉门

推拉门的创建方法与枢轴门的创建方法相同，下面继续在另一个门洞位置创建推拉门。

步骤 01 继续上一小节的操作，在【对象类型】卷展栏中激活 推拉门 按钮，在顶视图中室内门洞位置由左向右拖曳鼠标确定门的宽度，释放鼠标，移动光标确定宽度，单击并再次移动鼠标确定高度，单击完成推拉门的创建，如图4-53所示。

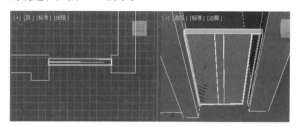

图 4-53　创建推拉门

步骤 02 进入修改面板，展开【参数】和【页面参数】卷展栏，设置推拉门的相关参数，其他设置默认，如图4-54所示。

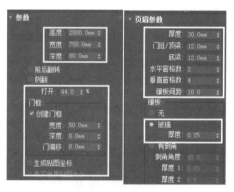

图 4-54　设置推拉门参数

步骤 03 在透视图中调整视角，查看创建的推拉门效果，如图4-55所示。

小贴士

推拉门的参数设置与枢轴门相似，在此不再一一介绍，读者可以自己进行设置。

练一练

除前面所学的两种门外，还有一种折叠门，该门的创建方法与推拉门和枢轴门的创建方法相同。读者自己尝试在墙体门洞位置创建一个折叠门，结果如图4-56所示。

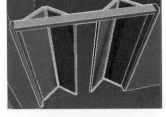

图4-55　创建推拉门　　　　图4-56　创建折叠门

操作提示

在顶视图中依照门洞位置定位门的宽度、厚度、高度，进入修改面板，依照门的实际尺寸调整折叠门的其他参数。

4.3.2　创建窗

扫一扫，看视频

3ds Max 2020中共有6类窗，分别是遮篷式窗、平开窗、固定窗、旋开窗、伸出式窗和推拉窗。下面介绍在墙体窗洞位置创建窗模型。

实例——在墙体窗洞位置创建窗

1. 创建遮篷式窗

步骤01 在 "几何体" 列表中选择 "窗" 选项。在【对象类型】卷展栏中激活 遮篷式窗 按钮，在顶视图中墙体下方窗洞位置水平拖曳确定窗的宽度，释放鼠标并移动，确定窗的厚度，单击并移动鼠标确定窗的高度，再次单击创建遮篷式窗。

步骤02 激活 "选择并移动" 工具，在前视图中选择窗对象，沿Y轴上方将窗移动到窗台上方位置，调整视图查看效果，如图4-57所示。

图4-57　创建遮篷式窗

步骤03 进入修改面板，展开【参数】卷展栏，依据窗洞大小设置遮篷式窗的各个参数，完成遮篷式窗的创建，如图4-58所示。

图4-58　设置遮篷式窗的参数

> **小贴士**
>
> 遮篷式窗的参数设置比较简单，在此不再详述，读者可以自己尝试操作。

2. 创建推拉窗

步骤01 继续4.3.1小节的操作。在【对象类型】卷展栏中激活 推拉窗 按钮，在顶视图中墙体下方右侧窗洞位置水平拖曳确定窗的宽度，释放鼠标并移动，确定窗的厚度，单击并移动鼠标确定窗的高度，再次单击创建遮篷式窗。

步骤02 激活 "选择并移动" 工具，在前视图中选择窗对象，沿Y轴将窗移动到窗台上方位置，调整视图，查看效果，如图4-59所示。

图4-59　创建推拉窗

步骤03 进入修改面板，展开【参数】卷展栏，依据窗洞大小设置推拉窗的各个参数，完成推拉窗的创建，如图4-60所示。

图4-60　设置推拉窗参数

练一练

除以上创建的这两种窗外，还有其他4种窗，这些窗的创建方法都相同。下面请读者自己尝试创建其他4种窗，结果如图4-61所示。

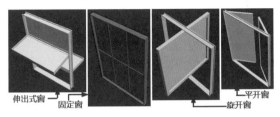

图 4-61 其他 4 种窗

操作提示

在顶视图中依据窗洞大小创建窗，在前视图中调整高度，在透视图中设置参数并查看效果。

4.3.3 创建楼梯

楼梯也是建筑设计中不可或缺的构件，3ds Max 2020中的楼梯类型有4种，分别是直线楼梯、L型楼梯、U型楼梯以及旋转楼梯，这为使用3ds Max 2020进行建筑设计提供了极大的便利。本小节继续学习创建楼梯模型。

扫一扫，看视频

实例——创建楼梯模型

1. 创建直线楼梯

直线型楼梯类似一条直线，其参数设置比较简单。

步骤 01 在 ⬤ "几何体"列表中选择"窗"选项，在【对象类型】卷展栏中激活 `直线楼梯` 按钮，在顶视图中拖曳鼠标确定楼梯的长度，释放鼠标并移动，确定楼梯的宽度，单击并继续移动确定楼梯的高度，再次单击创建楼梯模型，如图4-62所示。

图 4-62 绘制直线楼梯

步骤 02 进入修改面部，展开【参数】卷展栏，在"类型"列表中选择楼梯类型，除了默认的"开放式"外，还有"封闭式"和"落地式"，如图4-63所示。

图 4-63 楼梯类型

步骤 03 继续展开【支撑梁】【栏杆】和【侧弦】卷展栏，设置楼梯的相关参数，其各卷展栏参数设置如图4-64所示。

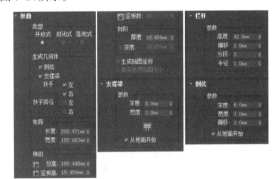

图 4-64 楼梯参数设置

步骤 04 设置后的楼梯效果如图4-65所示。

图 4-65 直线型楼梯

2. 创建 U 型楼梯

U型楼梯类似一个U字，分为两层结构。

步骤 01 继续4.3.2小节的操作。将光标移动到Z轴上，在【对象类型】卷展栏中激活 `U 型楼梯` 按钮，在顶视图中拖曳鼠标确定楼梯的长度，释放鼠标并移动，确定楼梯的宽度，单击并继续移动确定楼梯的高度，再次单击创建楼梯模型，如图4-66所示。

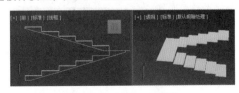

图 4-66 创建 U 型楼梯

步骤 02 进入修改面板，展开【参数】卷展栏，在"类型"列表中选择楼梯类型，除了默认的"开放式"外，还有"封闭式"和"落地式"，如图4-67所示。

图4-67　两种类型的楼梯

步骤 03 继续展开【支撑梁】【栏杆】和【侧弦】卷展栏，设置楼梯的相关参数，其各卷展栏参数设置如图4-68所示。

图4-68　楼梯参数设置

小贴士

U型楼梯的参数设置与直线楼梯的参数设置基本相同，可以设置楼梯的支撑臂、栏杆、跨度、高度等，这些设置比较简单，在此不再逐一讲解，读者可以自己尝试操作。

3. L型楼梯与旋转楼梯

这两种楼梯的创建方法与其他楼梯的创建方法完全相同，其效果如图4-69所示。

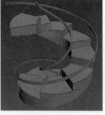

图4-69　L型楼梯与旋转楼梯

创建楼梯模型后，可以进入修改面板进行参数设置，其参数设置与其他楼梯的参数设置大同小异，在此不再对其进行讲解，读者可以自己尝试进行操作。

4.4　AEC扩展建模

AEC扩展包括一些植物、栏杆以及墙体，这些在建筑室外效果图制作中非常管用。本节继续学习相关建模方法。

4.4.1　植物建模

扫一扫，看视频

3ds Max 2020植物库中放置了十多种常用植物，这些植物的创建方法非常简单，创建后可以对其进行相关的编辑，以满足场景需要。下面就来创建植物模型。

实例——创建植物模型

步骤 01 在 "几何体"列表中选择"AEC扩展"选项。在【对象类型】卷展栏中激活 植物 按钮，展开"收藏的植物"列表，这里有多达十几种植物模型。

步骤 02 单击选择一种植物。例如，单击"孟加拉菩提树"植物，在顶视图中单击即可创建该植物模型，如图4-70所示。

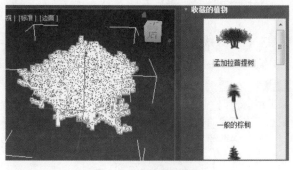

图4-70　创建植物模型

步骤 03 进入修改面板，在【参数】卷展栏中设置高度、密度、树叶、树枝、果实以及详细程度等级，如图4-71所示。最后按F9键快速渲染透视图，效果如图4-72所示。

图 4-71　参数设置

图 4-72　渲染效果

4.4.2　栏杆建模

栏杆建模有两种方法：一种是直接绘制；另一种是路径绘制。本小节继续学习创建栏杆模型的方法。

扫一扫，看视频

实例——创建栏杆模型

1. 直接建模

步骤 01 继续 4.4.1 小节的操作。在【对象类型】卷展栏中激活 栏杆 按钮，在顶视图中拖曳鼠标创建栏杆的长度，释放鼠标并向上移动创建高度，单击即可创建栏杆，如图 4-73 所示。

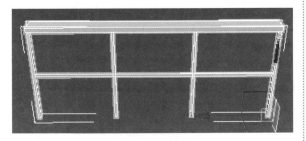

图 4-73　创建栏杆

步骤 02 进入修改面板，在【栏杆】卷展栏中设置"上围栏"和"下围栏"的剖面、深度、宽度以及高度等，单击"下围栏"选项中的 "下围栏间距"按钮，在打开的对话框中设置"计数"为 3，按 Enter 键确认，增加下围栏数，如图 4-74 所示。

步骤 03 使用相同的方法继续展开【立柱】【栅栏】卷展栏，设置相关参数对栏杆进行调整，如图 4-75 所示。

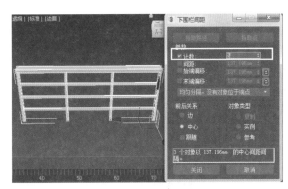

图 4-74　增加下围栏数

图 4-75　调整栏杆参数

2. 沿路径创建栏杆

可以沿路径创建栏杆，这类似于放样建模，首先需要绘制好路径，路径可以是任何二维图形，然后激活栏杆命令并拾取路径，即可沿路径创建栏杆。

打开"素材"/"沿路径创建栏杆.max"场景文件，该场景中有一个圆，下面沿该圆形路径创建栏杆。

步骤 01 再次激活 栏杆 按钮，在【栏杆】卷展栏中激活 拾取栏杆路径 按钮，在顶视图中单击拾取圆二维图形，此时沿路径创建了栏杆，如图 4-76 所示。

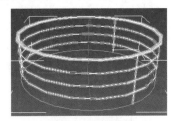

图 4-76　沿路径创建栏杆

步骤 02 进入修改面板，设置"分段"为 24，并勾选"匹配拐角"选项，然后设置"上围栏""下围栏""立柱"以及"栅栏"等参数，对栏杆进行完善。

4.4.3 创建墙模型

扫一扫，看视频

墙也有两种建模方法：一种是直接绘制；另一种是路径绘制。路径建模的方法与路径创建栏杆的方法相同，在此不再赘述。本小节主要学习直接创建墙体以及编辑墙体的相关知识。

实例——创建墙模型

步骤 01 继续4.4.2小节的操作。在【对象类型】卷展栏中激活 墙 按钮，在【参数】卷展栏中设置"宽度"为240mm、"高度"为2800mm，在透视图中单击并移动鼠标到合适位置再单击绘制一段墙，继续移动到合适位置再单击绘制另一段墙，右击结束操作，如图4-77所示。

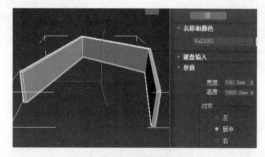
图4-77 创建墙模型

步骤 02 进入修改面板，在修改器堆栈展开"墙"子对象层级，分别进入"顶点""分段"以及"剖面"层级进行编辑，如图4-78所示。

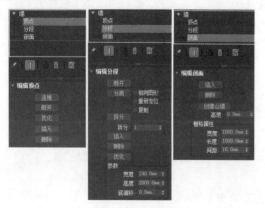
图4-78 墙的子对象层级

步骤 03 选择一个顶点，使用移动工具调整墙顶点的位置，以调整墙的位置，单击 断开 按钮，打断墙的连接或封闭状态。

步骤 04 单击 删除 按钮，删除顶点，但对墙的外部效果无任何影响；单击 优化 按钮，在墙上插入点进行优化；单击 插入 按钮，在墙上插入一段或几段墙，如图4-79所示。

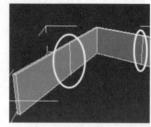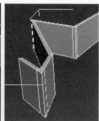
图4-79 优化与插入

步骤 05 单击 连接 按钮，在墙两端端点之间拖曳鼠标，将墙进行连接，形成闭合的墙体，如图4-80所示。

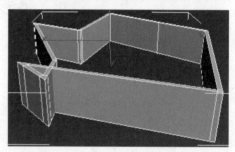
图4-80 闭合墙体

步骤 06 进入"分段"层级，在展开的【编辑分段】卷展栏中激活 断开 按钮，在墙上单击，将墙从此处断开；单击 分离 按钮，打开【分离】对话框，命名并将选择的墙与其他墙分离。

步骤 07 设置拆分段数，单击 拆分 按钮，将选择的墙拆分为多段；在"分段"层级选择这段墙，设置"高度"以及"底偏移"参数，在两个点之间创建一个门窗洞，如图4-81所示。

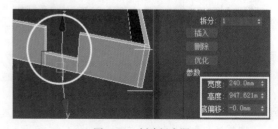
图4-81 创建门窗洞

3ds Max 2020实用教程（微课视频版）

步骤 08 在"剖面"层级选择墙面，设置山墙高度，单击 创建山墙 按钮即可创建一面山墙，如图4-82所示。

图4-82　创建山墙

练一练

创建一面墙，在墙上创建山墙与门洞，如图4-83所示。

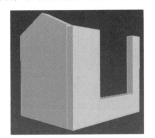

图4-83　创建山墙与门洞

操作提示

进入"顶点"层级，在右侧墙上插入两个点；进入"分段"层级，设置"高度"参数创建窗洞；进入"剖面"层级，设置山墙高度参数，选择左侧墙体创建山墙。

4.5 综合练习——创建儿童乐园卡通场景

学习了三维基本体建模后，我们使用三维基本体创建一个如图4-84所示的儿童乐园卡通场景。本节演练内容请扫码学习。

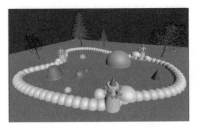

图4-84　儿童乐园卡通场景

扫一扫，看视频

扫一扫，拓展学习

4.6 职场实战——创建老榆木沙发、茶几组合

在古代，榆木一般只是普通百姓家做家具的常用木材，官宦之家一般看不上榆木制作的家具。但随着时代的发展，人们的审美观发生了变化，榆木以其材质坚硬、木纹纹理清晰而备受现代人青睐，尤其是有时代感的老榆木制作的家具，更是现代人钟爱的家具首选。本节就来制作老榆木沙发、茶几组合三维模型，如图4-85所示。

图4-85　老榆木沙发、茶几组合

4.6.1 创建老榆木沙发模型

本小节首先创建老榆木沙发模型。

步骤 01 进入创建面板，在 "几何体"列表中选择"扩展基本体"选项，在【对象类型】卷展栏中激活 切角长方体 按钮，在透视图中创建一个切角长方体作为沙发面模型，在修改面板中修改参数，如图4-86所示。

扫一扫，看视频

长度:	2000.0mm
宽度:	750.0mm
高度:	100.0mm
圆角:	1.0mm
长度分段:	1
宽度分段:	1
高度分段:	1
圆角分段:	2

图4-86　创建切角长方体

步骤 02 在 "几何体"列表中选择"标准基本体"选项，在【对象类型】卷展栏中激活 长方体 按钮，在透视图沙发面左上角位置创建一个长方体作为沙发靠背的支撑，在修改面板中修改参数，如图4-87所示。

65

图 4-87　创建长方体

步骤 03 设置旋转捕捉角度为5°，在左视图中将创建的长方体对象沿Z轴旋转5°，效果如图4-88所示。

步骤 04 在创建面板中单击 "图形" 按钮，在其列表中选择 "样条线" 选项，在【对象类型】卷展栏中激活 **线** 按钮，在顶视图中以长方体的中心为起点，沿沙发面模型的长度绘制一条直线，如图4-89所示。

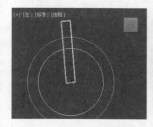 

图 4-88　旋转复制支撑　　　　图 4-89　绘制直线

步骤 05 选择沙发靠背支撑模型，进入 "对象放置" 选项卡，单击 "间隔工具" 按钮，打开【间隔工具】对话框，设置参数如图4-90所示。

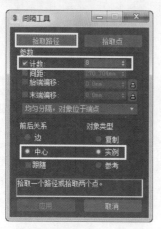

图 4-90　【间隔工具】参数设置

步骤 06 单击 **拾取路径** 按钮，在视图中单击绘制的直线，对靠背支撑沿直线进行阵列复制，单击 **应用** 按钮，然后关闭该对话框，效果如图4-91所示。

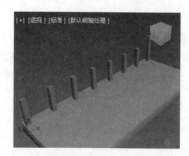

图 4-91　阵列复制结果

步骤 07 在前视图中将创建的沙发面模型以 "复制" 方式沿Y轴向上复制到靠背支撑上方位置，然后在修改面板中修改其尺寸，如图4-92所示。

图 4-92　复制并修改参数

步骤 08 继续在顶视图中沙发垫左边位置创建 "长度" "宽度" 均为50mm、"高度" 为150mm的长方体，在前视图中将其向上移动到沙发面上方位置，如图4-93所示。

图 4-93　创建长方体并调整位置

步骤 09 在顶视图中将该长方体向下复制到合适位置，作为沙发扶手支撑模型，然后在前视图中创建圆柱体，在修改面板中修改其尺寸，如图4-94所示。

图 4-94　复制支撑并创建圆柱体扶手

3ds Max 2020实用教程（微课视频版）

步骤 10 在顶视图中选择沙发扶手及其支撑模型，以"实例"方式将其向右移动复制到沙发右边位置，效果如图4-95所示。

步骤 11 在前视图中沙发面左上角位置创建"长度""宽度"均为150mm、"高度"为400mm的长方体作为沙发腿，在前视图中将其调整到沙发面下方位置，然后将其复制到沙发面其他3个角，效果如图4-96所示。

图4-95 复制沙发扶手模型　　图4-96 创建沙发腿模型

步骤 12 依照前面的操作方法，在沙发下方左、右以及后面两边创建长方体作为挡板，在前视图中沙发面下方创建两个切角长方体作为抽屉，完成实木沙发的创建，效果如图4-97所示。

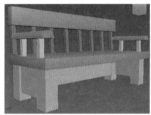 

图4-97 创建挡板和抽屉模型

4.6.2 创建老榆木茶几模型

本小节继续创建茶几模型。茶几模型造型比较简单。

扫一扫，看视频

步骤 01 在顶视图中将沙发面模型以"复制"方式向下复制作为茶几面，在修改面板中修改"长度"为1600mm、"宽度"为850mm，其他参数不变，如图4-98所示。

步骤 02 继续将沙发腿和两端的挡板一起复制到茶几面4个角位置作为茶几腿，然后调整挡板的位置与参数，效果如图4-99所示。

 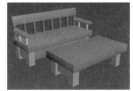

图4-98 复制茶几面　　图4-99 复制茶几腿与挡板

步骤 03 继续将沙发下方的抽屉模型复制到茶几下方，然后在修改面板中调整参数。注意，参数要以茶几面的长度和宽度为参照，效果如图4-100所示。

步骤 04 下面复制沙发模型。在顶视图中将沙发模型全部选择，执行【组】命令将其成组，然后设置旋转捕捉角度为90°，按住Shift键将沙发模型以"复制"方式旋转复制，一并将其移动到茶几左边位置，如图4-101所示。

 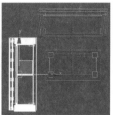

图4-100 复制抽屉模型　　图4-101 旋转复制
沙发模型

步骤 05 执行【组】/【打开】命令，将成组的沙发模型打开(注意，打开不是解组)，分别选择沙发面和沙发靠背，进入修改面板，修改其"长度"为1000mm，并将其向上移动到沙发扶手位置，如图4-102所示。

图4-102 修改沙发面和靠背参数

步骤 06 将下方的抽屉模型删除，然后选择下方的沙发扶手和两个沙发腿模型，将其向上移动到沙发面下方位置，效果如图4-103所示。

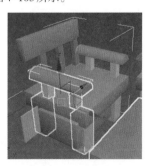

图4-103 调整沙发扶手和沙发腿的位置

步骤 07 选择另一个沙发抽屉，修改其"宽度"为510mm，然后删除多余的沙发靠背支撑模型和后面的挡板模型，效果如图4-104所示。

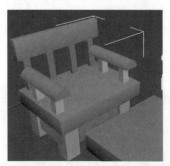

图4-104 调整后的沙发效果

步骤 08 选择调整后的沙发模型，执行【组】/【关闭】命令将其关闭，然后单击主工具栏中的 "镜像"按钮，在打开的【镜像：屏幕坐标】对话框中选择镜像轴为X，并勾选"实例"选项，单击"确定"按钮确认，然后将镜像后的沙发移动到茶几的另一边，效果如图4-105所示。

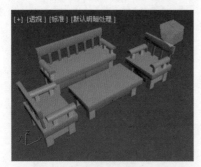

图4-105 镜像复制后的沙发效果

步骤 09 最后创建一个平面对象作为地面，然后为老榆木沙发组合制作材质、设置灯光并渲染，效果如图4-106所示。

图4-106 老榆木沙发、茶几组合

步骤 10 执行【文件】/【另存为】命令，将该场景保存为"职场实战——制作老榆木沙发、茶几组合.max"文件。

步骤 11 执行【文件】/【归档】命令，将该场景归档为"职场实战——制作老榆木沙发、茶几组合"压缩文件。

> 🤖 **小贴士**
>
> 将制作了材质和设置了灯光的场景归档，方便用户在其他计算机上打开该场景时材质与贴图不丢失；否则，在其他计算机上打开该场景文件时，其贴图文件会丢失。

Chapter
05
第 5 章

三维修改建模

本章导读:

在 3ds Max 2020 三维设计中,使用三维基本体只能创建简单的三维模型,对于复杂的三维模型的创建,必须通过对三维基本体的修改才能创建。本章学习三维修改建模的相关知识。

本章主要内容如下:

- 认识修改器;
- 修改器建模;
- 综合练习——创建凯旋门三维模型;
- 职场实战——创建休闲沙发、椅子、茶几组合。

5.1 认识修改器

在3ds Max 2020系统中，三维修改建模的关键是修改器，本节首先认识一下修改器。

5.1.1 修改器的组件及其作用

扫一扫，看视频

修改器位于界面右侧的【命令】面板中。打开修改器的操作非常简单，首先选择模型对象，在【命令】面板中单击 "修改"按钮即可打开【修改器】面板。【修改器】面板主要包括"对象名称/颜色""修改器列表""修改器堆栈""工具栏""参数"5部分，各部分具有不同的功能，如图5-1所示。

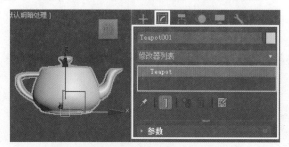
图5-1 修改器

- 对象名称/颜色：为对象命名并设置表面颜色。
- 修改器列表：为对象施加各种修改器。
- 修改器堆栈：显示修改层级。
- 工具栏：控制修改结果的相关工具。
- 参数：修改对象原始参数。

修改器在建模中的作用不言而喻，它是建模不可或缺的重要工具，可以对三维模型、二维图形进行修改，以创建三维模型，还可以对材质贴图进行编辑修改，使其能正确赋予模型表面，是3ds Max的重要组成部分。

5.1.2 重命名并修改对象颜色

扫一扫，看视频

创建对象时，系统会为每个对象命名并指定一种颜色，以方便用户选择、查看、编辑修改对象，为对象指定材质贴图等。在实际工作中，用户可以在"对象名称/颜色"列表为对象重命名，并重新设置一种颜色。下面通过简单实例学习为对象重命名并设置颜色的方法。

实例——为对象重命名并设置颜色

步骤 01 首先在视图中创建一个茶壶对象，进入修改

面板，在"对象名称/颜色"列表中按住鼠标拖曳，选择茶壶的英文名并将其选择，然后重新输入中文名"茶壶"，如图5-2所示。

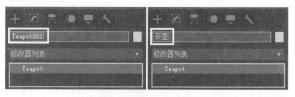
图5-2 重命名对象

步骤 02 单击后面的颜色块，打开【对象颜色】对话框，选择一种颜色，如选择绿色，单击 确定 按钮，结果茶壶颜色被改变，如图5-3所示。

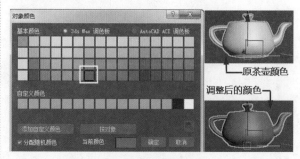

原茶壶颜色

调整后的颜色

图5-3 调整茶壶颜色

 小贴士

为对象重命名非常重要，重命名可方便用户在对象指定材质贴图以及编辑修改对象时能快速选择对象。

5.1.3 为对象添加修改器

"修改器列表"中一共有3种类型的修改器，分别是"选择修改器""世界空间修改器""对象空间修改器"，用户可以在此为对象选择并添加一个修改器，以编辑修改对象。

继续5.1.2小节的操作，下面通过为茶壶对象添加【晶格】修改器的简单实例学习为对象添加修改器的方法。

实例——为茶壶添加【晶格】修改器

步骤 01 选择"茶壶"对象，进入修改器列表，选择【晶格】修改器，此时茶壶对象被添加了【晶格】修改器，如图5-4所示。

3ds Max 2020实用教程（微课视频版）

图5-4 为茶壶添加【晶格】修改器

步骤 02 展开【参数】卷展栏，设置相关参数，对茶壶进行编辑，结果如图5-5所示。

图5-5 修改参数编辑茶壶

步骤 03 继续在修改器列表中为茶壶选择【锥化】修改器，在【参数】卷展栏中调整参数，再次对茶壶进行编辑修改，效果如图5-6所示。

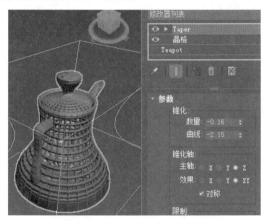

图5-6 选择【锥化】修改器编辑茶壶

通过以上操作可以看出，可以为对象添加不止一个修改器编辑修改对象。

5.1.4 应用修改器堆栈

修改器堆栈以一种列表的形式显示场景对象以及应用于对象的所有修改器。如果还没为对象应用修改器，那么当前对象就是堆栈中唯一的条目。当为对象应用了某一个或几个修改器时，这些修改器会以先后顺序的条目出现在堆栈中，如图5-6所示。当然，这种顺序是可以调整的，调整后对象的编辑效果也会发生变化。

要进入哪个条目，直接单击该条目即可展开该条目的相关卷展栏。例如，单击【Taper（锥化）】条目，则显示【锥化】修改器的【参数】卷展栏设置；单击【晶格】条目，则显示【晶格】修改器的【参数】卷展栏设置，如图5-7所示。

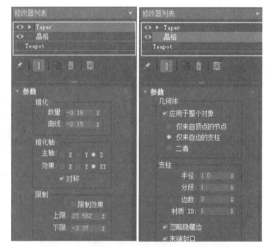

图5-7 显示参数卷展栏

另外，如果修改器有子对象，则可以展开其子对象，进入子对象层级进行编辑。例如，展开【Taper（锥化）】修改器的子对象，进入"中心"层级，调整视图中心以编辑对象，如图5-8所示。

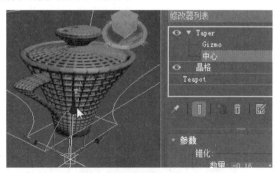

图5-8 调整视图中心以编辑对象

5.1.5　应用工具

扫一扫，看视频

修改器堆栈下方的工具栏中放置了用于显示、隐藏编辑结果、锁定堆栈、删除修改器以及配置修改器的相关工具按钮，本小节继续学习这些工具的使用方法。

- "锁定堆栈"按钮：单击变为按钮，此时锁定修改器，堆栈中的修改器不能调整顺序。
- "显示最终结果切换"按钮：单击变为按钮，此时模型对象的最终编辑结果被隐藏。
- "使唯一"按钮：以"实例"或"参照"方式克隆的对象具有关联性，单击该按钮可以取消这些对象之间的关联性。
- "从堆栈中移除修改器"按钮：选择一个修改器，单击该按钮删除该修改器，同时该修改器的编辑效果也失效。
- "配置修改器集"按钮：单击该按钮弹出相关菜单，用于重新配置修改器。

5.1.6　参数

扫一扫，看视频

【参数】卷展栏用于修改对象的参数，修改参数时，进入对象层级即可重新设置对象的参数，如图5-9所示。

图 5-9　修改对象参数

对象添加修改器并进行修改后，单击工具栏中的按钮使其显示为灰色，以隐藏修改结果，如图5-10所示。

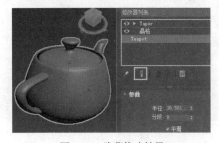

图 5-10　隐藏修改结果

5.2　修改器建模

3ds Max 2020中共有3种修改器：修改三维模型建模的修改器、修改二维图形建模的修改器、调整材质和贴图的修改器。本节主要学习修改三维模型建模的几种修改器的使用方法。

5.2.1　使用【弯曲】修改器创建手杖模型

扫一扫，看视频

【弯曲】修改器可以沿任意轴对三维模型进行弯曲，以创建三维模型。创建"半径"为1mm、"高度"为85mm、"高度分段"为30的圆柱体模型，下面使用【弯曲】修改器将该圆柱体创建为一根手杖。

实例——创建手杖模型

步骤 01 选择圆柱体模型，在修改器列表中选择【弯曲】修改器，如图5-11所示。

图 5-11　添加【弯曲】修改器

步骤 02 展开【参数】卷展栏，在"弯曲"选项中设置"角度"为180°、"方向"为0，此时圆柱体效果如图5-12所示。

图 5-12　设置角度与方向

步骤 03 继续在"弯曲轴"选项中勾选Z选项，在"限制"选项中勾选"限制效果"选项，然后设置"上限"为30、"下限"为0，此时弯曲效果如图5-13所示。

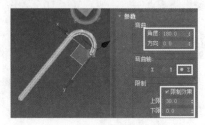

图 5-13　设置弯曲轴与限制

3ds Max 2020实用教程（微课视频版）

步骤 04 这样，一根手杖就制作完毕了。

知识拓展

扫一扫，看视频

【弯曲】修改器沿某一轴向弯曲对象，各选项设置如下。

弯曲：设置弯曲的"角度"以及"方向"。

弯曲轴：设置弯曲的轴，选择的轴不同，其弯曲效果也不同，如图5-14所示。

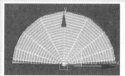

X轴弯曲   Z轴弯曲

图 5-14 弯曲效果比较

限制：限制弯曲的位置，勾选"限制效果"选项，设置"上限"与"下限"参数，以限制弯曲的位置，如图5-15所示。

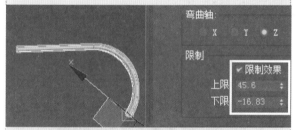

图 5-15 限制弯曲

在"修改器堆栈"展开【弯曲】的子层级，选择Gizmo选项，在视图中移动Gizmo调整弯曲效果，如图5-16所示。

图 5-16 移动 Gizmo 调整弯曲效果

小贴士

Gizmo控制弯曲的位置和效果，当移动Gizmo时，弯曲效果会发生变化。另外，修改对象时要设置模型的"分段数"，"分段数"越高，编辑效果越好；反之，【弯曲】效果较差。图5-17是"分段"分别为4和10的弯曲效果。

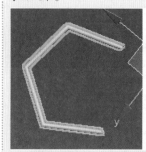

图 5-17 不同"分段"的弯曲效果比较

需要说明的是，设置"分段"数时要以够用为原则。所谓够用，是指能满足编辑的最低需要即可。例如，如果分段为10，即可满足编辑要求，那绝不设置分段为11，这样做的好处是能尽量减少场景的点、面数，以加快软件的运行，提高绘图效率。

练一练

创建"长度"为230mm、"宽度"为65mm、"宽度分段"为10的平面对象，为其添加【弯曲】修改器，将其编辑成为一个U型卷曲效果，如图5-18所示。

图 5-18 U型卷曲效果

操作提示

添加【弯曲】修改器，设置弯曲角度，然后勾选"限制效果"选项，并设置"上限"和"下限"参数进行弯曲。

5.2.2 使用【锥化】修改器创建鼓形坐墩模型

扫一扫，看视频

使用【锥化】修改器可以沿任意轴对模型进行锥化修改，同时也可以限制锥化范围，以创建三维模型。创建"半径"为30mm、"高度"为45mm、"高度分段"20、"边数"为30、"圆角"为3、"圆角分段"为2的切角圆柱体模型，下面使用【锥化】修改器将该圆柱体创建为一个鼓形坐墩。

实例——创建鼓形坐墩

步骤 01 选择切角圆柱体对象，进入修改面板，在修改器列表中选择【锥化】修改器，如图5-19所示。

图5-19 添加【锥化】修改器

步骤 02 展开【参数】卷展栏，设置"曲线"为1.5，其他设置默认，此时模型效果如图5-20所示。

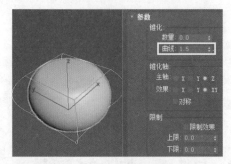

图5-20 设置锥化参数

下面对鼓形坐墩进行美化处理。

步骤 03 进入创建面板，激活 "图形"按钮，在其列表中选择"样条线"选项，在【对象类型】卷展栏中激活 圆 按钮，在顶视图的鼓形坐墩上方绘制半径为33mm的圆，在前视图中将其向上移动，使其与鼓形坐墩接触，如图5-21所示。

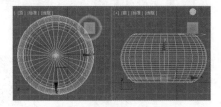

图5-21 绘制圆并调整位置

步骤 04 继续在视图中创建半径为2mm的球体，进入"对象放置"选项卡，单击 间隔 按钮，在打开的【间隔工具】对话框中勾选"计数"选项，设置参数为50，其他设置默认。

步骤 05 激活 拾取路径 按钮回到绘图区，单击绘制的圆，对球体沿圆进行复制，结果如图5-22所示。

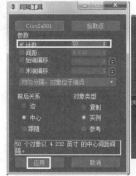
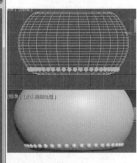

图5-22 沿圆阵列复制球体

步骤 06 使用相同的方法再次在坐墩顶部创建"半径"为40mm的圆和"半径"为4mm的球体，以圆为路径，对球体进行阵列20个，并将其移动到鼓形坐墩的中间位置，完成鼓形坐墩的制作。

步骤 07 为鼓形坐墩模型制作材质，并进行渲染，效果如图5-23所示。

图5-23 鼓形坐墩渲染效果

> **小贴士**
>
> 【锥化】命令的设置与【弯曲】命令的设置基本相同，在此不再讲解，读者可以自己尝试操作。另外，材质、贴图以及渲染设置将在后面章节进行讲解，读者可以解压"鼓形坐墩"压缩包文件查看材质、贴图以及渲染设置。

练一练

在建筑设计中，柱体基座是常见的建筑构件，下面创建长、宽分别为80mm，高为40mm，长度、宽度、高度"分段"均为10的立方体，使用【锥化】命令将其编辑成为方形柱体基座，结果如图5-24所示。

3ds Max 2020实用教程（微课视频版）

图 5-24　方形柱体基座

操作提示

添加【锥化】修改器，设置锥化的数量以及曲线参数，然后勾选"限制效果"选项，并设置"上限"和"下限"参数进行锥化。

5.2.3　使用【FFD】修改器创建布艺坐垫模型

扫一扫，看视频

【FFD】修改器共有【FFD长方体】【FFD圆柱体】【FFD 2×2×2】【FFD 3×3×3】以及【FFD 4×4×4】，它是通过控制点变形对象以创建三维模型。

创建"长度""宽度"均为80mm，"高度"为20mm，"长度分段""宽度分段"均为10，"高度分段"为3，"圆角"为3，"圆角分段"为2的切角长方体模型。下面使用【FFD长方体】修改器将该长方体创建为一个坐垫。

实例——创建布艺坐垫模型

步骤 01 选择切角长方体对象，进入修改面板，在修改器列表中选择【FFD长方体】修改器，如图5-25所示。

图 5-25　添加【FFD长方体】修改器

步骤 02 在修改堆栈展开FFD长方体的子对象层次选择"控制点"，按住Ctrl键在顶视图中以窗口方式选择四周外边一排控制点，如图5-26所示。

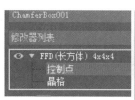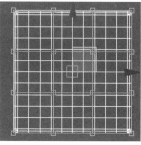

图 5-26　选择四周的控制点

步骤 03 在前视图中右击并选择【缩放】命令，沿Y轴将控制点进行缩放，效果如图5-27所示。

步骤 04 在顶视图中按住Alt键框选4条边中间的2个控制点将其取消选择，然后右击并选择【缩放】命令，沿X、Y轴将控制点进行缩放，效果如图5-28所示。

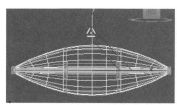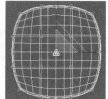

图 5-27　沿Y轴缩放　　　图 5-28　沿X、Y轴缩放

步骤 05 最后在修改器列表为其添加【涡轮平滑】修改器，其参数默认，这样就完成了布艺坐垫模型的制作。为该坐垫制作【多维/子对象】材质，然后设置灯光进行渲染，效果如图5-29所示。

图 5-29　坐垫渲染效果

小贴士

【FFD长方体】修改器的操作比较简单，默认情况下，其"长度""宽度"和"高度"的控制点均为4，用户可以单击 设置点数 按钮打开【设置FFD尺寸】对话框，重新设置点数，如图5-30所示。

图 5-30 设置点数

另外，材质、贴图以及灯光设置与渲染等将在后面章节详细讲解，这里不再赘述。

练一练

除了上面讲的【FFD长方体】修改器外，还有【FFD圆柱体】【FFD 2×2×2】【FFD 3×3×3】以及【FFD 4×4×4】，这几个修改器的操作方法与【FFD长方体】相同。下面创建圆柱体，使用【FFD圆柱体】修改器创建一个八角石桌模型，如图5-31所示。

图 5-31 八角石桌

操作提示

创建圆柱体，设置边数为8，然后添加【FFD圆柱体】修改器，进入"控制点"层级，根据造型要求在前视图中以窗口选择方式选择各位置的控制点，在顶视图中对控制点进行缩放调整，完成石桌模型的创建。注意，制作时要为圆柱体设置合适的高度段数。

5.2.4 使用【扭曲】修改器创建欧式立柱

扫一扫，看视频

使用【扭曲】修改器可以将对象沿某一轴进行扭曲变形与创建三维模型，其中"扭曲角度"以及轴向是扭曲的关键。

创建"边数"为8、"半径"为15mm、"高度"为100mm、"高度分段"为20、"侧面分段"为3的球棱柱对象，下面使用【扭曲】修改器结合【FFD圆柱体】修改器创建一个欧式立柱模型。

实例——创建欧式立柱模型

步骤 01 选择球棱柱对象，进入修改面板，在修改器列表中选择【FFD圆柱体】修改器，设置其"高度点数"为20，进入"控制点"层级，选择除两端3排控制点之外的其他中间所有控制点，如图5-32所示。

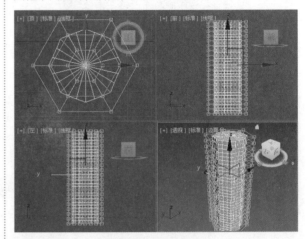

图 5-32 选择控制点

步骤 02 在顶视图中右击并选择【缩放】命令，沿X、Y轴对选择的控制点进行缩放，效果如图5-33所示。

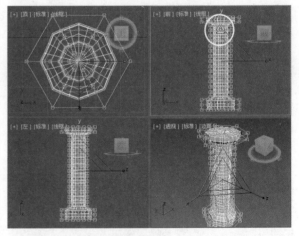

图 5-33 在顶视图中沿X、Y轴缩放控制点

步骤 03 在前视图中沿Y轴对控制点继续缩放，效果如图5-34所示。

3ds Max 2020实用教程（微课视频版）

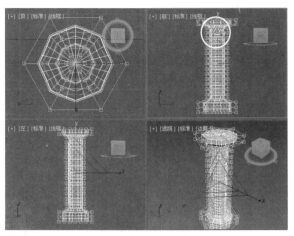

图 5-34　在前视图中沿 Y 轴缩放控制点

步骤 04 退出控制点层级，然后在修改器列表中选择【扭曲】修改器，如图5-35所示。

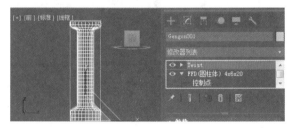

图 5-35　添加【扭曲】修改器

步骤 05 展开【参数】卷展栏，设置"角度"为720°，勾选"限制效果"选项，并设置"上限"和"下限"参数，使其只对立柱中间部分进行扭曲，如图5-36所示。

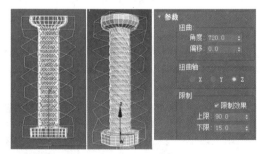

图 5-36　扭曲效果

步骤 06 这样就完成了欧式立柱模型的制作，为该欧式立柱制作材质并进行渲染，效果如图 5-37 所示。

图 5-37　欧式立柱渲染效果

> 📦 小贴士
>
> 【扭曲】修改器的操作比较简单，其操作与【弯曲】【锥化】等修改器类似，在此不再讲解，读者可以自己尝试操作。另外，材质与贴图、渲染等将在后面章节讲解，读者可以解压"欧式立柱"压缩包，查看材质与贴图效果。

5.2.5　使用【壳】修改器创建玻璃鱼缸

使用【壳】修改器可以为单面模型增加厚度，以创建薄的壳体模型。创建"半径"为60mm、"高度"为30mm、"圆角"为3、"高度分段"为6、"圆角分段"为2、"边数"为20的切角圆柱体。下面使用【壳】修改器结合【锥化】修改器创建一个玻璃鱼缸模型。

扫一扫，看视频

实例——创建玻璃鱼缸模型

步骤 01 选择切角圆柱体对象，进入修改面板，在修改器列表中选择【锥化】修改器，展开【参数】卷展栏，设置锥化参数对模型进行编辑，如图5-38所示。

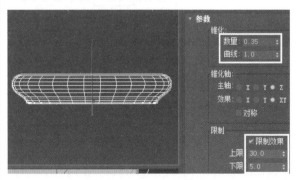

图 5-38　锥化效果

步骤 02 选择模型并右击，选择【转换为】/【转换为可编辑网格】命令将其转换为网格模型，按数字4键进入其"多边形"层级，按住Ctrl键在透视图中单击，将模型上表面的多边形子对象全部选择，按Delete键将其删除，如图5-39所示。

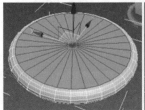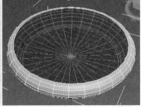

图5-39　选择多边形并删除

步骤 03 再次按数字4键退出"多边形"层级，在修改器列表中选择【壳】修改器，展开【参数】卷展栏，设置"外部量"为1，其他设置默认，如图5-40所示。

图5-40　设置"外部量"参数

步骤 04 继续在修改器列表中选择【涡轮平滑】修改器，参数设置默认，使鱼缸模型更平滑，然后激活透视图，如图5-41所示。

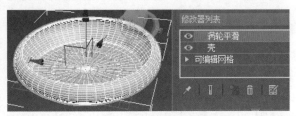

图5-41　增加【涡轮平滑】修改器

步骤 05 这样就完成了玻璃鱼缸模型的制作，为该模型制作玻璃材质并设置灯光进行渲染，效果如图5-42所示。

练一练

创建圆柱体，使用【壳】修改器结合【FFD圆柱体】修改器创建如图5-43所示的器皿模型。

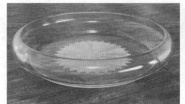

图5-42　玻璃鱼缸渲染效果　　图5-43　器皿模型

操作提示

创建圆柱体，设置边数为8，然后添加【FFD圆柱体】修改器，进入"控制点"层级，根据造型要求在前视图中以窗口选择方式选择各位置的控制点，在顶视图中对控制点进行缩放调整，制作器皿基本造型，然后将其转换为"编辑网格"模型，选择并删除最上面的多边形面，最后为其添加【壳】修改器，完成器皿模型的创建。

5.2.6　使用【晶格】修改器创建塑料废纸篓

扫一扫，看视频

【晶格】修改器可以使网格模型的网格变为线框，其参数设置主要有"支柱"与"节点"两部分。创建"半径1"为45mm、"半径2"为55mm、"高度"为100mm、"高度分段"和"端面分段"均为5、"边数"为24的圆锥体对象，使用【晶格】修改器结合其他修改器创建一个塑料废纸篓模型。

实例——创建塑料废纸篓模型

步骤 01 选择圆锥体对象，右击并选择【转换】/【转换为壳编辑网格】命令，将其转换为网格对象，然后按数字键4进入"多边形"子对象层级，在透视图中选择顶面的多边形将其删除，如图5-44所示。

步骤 02 在修改器列表中选择【壳】修改器，参数默认，为模型增加一定的厚度，效果如图5-45所示。

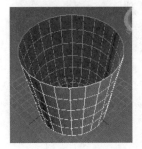

图5-44　选择多边形并删除　　图5-45　【壳】修改器效果

3ds Max 2020实用教程（微课视频版）

步骤 03 继续在修改器列表中选择【晶格】修改器，展开【参数】卷展栏，勾选"仅来自边的支柱"选项，然后设置其他各个参数，此时模型效果如图5-46所示。

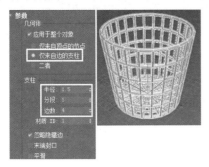

图5-46 设置参数后的模型效果

步骤 04 为模型制作材质，设置灯光并渲染，效果如图5-47所示。

图5-47 废纸篓渲染效果

小贴士

【晶格】修改器参数设置中的"支柱"选项用于设置晶格的支柱的半径、分段边数，如图5-45所示。勾选"二者"选项，向上推动面板，在"节点"选项设置节点的类型、半径、分段等。

练一练

创建集合球体对象，使用【晶格】修改器创建金属科技球雕塑模型，如图5-48所示。

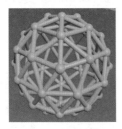

图5-48 金属科技球雕塑模型

操作提示

创建几何球体对象，在修改面板中勾选"十二面体"选项，然后添加【晶格】修改器，在【参数】卷展栏中设置各个参数，完成金属科技球雕塑模型的创建。

5.3 综合练习——创建凯旋门三维模型

本节创建如图5-49所示的凯旋门三维模型，对三维修改建模的相关知识进行综合练习。

图5-49 凯旋门三维模型

5.3.1 创建凯旋门主门

本小节首先创建凯旋门主门三维模型。

扫一扫，看视频

1. 制作顶部拱形门梁

步骤 01 在主视图中创建一个"球棱柱"对象，在修改面板中修改参数，如图5-50所示。

步骤 02 在修改器列表中选择【扭曲】修改器并设置参数，如图5-51所示。

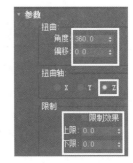

图5-50 球棱柱参数设置　　图5-51 【扭曲】参数设置

步骤 03 继续在修改器列表中选择【弯曲】修改器，并设置参数对球棱柱进行弯曲处理，此时模型效果如图5-52所示。

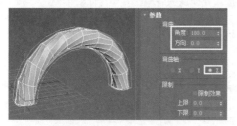

图5-52 【弯曲】设置与模型效果

2. 制作门墩与门柱

步骤 01 继续在透视图中创建球棱柱对象，在修改面板中修改参数，如图5-53所示。

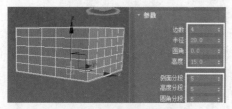

图5-53 创建球棱柱对象

步骤 02 在修改器列表中为其添加【锥化】修改器，并设置"高度点数"为15，如图5-54所示。

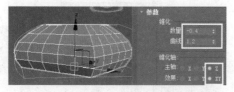

图5-54 【锥化】点数设置效果

步骤 03 在前视图中将制作好的门墩以"复制"方式沿Y轴镜像复制一个，效果如图5-55所示。

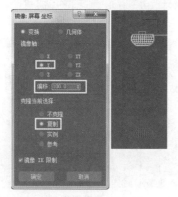

图5-55 镜像复制门墩

步骤 04 选择复制的门墩对象，在修改面板中进入"球棱柱"层级，修改其参数，如图5-56所示。

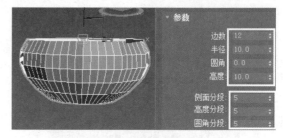

图5-56 修改参数

步骤 05 继续在前视图中将该门墩沿Y轴以"复制"的方式复制一个，在修改堆栈删除"锥化"修改器，并修改其参数，完成立柱的制作，如图5-57所示。

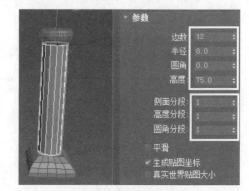

图5-57 修改球棱柱参数

步骤 06 在顶视图和前视图中分别调整拱形门梁的位置，将其放置在立柱的上方位置，效果如图5-58所示。

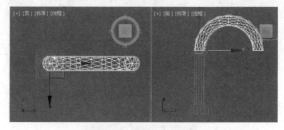

图5-58 调整门梁的位置

步骤 07 继续在前视图中选择门柱的所有对象，将其沿X轴以"实例"方式复制一个，并将其调整到拱形门梁的另一边位置，制作完成的凯旋门主门如图5-59所示。

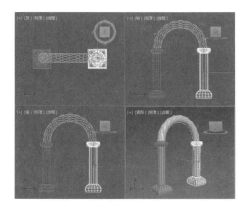

图 5-59　制作完成的凯旋门主门

5.3.2　创建凯旋门侧门

凯旋门侧门的制作比较简单，只将主门复制并调整参数即可。

扫一扫，看视频

1. 复制主门以创建侧门

步骤 01 在前视图主门左边位置创建长方体，在修改面板中修改参数，如图5-60所示。

图 5-60　创建长方体

步骤 02 在顶视图中调整长方体的位置，使其与主门对齐，然后选择主门的所有对象，将其沿X轴以"复制"的方式复制到长方体的左侧位置，效果如图5-61所示。

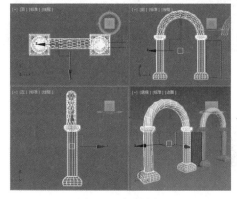

图 5-61　复制主门

步骤 03 在主工具栏中的 "选择并均匀缩放"按钮上右击，在打开的【缩放变换输入】对话框中设置"偏移：屏幕"值为80%，对复制的主门进行缩放，完成侧门的创建，如图5-62所示。

图 5-62　缩放主门

步骤 04 关闭该对话框，在前视图中将侧门向下和向右移动，使其与长方体和主门对齐，效果如图5-63所示。

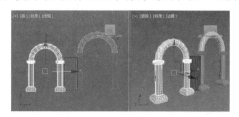

图 5-63　调整侧门的位置

步骤 05 继续在前视图中将侧门连同长方体以"实例"方式沿X轴镜像复制到主门的右侧位置，调整视角查看效果，结构如图5-64所示。

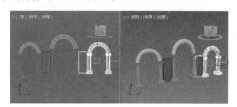

图 5-64　镜像复制侧门

2. 输入文字并完善凯旋门

步骤 01 进入创建面板，在"标准基本体"类型中激活 加强型文本 按钮，设置文字大小为15mm、"字体"为"仿宋体"，"挤出"为2mm，在前视图左侧侧门的长方体位置输入"向英雄学习"的文字内容，结构如图5-65所示。

图 5-65　输入文字

步骤 02 将输入的文字以"复制"方式复制到右侧侧门的长方体上,并修改文字内容为"向英雄致敬",然后重新调整所有文字颜色为红色,长方体颜色为黄色,效果如图5-66所示。

图5-66 复制并调整文字

步骤 03 将主门上方的拱形门梁以"复制"方式复制到左边侧门和主门之间的位置,进入修改面板,修改其参数,如图5-67所示。

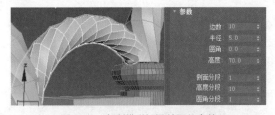

图5-67 复制拱形门梁并调整参数

步骤 04 以"实例"方式将修改后的门梁镜像到右边主门和右侧门位置,最后在各门墩位置创建长方体,并在长方体上创建一些球体,完成凯旋门的制作,效果如图5-68所示。

图5-68 凯旋门效果

步骤 05 这样,凯旋门三维模型制作完毕。为模型制作材质,设置灯光并进行渲染,效果如图5-69所示。

图5-69 凯旋门渲染效果

步骤 06 执行【文件】/【另存为】命令,将该场景保存为"综合练习——创建凯旋门三维模型.max"文件。

步骤 07 执行【文件】/【归档】命令将其归档保存。

5.4 职场实战——创建休闲沙发、椅子、茶几组合

在快节奏的现代生活中,人们开始崇尚极简、休闲的生活方式,选购家具时人们也开始关注那些简单、随性、休闲的家具。下面创建一个休闲沙发、椅子、茶几组合模型,这个模型也是效果图制作中常用的模型,如图5-70所示。

图5-70 休闲沙发、椅子、茶几组合

5.4.1 创建单人球形休闲沙发模型

扫一扫,看视频

本小节首先创建单人球形休闲沙发模型。

步骤 01 在透视图中创建圆柱体,在修改面板中将其命名为"底座",然后设置"半径"为35、"高度"为30、"高度分段"为5、"端面分段"为1、"边数"为20,其他设置默认,如

图5-71所示。

图 5-71　创建圆柱体并修改参数

步骤 02 在修改器列表中选择【锥化】修改器，并设置锥化的"数量"为−0.75、"曲线"为−1.5、勾选"限制效果"选项，设置"上限"为25、"下限"为0，对圆柱体进行锥化修改，效果如图5-72所示。

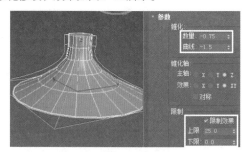

图 5-72　锥化设置

步骤 03 继续在视图中创建球体，激活主工具栏中的"对齐"按钮，单击"底座"模型，在弹出的【对齐】对话框中设置"中心"对齐方式，将球体对齐到底座上方。

步骤 04 进入修改面板，将球体命名为"沙发座"，并在【参数】卷展栏中修改"半径"为35、"分段"为32、"半球"为0.2，如图5-73所示。

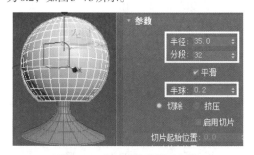

图 5-73　创建球体并设置参数

步骤 05 在修改器列表中选择【FFD长方体】修改器，单击 设置点数 按钮，打开【设置FFD尺寸】对话框，设置长度、宽度和高度的点数均为8，单击 确定 按钮确认，效果如图5-74所示。

图 5-74　设置点数

步骤 06 向上推动面板，在"控制点"选项中单击 与图形一致 按钮，使FFD长方体控制框与球体一致，效果如图5-75所示。

步骤 07 在修改器堆栈中展开【FFD长方体】的子对象层级，激活"控制点"层级，在前视图中框选如图5-76所示的控制点。

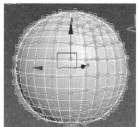

图 5-75　控制框与球体一致　　图 5-76　选择控制点

步骤 08 在顶视图中按住Alt键的同时，继续框选上、下4排控制点，将其从原选择中减去，如图5-77所示。

步骤 09 在前视图中将选择的控制点向下移动，使其最下排控制点移动到下方未选择的控制点位置，然后将其向左移动到合适位置，效果如图5-78所示。

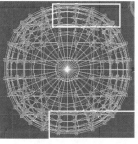
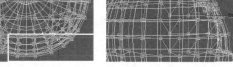

图 5-77　取消选择　　　　图 5-78　移动控制点

步骤 10 再次按住Alt键的同时框选最下方一排控制点将其取消选择，然后将其他控制点向下和向左移动，依此方法调整控制点，直至制作出沙发面的凹陷效果，如图5-79所示。

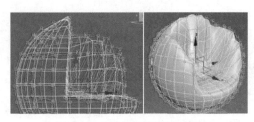

图5-79　制作沙发面的凹陷效果

步骤11 退出"控制点"层级，再次在修改器列表中选择【FFD长方体】修改器，为该模型再添加一个FFD修改器，如图5-80所示。

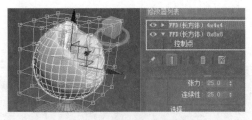

图5-80　添加FFD修改器

步骤12 进入"控制点"层级，在前视图中框选右上角的4组控制点，将其沿Y轴向下移动，以调整沙发扶手的形态，如图5-81所示。

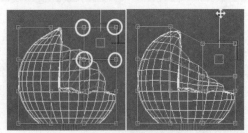

图5-81　选择并调整控制点

步骤13 退出"控制点"层级，在修改器列表中选择【涡轮平滑】修改器，参数设置为默认，对模型进行平滑处理，完成单人球形沙发的创建，效果如图5-82所示。

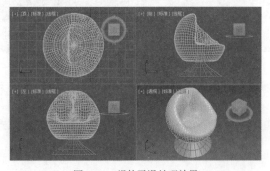

图5-82　涡轮平滑处理效果

5.4.2　创建真皮双人沙发模型

扫一扫，看视频

下面创建真皮双人沙发模型。

步骤01 在透视图的单人球形沙发旁边位置创建切角长方体，在修改面板中将其命名为"沙发底垫"，然后修改"长度"为65、"宽度"为135、"高度"为30、"圆角"为1，如图5-83所示。

图5-83　创建切角长方体并设置参数

步骤02 继续在前视图的"沙发底垫"左边位置创建切角长方体，在修改面板中将其命名为"沙发扶手"，并修改"长度"为65、"宽度"为30、"高度"为65、"长度分段"为20，其他选项默认，如图5-84所示。

图5-84　创建切角长方体并设置参数

步骤03 在修改器列表为该切角长方体添加【弯曲】修改器，在【参数】卷展栏中设置参数进行弯曲，如图5-85所示。

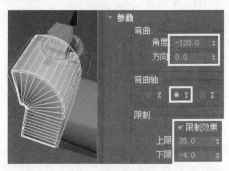

图5-85　弯曲设置

步骤04 在前视图中选择弯曲后的"沙发扶手"对象，单击主工具栏中的 "镜像"按钮，设置"镜像轴"为X

轴,将其以"实例"方式镜像到"沙发底垫"的右侧位置,如图5-86所示。

图5-86　镜像复制沙发扶手

步骤 05 激活主工具栏中的 🔲 "角度捕捉切换"按钮,右击打开【栅格和捕捉设置】对话框,设置"角度"为90°,如图5-87所示。

步骤 06 在顶视图中右击,选择【旋转】命令,按住Shift键将沙发扶手旋转90°,并以"复制"的方式复制一个,如图5-88所示。

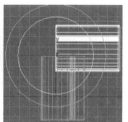

图5-87　设置角度　　　　图5-88　旋转复制

步骤 07 在修改面板中将旋转复制的沙发扶手重命名为"沙发靠背",再修改堆栈回到切角长方体层级,在【参数】卷展栏中修改其"高度"为185,其他设置不变,如图5-89所示。

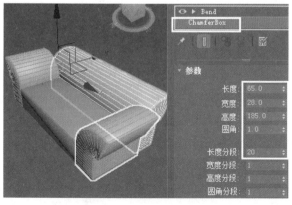

图5-89　修改沙发靠背的高度

步骤 08 这样,高档真皮双人沙发模型就制作完毕了。选择沙发所有模型,在修改面板中调整其颜色为红色,效果如图5-90所示。

图5-90　高档真皮沙发效果

5.4.3　创建旋转椅模型

扫一扫,看视频

本小节继续创建旋转椅模型。

1. 创建椅座面模型

步骤 01 将前面制作的球形椅子底座以"实例"方式复制到右边位置,在修改面板中将其命名为"旋转椅底座"。

步骤 02 在顶视图的"旋转椅底座"的上方创建一个切角长方体,在修改面板中将其命名为"旋转椅座面",然后在【参数】卷展栏中修改参数,如图5-91所示。

图5-91　创建切角长方体

步骤 03 在修改器列表中选择【FFD长方体】修改器,然后在修改堆栈中进入"控制点"层级,在顶视图中框选左上角和左下角的控制点,将其沿X轴向右稍微移动,效果如图5-92所示。

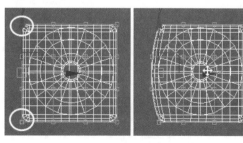

图5-92　选择并移动控制点

步骤 04 继续框选第2列控制点，右击选择【缩放】命令，将其沿Y轴进行缩放；框选最右侧一列控制点，将其沿Y轴进行缩放，如图5-93所示。

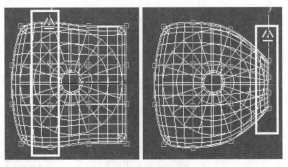

图 5-93 选择并缩放控制点

步骤 05 按住Ctrl键继续在顶视图中框选上、下两排控制点，在透视图中将其沿Z轴稍微向上移动，制作出椅子面的弧面效果，如图5-94所示。

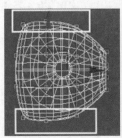
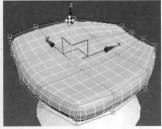

图 5-94 选择并调整控制点

步骤 06 退出"控制点"层级，在修改器列表中选择【涡轮平滑】修改器，并设置其"迭代次数"为1，其他设置默认，效果如图5-95所示。

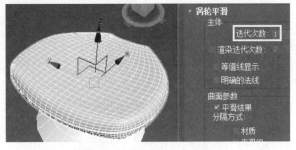

图 5-95 【涡轮平滑】设置

2. 创建靠背支撑弹簧

步骤 01 进入创建面板，在"扩展基本体"的"对象类型"列表中激活 软管 按钮，在透视图的"旋转椅座面"右侧创建一个软件对象，进入修改面板，在【软管参数】卷展栏中勾选"自由软管"选项，并设置其他参数，如图5-96所示。

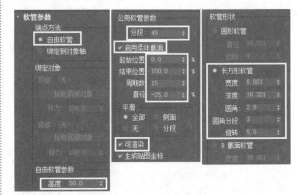

图 5-96 设置软管参数

步骤 02 继续在修改器列表中选择【FFD长方体】修改器，单击 设置点数 按钮，打开【设置FFD尺寸】对话框，设置其"高度"点数为8，如图5-97所示。

图 5-97 设置点数

步骤 03 单击 确定 按钮确认，然后进入"控制点"层级，在前视图中框选下方两排控制点，右击并选择【旋转】命令，沿Z轴进行旋转，如图5-98所示。

步骤 04 再次右击并选择【移动】命令，将旋转后的控制点向左移动到"旋转椅座面"下方，如图5-99所示。

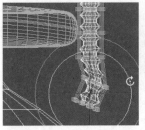
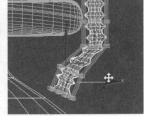

图 5-98 选择控制点　　图 5-99 移动控制点

步骤 05 依照相同的方法继续对控制点进行旋转和移动，制作出旋转椅的靠背支撑弹簧效果，如图5-100所示。

3ds Max 2020实用教程（微课视频版）

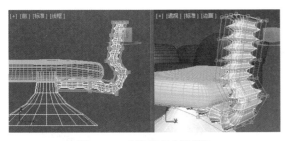

图 5-100 制作靠背支撑弹簧

3. 制作旋转椅靠背模型

步骤 01 激活主工具栏中的 "角度捕捉切换"按钮，右击打开【栅格和捕捉设置】对话框，设置"角度"为 83，如图 5-101 所示。

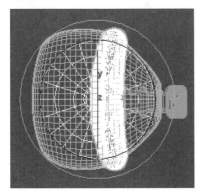

图 5-101 设置角度

步骤 02 在顶视图中右击，选择【旋转】命令，按住 Shift 键将"旋转椅座面"模型沿 X 轴旋转 83°，并以"复制"的方式复制一个，如图 5-102 所示。

图 5-102 旋转复制"旋转椅座面"模型

步骤 03 在前视图中激活主工具栏中的 "镜像"按钮，将旋转复制的对象沿 X 轴以"不克隆"的方式进行镜像，如图 5-103 所示。

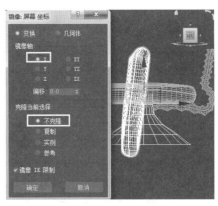

图 5-103 镜像对象

步骤 04 单击 确定 按钮确认，然后将镜像后的对象调整到靠背支撑弹簧位置，效果如图 5-104 所示。

步骤 05 选择"靠背支撑弹簧"模型，在修改器堆栈中进入 Hose 层级，修改其"高度"为 80，然后进入 FFD 长方体的"控制点"层级，再次调整控制点，对支撑弹簧稍作调整，效果如图 5-105 所示。

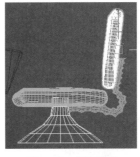 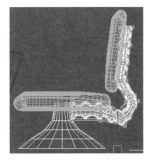

图 5-104 调整位置　　　　图 5-105 调整支撑弹簧

步骤 06 选择靠背模型，进入其 FFD 长方体的"控制点"层级，在左视图中框选两边控制点，在前视图中将其沿 X 轴向左移动，调整靠背的弯曲弧度，如图 5-106 所示。

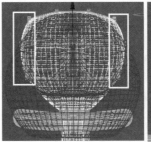

图 5-106 调整靠背弯曲弧度

步骤 07 最后，在"旋转椅座面"两边创建两个圆环，使用 FFD 长方体调整形态作为椅子扶手，该操作比较简单，在此不再详述，读者可以自己尝试操作，制作完成后调整透视图视角查看效果，结果如图5-107所示。

图 5-107　透视图查看效果

5.4.4　制作简易玻璃茶几

扫一扫，看视频

本小节制作简易玻璃茶几，该茶几制作非常简单。创建长方体，为其添加【晶格】修改器并设置相关参数作为茶几支撑，然后

在支撑上方创建切角长方体作为茶几面，最后为茶几面制作一个半透明材质使其半透明，这样简易玻璃茶几就制作完毕了。读者可以自己尝试制作，在此不再详述，最后调整透视图视角，为模型制作材质，设置灯光并进行渲染，结果如图5-108所示。

图 5-108　场景渲染效果

执行【文件】/【另存为】命令，将该场景保存为"职场实战——创建休闲沙发、椅子、茶几组合.max"文件。

执行【文件】/【归档】命令，将该场景归档。

Chapter

06

第6章

绘制与编辑样条线对象

本章导读：

在3ds Max 2020中，图形是重要的组成部分，它是创建三维模型的主要操作对象，其中，样条线对象是较常用的操作对象，本章重点学习绘制与编辑样条线对象的相关知识。

本章主要内容如下：

- 认识图形对象；
- 绘制样条线对象；
- 编辑样条线对象；
- 综合练习——创建不锈钢防盗窗；
- 职场实战——制作户外椅。

6.1 认识图形对象

3ds Max 2020中有3种常用的图形对象，分别是“样条线”“NURBS曲线”以及“扩展样条线”，除此之外，还有“复合图形”、CFD以及Max Creation Graph。其中，“复合图形”是一个编辑命令，是对两个相交的图形对象进行布尔运算，以生成新的图形对象。

6.1.1 样条线

扫一扫，看视频

样条线是所有常见图形的统称，包括一些常见的基本图形，如线、矩形、圆、圆弧、多边形等。

进入创建面板，单击“图形”按钮，在其列表中选择“样条线”选项，在“对象类型”卷展栏中显示所有样条线对象的创建按钮，激活相关按钮即可创建图形，如图6-1所示。

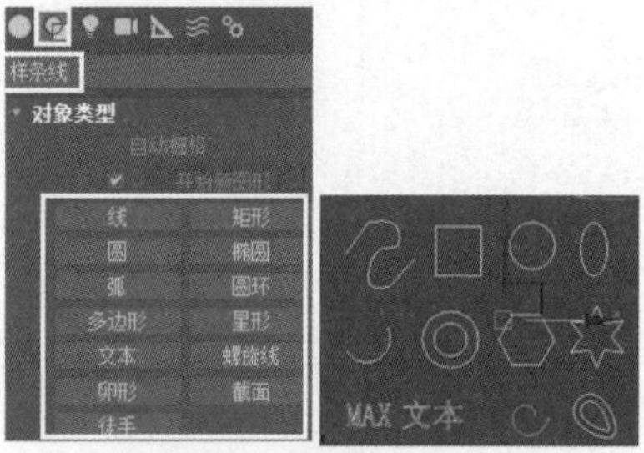

图 6-1　样条线对象

6.1.2 NURBS曲线

扫一扫，看视频

与样条线不同，NURBS曲线是另一种二位线图元，用于创建曲面模型。根据其创建方法，NURBS曲线又分为两种：一种是点曲线；另一种是CV曲线。点曲线由点控制曲线的曲率以创建曲线，而CV曲线则是由CV控制柄调节曲线的曲率以创建曲线。

在“图形”列表中选择“NURBS曲线”选项，在“对象类型”卷展栏中显示其创建按钮，激活相关按钮即可创建点曲线和CV曲线，如图6-2所示。

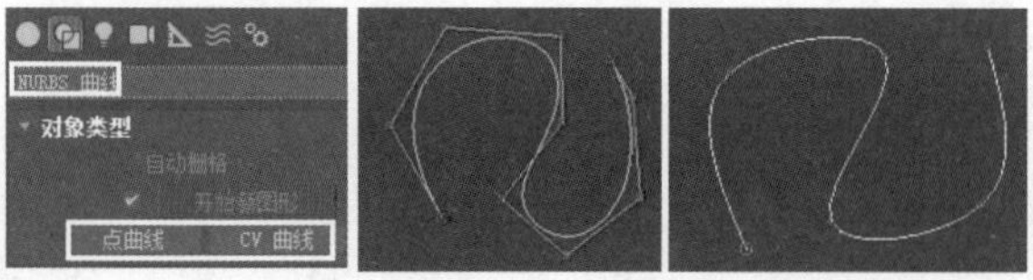

图 6-2　NURBS 曲线

6.1.3 扩展样条线

扫一扫，看视频

严格来讲，扩展样条线是线的一种复合对象，包括一些特殊的二维图形，如T形、回字形、C形、工字形以及L形图形。

在“图形”列表中选择“扩展样条线”选项，在“对象类型”卷展栏中显示其创建按钮，激活相关按钮即可创建扩展样条线对象，如图6-3所示。

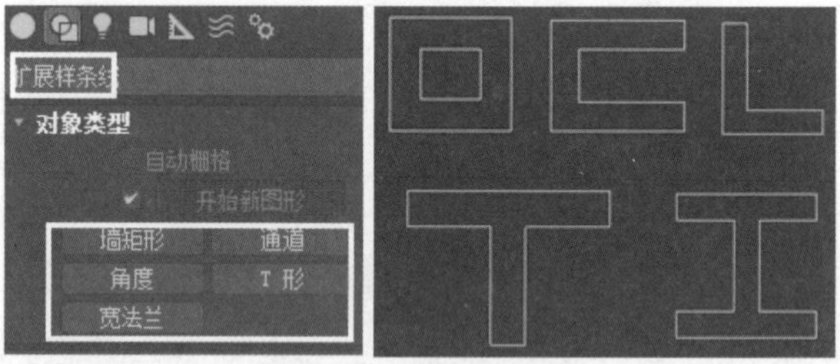

图 6-3　扩展样条线

6.1.4 复合图形

扫一扫，看视频

复合图形其实就是早期版本中的二位布尔运算命令，是对其他两个相交的二维图形进行并集、差集、交集等复合运算，以生成另一种二维图形，如图6-4所示。

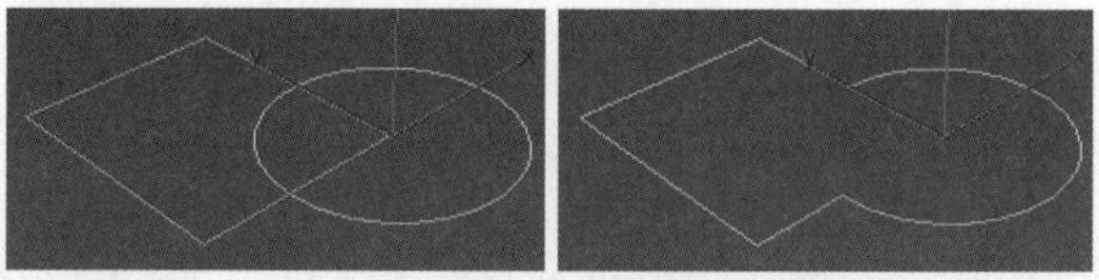

图 6-4　交集运算结果

除以上讲的二维图形外，3ds Max 2020新增了一些其他的二维图形对象，但最常用的却只有样条线、NURBS曲线、扩展样条线以及复合图形这4种。

6.2 绘制样条线对象

所有图形的绘制方法基本都相同，本节主要学习常用样条线对象的绘制。读者可以自己尝试操作其他图形的绘制。

6.2.1 绘制线

扫一扫，看视频

线是一切图形的基础，创建“线”对象时只要把握两点即可，即“单击”和“拖曳”。“单击”确定线的起点，而“拖曳”完成线的创建。下面学习创建“线”对象的方法。

实例——绘制"线"对象

步骤 01 在创建面板中单击 "图形" 按钮,在下拉列表中选择"样条线"选项,在【对象类型】卷展栏中激活 线 按钮,在视图中单击确定线的起点。

步骤 02 移动光标到合适位置,再次单击确定一点,绘制直线,继续移动光标到合适位置,按住鼠标拖曳,绘制曲线,右击结束操作,如图6-5所示。

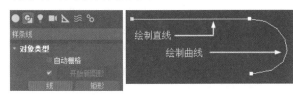

图6-5 创建"线"对象

知识拓展

在创建面板中展开【创建方法】卷展栏,选择一种创建方法,如图6-6所示。

扫一扫,看视频

图6-6 选择创建方法

"初始类型":线的起点的类型有"角点"和"平滑"两种。选择"角点"类型,将产生一个尖端,单击时绘制直线;选择"平滑"类型,将通过顶点产生一条平滑、不可调整的曲线,由顶点的间距设置曲率的数量。

"拖动类型":设置线上点的类型,包括"角点""平滑"和Bezier。选择Bezier类型,通过顶点产生一条平滑、可调整的曲线,通过在每个顶点拖动鼠标设置曲率的值和曲线的方向。

小贴士

要想创建闭合的线对象,可将光标移动到线的起点上单击,此时弹出【样条线】对话框,询问是否闭合样条线,单击 是(Y) 按钮即可闭合图形,如图6-7所示。

图6-7 【样条线】对话框

练一练

使用"线"绘制如图6-8所示的心形闭合图形。

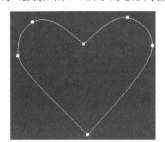

图6-8 绘制心形闭合图形

操作提示

(1)设置创建方法的"初始类型"为"角点"、"拖动类型"为Bezier。

(2)根据心形的移动形状单击确定起点,然后移动光标到合适位置,拖曳绘制曲线,依次完成心形的绘制,最后移动光标到起点上单击,闭合图形,完成心形图形的绘制。

6.2.2 绘制矩形

扫一扫,看视频

与"线"对象不同,"矩形"是由4条样条线组成的闭合图形,其绘制方法非常简单,绘制完成后,可以在【修改】面板中对其进行修改。下面以创建长度为100mm、宽度为100mm、角半径为20mm的矩形为例,学习矩形的绘制以及修改知识。

实例——创建长度为100mm、宽度为100mm、
角半径为20mm的矩形

步骤 01 在【对象类型】卷展栏下激活 矩形 按钮,在视图中拖曳鼠标创建一个矩形,如图6-9所示。

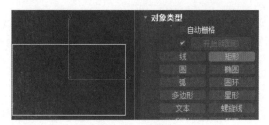

图 6-9 绘制矩形

步骤 02 单击命令面板中的 ✍"修改"按钮进入修改面板,展开【参数】卷展栏,修改各个参数,如图 6-10 所示。

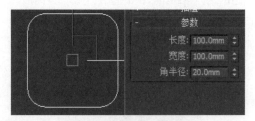

图 6-10 修改矩形参数

小贴士

在【创建方法】卷展栏下设置创建方法,其中"边"是系统默认的创建方法,即由矩形的一个边开始创建矩形;如果选择"中心"方式,即从矩形的中心开始创建矩形。

另外,展开【键盘输入】卷展栏,输入"长度""宽度"和"角半径"值,单击 创建 按钮即可以视图的中心作为矩形的中心创建矩形。

练一练

使用"键盘输入"创建"长度"为100mm、"宽度"为50mm、"角半径"为10mm的矩形,结果如图6-11所示。

图 6-11 创建矩形

操作提示

在"键盘输入"选项中输入"长度"为100mm、"宽度"为50mm、"角半径"为10mm,单击 创建 按钮创建矩形。

6.2.3 绘制多边形

扫一扫,看视频

多边形是由多条样条线组成的闭合二维图形。多边形的创建比较简单,在视图中拖曳鼠标即可创建一个多边形。下面绘制半径为20、角半径为5的八边形。

实例——绘制半径为20、角半径为5的八边形

步骤 01 在【对象类型】卷展栏下激活 多边形 按钮,在视图中拖曳鼠标创建一个六边形对象,如图6-12所示。

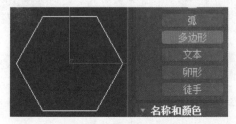

图 6-12 创建六边形对象

默认情况下,多边形为六边,创建时可以重新设置边数、半径以及边半径等,或者创建完成后进入修改面板,修改多边形的边数、半径以及边半径等。

步骤 02 进入修改面板,展开【参数】卷展栏,修改各参数,如图6-13所示。

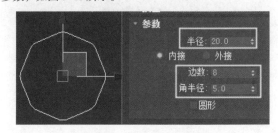

图 6-13 修改多边形参数

小贴士

内接:勾选该选项,绘制内接圆多边形,即多边形的半径是多边形的中心到多边形各边垂足的距离。

外接:勾选该选项,绘制外接圆多边形,即多边形的半径是多边形的中心到多边形各角点的距离。

圆形:勾选该选项,绘制一个圆形。

3ds Max 2020实用教程(微课视频版)

练一练

创建边数为4、角半径为3、半径为10的多边形，如图6-14所示。

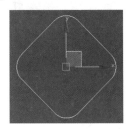

图6-14　绘制多边形

操作提示

采用默认设置创建多边形，进入修改面板，修改边数、半径以及角半径。

6.2.4　绘制圆

圆都是由4个顶点组成的闭合样条线图形对象，本小节学习圆的绘制方法。

实例——绘制圆

扫一扫，看视频

圆的绘制非常简单，在视图中拖曳鼠标即可绘制一个圆，进入修改面板可修改圆的半径。下面绘制一个半径为20的圆。

步骤 01 在【对象类型】卷展栏下激活 圆 按钮，在视图中拖曳鼠标绘制圆，如图6-15所示。

图6-15　绘制圆

步骤 02 进入修改面板，展开【参数】卷展栏，修改半径为20，如图6-16所示。

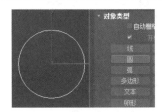

图6-16　修改圆半径

> **小贴士**
>
> 椭圆的创建方法与圆相同，创建椭圆后修改面板参数进行相关设置，其操作简单。在此不再详述，读者可以尝试自己创建椭圆。

6.2.5　绘制弧

与"圆"相同，"弧"也是由4个顶点组成的打开或闭合的圆弧形对象，但其绘制方法与"圆"的绘制方法不同。"弧"的创建方法有两种：一种是"端点–端点–中央"方式；另一种是"中间–端点–端点"方式，本小节继续学习绘制弧的相关知识。

扫一扫，看视频

实例——绘制弧

1. 采用"端点 - 端点 - 中央"方式绘制弧

所谓"端点–端点–中央"方式，是指首先指定圆弧的起点和端点，然后拾取圆弧上的一点绘制圆弧，这是系统默认的一种创建圆弧的方式。

步骤 01 在【对象类型】卷展栏下激活 弧 按钮，在视图中拖曳鼠标确定圆弧的两个端点。

步骤 02 释放鼠标并上下移动，然后单击拾取弧上的一点，完成弧的创建，如图6-17所示。

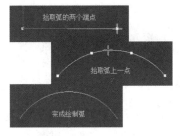

图6-17　采用"端点 – 端点 – 中央"方式绘制弧

2. 采用"中间 - 端点 - 端点"方式绘制弧

这种方式是指首先确定圆弧的圆心，然后拾取圆弧的端点，再拾取圆弧的另一个端点绘制圆弧。

步骤 01 在【对象类型】卷展栏下激活 弧 按钮，展开【创建方式】卷展栏，勾选"中间–端点–端点"选项。

步骤 02 在视图中拖曳鼠标，以确定弧的半径，释放鼠标并移动到合适位置再单击，以确定圆弧的另一端点，完成弧的绘制，如图6-18所示。

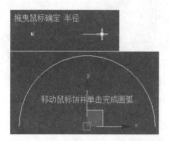

图 6-18　采用"中间-端点-端点"方式绘制弧

图 6-21　修改文本

 小贴士

创建圆弧后进入修改面板，在【参数】卷展栏中进行相关参数的设置。其操作简单，在此不再详述。

6.2.6　创建文本

文本是一种特殊的二维图形，用于创建文字内容，创建方法非常简单。下面创建内容为"3ds Max 2020"的文本对象。

扫一扫，看视频

实例——创建文本对象

步骤 01 在"对象类型"列表中单击 文本 按钮，展开【参数】卷展栏，选择字体，设置大小等，并在下方的文本框中输入文字内容"3ds Max 2020"，如图 6-19 所示。

图 6-19　输入文字内容

步骤 02 在视图中单击即可创建文本，如图 6-20 所示。

图 6-20　创建文本

步骤 03 进入修改面板，展开【参数】卷展栏，选择字体，设置大小、字间距、行间距并修改文本内容等，如图 6-21 所示。

 疑问解答

疑问：标准基本体中的"加强型文本"与二维图形中的"文本"有什么区别？

解答：标准基本体中的"加强型文本"属于三维基本模型，可以对文本进行挤出，生成三维模型，可以赋予材质贴图并进行渲染；而二维图形中的"文本"属于二维图形，不具备三维模型的特征，一般情况下不能赋予材质贴图，也不能渲染，但是，通过对其进行编辑，也可生成三维模型。

练一练

创建内容为"微课视频版"、字体为"宋体"、"大小"为 100 的文本，如图 6-22 所示。

图 6-22　创建文本

操作提示

激活 文本 按钮，展开【参数】卷展栏，选择字体为"宋体"，设置"大小"为 100，在下方的文本框中输入文字内容为"微课视频版"，在视图中单击。

6.2.7　绘制星形

星形可生成多个角的星形图形，其参数包括"半径1""半径2""点""扭曲""圆角半径1"和"圆角半径2"。下面绘制"半径1"为100、"半径2"为50的五角星。

扫一扫，看视频

实例——绘制五角星

步骤 01 在"对象类型"列表中单击 文本 按钮，在视图中拖曳鼠标确定半径1，释放鼠标并移动确定半径2，单击完成星形的绘制，如图6-23所示。

图6-23　绘制星形

步骤 02 进入修改面板，展开【参数】卷展栏，修改各参数，如图6-24所示。

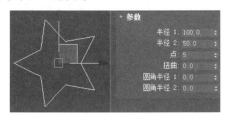

图6-24　修改星形参数

知识拓展

设置"扭曲"，使星形沿顺时针或逆时针进行扭曲，设置"圆角半径1"和"圆角半径2"，使其产生圆角效果，如图6-25所示。

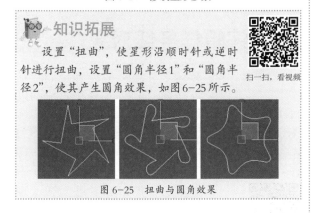

图6-25　扭曲与圆角效果

练一练

绘制"半径1"为85、"半径2"为45、"点"为12、"扭曲"为-8、"圆角半径1"为16、"圆角半径2"为10的星形图形，如图6-26所示。

图6-26　星形图形

操作提示

绘制星形，进入修改面板，在【参数】卷展栏中设置相关参数。

6.2.8　绘制其他样条线对象

除以上讲的样条线图形对象外，还有其他样条线对象，这些样条线对象的创建非常简单，本小节继续学习其他样条线对象的创建方法。

扫一扫，看视频

实例——绘制其他样条线对象

1. 徒手

这是一个非常简单的绘制样条线的工具，其使用方法类似PS中的自由套索工具，激活 徒手 按钮，在视图中拖曳鼠标即可绘制任意二维样条线对象，进入修改面板，展开【徒手样条线】卷展栏，设置相关选项和参数，如图6-27所示。

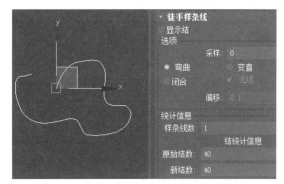

图6-27　修改【徒手样条线】参数

2. 卵形

卵形用于绘制一个蛋的形状线，绘制方法与"圆"相同，拖曳鼠标创建卵形的大小，释放鼠标并移动，确定卵形的厚度，单击完成卵形的创建，其参数设置包括"长度""宽度""厚度""角度"，如图6-28所示。

图6-28　卵形及其设置

3. 螺旋线

激活 螺旋线 按钮，在视图中拖曳鼠标确定半径，释放鼠标并移动确定高度，单击并再次移动鼠标确定半径2，单击结束绘制，如图6-29所示。

图 6-29　绘制并修改螺旋线参数

4. 截面

截面就是三维模型被剖切后的平面，因此不能直接绘制，而是在三维模型上创建。下面通过创建圆环截面的实例学习创建截面的方法。

实例——创建截面图形

步骤 01 创建圆环对象，激活 截面 按钮，在圆环对象上拖曳创建一个截面，并调整截面的位置，如图6-30所示。

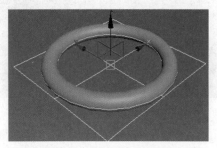

图 6-30　在圆环上创建截面

步骤 02 进入修改面板，在【截面参数】卷展栏中单击 创建图形 按钮，在弹出的【命名截面图形】对话框中将其命名为"圆环截面"，如图6-31所示。

图 6-31　为截面图形命名

步骤 03 单击 确定 按钮，得到名为"圆环截面"的二维图形，该二维图形与圆环重叠，将圆环对象隐藏，此时即可查看"圆环截面"图形，如图6-32所示。

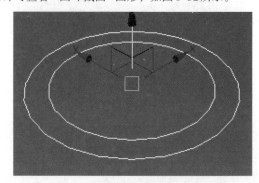

图 6-32　截面对象

小贴士

NURBS曲线以及扩展样条线的绘制方法与样条线的绘制方法基本相同，在此不再讲解，读者可以自己尝试操作。

6.3 编辑样条线对象

样条线有3个子对象，分别是"点""线段"和"样条线"。绘制样条线后，除了设置原始参数外，还可以对样条线的3个子对象进行编辑，以满足建模的需要。本节继续学习编辑样条线对象的相关知识。

6.3.1　样条线的渲染

系统默认下，样条线不能进行渲染，也不能赋予材质和贴图。只有启用"可渲染"选项后，样条线才具有三维模型的所有属性，不仅能渲染，还可以指定材质和贴图。下面通过简单实例学习相关知识。

扫一扫，看视频

实例——样条线的渲染

步骤 01 绘制弧，按F9键快速渲染视图，发现什么也看不到。

步骤 02 进入修改面板，展开【渲染】卷展栏，勾选"在渲染中启用"选项，再次按F9键快速渲染视图，此时会看到绘制的弧，如图6-33所示。

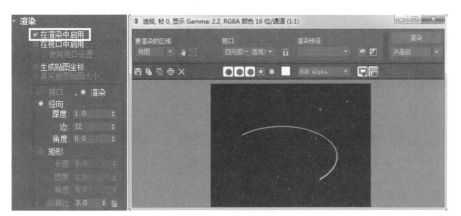

图 6-33 渲染视图

步骤 03 继续勾选"在视口中启用"选项,勾选"径向"选项,并设置"厚度""边"以及"角度"参数,此时在视图中可以看到弧呈圆柱状,如图6-34所示。

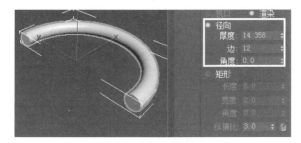

图 6-34 设置"径向"参数

步骤 04 勾选"矩形"选项,并设置"长度""宽度""角度"以及其他参数,此时在视图中可以看到弧呈立方体状,如图6-35所示。

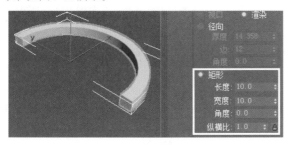

图 6-35 设置"矩形"参数

步骤 05 取消"封口"选项,此时发现弧的两端未封口,勾选"封口"与"四边形封口"选项,并设置"分段"与"球体"参数,对象进行封口设置,如图6-36所示。

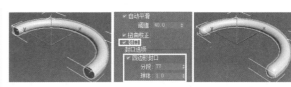

图 6-36 设置对象封口

练一练

使用"文本"创建如图6-37所示的3D文字。

图 6-37 3D 文字

操作提示

输入"3ds Max 2020"文本,在修改面板的【渲染】卷展栏中设置渲染参数。

6.3.2 编辑顶点

扫一扫,看视频

顶点是样条线对象的子对象,有4种类型,分别是Bezier角点、Bezier、角点和平滑,这4种类型的顶点是组成样条线对象的基本元素。

选择"样条线"对象,按数字1键,或者在修改堆栈中单击"样条线"前面的"+"号将其展开,单击"顶点"层级,或者在【选择】卷展栏中单击 按钮,即可进入"顶点"层级对其进行编辑,通过编辑"顶点",从而改变样条线对象的形态。本小节学习编辑"顶点"的相关知识。

实例——编辑顶点

1. 移动与删除顶点

可以移动和删除顶点，顶点被移动和删除后，会影响样条线对象的形态。

步骤 01 绘制样条线对象，按数字1键进入"顶点"层级，激活主工具栏中的 ✛ "选择并移动"工具，单击选择一个"顶点"，选择的"顶点"显示红色。

步骤 02 移动"顶点"到其他位置，或按Delete键将其删除，此时样条线的形状发生变化，如图6-38所示。

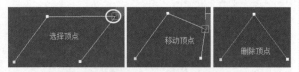

图6-38　选择并移动和删除顶点

2. 设置顶点类型

步骤 01 选择"顶点"并右击，在弹出的右键菜单中显示4种类型的"顶点"，如图6-39所示。

步骤 02 选择Bezier类型，将创建带有连续的切线控制柄的"顶点"，可以沿X、Y、XY轴调节控制柄，从而影响"顶点"两端的曲线形状，创建平滑曲线，顶点处的曲率由切线控制柄的方向和量级确定，如图6-40所示。

图6-39　顶点的4种类型　　图6-40　Bezier顶点

步骤 03 选择"平滑"类型，创建不可调节的平滑连续的曲线，其平滑处的曲率是由相邻顶点的间距决定的，如图6-41所示。

步骤 04 选择"角点"类型，创建不可调节的锐角转角的曲线，如图6-42所示。

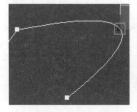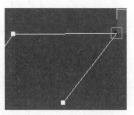

图6-41　平滑类型　　　　图6-42　角点类型

步骤 05 选择"Bezier角点"类型，创建带有不连续的切线控制柄的"顶点"，可以沿X、Y、XY轴调节控制柄，从而影响"顶点"一端的曲线。创建锐角转角曲线，线段离开转角时的曲率是由切线控制柄的方向和量级设置的，如图6-43所示。

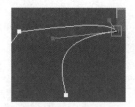

图6-43　Bezier角点类型

3. 焊接、连接、断开顶点

可以对顶点进行焊接、连接以及断开等操作，从而创建闭合或非闭合的样条线对象。

步骤 01 选择"顶点"，在【几何体】卷展栏中激活 连接 按钮，移动光标到"顶点"上，按住鼠标拖到另一端的"顶点"上释放鼠标，将两个"顶点"连接，创建闭合样条线，如图6-44所示。

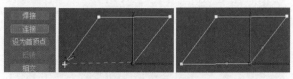

图6-44　连接顶点

步骤 02 选择"顶点"，单击【几何体】卷展栏下的 断开 按钮，激活 ✛ "选择并移动"工具移动顶点，发现顶点被断开，如图6-45所示。

图6-45　断开顶点

步骤 03 框选断开的2个"顶点"，在【几何体】卷展栏下的 焊接 按钮旁的输入框中输入一个焊接数值，如输入10，单击 焊接 按钮，此时两个顶点被焊接在一起，如图6-46所示。

图6-46　焊接顶点

3ds Max 2020实用教程（微课视频版）

4. 圆角和切角顶点

可以对角点类型的顶点进行圆角或切角处理。

步骤 01 选择"顶点"，在【几何体】卷展栏下激活 圆角 按钮，移动光标到"顶点"上拖曳，进行圆角处理，如图6-47所示。

图6-47　圆角顶点

步骤 02 选择"顶点"，在【几何体】卷展栏下激活 切角 按钮，移动光标到"顶点"上拖曳，进行切角处理，如图6-48所示。

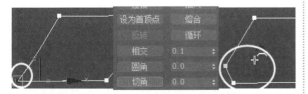

图6-48　切角顶点

6.3.3　编辑线段

线段也是样条线对象的子对象，两个"顶点"连成一个"线段"，编辑"线段"时，按数字2键，或者在修改堆栈中单击"样条线"前面的"+"号将其展开，单击"线段"层级，或者在【选择】卷展栏中单击 按钮，即可进入

扫一扫，看视频

"线段"层级对其进行编辑。通过编辑"线段"，也可以改变样条线对象的形态。本小节学习编辑线段的相关知识。

实例——编辑线段

1. 优化与插入

"优化"与"插入"是两个不同的命令，通过这两个命令可对"线段"进行编辑。

步骤 01 继续6.3.2小节的操作。按数字2键进入"线段"层级，单击选择"线段"，激活【几何体】卷展栏下的 优化 按钮，移动光标到线段上单击添加顶点，如图6-49所示。

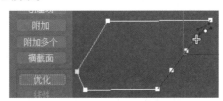

图6-49　添加顶点

步骤 02 选择另一段"线段"，激活 插入 按钮，在"线段"上单击插入一个点，移动光标并再次单击插入另一个点，如图6-50所示。

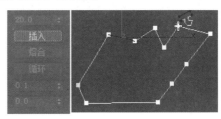

图6-50　插入顶点

2. 拆分与分离线段

可以通过添加由微调器指定的"顶点"数细分"线段"，另外也可以将"线段"从图形中分离出来，"分离"时还可以对"线段"进行复制。

步骤 01 选择"线段"，在【几何体】卷展栏下的

3ds Max 2020实用教程（微课视频版）

拆分 按钮右边输入拆分的"顶点"数，如输入3，单击 **拆分** 按钮，此时"线段"上添加了了3个"顶点"，"线段"被拆分为4段，如图6-51所示。

图6-51　拆分线段

步骤02 选择"线段"，单击【几何体】卷展栏下的 **分离** 按钮，打开【分离】对话框，为线段命名，如图6-52所示。

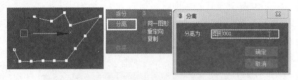

图6-52　分离线段

步骤03 单击 **确定** 按钮，将线段分离，如图6-53所示。

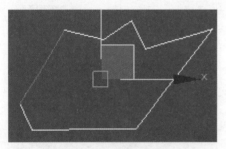

图6-53　分离后的线段

小贴士

勾选"复制"选项，则可以将线段复制并分离。

6.3.4　编辑样条线

样条线其实就是图形本身，只是可以将其作为图形的子对象编辑，从而编辑图形。编辑样条线时，按数字3键，或者在修改堆栈中单击"样条线"前面的"+"号将其展开，单击"样条线"层级，或者在【选择】卷展栏中单击 按钮，即可进入"样条线"层级对其进行编辑。通过编辑"样条线"，从而编辑图形。继续6.3.3小节的操作，下面继续学习编辑"样条线"的知识。

扫一扫，看视频

实例——编辑样条线

1. 轮廓

"轮廓"其实就是为图形添加一个边框，边框的距离偏移量由 **轮廓** 按钮右侧的微调器指定。

步骤01 按数字3键进入"样条线"层级，单击图形对象，图形显示红色。

步骤02 在【几何体】卷展栏下激活 **轮廓** 按钮，将光标移动到图形上拖曳，为图形添加轮廓，如图6-54所示。

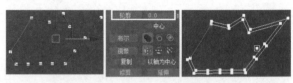

图6-54　设置轮廓

2. 镜像

可以对"样条线"进行镜像，镜像时可以选择水平、垂直以及倾斜3种方式。

步骤01 按数字3键进入"样条线"层级并选择图形对象。

步骤02 在【几何体】卷展栏下单击 **镜像** 按钮，样条线沿水平方向进行镜像，如图6-55所示。

图6-55　水平镜像

小贴士

分别激活 "垂直"和 "倾斜"按钮，可以将样条线沿垂直和倾斜方向镜像。

3. 附加

可以将两个以上的样条线对象附加，附加的对象将成为原图形的"样条线"子对象。

步骤01 在样条线对象上绘制圆，选择样条线对象，按数字3键进入"样条线"层级。

步骤02 在【几何体】卷展栏下单击 **附加** 按钮，在视图中单击绘制的圆将其附加，如图6-56所示。

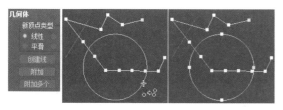

图 6-56 附加圆

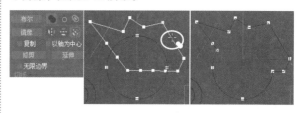

步骤 02 按数字 3 键进入"样条线"层级，选择圆"样条线"对象，在【几何体】卷展栏中激活 **布尔** 按钮，在视图中单击样条线对象，结果样条线对象与圆对象进行了并集，如图 6-59 所示。

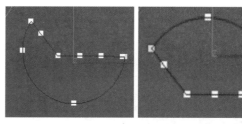

图 6-59 并集

步骤 03 分别激活 "差集"和 ⊚ "交集"按钮，继续进行差集和交集运算，结果如图 6-60 所示。

小贴士

如果要附加多个对象，则可以连续单击所有对象，或者单击 **附加多个** 按钮，打开【附加多个】对话框，选择要附加的对象，单击 **附加** 按钮即可将其全部附加，如图 6-57 所示。

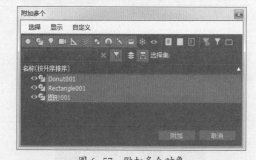

图 6-57 附加多个对象

4. 布尔

通过"布尔"操作可以将两个闭合"样条线"对象重新组合成另一个"样条线"对象。执行"布尔"操作必须具备以下 4 个条件。

- 两个图形必须是附加的可编辑样条线图形；
- 两个图形必须在同一平面内；
- 两个图形必须是闭合的样条线图形；
- 两个图形必须有相交。

具备以上 4 个条件后，就可以进行"布尔"操作。

步骤 01 继续 6.3.3 小节的操作。进入"顶点"层级，使用"连接"将样条线的两个顶点连接，使其成为闭合图形，如图 6-58 所示。

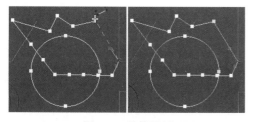

图 6-58 连接顶点

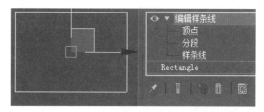

图 6-60 差集和交集

6.3.5 编辑其他样条线对象

除线对象外，其他样条线对象在编辑时需要为其添加【可编辑样条线】修改器，然后进入其"顶点""线段"和"样条线"子对象进行编辑。

扫一扫，看视频

例如，绘制矩形，在修改器列表中选择【编辑样条线】修改器，展开其子对象层级即可进入子对象进行编辑，如图 6-61 所示。

图 6-61 添加【编辑样条线】修改器

小贴士

选择其他样条线对象并右击，选择右键菜单中的【转换为】/【转换为可编辑样条线】命令，即可将对象转换为可编辑样条线对象，此时即可进入其"顶点""线段"和"样条线"子对象进行编辑，其编辑方法与"线"对象的编辑方法完全相同。需要注意的是，对象转换为"可编辑样条线"对象后，将不能再修改对象的原始参数。

6.3.6 复合对象

扫一扫，看视频

复合对象其实是一个编辑命令，它可以对两个以上的样条线对象进行附加，并进行布尔运算，创建新的图形对象。下面通过一个简单实例学习复合对象的操作方法。

实例——复合对象

步骤 01 创建相交的圆、矩形和椭圆对象，选择任意一个对象，在图形列表中选择"复合对象"选项，在【对象类型】卷展栏中激活 图形布尔 按钮，如图6-62所示。

图6-62 激活"图形布尔"按钮

步骤 02 展开【运算对象参数】卷展栏，激活 并集 按钮；展开【布尔参数】卷展栏，激活 添加运算对象 按钮，如图6-63所示。

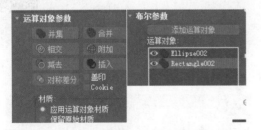

图6-63 激活"并集"与"添加运算对象"按钮

步骤 03 在视图中单击矩形，结果矩形与椭圆进行了并集运算，如图6-64所示。

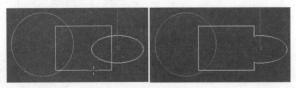

图6-64 并集运算

步骤 04 继续单击圆对象，将其并集到图形中，如

图6-65所示。

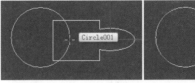
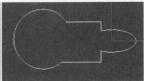

图6-65 并集圆对象

步骤 05 使用相同的方法对图形对象进行相交、减去等运算，创建新的图形对象。

6.4 综合练习——创建不锈钢防盗窗

本节来创建不锈钢防盗窗三维模型，学习"样条线"在三维建模中的应用技巧。不锈钢防盗窗最终效果如图6-66所示。

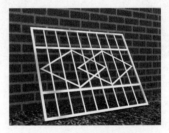

图6-66 不锈钢防盗窗

6.4.1 创建不锈钢防盗窗边框与栏杆

扫一扫，看视频

下面首先创建不锈钢防盗窗框与栏杆模型，边框与栏杆可以使用矩形创建。

1. 创建窗框与横栏杆

步骤 01 在前视图中创建一个矩形，在修改面板中修改"长度"为200、"宽度"为250，展开【渲染】卷展栏，勾选"在渲染中启用"与"在视口中启用"两个选项。

步骤 02 向上推动面板，勾选"矩形"选项，然后设置"长度""宽度"均为5，其他设置默认。

步骤 03 选择矩形并右击，选择【转换为】/【转换为可编辑样条线】命令，将矩形转换为可编辑样条线对象。

步骤 04 按数字2键进入"线段"层级，选择下方的水平边，在【几何体】卷展栏下勾选 分离 按钮右侧的"复制"选项，然后单击该按钮，在弹出的【分离】对话框中将其命名为"横栏杆"，如图6-67所示。

3ds Max 2020实用教程（微课视频版）

图 6-67　分离并命名

步骤 05 单击 确定 按钮。然后选择复制的"横栏杆"对象，在前视图中将其沿Y轴向上移动到合适位置，并以"实例"方式将其向上复制一个，创建出两个横栏杆对象，如图6-68所示。

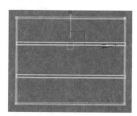

图 6-68　移动并复制横栏杆对象

2. 创建竖栏杆

步骤 01 再次选择窗框对象，并进入其"线段"层级，选择左边垂直边，依照前面的操作将其分离并复制为"竖栏杆"。

步骤 02 选择分离并复制的"竖栏杆"对象，进入"对象放置"选项卡，单击 "间隔"按钮，打开【间隔工具】对话框，设置参数如图6-69所示。

步骤 03 激活 指取路径 按钮，在视图中单击"横栏杆"，将"竖栏杆"沿"横栏杆"排列10个，如图6-70所示。

图 6-69　设置参数

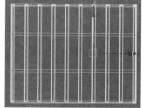

图 6-70　排列复制结果

步骤 04 单击 应用 按钮，关闭【间隔工具】对话框，然后在【渲染】卷展栏下勾选"径向"选项，并设置"厚度"为4、"边"为20，此时"竖栏杆"效果如图6-71所示。

图 6-71　设置"竖栏杆"参数效果

步骤 05 这样，不锈钢防盗窗窗框与栏杆就制作完毕了。

6.4.2　创建防盗窗菱形装饰图形

下面在防盗窗上制作菱形装饰图形，完成不锈钢防盗窗的制作。

扫一扫，看视频

步骤 01 在前视图中的防盗窗中间位置绘制70mm×70mm的矩形，激活主工具栏中的 "角度捕捉切换"按钮并右击，在打开的【栅格和捕捉设置】对话框中设置角度为45°，如图6-72所示。

步骤 02 关闭该对话框，激活主工具栏中的 "选择并旋转"按钮，在前视图中将矩形沿Z轴旋转45°，如图6-73所示。

图 6-72　设置角度捕捉

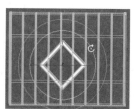

图 6-73　旋转矩形

步骤 03 再次激活主工具栏中的 "选择并均匀缩放"按钮，将旋转后的矩形沿X轴进行缩放，并调整其位置，如图6-74所示。

步骤 04 激活主工具栏中的 "选择并移动"按钮，按住Shift键将缩放后的矩形沿X轴向右以"实例"方式移动并复制到窗框右侧合适的位置，效果如图6-75所示。

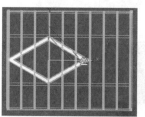

图 6-74　缩放矩形

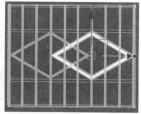

图 6-75　移动复制矩形

步骤 05 进入修改面板，展开【渲染】卷展栏，勾选"矩形"选项，并设置"长度"和"宽度"均为3，完成装饰图形的创建，效果如图6-76所示。

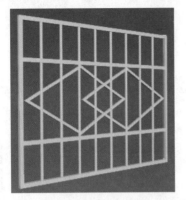

图6-76 创建菱形图形

步骤 06 这样，不锈钢防盗窗模型就制作完毕了。创建一个平面作为地形，一个平面作为墙面，使不锈钢窗靠在墙面上，然后为其制作材质并设置灯光进行渲染，效果如图6-66所示。

步骤 07 执行【文件】/【另存为】命令，将该场景保存为"综合练习——创建不锈钢防盗窗.max"文件。

步骤 08 执行【文件】/【归档】命令将场景归档。

6.5 职场实战——制作户外椅

户外椅为人们在户外休息提供了极大的便利，在城市公园我们经常能见到户外椅，本节就来制作一个户外椅模型，如图6-77所示。

图6-77 户外椅

6.5.1 创建户外椅底撑模型

扫一扫，看视频

户外椅的框架材质为铸铁，本小节首先创建户外椅的底撑。

步骤 01 在左视图中创建矩形，在修改面板中修改参数，如图6-78所示。

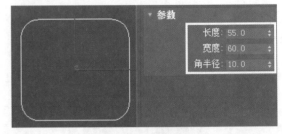

参数	
长度:	55.0
宽度:	60.0
角半径:	10.0

图6-78 创建矩形

步骤 02 选择矩形并右击，选择【转换为】/【转换为可编辑样条线】命令将其转换为可编辑样条线对象、按数字2键进入"线段"层级，选择下水平边，按Delete键删除，如图6-79所示。

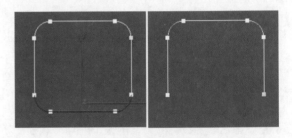

图6-79 选择"线段"并删除

步骤 03 按数字1键进入"顶点"层级，选择下方的两个顶点，将其向外移动，制作出户外椅的底撑，如图6-80所示。

步骤 04 按数字3键进入"样条线"层级，选择底撑对象，在【几何体】卷展栏中设置"轮廓"为5，为其增加轮廓，结果如图6-81所示。

 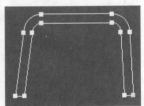

图6-80 调整顶点　　　　图6-81 增加轮廓

步骤 05 展开【渲染】卷展栏，勾选"在渲染中启用"和

"在视图中启用"两个选项，然后勾选"矩形"选项，并设置参数，如图6-82所示。

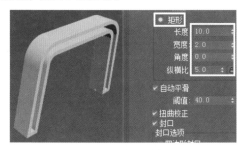

图6-82 设置渲染参数

步骤 06 继续在左视图底撑上方绘制"长度"为8、"宽度"为30的椭圆，在【几何体】卷展栏中设置渲染参数，效果如图6-83所示。

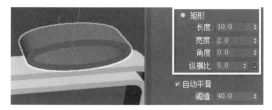

图6-83 椭圆及其渲染设置

6.5.2 制作户外椅底座

本小节制作户外椅的底座，其底座为金属丝网，制作时要注意丝网的粗细和疏密程度。

扫一扫，看视频

1.制作丝网外边框

步骤 01 选择户外椅底撑模型，按数字2键进入"线段"层级，在左视图中按住Ctrl键选择如图6-84所示的线段。

图6-84 选择线段

小贴士

选择线段时可以在【渲染】卷展栏中暂时取消"在视图启用"选项，这样便于查看选择结果。

步骤 02 在【几何体】卷展栏中的 分离 按钮右侧勾

选"复制"选项，然后单击 分离 按钮，在弹出的【分离】对话框中将其命名为"底座01"，如图6-85所示。

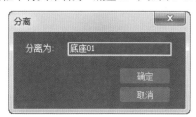

图6-85 命名线段

步骤 03 单击 确定 按钮确认，复制并分离该线段以备后用。

步骤 04 在顶视图户外椅底撑左边位置绘制"长度"为65、"宽度"为200的矩形，并调整其位置与底撑对齐，如图6-86所示。

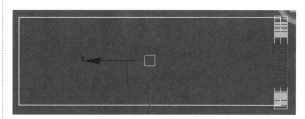

图6-86 绘制矩形

步骤 05 选择矩形并右击，选择【转换为】/【转换为可编辑样条线】命令将其转换为样条线对象，然后按数字2键进入"线段"层级，选择矩形的两条短边将其删除。

步骤 06 选择底撑与扶手撑模型右击，并选择【隐藏未选择】命令将其隐藏。

步骤 07 选择"底座01"对象，进入"顶点"层级，在顶视图和前视图中调整顶点，使其与长方形的两条长边的顶点对齐，如图6-87所示。

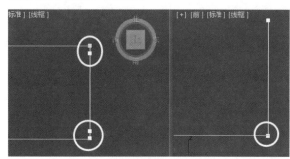

图6-87 调整顶点使其对齐

步骤 08 退出顶点层级，在顶视图中将"底座01"对象沿X轴以"复制"方式向左复制到长方体长边的左边，使其顶点与长方体的左顶点对齐，如图6-88所示。

图6-88 复制"底座01"对象

步骤 09 调整透视图查看效果是否正确，结果如图6-89所示。

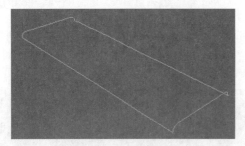

图6-89 透视图效果

2. 制作丝网

步骤 01 长方体的一条长边进入"对象放置"卷展栏，单击 间隔 "间隔"按钮，打开【间隔工具】对话框，勾选"计数"选项，设置参数为10，激活 拾取路径 按钮，在视图中单击"底座01"对象，将该长边沿"底座01"排列10个，效果如图6-90所示。

步骤 02 选择"底座01"对象，使用相同的方法将其沿矩形长边排列复制30个，这样就制作出了丝网效果，如图6-91所示。

 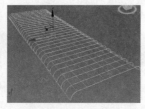

图6-90 排列复制矩形长边　图6-91 排列复制"底座01"

步骤 03 选择所有丝网对象，在【渲染】卷展栏中勾选"在渲染中启用"和"在视图中启用"两个选项，并勾选"径向"选项，设置"厚度"为3，效果如图6-92所示。

6.5.3 制作户外椅靠背

本小节继续制作户外椅的靠背模型。

步骤 01 将丝网所有模型选择并成组，将隐藏的所有对象全部显示，然后在各视图调整丝网底座的位置，使其一端插入底撑中，如图6-93所示。

 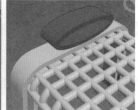

图6-92 设置丝网的渲染参数　图6-93 调整底座丝网的位置

步骤 02 在顶视图中选择底撑与扶手撑模型，将其沿X轴复制到底座丝网的另一端位置，结果如图6-94所示。

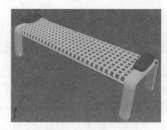

图6-94 复制底撑模型

步骤 03 在左视图中沿扶手绘制样条线，将其命名为"靠背线"，按数字1键进入"顶点"层级，调整线的形态，如图6-95所示。

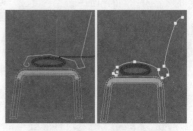

图6-95 绘制并调整样条线

步骤 04 退出"顶点"层级，在前视图中将其以"复制"方式沿X轴复制到另一个边扶手位置，如图6-96所示。

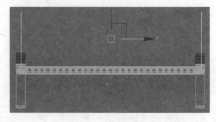

图6-96 复制样条线

小贴士

复制靠背样条线时要以"复制"方式进行复制，如果以"实例"方式复制，这两条样条线将不能附加。

步骤 05 激活主工具栏中的 **③** "捕捉开关"按钮并右击，打开【栅格和捕捉设置】对话框，设置"顶点"捕捉模式，如图6-97所示。

步骤 06 在透视捕捉两个靠背样条线的端点绘制一条水平直线，如图6-98所示。

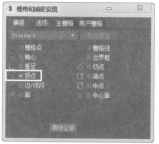 

图6-97　设置捕捉模式　　　图6-98　绘制直线

步骤 07 选择"靠背线"，按数字2键进入"线段"层级，选择上方的两段样条线，依照前面的操作方式将其"复制"并分离为"靠背路径"的线段，如图6-99所示。

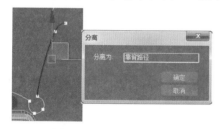

图6-99　分离并复制线段

步骤 08 退出"线段"层级，选择复制分离的"靠背路径"线段，依照前面的方法，将其沿绘制的水平直线排列复制30个，效果如图6-100所示。

步骤 09 继续选择水平直线，依照相同的方法将其沿"靠背路径"排列复制10个，效果如图6-101所示。

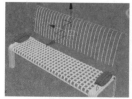 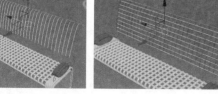

图6-100　排列复制"靠背　　　图6-101　排列复制直线
　　　　　路径"

步骤 10 选择排列复制的靠背丝网对象，进入【渲染】卷展栏，勾选"径向"选项，并设置"厚度"为1，效果如图6-102所示。

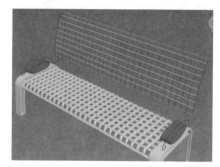

图6-102　设置靠背丝网对象的渲染参数

步骤 11 选择"靠背线"，按数字3键进入"样条线"层级，再次单击"靠背线"对象，在【几何体】卷展栏中激活 附加 按钮，在视图中依次单击水平线和另一条靠背线将其附加，如图6-103所示。

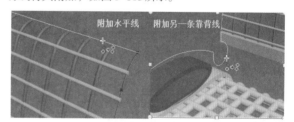

图6-103　附加水平线和靠背线

步骤 12 按数字1键进入"顶点"层级，分别选择两条靠背线与水平线的两处顶点，单击【几何体】卷展栏下的 焊接 按钮进行焊接，这样靠背线就成为一体，如图6-104所示。

步骤 13 在【渲染】卷展栏中勾选"矩形"选项，并设置"长度"为10、"宽度"为2，靠背边框效果如图6-105所示。

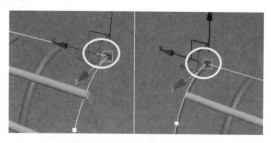

图6-104　焊接顶点

图 6-105　靠背边框效果

图 6-106　户外椅渲染效果

步骤 14 选择靠背最下方的水平线，在【渲染】卷展栏中勾选"矩形"选项，并设置"长度"为5、"宽度"为2，这样，户外椅制作完毕，调整透视图视角，按F9键快速渲染，结果如图6-106所示。

步骤 15 最后，为户外椅制作不锈钢材质并进行渲染，效果如图6-77所示。

步骤 16 执行【文件】/【另存为】命令，将场景保存为"职场实战——制作户外椅.max"文件。

步骤 17 执行【文具】/【归档】命令将场景归档。

Chapter
07
第7章

样条线建模

本章导读:

样条线简单、灵活的操作,在3ds Max 2020建模中有三维模型无法相比的优势,使用样条线可以创建三维模型无法实现的模型,这一章重点学习样条线建模的相关知识。

本章主要内容如下:

- 样条线修改建模;
- 样条线曲面建模;
- 综合练习——制作户外桌椅组合三维模型;
- 职场实战——创建毛巾架与毛巾三维模型。

7.1 样条线修改建模

在3ds Max 2020中，样条线修改建模是指为样条线添加修改器，以创建三维模型，这一节学习样条线修改建模的相关知识。

7.1.1 【车削】修改器

扫一扫，看视频

【车削】修改器是通过对样条线轮廓沿某一轴进行旋转，以创建多种三维模型。这一小节我们通过创建吸顶灯三维模型的实例，学习【车削】修改器建模的相关方法。

实例——使用【车削】修改器创建吸顶灯三维模型

在使用【车削】修改器创建吸顶灯模型时，首先使用样条线创建出吸顶灯的外轮廓线，然后再用【车削】修改器进行编辑，就可以很容易地创建出吸顶灯三维模型。

步骤 01 首先在前视图中创建"长度"为15、"宽度"为25的矩形作为参考图形，以定位吸顶灯的大小，然后将该矩形冻结。

步骤 02 以矩形作为参照图形，在矩形内绘制如图7-1所示的样条线。

步骤 03 按数字1键进入"顶点"层级，选择最右侧的两个"顶点"，在几何体卷展栏中激活 圆角 按钮，在顶点上拖曳鼠标进行圆角处理，如图7-2所示。

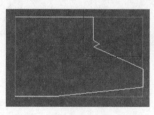
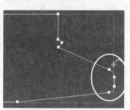

图7-1 绘制吸顶灯外轮廓线　　图7-2 圆角处理顶点

步骤 04 继续分别选择上下两个顶点，拖动调节杆调整样条线的形态，对吸顶灯轮廓线进行完善，效果如图7-3所示。

步骤 05 再次按数字1键退出"顶点"层级，在修改器列表选择【车削】修改器，此时图形效果如图7-4所示。

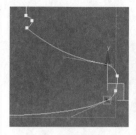
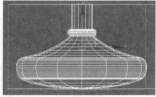

图7-3 调整轮廓线　　图7-4 【车削】修改器效果

步骤 06 展开【参数】卷展栏，勾选"翻转法线"选项，并设置"分段"为30，然后在"对齐"选项中单击 最小 按钮，此时模型效果如图7-5所示。

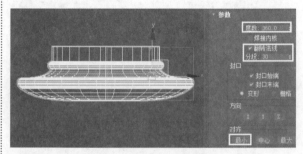

图7-5 设置【车削】参数

步骤 07 这样，吸顶灯模型制作完毕，调整透视图，从各个视角查看效果，结果如图7-6所示。

图7-6 吸顶灯模型

在使用【车削】修改器创建模型时使用了单线条，在透视图中设置"线框"模式，此时发现，创建的模型是一个薄片，没有厚度，如图7-7所示。

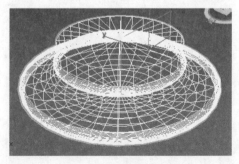

图7-7 线框模式显示效果

下面我们重新调整线条，使创建的模型有一定的厚度。

3ds Max 2020实用教程（微课视频版）

步骤 08 在修改堆栈中回到 "Line" 层级，按数字3键进入 "样条线" 层级，如图7-8所示。

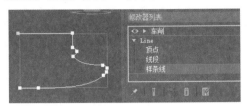

图 7-8 进入 "样条线" 层级

步骤 09 在前视图中单击选择吸顶灯的线条，向上推动面板，在【几何体】卷展栏的 "轮廓" 按钮后面的输入框中输入−1，按Enter键，为吸顶灯的轮廓线向内增加轮廓，如图7-9所示。

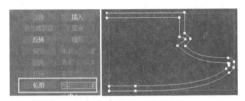

图 7-9 增加轮廓

步骤 10 按数字3键退出 "样条线" 层级，在修改器堆栈中单击 "车削" 修改器回到该层级，在透视图中再次查看模型，此时发现模型有了一定的厚度，如图7-10所示。

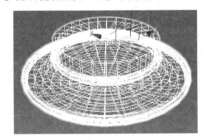

图 7-10 增加 "轮廓" 后的模型效果

步骤 11 设置透视图的显示模式为 "明暗处理" 模式，此时发现模型显示为黑色，这表示模型的法线翻转了，如图7-11所示。

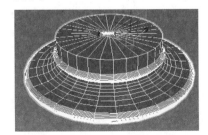

图 7-11 模型法线翻转效果

步骤 12 在【参数】卷展栏中取消 "翻转法线" 选项的勾选，再次观察模型，发现模型正确了，如图7-12所示。

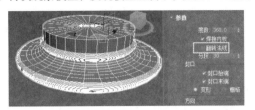

图 7-12 取消 "翻转法线" 选项的勾选

小贴士

在3ds Max系统中，三维模型的内表面为透明，当发现模型表面显示为黑色时，表示模型的法线翻转了，法线翻转导致模型内表面向外，模型不能正确指定材质和渲染，此时就可以通过勾选或取消 "翻转法线" 选项矫正模型。

步骤 13 在透视图中调整视角，从不同角度观察模型，效果如图7-13所示。

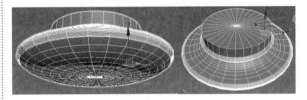

图 7-13 吸顶灯模型效果

步骤 14 为该吸顶灯制作材质，设置灯光并进行渲染，效果如图7-14所示。

图 7-14 吸顶灯效果

步骤 15 执行【另存为】命令，将该吸顶灯模型保存为 "使用【车削】修改器制作吸顶灯模型.max" 文件。

步骤 16 执行【文件】/【归档】命令，将场景归档。

知识拓展

【车削】修改器通过绕轴旋转样条线或 NURBS 曲

线来创建三维模型，其【参数】卷展栏设置如图7-15所示。

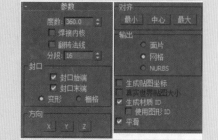

图7-15　【车削】修改器参数

度数：确定对象绕轴旋转多少度，范围为0到360°，默认值是360°时创建一个完整的模型；反之，创建不完整的模型，"度数"为225°时的模型效果如图7-16所示。

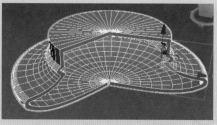

图7-16　"度数"为225°时的模型效果

焊接内核：通过将旋转轴中的顶点焊接来简化网格，取消该选项的勾选，模型会出现不完整的现象，如图7-17所示。

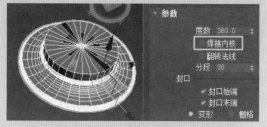

图7-17　取消"焊接内核"选项后的模型效果

翻转法线：依赖图形上顶点的方向和旋转方向，旋转对象可能会内部外翻，切换"翻转法线"复选框来修正。

分段：在起始点之间确定在曲面上创建多少插值线段，值越大模型越平滑；反之，模型不平滑。使用"分段"微调器可以创建多达10000条的线段，使【车削】的对象更光滑，但最好不要通过设置"分段"数来创建较为光滑的三维对象，这样就会使三维对象很复杂。通常可以使用"平滑组"或【平滑】修改器

来获得满意的结果，"分段"为4和8时的模型效果如图7-18所示。

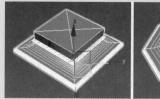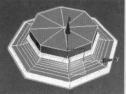

图7-18　"分段"为4和8时的模型效果

方向：包括X、Y、Z，用于相对对象轴点来确定旋转的方向，使用不同的方向将产生不同的效果，沿X轴和Z轴的旋转效果如图7-19所示。

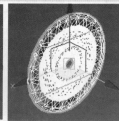

图7-19　沿X轴和Z轴的旋转效果

对齐：包括"最小""中心"和"最大"三种对齐方式，将旋转轴与图形的最小、中心或最大范围对齐。不同的对齐方式产生不同的效果，沿Y轴旋转，"对齐"方式分别为"最小""中心"和"最大"时的效果如图7-20所示。

图7-20　沿Y轴旋转时不"对齐"方式的模型效果

另外，在修改堆栈中展开【车削】修改器，进入"轴"层级，在视图可以沿X、Y轴调整"轴"，以影响模型的大小，如图7-21所示。

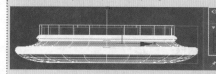

图7-21　调整"轴"

练一练

玉壶春瓷瓶是我国古代比较有名的瓷器，下面使用样条线结合【车削】修改器创建玉壶春瓷瓶模型，如图7-22所示。

图 7-22　瓷瓶模型

操作提示

（1）在前视图中绘制瓷瓶的外轮廓线，进入"顶点"层级调整样条线，最后进入"样条线"层级设置轮廓。

（2）在修改器列表中旋转【车削】修改器，旋转Y轴旋转轴，并选择"最小"对齐方式。

7.1.2　【挤出】修改器

使用【挤出】修改器将深度添加到样条线中，通过设置挤出参数创建三维模型对象。在 3ds Max 2020建筑效果图制作中，通常导入CAD建筑墙体平面图，然后对墙体平面图进行挤出以创建建筑墙体三维模型。下面通过将CAD绘制的某建筑墙体平面图进行挤出，以创建建筑墙体三维模型的实例，学习通过【挤出】修改器创建三维模型的方法。

扫一扫，看视频

实例——使用【挤出】修改器创建建筑墙体三维模型

步骤 01 执行【文件】/【导入】/【导入】命令，在打开的【选择要导入的文件】对话框中选择"素材"/"建筑墙体平面图.dwg"的素材文件。

步骤 02 单击"打开"按钮，打开【AutoCAD DWG/DXF导入选项】对话框，在"几何体"选项卡的"按以下项导出AutoCAD图元"列表选择"层"，在"几何体选项"勾选"焊接附近顶点"选项，并设置一个合适的焊接阈值，其他设置默认，如图7-23所示。

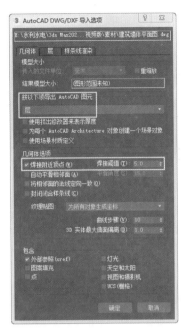

图 7-23　设置导入参数

步骤 03 单击"确定"按钮，将该建筑平面图导入到场景中，如图7-24所示。

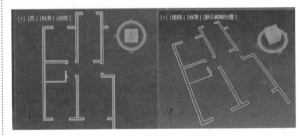

图 7-24　导入 CAD 平面图

步骤 04 选择导入的墙体图，在修改器列表中选择【挤出】修改器，由于一般房屋的墙体高度为2800mm，因此，在【参数】卷展栏中设置"数量"为2800，其他设置默认，此时墙体效果如图7-25所示。

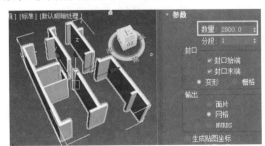

图 7-25　挤出墙体

步骤 05 这样就完成了建筑墙体三维模型的创建，为挤出的墙体制作材质、设置灯光并渲染，效果如图7-26所示。

图7-26 制作材质后的建筑墙体效果

小贴士

【挤出】修改器可以将非闭合样条线挤出为面片，将闭合样条线挤出为三维实体模型。在导入CAD平面图时，如果没有勾选"焊接附近顶点"选项，则CAD平面图的所有顶点都没有焊接，图形不是一个闭合的图形，这样只能将单根线条挤出为面片。

此时可以进入"顶点"层级，框选所有顶点，在【几何体】卷展栏中的"焊接"按钮右侧输入焊接阈值，单击"焊接"按钮将所有顶点焊接，使每一个墙体都成为一个闭合的图形，这样就可以正确挤出墙体模型了，如图7-27所示。

图7-27 挤出墙体三维模型

知识拓展

与【车削】修改器类似，【挤出】修改器通过将样条线或NURBS曲线沿某一方向挤出来创建三维模型，其【参数】卷展栏设置比较简单，如图7-28所示。

扫一扫，看视频

图7-28 【挤出】修改器参数设置

数量：设置挤出的数量，值越高挤出越高；反之，挤出越低，"数量"为10和30的挤出效果比较如图7-29所示。

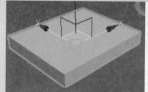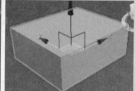

图7-29 不同挤出"数量"的效果

分段：沿挤出高度设置挤出的段数，"分段"为0和5时的效果如图7-30所示。

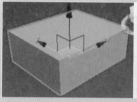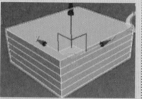

图7-30 挤出"分段"效果比较

封口：设置挤出模型的开始端和结束端的始封口，如图7-31所示，取消"封口末端"选项的勾选，则模型末端不封口，使其形成一个由面片组成的盒子效果。

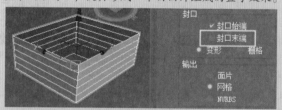

图7-31 末端未封口

此时，为模型再添加【壳】修改器，并设置参数，使其成为具有一定厚度的盒子模型，如图7-32所示。

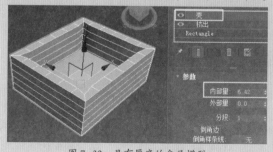

图7-32 具有厚度的盒子模型

练一练

三维立体文字是许多三维场景中比较常见的模型，创建一个内容为"3ds Max 2020"的文本，将其通过【挤出】修改器创建为三维效果文字，如图7-33所示。

图7-33　三维立体文字效果

操作提示

（1）在透视图中创建"3ds Max 2020"文本。

（2）在修改器列表中选择【挤出】修改器，并设置"数量"进行挤出。

7.1.3　【倒角】修改器

【倒角】修改器与【挤出】修改器有些类似，都是将样条线沿某一方向延伸以创建三维模型，与【挤出】修改器不同的是，【倒角】修改器分3个层次将样条线挤出为3D对象，并在边缘应用平或圆的倒角。此修改器的一个常规用法是创建3D文本和徽标，下面我们使用【倒角】修改器创建一个五角星徽标三维模型。

扫一扫，看视频

实例——使用【倒角】修改器创建五角星徽标三维模型

步骤01进入创建面板，单击 "图形"按钮，在【对象类型】卷展栏中激活　星形　按钮，在视图中创建"半径1"为80、"半径2"为40、"点"为5的星形对象，如图7-34所示。

图7-34　创建星形对象

步骤02在修改器列表中选择【倒角】修改器，向上推动修改面板，在【倒角值】卷展栏中勾选"级别2"选项，并设置"高度"为25、"轮廓"为-35.4，其他设置默认，

星形效果如图7-35所示。

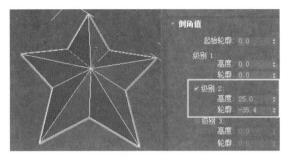

图7-35　创建五角星徽标三维模型

步骤03为五角星设置材质、灯光并进行渲染，效果如图7-36所示。

图7-36　五角星渲染效果

知识拓展

与【挤出】修改器相似，【倒角】修改器也通过将样条线或NURBS曲线沿某一方向挤出来创建三维模型，但与【挤出】修改器不同的是，【倒角】修改器的参数设置更复杂，挤出效果更丰富，其【参数】卷展栏分为两部分，分别是【参数】和【倒角值】两个卷展栏，如图7-37所示。

扫一扫，看视频

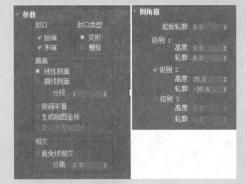

图7-37　【倒角】的参数设置卷展栏

【参数】卷展栏：设置模型的封口形式、曲面类型以及避免线相交等。其中，"曲面"选项包括"线性侧面"和"曲线侧面"。

- 勾选"线性侧面"选项，并设置"分段"值与"级别1"的"高度"值，此时"级别1"与"级别2"之间以直线进行插补，如图7-38所示。

图7-38　线性侧面

- 勾选"曲线侧面"选项，并设置"分段"值与"级别1"的"高度"值，此时"级别1"与"级别2"之间会沿着一条Bezier曲线进行分段插补，对于可见曲率，使用曲线侧面的多个分段，如图7-39所示。

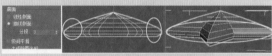

图7-39　曲线侧面

- 级间平滑：控制是否将平滑组应用于倒角对象侧面，启用此项后，对侧面应用平滑组，侧面显示为弧状；禁用此项后不应用平滑组，侧面显示为平面倒角。启用"封口"后，会使用与侧面不同的平滑组。
- 起始轮廓：设置轮廓从原始图形的偏移距离，非零设置会改变原始图形的大小，正值会使轮廓变大，负值会使轮廓变小。
- 级别1：设置一级挤出的"高度"和"轮廓"，"轮廓"可以为正值也可以为负值，正值向外，负值向内，如图7-40所示。

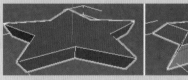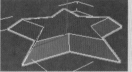

图7-40　"级别1"的正负值"轮廓"效果比较

- 级别2：在级别1的基础上继续挤出"高度"和"轮廓"，"轮廓"可以为正值也可以为负值，正值向外，负值向内，如图7-41所示。

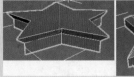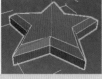

图7-41　"级别2"的正负值"轮廓"效果比较

- 级别3：在级别2的基础上继续挤出"高度"和"轮廓"，"轮廓"可以为正值也可以为负值，正值向外，负值向内，如图7-42所示。

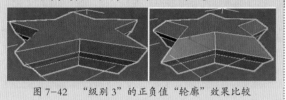

图7-42　"级别3"的正负值"轮廓"效果比较

练一练

通过【挤出】修改器创建的三维立体文字效果并不理想，下面使用【倒角】修改器创建内容为"3ds Max 2020"的三维立体文字，效果如图7-43所示。

图7-43　三维立体文字效果

操作提示

（1）在透视图中创建"3ds Max 2020"文本。

（2）在修改器列表中选择【倒角】修改器，设置"线性侧面"曲面，然后分别设置"级别1""级别2"和"级别3"的"倒角值"进行挤出。

7.1.4　【倒角剖面】修改器

扫一扫，看视频

【倒角剖面】修改器是通过将一个剖面样条线沿另一条路径样条线进行延伸，生成三维模型。

在三维效果图制作中，选级吊顶是常见的室内模型，这一小节就使用【倒角剖面】修改器来创建一个选级吊顶三维模型。

实例——使用【倒角剖面】修改器创建选级吊顶三维模型

步骤 01 进入创建面板，单击 "图形"按钮，在【对象类型】卷展栏中激活 矩形 按钮，在顶视图中创建

"长度"为500、"宽度"为400的矩形作为路径，在前视图中创建"长度"为35、"宽度"为100的矩形作为剖面图形，如图7-44所示。

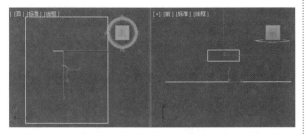

图7-44 创建路径和剖面

步骤 02 选择剖面矩形，右击并选择【转换为】/【转换为壳编辑样条线】命令将其转换为样条线对象，按数字2键进入"线段"层级，单击选择右侧垂直边，向上推动面板，在【几何体】卷展栏的"拆分"按钮右侧输入框中输入4，按Enter键将该线段拆分为5段，如图7-45所示。

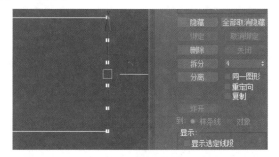

图7-45 拆分线段

步骤 03 按数字1键进入"顶点"层级，框选右侧所有顶点，然后右击选择"角点"命令，转换点模式为"角点"模式。

步骤 04 再次框选下方4个顶点，将其沿X轴向左移动到剖面60%左右的位置，然后框选中间两个顶点，再将其向左移动到剖面左侧位置，如图7-46所示。

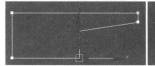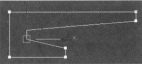

图7-46 调整顶点

步骤 05 分别单击选择其他各顶点，沿Y轴调整位置，调整出剖面的效果，按数字1键退出"顶点"层级，剖面效果如图7-47所示。

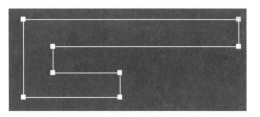

图7-47 调整后的剖面效果

步骤 06 单击选择作为"路径"的矩形对象，在修改器列表中选择【倒角剖面】修改器，在【参数】卷展栏中勾选"经典"选项，在【经典】卷展栏中激活 拾取剖面 按钮，在前视图中单击调整后的剖面样条线，在透视图中查看效果，发现模型效果如图7-48所示。

这显然不是我们所要的吊顶模型，我们所要的吊顶必须要有暗藏日光灯管的凹槽，而该模型发生了翻转，并没有出现暗藏日光灯管的凹槽，下面进行调整。

步骤 07 在前视图中选择"剖面"样条线对象，按数字3键进入"样条线"层级，向上推动修改面板，单击【几何体】卷展栏中"镜像"按钮右侧的 "水平"按钮将其激活，如图7-49所示。

图7-48 模型效果　　　图7-49 激活"水平"
按钮

步骤 08 单击 镜像 按钮将剖面样条线水平镜像，此时发现模型发生了翻转，吊顶中出现了所要的暗藏日光灯管的凹槽，如图7-50所示。

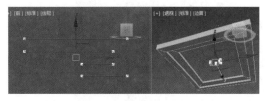

图7-50 调整后的模型效果

第7章 样条线建模

> **小贴士**
>
> 在使用【倒角剖面】修改器创建三维模型时，经常会出现模型翻转的情况，这时用户可以进入"剖面"图形的"样条线"层级，对其进行镜像，这样就可以使模

型翻转回来。另外，创建好模型后，用户还可以在修改器堆栈中进入【倒角剖面】的"剖面Gizmo"层级，在视图中调整Gizmo以调整模型的大小，如图7-51所示。

图7-51　Gizmo层级

步骤〔09〕最后，在顶视图中的吊顶模型上方创建一个与吊顶大小一致的长方体作为屋顶模型，完成该选级吊顶模型的制作，结果如图7-52所示。

图7-52　制作完成的选级吊顶模型

知识拓展

3ds Max 2020的【倒角剖面】修改器不仅保留了原来的设置，还新增加了一个"改进"功能，使得该修改器更加强大，其"经典"和"改进"相关卷展栏如图7-53所示。

扫一扫，看视频

图7-53　【倒角剖面】修改器的参数设置卷展栏

经典：这是早期版本中就有的一个设置，在该设置下，用户只需为"路径"添加【倒角剖面】修改器，并拾取"剖面"，即可将剖面沿"路径"延伸，创建三维模型，该设置比较简单，效果如图7-52所示。

改进：这是新版本新增的一个功能，该模式类似于

【倒角】修改器，在该模式下，剖面不需要沿路径进行延伸，而是直接对剖面进行倒角处理。例如，选择"剖面"样条线，为其添加【倒角剖面】修改器，选择"改进"模式，此时可以设置挤出、倒角深度、宽度、轮廓偏移等，效果如图7-54所示。

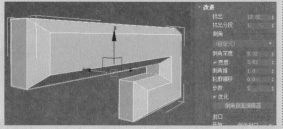

图7-54　线性侧面

在"倒角"列表可以选择不同的倒角类型，产生不同的倒角效果，如选择"三步"，此时倒角效果如图7-55所示。

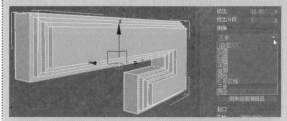

图7-55　"三步"倒角类型效果

单击 倒角剖面编辑器 按钮，打开【倒角剖面编辑器】对话框，如图7-56所示。

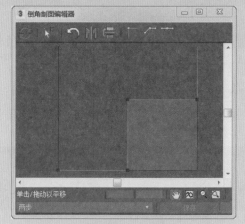

图7-56　【倒角剖面编辑器】对话框

在曲线上单击添加点，选择顶并右击，设置点属性，如设置为"Bezier"点类型，然后调整曲线形态和点位置，如图7-57所示。

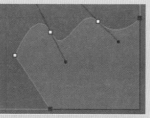

图 7-57   添加点并调整曲线形态

关闭该对话框，此时发现模型效果发生了变化，如图7-58所示。

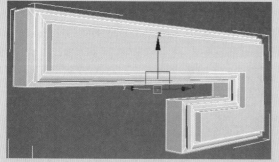

图 7-58   调整模型效果

继续在"封口"选项中设置模型的"开始"和"结束"封口形式，在"封口类型"选项中设置封口类型，如设置"开始"无封口，模型效果如图7-59所示。

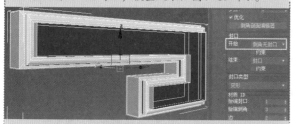

图 7-59   "开始"无封口效果

在"无封口"时，可以为模型添加【壳】修改器增加厚度，生成另一种三维模型效果，如图7-60所示。

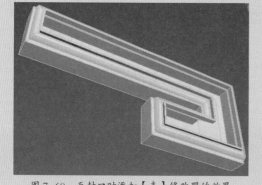

图 7-60   无封口时添加【壳】修改器的效果

练一练

艺术相框是室内装饰设计中不可缺少的模型，下面使用【倒角剖面】修改器创建三维水晶艺术相框，效果如图7-61所示。

图 7-61   三维水晶艺术相框

操作提示

（1）在前视图中创建200×300大矩形，在该矩形内部创建150×250的小矩形，将这两个矩形附加并转化为可编辑样条线对象。

（2）在修改器列表中选择【倒角剖面】修改器，选择"改进"模式，"倒角"类型为"凸面"，然后设置倒角宽度、深度以及"倒角推"等参数，完成艺术相框的制作。

（3）最后，在艺术相框模型后面创建长方体，并为其制作贴图并进行渲染，有关贴图、渲染等知识在后面章节进行讲解，读者可以解压"三维水晶艺术相框"压缩包文件查看材质贴图与渲染设置。

7.2   样条线曲面建模

在3ds Max 2020二维建模中，除了对样条线添加相关修改器，创建比较常见的模型之外，还可以使用样条线创建曲面模型，曲面模型的创建非常复杂，难度也较大，读者不仅要有娴熟的软件操作技能，同时要有耐心，要在各视图、各视角对模型进行观察和调整，这样才能制作出符合设计要求的三维模型效果，这一节就来学习使用样条线创建曲面模型的相关知识。

7.2.1   使用【曲面】修改器创建休闲椅三维模型

扫一扫，看视频

休闲椅轻便、造型简洁又不失新潮、材质

环保、颜色鲜艳而深受人们的喜爱，但由于休闲椅一般造型特殊，要想创建休闲椅模型却有一定的难度，这一小节我们就使用样条线结合【曲面】修改器来创建休闲椅三维模型。

实例——创建休闲椅三维模型

1. 绘制休闲椅座面的曲线

步骤 01 在创建面板单击 ◐ "图形" 按钮，在下拉列表中选择 "样条线" 选项，在【对象类型】卷展栏中激活 矩形 按钮，在前视图中创建57×170的矩形作为参考图形，如图7-62所示。

图7-62 绘制矩形

步骤 02 激活主工具栏中的 ③ "捕捉开关" 按钮并右击，在打开的【栅格和捕捉设置】对话框中勾选 "端点" 和 "中点" 两个选项，如图7-63所示。

图7-63 设置捕捉

步骤 03 关闭该对话框，然后在二维创建面板中单击 线 按钮，在前视图中捕捉矩形的左右两个端点和下水平边的中点，绘制样条线，如图7-64所示。

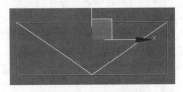

图7-64 绘制样条线

步骤 04 选择绘制的矩形，右击并选择【冻结当前选择】命令，将矩形冻结。

步骤 05 再次激活主工具栏中的 ◣ "角度捕捉切换" 按钮并右击，在打开的【栅格和捕捉设置】对话框设置 "角

度" 值为90°，然后进入 "捕捉" 选项卡，取消前面操作中设置的 "端点" 和 "中点" 捕捉，如图7-65所示。

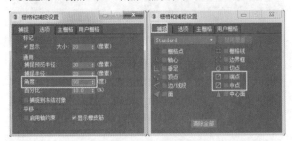

图7-65 设置捕捉角度并取消 "端点" 和 "中点" 捕捉

步骤 06 在顶视图中按住Shift键，将捕捉的样条线以 "复制" 方式旋转复制一个，效果如图7-66所示。

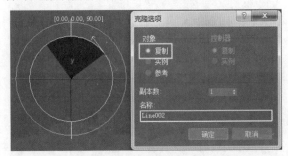

图7-66 旋转复制样条线

步骤 07 按数字1键进入 "顶点" 层级，在左视图中选择样条线的两个顶点，调整其位置，如图7-67所示。

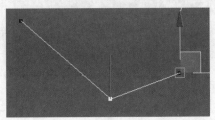

图7-67 调整顶点的位置

步骤 08 选择下方的顶点，右击并选择 "Bezier" 命令，转换该点的类型，并拖动调节杆调整曲线，如图7-68所示。

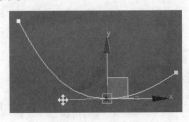

图7-68 调好曲线

步骤 09 在前视图中选择另一条样条线，并进入其"顶点"层级，选择下方的顶点，使用相同的方法转换点的类型为"Bezier"，并调整曲线形态，如图7-69所示。

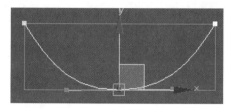

图 7-69　调整样条线

步骤 10 按数字1键退出"顶点"层级，右击并选择【附加】命令，单击另一条样条线对象，将其附加，然后在透视图中调整视角，观察两条样条线的形态，如图7-70所示。

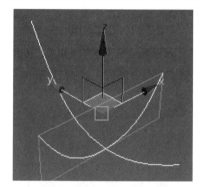

图 7-70　透视图中样条线的形态

步骤 11 依照第2步的操作，设置"顶点"捕捉模式，按数字1键进入"顶点"层级，在【几何体】卷展栏中激活 创建线 按钮，在透视图中捕捉各顶点，绘制样条线，完成休闲椅曲线的绘制，如图7-71所示。

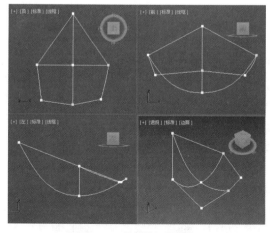

图 7-71　绘制休闲椅曲线

小贴士

在绘制曲线时，捕捉到顶点后系统会弹出询问对话框，询问是否闭合图形，此时按 否(N) 按钮不要闭合图形，如图7-72所示。

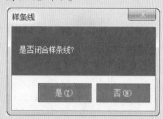

图 7-72　询问对话框

2. 调整曲线并创建座面曲面模型

步骤 01 按数字1键进入"顶点"层级，分别选择各顶点，右击并选择"Bezier"命令转换点的类型，然后调整调节杆以调整曲线，效果如图7-73所示。

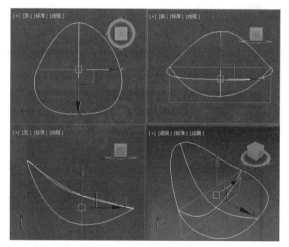

图 7-73　调整曲线形态

小贴士

曲线决定了模型的最终效果，因此，调整曲线时一定要有耐心，要在各个视图中观察曲线的变化，然后再在不同的视图中进行调整，直到曲线完全满足模型的要求。

步骤 02 退出"顶点"层级，在修改器列表中选择【曲面】修改器，设置默认，此时模型效果如图7-74所示。

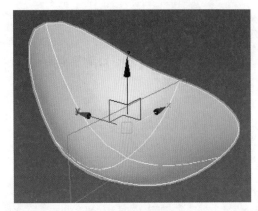

图 7-74 【曲面】效果

小贴士

　　【曲面】修改器的参数设置非常简单，几乎不用设置任何参数，只是当曲面翻转时，可以勾选"翻转法线"选项以矫正曲面。另外，使用【曲面】命令创建的曲面模型还只是一个薄片，并没有厚度，下面还需要为其添加【壳】修改器，以增加其厚度。

步骤 03 继续在修改器列表中选择【壳】修改器命令，设置其"外部量"为2，其他设置默认，此时座面的模型效果如图7-75所示。

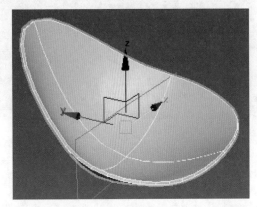

图 7-75 增加厚度

小贴士

　　创建好模型后，如果发现模型边缘不够平滑，可以在修改器堆栈进入Line层级，展开【插值】卷展栏，勾选其"自适应"选项，系统会自动调整曲线的平滑，如图7-76所示。

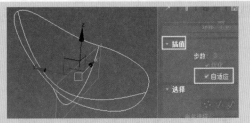

图 7-76 设置曲线平滑

　　另外，如果对模型不满意，还可以进入Line的"顶点"层级，在视图中继续调整顶点，以调整模型效果。

3. 制作休闲椅的金属骨架

　　该休闲椅为金属骨架，这一小节来制作金属骨架，金属骨架一定要很好地贴合到休闲椅塑料座面上，制作时一定要有耐心，要在各视图中进行调整，使其符合设计要求。

步骤 01 进入到休闲椅模型的Line层级，按数字2键进入"线段"层级，在透视图中按住Ctrl键选择如图7-77所示的线段。

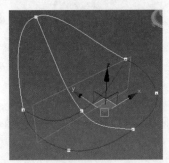

图 7-77 选择线段

步骤 02 向上推动修改面板，在【几何体】卷展栏中将选择的线段以"复制"方式分离为"金属骨架"对象，如图7-78所示。

图 7-78 复制并分离线段

步骤 03 退出"线段"层级，选择复制的"金属骨架"线段，在【渲染】卷展栏中勾选"在渲染中启用"和"在视口中启用"两个选项，然后设置"径向"值为3，进入"顶点"层级，在视图中调整顶点，效果如图7-79所示。

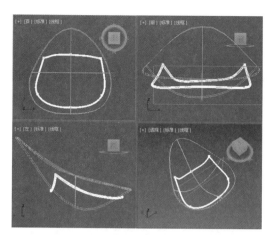

图 7-79 调整"金属骨架"的形态

步骤 04 进入创建面板，在"图形"列表中选择"线"按钮，在左视图的"金属骨架"下方位置创建两条直线作为"金属骨架"的支撑，在顶视图中进行调整，使其位于"金属骨架"左边位置，如图7-80所示。

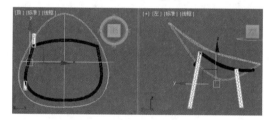

图 7-80 绘制支撑并调整位置

步骤 05 在顶视图中选择绘制两条直线，将其以"实例"方式沿X轴镜像到"金属骨架"右边合适位置，然后将休闲椅的座面模型暂时隐藏，查看金属骨架效果，效果如图7-81所示。

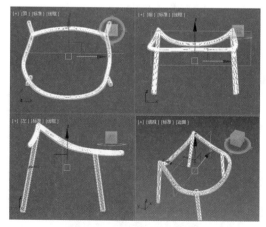

图 7-81 创建的金属骨架模型

步骤 06 显示隐藏的座面模型，创建一个平面对象作为地面，然后为休闲椅制作材质并进行渲染，效果如图7-82所示。

图 7-82 休闲椅三维模型效果

> **小贴士**
>
> 制作材质与渲染等知识将在后面章节进行讲解，读者可以解压"使用【曲面】命令创建休闲椅三维模型"压缩包文件查看材质与渲染设置。

练一练

曲面模型的创建难度非常大，制作曲面模型时一定要有耐心，下面继续上一小节的操作，为休闲椅制作一个纯棉坐垫三维模型，并将其移动到休闲椅座面上，效果如图7-83所示。

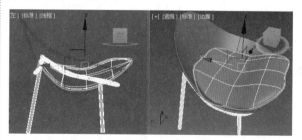

图 7-83 创建休闲椅纯棉坐垫模型

操作提示

（1）首先使用样条线创建坐垫的纵横曲线。注意：纵横曲线的各相对位置的顶点一定要对齐，否则会出现曲面错误，可以启用"顶点捕捉"功能进行对齐，然后添加【曲面】修改器创建三维模型，如图7-84所示。

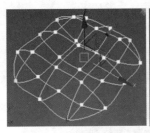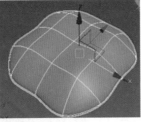

图 7-84　创建坐垫三维模型

（2）将坐垫移动到休闲椅座面上，进入坐垫的"顶点"层级，根据休闲椅座面的形态，调整坐垫的"顶点"，使坐垫模型与休闲椅的座面形态相匹配。

（3）最后，为坐垫制作材质并进行渲染，效果如图 7-85 所示。

图 7-85　坐垫效果

 小贴士

　　制作材质与渲染等知识将在后面章节进行讲解，读者可以解压"使用【曲面】命令创建休闲椅纯棉坐垫三维模型"压缩包文件查看材质与渲染设置。

7.2.2　使用【横截面】与【曲面】修改器创建玻璃容器三维模型

扫一扫，看视频

　　在曲面建模中，【横截面】修改器经常与【曲面】修改器结合使用，可以创建更为复杂的曲面模型，这一小节继续使用【横截面】修改器和【曲面】修改器创建一个玻璃器皿三维模型。

实例——创建玻璃器皿三维模型

1. 绘制玻璃容器内、外截面轮廓线

步骤 01 进入"图形"创建面板，在【对象类型】卷展栏

下激活 多边形 按钮，在透视图中创建"半径"为110、"边数"为22的圆形内接多边形。

步骤 02 在修改器列表中选择【编辑样条线】修改器，按数字1键进入"顶点"层级，按Ctrl+A组合键选择所有顶点，右击并选择"Bezier角点"命令，将所有顶点转换为Bezier角点。

步骤 03 向上推动修改面板，在【选择】卷展栏下勾选"锁定控制柄"以及"相似"选项，在顶视图中拖动一个顶点的控制柄调整曲线，发现所有顶点的曲线都发生变化，效果如图7-86所示。

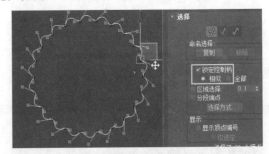

图 7-86　调整曲线

 小贴士

　　"锁定控制柄"选项可以锁定所有顶点的控制柄，当调整一个顶点时，其他顶点都会统一进行调整，这样的好处是可以对所有顶点进行统一调整。

步骤 04 按数字1键退出"顶点"层级，将该图形命名为"外轮廓"，然后执行菜单栏中的【编辑】/【克隆】命令，打开【克隆选项】对话框，将其命名为"内轮廓"，勾选"复制"选项。

步骤 05 单击 确定 按钮将其克隆，然后选择克隆的"内轮廓"图形，在修改堆栈中进入NGon层级，在修改面板中修改其"半径"为90，其他设置默认，效果如图7-87所示。

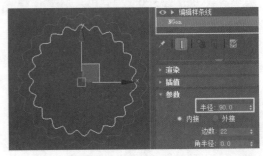

图 7-87　膝盖半径参数

2. 完善外部轮廓线并创建外部曲面模型

步骤01 在前视图中根据玻璃容器的外形绘制一条样条线作为参考线，然后将该线冻结，如图7-88所示。

步骤02 选择"外轮廓"样条线，在前视图中将其以"复制"的形式向下复制一个，然后在修改堆栈中进入该轮廓线层级，然后以外轮廓参考线作为依据，在修改面板中修改其半径参数，其大小以外轮廓参考线为准，如图7-89所示。

图7-88　外形轮廓参考线　　　图7-89　复制外轮廓线

步骤03 依照相同的方法继续将外轮廓线向下复制，并以外轮廓参考线为依据修改半径参数，效果如图7-90所示。

步骤04 选择最上方的外轮廓线并右击，选择【附加】命令，依次单击其他外轮廓线，将这些外轮廓线全部附加，在透视图中调整视角查看效果，效果如图7-91所示。

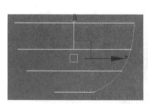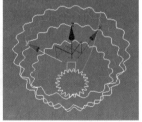

图7-90　复制外轮廓线　　　图7-91　附加后的透视图
　　　　　　　　　　　　　　　　　　显示效果

步骤05 在修改器列表中选择【横截面】修改器，在【参数】卷展栏中勾选"Bezier"选项，使玻璃容器的外观更光滑，效果如图7-92所示。

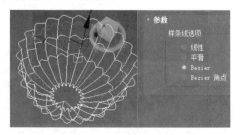

图7-92　添加【横截面】修改器

步骤06 继续在修改器列表中选择【曲面】修改器，此时发现玻璃器皿模型已经生成，但底部没有封口，如图7-93所示。

步骤07 在修改器堆栈中回到"编辑样条线"层级，进入"顶点"子对象层级，选择容器底部的所有顶点，在【几何体】卷展栏中单击 ▢熔合▢ 按钮，将这些顶点融合为一个点，回到"曲面"层级，此时发现容器底部密封了，如图7-94所示。

图7-93　曲面效果　　　图7-94　密封底部

步骤08 在修改器列表中删除【曲面】修改器，然后选择外轮廓线并右击，选择【转换为】/【转换为可编辑样条线】命令，将附加并添加了【横截面】修改器的图形转换为可编辑样条线对象，完成玻璃容器外轮廓线的绘制。

3. 创建内部轮廓线并完善玻璃容器模型

内部轮廓线的创建方法与外部轮廓线的创建方法相同，可以在前视图中绘制内轮廓的参考线，然后依照参考线对内轮廓线进行复制并调整半径。

步骤01 在前视图中绘制内轮廓的参考线，依照制作外轮廓线的操作方法，将内轮廓线向下复制并以轮廓参考线为依据调整半径大小，最后将其附加，效果如图7-95所示。

步骤02 为附加后的样条线添加【横截面】修改器，并将底部的所有点进行融合，效果如图7-96所示。

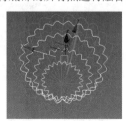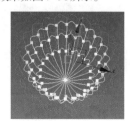

图7-95　附加内轮廓线　　　图7-96　添加【横截面】修改器

步骤03 选择外轮廓线，右击选择【附加】命令，附加内轮廓线，然后为其添加【曲面】修改器，此时玻璃容器效果如图7-97所示。

步骤 04 此时发现，玻璃容器的口沿位置没有封住，在修改堆栈中进入到"可编辑样条线"层级，进入"顶点"子对象层级，在【几何体】卷展栏中激活 横截面 按钮，在视图中依次单击轮廓与内轮廓口沿上的顶点，以创建横截面。注意：单击时一定要相互对应上，否则会出错，如图7-98所示。

 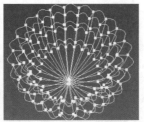

图 7-97　【曲面】效果　　图 7-98　窗框口沿的横截面

步骤 05 在修改器堆栈中回到"曲面"层级，然后在【参数】卷展栏中勾选"翻转法线"选项，在透视图中调整视角，查看模型效果，效果如图7-99所示。

图 7-99　创建的玻璃容器效果

通过在透视图中查看效果发现，容器底部太尖。下面继续调整底部，使其凹进去。

步骤 06 继续在修改堆栈中进入到样条线的"顶点"层级，在前视图中选择容器底部的内、外顶点，沿Y轴向上调整，使其向内凹陷进去，在透视图中调整视角，查看效果，效果如图7-100所示。

 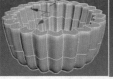

图 7-100　调整容器底部顶点后的效果

步骤 07 最后，为玻璃容器制作玻璃材质并进行渲染，效果如图7-101所示。

图 7-101　玻璃容器渲染效果

> **小贴士**
>
> 制作材质与渲染等知识将在后面章节进行讲解，读者可以解压"使用【横截面】与【曲面】修改器创建玻璃容器"压缩包文件查看材质与渲染设置。

练一练

【横截面】修改器与【曲面】修改器是样条线建模中的两个绝好搭档，通过这两个修改器的配合，可以创建许多复杂的曲面模型。下面使用这两个修改器创建浴缸三维模型，如图7-102所示。

图 7-102　浴缸三维模型

操作提示

（1）在顶视图中分别绘制矩形作为浴缸内、外轮廓线，在前视图中将内、外轮廓线向下复制多个，根据浴缸外形特点，在顶视图中对外部轮廓矩形进行缩放。

（2）分别选择顶部的内、外部轮廓矩形，将其转换为"可编辑样条线"对象，然后附加其他矩形，最后分别为内、外部轮廓添加【横截面】修改器。

（3）分别将添加了【横截面】修改器的内、外部图形转换为"可编辑样条线"对象，然后将其附加，进入

"顶点"层级,使用"横截面"选项创建浴缸上边沿的横截面。

（4）为创建好的图形添加【曲面】修改器,并设置法线,完成浴缸三维模型的创建。

7.2.3 使用【横截面】修改器与【创建线】功能创建石花坛三维模型

在3ds Max 2020室外效果图场景中,广场花坛是常见的一种场景对象,这一小节我们继续使用【横截面】修改器结合样条线对象中的【创建线】功能来创建一个广场花坛的三维模型。

扫一扫,看视频

实例——创建广场八边形花坛三维模型

1. 绘制花坛八边形骨架

步骤 01 在【对象类型】卷展栏下激活 多边形 按钮,在视图中拖曳鼠标创建"半径"为200、"边数"为8的内接多边形对象作为参照对象。

步骤 02 设置角度捕捉为22.5°,在顶视图中将绘制的八边形沿Z轴旋转22.5°,然后在前视图中创建"长度"为100、"宽度"为155的矩形,如图7-103所示。

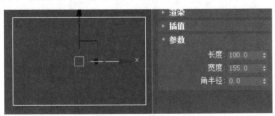

图 7-103 创建矩形

步骤 03 选择矩形,在顶视图和前视图中调整位置,使其与八边形的下水平边对齐,然后右击选择【转换为】/【转换为可编辑样条线】命令,将其转换为样条线对象,

如图7-104所示。

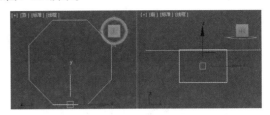

图 7-104 调整矩形的位置

步骤 04 按数字1键进入"顶点"层级,在前视图中调整矩形的各顶点,其效果如图7-105所示。

步骤 05 在主工具栏的"参考坐标系"列表中选择"拾取"选项,在顶视图中单击八边形对象,设置矩形以八边形的中心为参照,然后设置坐标中心为"使用变换坐标中心",如图7-106所示。

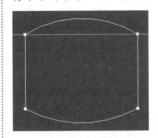

图 7-105 调整矩形   图 7-106 设置坐标系与中心

步骤 06 设置角度捕捉度数为45°,在顶视图中右击选择【旋转】命令,按住Shift键的同时,将矩形沿Z轴旋转,在打开的【克隆选项】对话框中设置旋转参数,如图7-107所示。

步骤 07 单击 确定 按钮,将矩形旋转复制7个,效果如图7-108所示。

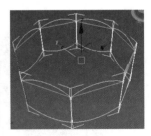

图 7-107 设置克隆选项   图 7-108 旋转复制矩形

2. 完善花坛八边形骨架

步骤 01 将八边形对象隐藏，选择一个矩形右击并选择【附加】命令，然后单击其他7个矩形并将其附加。注意：附加时一定要按照顺序进行，附加结果如图7-109所示。

步骤 02 设置"顶点"捕捉模式，按数字1键进入"顶点"层级，在透视图中调整相邻矩形的各顶点使其对齐（该操作非常重要，这关系到三维模型最终的成型），对齐效果如图7-110所示。

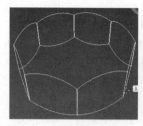 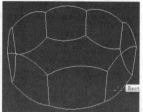

图 7-109　附加矩形　　　图 7-110　对齐顶点

步骤 03 显示隐藏的参照八边形对象，直线【编辑】/【克隆】命令，将其以"复制"的方式克隆为"花坛边"，然后在修改面板中修改参数，如图7-111所示。

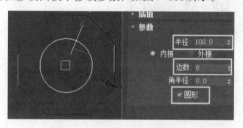

图 7-111　复制并修改对象参数

步骤 04 在前视图中继续讲"花坛边"对象以"复制"的方式沿Y轴向上复制一个，再将这两个对象向下复制一组作为底边，如图7-112所示。

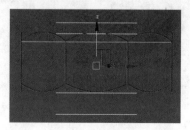

图 7-112　复制花坛边和底边对象

步骤 05 选择"花坛边"对象将其转换为可编辑多边形对象，然后将另一个对象附加，并添加【横截面】修改器，最后再将其转换为可编辑样条线对象，效果如图7-113所示。

步骤 06 使用相同的方法将两个底边对象也附加并添加【横截面】修改器，最后将其转换为可编辑样条线对象，结果如图7-114所示。

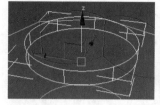 

图 7-113　花坛顶边　　　图 7-114　花坛底边

步骤 07 选择底边对象，进入"顶点"层级，激活 创建线 按钮，分别捕捉相对的两个点，在底边上创建两条线，如图7-115所示。

步骤 08 将花坛的所有图形附加，再次进入"顶点"层级，激活 创建线 按钮，分别捕捉顶边、花坛轮廓线以及底边的各相对的两个点创建两条线，如图7-116所示。

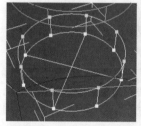 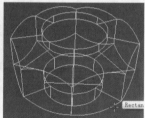

图 7-115　在底边上创建线　　图 7-116　创建其他线

> **小贴士**
>
> 该花坛造型看起来简单，但制作起来非常复杂，尤其是在创建花坛轮廓线时，更需要仔细，要对花坛的造型有一个清晰的认识，然后再根据花坛的造型特点，通过创建线来完成花坛模型骨架的绘制。

3. 创建花坛三维模型与花草

步骤 01 选择制作好的花坛骨架，在修改器列表中选择【曲面】修改器，此时花坛模型效果如图7-117所示。

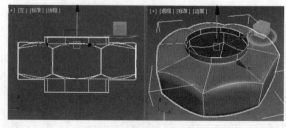

图 7-117　制作的花坛三维模型

3ds Max 2020实用教程（微课视频版）

步骤 02 继续在修改器列表中选择【壳】修改器，设置其参数，为花坛增加厚度，效果如图7-118所示。

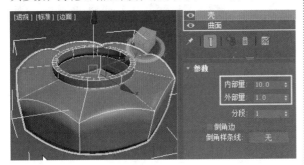

图7-118　【壳】修改器设置

步骤 03 在顶视图中创建一个与花坛口大小相当的圆柱体作为花坛中的花土，并将其调整到花坛内部位置，效果如图7-119所示。

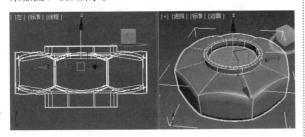

图7-119　创建花土模型

步骤 04 进入创建面板，在"AEC扩展"对象类型下选择"植物"类型，然后选择一种名为"大丝兰"的植物，在顶视图的花坛上方单击创建该植物，在其他视图中调整位置，并在修改面板中调整参数，结果如图7-120所示。

步骤 05 这样就完成了八边形花坛三维模型的创建，为该模型制作材质并渲染，效果如图7-121所示。

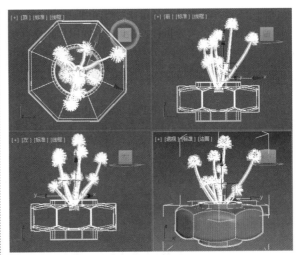

图7-120　创建植物

图7-121　花坛渲染效果

练一练

【横截面】修改器、【曲面】修改器以及"创建线"功能是样条线曲面建模中不可缺少的修改器。下面使用这几个修改器创建一个书本的三维模型，如图7-122所示。

图 7-122　书本三维模型

操作提示

（1）在前视图中绘制矩形，转换为样条线对象，调整书本截面图形，如图 7-123 所示。

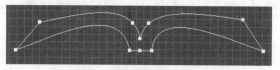

图 7-123　书本截面图形

（2）在顶视图中复制截面图形，然后将两个图形附加，进入"顶点"层级，使用"创建线"功能链接各顶点创建线，制作书本骨架模型，如图 7-124 所示。

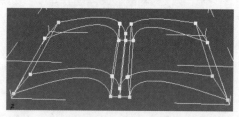

图 7-124　书本骨架

（3）将书本骨架图形再次转换为可编辑样条线对象，为该对象添加【曲面】修改器创建书本三维模型。

（4）在透视图中创建文本，为其添加【挤出】修改器，再添加【FFD长方体】修改器，依照书本形态对文本进行调整。

（5）最后为书本制作材质并进行渲染。有关材质与渲染，读者可以解压"创建书本三维模型"压缩包查看。

7.3　综合练习——制作户外桌椅组合三维模型

户外桌椅组合是人们进行户外活动必不可少的设施。打开"效果"/"第6章"目录下的"职场实战——

制作户外椅.max"场景文件，这是我们上一章制作的一把户外双人座椅模型，本节我们将在该双人座椅的基础上来制作户外桌子和一把遮阳伞，以完善户外桌椅组合模型，如图 7-125 所示。本节演练内容请扫码学习。

扫一扫，看视频

扫一扫，拓展学习

图 7-125　户外桌椅组合

7.4　职场实战——创建毛巾架与毛巾三维模型

这一节我们使用样条线结合相关修改器创建毛巾架与毛巾的三维模型，效果如图 7-126 所示。

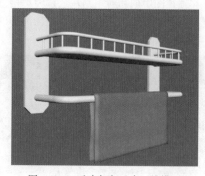

图 7-126　毛巾架与毛巾三维模型

7.4.1　创建不锈钢毛巾架三维模型

扫一扫，看视频

这一小节首先来创建不锈钢防盗窗的边框与栏杆模型，边框与栏杆可以使用矩形来创建。

步骤 01 在前视图中创建一个矩形，在修改面板中将其命名为"底座"，修改"长度"为300、"宽度"为80，然后右击选择【转换为】/【转换为可编辑样条线】命令，将其转换为样条线对象。

步骤（02 按数字1键进入"顶点"层级，框选4个顶点，在【几何体】卷展栏的"切角"按钮右侧输入20，按Enter键进行切角，效果如图7-127所示。

步骤（03 在修改器列表中选择【挤出】修改器，设置"数量"为20，将"底座"挤出20个绘图单位，效果如图7-128所示。

图7-127　切角效果　　　图7-128　挤出效果

步骤（04 继续在顶视图中绘制"长度"为200、"宽度"为600、"角半径"为40的矩形，将其命名为"挂杆"。再将其转换为可编辑样条线对象，按数字2键进入"线段"层级，在顶视图中选择上方的水平线段以及两个圆弧，如图7-129所示。

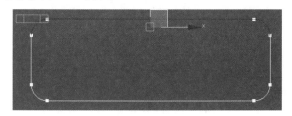

图7-129　选择线段

步骤（05 按Delete键删除，然后展开【渲染】卷展栏，勾选"在渲染中启用"选项、"在视口中启用"选项以及"径向"选项，并设置"厚度"以及"边数"等参数，此时"挂杆"模型效果如图7-130所示。

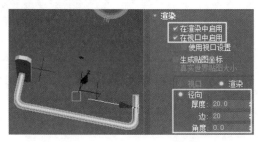

图7-130　设置"挂杆"的可渲染参数

步骤（06 在顶视图中将"底座"模型调整到"挂杆"模型的一端，然后将其沿X轴复制到"挂杆"的另一端，效果如图7-131所示。

步骤（07 继续在前视图中将挂杆沿Y轴向上和向下以"复制"方式各复制一个，选择上方的挂杆对象，将其命名为"隔板围栏"，并修改其"厚度"为10，效果如图7-132所示。

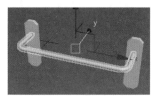
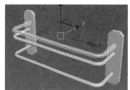

图7-131　复制底座模型　　　图7-132　复制挂杆对象

步骤（08 选择中间的挂杆，执行【编辑】/【克隆】命令，将该挂杆以"复制"方式原位复制为"隔板"，然后将其他所有对象隐藏。

步骤（09 选择"隔板"对象，展开【渲染】卷展栏，取消"在渲染中启用"选项、"在视口中启用"选项的勾选，按数字1键进入"顶点"层级，在【几何体】卷展栏下激活 连接 按钮，对"隔板"的两个点进行连接，使其成为闭合图形，如图7-133所示。

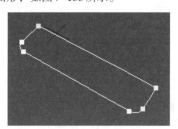

图7-133　连接顶点

步骤（10 在修改器列表中为"隔板"添加【挤出】修改器，设置"数量"为10，然后显示隐藏的对象，则"隔板"效果如图7-134所示。

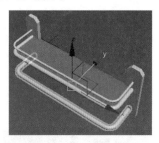

图7-134　挤出隔板效果

步骤（11 在左视图的"隔板"和"隔板栏杆"中间绘制一段样条线作为隔板栏杆立柱，在【渲染】卷展栏中设置其"厚度"为5，其他默认，如图7-135所示。

步骤 12 进入"对象放置"卷展栏，单击 "间隔"按钮并打开【间隔工具】对话框，勾选"计数"选项，设置数目为20，如图7-136所示。

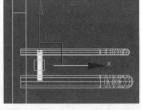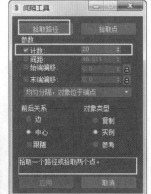

图7-135 绘制直线　　　图7-136 设置参数

步骤 13 单击"拾取路径"按钮，在视图中单击"隔板栏杆"对象，将该立柱沿"隔板栏杆"排列20个，完成不锈钢毛巾架模型的制作，效果如图7-137所示。

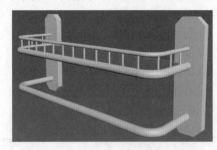

图7-137 制作完成的毛巾架模型

7.4.2 制作毛巾三维模型

扫一扫，看视频

下面制作毛巾的三维模型。

步骤 01 在左视图的毛巾架下方绘制矩形，修改参数如图7-138所示。

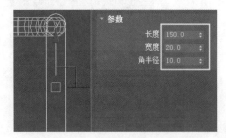

图7-138 绘制矩形

步骤 02 将矩形转换为"可编辑样条线"对象，按数字2键进入"线段"层级，选择下方圆弧线段，按Delete键将其删除，然后选择上方两条样条线，将其拆分为3段，如图7-139所示。

步骤 03 按数字1键进入"顶点"层级，选择线段上的顶点，调整段线的形态，如图7-140所示。

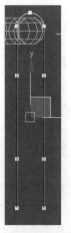

图7-139 拆分线段　　　图7-140 调整线段

> **小贴士**
>
> 将线段调整，目的是使制作出的毛巾模型比较自然，否则制作的毛巾会像铁板一块。

步骤 04 按数字3键进入"样条线"层级，再次选择样条线，为其设置"轮廓"为-3，效果如图7-141所示。

步骤 05 在前视图中将制作好的样条线沿X轴以"复制"方式复制3个，并排列到右侧位置，然后将其附加，效果如图7-142所示。

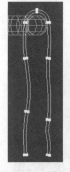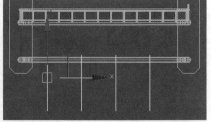

图7-141 设置
轮廓　　　图7-142 复制并附加

步骤 06 在修改器列表中选择【横截面】修改器，此时模型效果如图7-143所示。

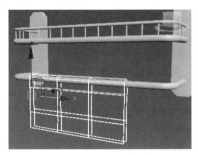

图7-143 【横截面】修改器效果

步骤 07 将添加了【横截面】修改器的对象再次转换为"可编辑样条线"对象，按数字1键进入"顶点"层级，激活"创建线"按钮，在透视图中毛巾厚度截面上捕捉点以创建线，如图7-144所示。

步骤 08 创建线完成后退出"顶点"层级，在修改器列表中选择【曲面】修改器创建毛巾三维模型，效果如图7-145所示。

图7-144 创建厚度的连线　　图7-145 生成毛巾三维模型

步骤 09 这样，毛巾架与毛巾三维模型制作完毕，在前视图中创建长方体作为墙面，然后为这些对象制作材质、贴图并进行渲染，效果如图7-146所示。

图7-146 毛巾架与毛巾三维模型

步骤 10 执行【文件】/【另存为】命令，将该场景保存为"职场实战——创建毛巾架与毛巾三维模型.max"文件。

> **小贴士**
> 花坛材质与渲染等知识将在后面章节进行讲解，读者可以解压"职场实战——创建毛巾架与毛巾三维模型"压缩包文件查看材质与渲染设置。

复合对象建模

本章导读：

在 3ds Max 2020 三维建模中，复合对象建模是介于二维建模和三维建模中的另一种建模方法，这种方法通常将两个以上的基本对象进行相加、相交，以创建另一个三维模型，或者将多个二维截面图形沿一条路径进行延伸，以生成另一个三维模型。本章学习复合对象建模的相关知识。

本章主要内容如下：

- 布尔建模；
- 放样建模；
- 其他复合对象建模；
- 综合练习——制作窗帘模型；
- 职场实战——创建欧式窗三维模型。

8.1 布尔建模

3ds Max 2020中有两种布尔运算：一种是"布尔"；另一种是"超级布尔"。本节学习这两种布尔运算建模的方法。

8.1.1 使用【布尔】建模

布尔运算是使用对象A与对象B进行并集、差集和交集运算，生成新的形体，除并集外，差集和交集运算时对象必须相交。

扫一扫，看视频

打开"素材"/"鼓形坐墩.max"场景文件，这是在第6章中制作的一个有切角圆柱体和多个球体联合创建的坐墩的三维模型，如图8-1所示。下面使用布尔运算先将切角圆柱体与球体进行并集运算，再对其进行差集运算，对坐墩进行完善，效果如图8-2所示。

图 8-1 鼓形坐墩

图 8-2 布尔运算结果

实例——使用【布尔】建模方法完善鼓形坐墩模型

1. 并集鼓形坐墩模型

并集是指将多个对象相加，使其形成新的对象。并集时对象不一定相交。下面首先将鼓形坐墩的切角圆柱体模型与坐墩上的所有球体装饰模型进行并集，使其成为新的对象。

步骤 01 选择鼓形坐墩模型，执行【编辑】/【克隆】命令，在打开的【克隆选项】对话框中勾选"复制"选项，然后将其命名为"鼓形坐墩01"，单击 确定 按钮，将其原位克隆，如图8-3所示。

图 8-3 克隆对象

步骤 02 在修改器堆栈中进入"鼓形坐墩01"的"切角圆柱体"层级，修改切角圆柱体的"高度"和"半径"参数，使其比鼓形坐墩模型略小，如图8-4所示。

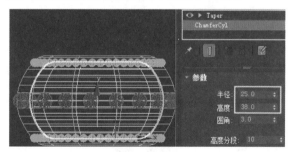

图 8-4 修改鼓形坐墩 01 的参数

步骤 03 再次选择鼓形坐墩对象，在"几何体"列表中选择【复合对象】选项，在【对象类型】卷展栏中单击 布尔 按钮，在【运算对象参数】卷展栏中激活 并集 按钮，向下拖动面板，在【布尔参数】卷展栏中单击 添加运算对象 按钮，在视图中依次单击鼓形坐墩上的所有装饰球体，将这些球体与鼓形坐墩并集为一个对象，如图8-5所示。

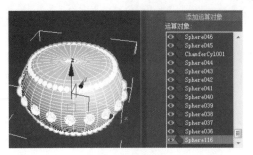

图 8-5 并集结果

2. 差集完善鼓形坐墩模型

差集是指将多个相交的对象进行差集运算，从一个对象中减去另一个对象，使其形成新的对象。下面将鼓形坐墩与复制的"鼓形坐墩01"对象进行差集，以完善鼓形坐墩模型。

步骤 01 在视图中创建两个十字相交的圆柱体对象，使其贯穿鼓形坐墩对象，如图8-6所示。

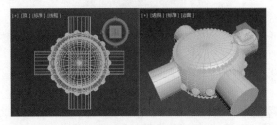

图 8-6 创建圆柱体

步骤 02 选择鼓形坐墩模型，在【运算对象参数】卷展栏中激活 差集 按钮，然后在【布尔参数】卷展栏中单击 添加运算对象 按钮，在视图中分别单击"鼓形坐墩01"对象，结果"鼓形坐墩01"模型从鼓形坐墩模型中减去，使鼓形坐墩模型内部形成空心效果，如图8-7所示。

步骤 03 依次继续单击两个圆柱体，将其从鼓形坐墩中减去，对鼓形坐墩进行完善，效果如图8-8所示。

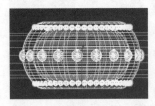 

图 8-7 与"鼓形坐墩01"差集　　图 8-8 与圆柱体差集

步骤 04 这样，完成对鼓形坐墩的完善，为鼓形坐墩调整一种颜色，并调整透视图的不同视角，效果如图8-9所示。

 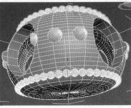

图 8-9 完善后的鼓形坐墩

步骤 05 为完善后的坐墩模型制作材质并进行渲染，效果如图8-2所示。

步骤 06 最后，为坐墩制作材质并进行渲染，材质以及渲染设置将在后面章节详细讲解，读者可以解压"使用【布尔】命令完善鼓形坐墩"压缩包查看。

> **小贴士**
>
> 除可以相加、相减外，还可以将对象以"相交""合并""插入"和"附加"的方式通过布尔运算操作创建其他三维模型，这些操作比较简单，大家可以自己尝试操作。
>
> 另外，如果想修改布尔对象，则在【运算对象】列表中选择要修改的对象，修改器堆栈进入到该对象层级，即可在其【参数】卷展栏中修改其参数，从而改变布尔对象的形态。

练一练

布尔运算为建模提供了很大的便利。尝试创建一个哑铃的三维模型，效果如图8-10所示。

图 8-10 哑铃模型

操作提示

（1）创建球体、圆柱体与异面体三维模型，并使这3个对象相交。

（2）选择球体，使用【并集】命令将圆柱体和异面体进行并集运算。

（3）为哑铃模型制作材质并进行渲染，材质以及渲染设置请解压"使用【布尔】命令创建哑铃三维模型"压缩包查看。

3ds Max 2020实用教程（微课视频版）

8.1.2　使用【超级布尔】建模

布尔运算虽然材质简单，但容易出错，导致生成的模型不能正确指定材质和贴图。为此，3ds Max 2020新增了【ProBoolean】命令对其进行完善，我们将其称为"超级布尔"。"超级布尔"操作及结构与布尔相同，但生成最终模型时不会出错。下面通过在建筑墙体三维模型上开窗洞的实例学习【超级布尔】建模的方法。

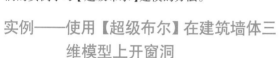

扫一扫，看视频

实例——使用【超级布尔】在建筑墙体三维模型上开窗洞

1. 使用【挤出】命令创建建筑墙体三维模型

下面首先使用【挤出】命令创建建筑墙体三维模型。

步骤 01 执行【文件】/【导入】命令，在打开的【选择要导入的文件】对话框中选择素材文件"素材"\"建筑墙体平面图.dwg"。

步骤 02 单击"打开"按钮打开【AutoCAD DWG/DXF导入选项】对话框，在"几何体"选项卡的"按以下项导出AutoCAD图元"列表中选择"层"，在"几何体选项"中勾选"焊接附近顶点"选项，并设置一个合适的焊接阈值，其他设置默认，如图8-11所示。

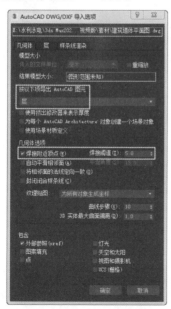

图 8-11　设置导入参数

步骤 03 单击"确定"按钮将该建筑平面图导入场景中，

如图8-12所示。

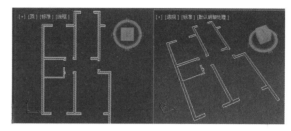

图 8-12　导入 CAD 平面图

步骤 04 选择导入的墙体图，按数字2键进入"线段"层级，在顶视图中选择左上角窗洞两端的墙线将其删除，如图8-13所示。

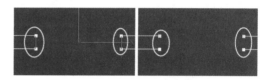

图 8-13　选择线段并删除

步骤 05 使用相同的方法继续将其他窗洞位置的线段删除，然后按数字1键进入"顶点"层级，在【几何体】卷展栏中激活 连接 按钮，对删除线段后的窗洞线进行连接，将其封闭，如图8-14所示。

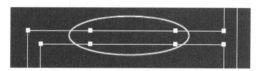

图 8-14　连接窗洞线

步骤 06 使用相同的方法继续对其他两个窗洞线进行连接，将其封闭，最后按数字1键退出"顶点"层级。

步骤 07 在修改器列表中选择【挤出】修改器，由于一般房屋的墙体高度为2800mm，因此，在【参数】卷展栏中设置"数量"为2800，其他设置默认，此时墙体效果如图8-15所示。

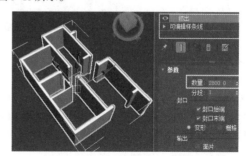

图 8-15　挤出建筑墙体三维模型

步骤 08 这样就完成了建筑墙体三维模型的创建。

2.使用【超级布尔】命令在建筑墙体上开窗洞

下面使用【超级布尔】命令在挤出后的建筑墙体三维模型上开窗洞。

步骤 01 在顶视图的建筑墙体原窗洞位置创建"长度"为250mm、"宽度"和"高度"均为1600mm的长方体对象，在前视图中将其向上移动1000个绘图单位，如图8-16所示。

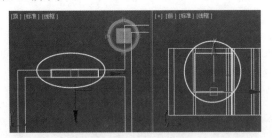

图 8-16　创建长方体

🤖 小贴士

一般情况下，建筑墙体的"宽度"为240mm，在此将长方体的"长度"设置为250mm或者更宽，其宽度比建筑墙体的宽度更宽，方便进行布尔运算，以创建窗洞。

步骤 02 继续在顶视图中将创建的长方体以"复制"方式复制到下方和右上方窗洞位置，并修改右上方位置的长方体的"宽度"为1200mm，其他设置默认，如图8-17所示。

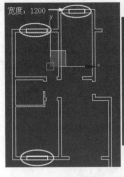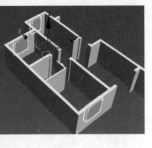

图 8-17　复制长方体对象

步骤 03 选择墙体对象，在"几何体"列表中选择【复合对象】选项，在【对象类型】卷展栏中单击 ProBoolean 按钮，在【参数】卷展栏中勾选"差集"选项，在【拾取布尔对象】卷展栏中勾选"移动"选项，然后激活 开始拾取 按钮，在视图中依次单击创建的长方体对

象，将这些对象与建筑墙体模型进行差集运算，以创建窗洞，如图8-18所示。

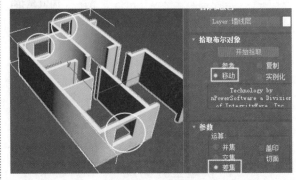

图 8-18　创建窗洞

步骤 04 这样就在建筑墙体上创建了窗洞。

🤖 小贴士

使用【超级布尔】建模，模型不会出现乱线等错误，这就使得模型在指定材质和贴图时不会出现错误，如图8-19所示。而使用【布尔】建模时会出现模型错误，模型上出现多余的乱线，这将导致模型在指定材质和贴图时出现错误，如图8-20所示。

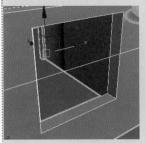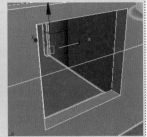

图 8-19　【超级布尔】运算　　图 8-20　【布尔】运算结果
　　　　　结果

因此，使用布尔运算建模时，尽量使用【超级布尔】建模。

另外，【超级布尔】的操作、设置与【布尔】的操作、设置基本相同，其操作也非常简单，在此不再详述，读者可以自己尝试其他操作。

练一练

打开"素材"/"使用【倒角】修改器创建五角星徽标三维模型.max"场景文件，这是在第7章中创建的一个五角星徽标，如图8-21所示。下面使用【超级布尔】对该五角星徽标模型进行差集运算，创建另一种徽标模型，如图8-22所示。

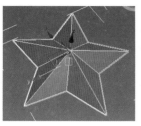
图8-21 五角星徽标模型

图8-22 编辑后的五角星徽标模型

操作提示

（1）执行【编辑】/【克隆】命令，将五角星形对象以"复制"方式原位复制一个，在修改器列表中回到"星形"层级，修改其对象的"半径1"与"半径2"的参数，使其比原五角星形小。

（2）回到倒角的"倒角"层级，修改其"级别1"的"高度"为10，使其高出原五角星形对象，如图8-23所示。

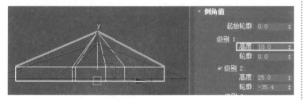
图8-23 修改"级别1"的高度

（3）选择原五角星形对象，添加【超级布尔】命令，与复制的五角星形对象进行差集运算。

8.2 放样建模

放样是指将多个样条线图形（即截面）沿另一个样条线对象（即路径）挤出生成三维模型。要产生一个放样物体，至少需要两个以上的样条线图形，这些样条线图形可以是闭合的，也可以是开放的，其中一个作为路径。路径的长度决定了放样物体的深度，其他可以作为截面图形。截面图形用于定义放样物体的截面或横断面造型。

放样允许在路径的不同点上排列不同的二维样条线图形，从而生成复杂的三维模型。因此，在一个放样过程中，路径只能有一个，而截面可以是一个，也可以是多个，如图8-24所示。图8-24（a）是有4个截面图形的放样效果，而图8-24（b）是只有一个截面图形的放样效果。

（a）示例1

（b）示例2

图8-24 【放样】建模示例

本节就来学习【放样】模型的相关知识。

8.2.1 【放样】建模的一般流程与方法

【放样】操作可供设置的参数比较多，但是基本操作过程很简单。下面通过一个简单的操作了解【放样】建模的一般流程和方法。

扫一扫，看视频

实例——使用【差集布尔】在建筑墙体三维模型上开启窗洞

步骤 01 首先创建用于放样的截面图形和路径图形。例如，在前视图中创建圆和星形，在顶视图中创建直线作为路径，如图8-25所示。

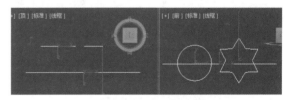
图8-25 创建截面和路径

步骤 02 选择路径图形，进入创建面板，在 "几何体"下拉列表中选择"复合对象"选项，在【对象类型】卷展栏下激活 放样 按钮，并在【创建方法】卷展栏中选择一种创建方法，如图8-26所示。

图8-26 选择创建方法

步骤 03 获取路径 按钮：激活该按钮，在视图中单击拾取截面图形，将截面指定给选定的路径进行【放样】操作。

步骤 04 获取图形 按钮：激活该按钮，在视图中单击拾取路径图形，将路径指定给选定的截面进行【放样】操作。

步骤 05 "移动""复制""实例"：选择操作类型，选择"移动"方式，将不保留对象副本，如果选择"复制"或"实例"，将保留对象副本。一般情况下，如果创建放样后要编辑或修改路径及截面图形，请使用"实例"类型。

步骤 06 获取图形 按钮：激活该按钮，在视图中单击圆进行放样，效果如图8-27所示。

步骤 07 在【路径参数】卷展栏的"路径"输入框中输入100，继续在视图中单击星形再次放样，结果如图8-28所示。

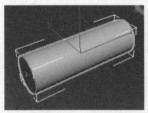
图 8-27　放样

图 8-28　再次放样

通过这种方法，用户可以创建更复杂的三维模型。

8.2.2　【放样】的相关设置

扫一扫，看视频

【放样】的设置主要包括曲面参数、路径参数和蒙皮参数。下面继续学习相关知识。

1. 曲面参数

选择放样对象，进入【修改】面板，在【曲面参数】卷展栏中控制放样曲面的平滑以及指定是否沿着放样对象应用纹理贴图，如图8-29所示。

平滑长度：勾选该选项，将沿着路径的长度提供平滑曲面。

平滑宽度：勾选该选项，将围绕横截面图形的周界提供平滑曲面，同时勾选"平滑长度"选项和"平滑宽度"选项，此时沿路径的长度和截面的周界提供平滑效果。

2. 路径参数

展开【路径参数】卷展栏，设置"路径步数"，"路径步数"指截面在路径中的位置，可以选择路径步数的计算方式。选择"百分比"，表示将路径级别表示为路径总长度的百分比；选择"距离"，表示将路径级别表示为路径第一个顶点的绝对距离；选择"路径步数"，表示将图形置于路径步数和顶点上，而不是作为沿着路径的一个百分比或距离。一般情况下使用"百分比"选项，如图8-30所示。

图 8-29　【曲面参数】卷展栏　图 8-30　【路径参数】卷展栏

继续8.2.1小节的操作，在该放样操作中，有1个圆和1个星形作为截面图形，有一条样条线作为路径图形，选择直线路径图形，激活 获取图形 按钮，在"路径"输入框中输入0，拾取圆，然后输入100，拾取星形，其放样结果是一个由圆锥体过渡到星形的三维模型，如图8-31所示。如果在视图中绘制一个矩形，然后选择放样对象，在"路径"输入框中输入50，在视图中单击矩形继续放样，此时将产生由圆柱体过渡到立方体再过渡到星形形状的三维模型，如图8-32所示。

图 8-31　圆和星形放样结果　图 8-32　圆、矩形和星形放样结果

由此可以看出，放样时，可以在路径长度的不同百分比位置选择不同的截面进行放样，以创建三维模型。另外，调整路径的形态，也会影响放样对象的形态。例如，在顶视图中调整路径直线的顶点，使其成为弧形，此时放样对象也显示为弧形，如图8-33所示。

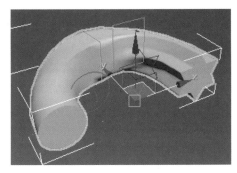

图8-33 调整路径形态后的放样对象

3. 蒙皮参数

展开【蒙皮参数】卷展栏，调整【放样】对象网格的复杂性，还可以通过控制面数优化【放样】对象的网格，如图8-34所示。

图8-34 【蒙皮参数】卷展栏

启用"封口始端"，【放样】对象中路径第一个顶点处的放样端面被封口，如果禁用，则放样端面为打开或不封口状态。

启用"封口末端"，【放样】对象中路径最后一个顶点处的放样端面被封口，如果禁用，则放样端面为打开或不封口状态。

图8-35（a）是始端封口、末端未封口；图8-35（b）是始端未封口、末端封口；而图8-35（c）是始端和末端都未封口。

在"图形步数"输入框中设置截面图形的每个顶点之间的步数，数值越高，沿截面越光滑；反之模型不光滑，如图8-36所示。图8-36（a）是"图形步数"为1的

效果，图8-36（b）是"图形步数"为5的效果。

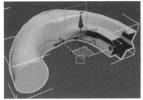 

（a）始端封口、末端未封口 （b）始端未封口、末端封口

（c）始端和末端都未封口

图8-35 放样对象的封口形式

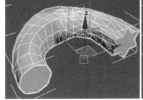 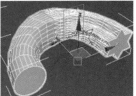

（a）图形步数为1 （b）图形步数为5

图8-36 不同"图形步数"时的效果比较

在"路径步数"输入框中设置路径的每个主分段之间的步数，数值越高，沿路径越光滑，如图8-37所示。图8-37（a）是"路径步数"为0的效果，图8-37（b）是"路径步数"为5的效果。

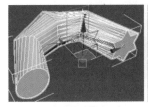

（a）路径步数为0 （b）路径步数为5

图8-37 不同"路径步数"时的效果比较

8.2.3 【放样】对象的修改与编辑

除以上对放样对象进行参数设置，以调整放样对象的形态外，用户还可以对放样对象进行修改和编辑操作。修改【放样】对象有两种途径：一种是在进行【放样】操作时，

扫一扫，看视频

如果在【创建方法】卷展栏中选择了"实例"类型进行放样，那么在修改【放样】对象时就可以直接修改截面图形和路径图形的参数，从而修改【放样】对象；另一种是在修改堆栈下进入【放样】对象的子层级进行修改。

下面主要讲解通过修改截面和路径参数修改【放样】对象的方法。

1. 通过原始截面和路径修改放样模型

要想通过原始截面和路径修改放样模型，必须在进行【放样】操作时在【创建方法】卷展栏中选择"实例"类型进行放样。

步骤 01 继续8.2.2小节的操作，在视图中选择截面矩形，进入修改面板，修改矩形长度以及"圆角度"，此时【放样】对象发生变化，如图8-38所示。

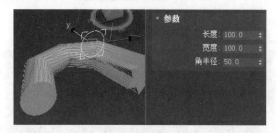

图 8-38 修改截面图形

步骤 02 在视图中选择路径图形，进入路径的"顶点"层级，选择一个顶点并移动其位置，此时【放样】对象也发生变化，如图8-39所示。

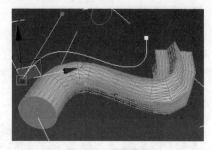

图 8-39 修改路径

2. 在子对象层级修改放样模型

如果在进行【放样】时选择了"移动"或"复制"类型，这时可以进入【放样】对象的子层级进行修改。

步骤 01 选择【放样】对象进入修改面板，在修改堆栈中展开Loft层级，激活"图形"选项，将光标移到放样对象上，光标显示十字图标，如图8-40所示。

图 8-40 进入"图形"子对象层级

步骤 02 单击选择截面，此时在堆栈下方显示截面图形名称，同时被选择的截面显示红色，如图8-41所示。

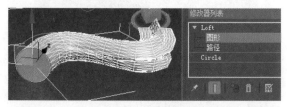

图 8-41 选择截面图形

步骤 03 在堆栈中选择图形名称，展开图形【参数】卷展栏，修改图形参数，此时【放样】对象也被修改，如图8-42所示。

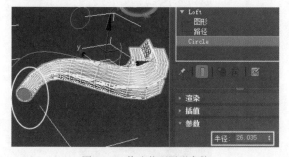

图 8-42 修改截面图形参数

步骤 04 使用同样的方法可以修改路径，以改变放样对象的形态，在此不再讲述。

8.2.4 【放样】对象的变形

扫一扫，看视频

可以对【放样】对象进行变形，使对象沿着路径【缩放】【扭曲】【倾斜】【倒角】【拟合】变形，制作更复杂的三维模型。下面通过一个简单的实例操作学习相关知识。

实例——放样变形

步骤 01 以"直线"作为路径，以"圆"作为截面进行放样，创建如图8-43所示的圆柱体模型。

步骤 02 选择放样创建的圆柱体模型，在修改面板中展开【变形】卷展栏，单击 缩放 按钮，打开【缩放变形】对话框，如图8-44所示。

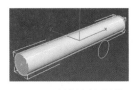

图 8-43　放样创建圆柱体　　　图 8-44　【缩放变形】对话框

该对话框中各按钮的功能如下。

按下 🔒 "均衡" 按钮，锁定X/Y轴，此时可以沿X/Y轴缩放图形。用于X轴缩放的两条曲线为红色，而用于Y轴缩放的曲线为绿色。

分别激活 "显示X轴" "显示Y轴" "显示X/Y轴" 按钮，显示相关轴线。

激活 ⊞ "移动控制点" 按钮，移动曲线上的控制点；激活 🔁 "缩放控制点" 按钮，缩放控制点；激活 ✳ "插入角点" 按钮，在曲线上插入角点；单击 🔓 "删除控制点" 按钮，删除当前选择的控制点；单击 ✖ "重置曲线" 按钮，使曲线恢复到初始状态。

除以上讲解的几个按钮外，【缩放变形】对话框下方的按钮主要用于缩放、平移曲线，便于用户观察曲线的变形效果，这些按钮比较简单，在此不再讲述。

步骤 03 激活 ✳ "插入角点" 按钮，在曲线上50%的位置单击插入一个角点，如图8-45所示。

图 8-45　插入角点

步骤 04 激活 ⊞ "移动控制点" 按钮，单击选择该角点，然后在下方的 "垂直数值" 输入框中输入30（或将该角点向下移动），此时发现圆柱体中间位置向内收缩，如图8-46所示。

图 8-46　调整角点以修改放样对象

在变形模型时，切记默认曲线值为100%，大于100%的值将使图形变得更大，介于100%和0%的值将使图形变得更小，而负值则缩放和镜像图形，移动角点时可观察【缩放变形】对话框左下方数值框中的数值变化，也可以在该输入框中输入一个精确的数值进行精确变形。

步骤 05 将光标移动到该角点上右击，选择【Bezier-角点】命令，然后拖动控制柄，调整曲线形态，此时发现圆柱体又发生了变化，如图8-47所示。

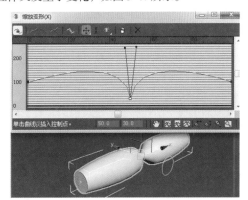

图 8-47　调整角点修改放样对象

步骤 06 关闭【缩放变形】对话框，完成对放样圆柱体的变形操作，变形前和变形后的效果比较如图8-48所示。

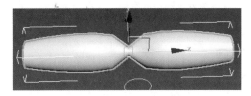

图 8-48　放样对象修改效果比较

变形时，用户可以随时观察视图中窗帘的变化，根据窗帘变化效果随时调整角点的位置，以便制作出满意的变形效果。另外，当关闭【缩放变形】对话框后发现，在【变形】卷展栏下 缩放 按钮后的 🔘 按钮显示白色，表示应用当前的变形操作，如果单击该按钮，则其显示灰色，表示不应用变形效果。

练一练

使用【放样】命令创建罗马柱三维模型，如图8-49所示。

图 8-49　创建的罗马柱三维模型

操作提示

（1）在前视图中绘制圆作为截面图形，在顶视图中绘制直线作为路径，放样创建立柱三维模型。

（2）进入修改面板，在【变形】卷展栏中对立柱模型进行编辑，创建出罗马柱模型。

（3）最后为模型制作材质并进行渲染，材质以及渲染设置请解压"使用【放样】创建罗马柱三维模型"压缩包查看。

8.3　其他复合对象建模

在3ds Max 2020复合对象建模中，除了前面章节中讲的【布尔】和【放样】两种建模方式外，还有其他复合对象建模方法，这些建模方法不太常用，本节继续学习其他复合对象建模的相关方法。

8.3.1　【图形合并】命令建模

扫一扫，看视频

【图形合并】是将样条线对象投射到三维对象上，生成一个投影线。这种效果一般适合制作凸起的商标或文字效果等。下面通过制作凸起文字效果的实例学习【图形合并】命令建模的方法。

实例——使用【图形合并】命令创建凸起文字效果

步骤 01 在顶视图中创建一个长方体对象，在长方体上再创建"3ds Max 2020微课视频版"内容的文本对象，如图8-50所示。

步骤 02 选择长方体对象，在"几何体"列表中选择【复合对象】选项，在【对象类型】卷展栏中激活 图形合并 按钮，在【拾取运算对象】卷展栏中激活 拾取图形 按钮，在视图中单击文本对象，此时发现文本已经映射到长方体对象上，如图8-51所示。

图 8-50　创建长方体与文本　　图 8-51　文本映射到长方体上

使用【图形合并】命令将样条线对象映射到三维对象上后，其实并不能生成真正的三维模型，还需要为其添加一个修改器进行编辑，这样才能完成三维模型的创建。

步骤 03 选择投射后的长方体对象，在修改器列表中选择【面挤出】修改器，并设置挤出"数量"以及其他参数，这样就可以将投射的文本从球体中挤出，如图8-52所示。

图 8-52　挤出效果

步骤 04 退出当前操作，在透视图中调整视角查看效果，然后为该模型制作材质、贴图并进行渲染查看效果，结果如图8-53所示。

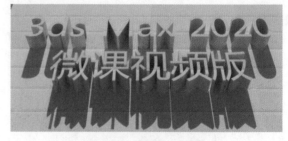

图 8-53　透视图查看效果

小贴士

【图形合并】操作比较简单，其创建原理与参数设置以及结果都类似于【布尔】命令的"并集"操作，拾取样条线对象完成图形合并后，如果要对图形进行修改，可以在修改堆栈中展开其列表，进入样条线对象层级，对样条线对象进行修改，如图8-54所示。

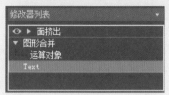

图8-54　进入样条线对象层级

另外，【图形合并】只是将样条线对象映射到三维对象上，只有为其添加相关修改命令，才能使映射的样条线生成三维模型，其操作非常简单，在此不再详细讲述，大家可以自己尝试操作。

练一练

导入"素材"/"建筑墙体平面图.dwg"素材文件，将该建筑平面图在平面对象上生成建筑墙体三维模型，如图8-55所示。

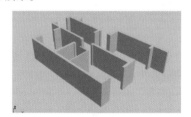

图8-55　生成建筑墙体三维模型

操作提示

（1）导入CAD图形，创建平面对象，使用【图形合并】命令将建筑墙体平面图映射到平面对象上。

（2）进入修改面板，在修改器列表中选择【面挤出】修改器，设置挤出数量，生成建筑墙体三维模型。

8.3.2 【地形】命令建模

【地形】命令主要是使用等高线制作山地模型。下面继续通过一个简单实例学习使用【地形】命令建模的相关方法。

扫一扫，看视频

实例——使用【地形】命令创建山地模型

步骤 01 在顶视图中绘制多个闭合样条线作为地形的等高线，在前视图中调整各样条线的高度，使其之间具有一定的高度差，如图8-56所示。

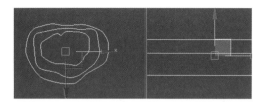

图8-56　绘制地形的等高线

步骤 02 选择底层的样条线，在"几何体"列表中选择【复合对象】选项，在【对象类型】卷展栏中激活 地形 按钮，在【拾取运算对象】卷展栏中激活 拾取运算对象 按钮，在视图中依次单击各等高线，这样就生成了地形模型，如图8-57所示。

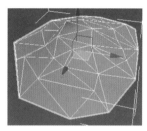

图8-57　生成地形模型

步骤 03 进入修改面板，在修改堆栈中展开地形层级，在【参数】卷展栏中选择运算对象，在视图中调整图形的高度，如图8-58所示。

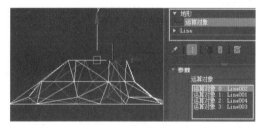

图8-58　修改地形模型

步骤 04 继续在修改堆栈中进入样条线层级，可以对样条线进行编辑，从而编辑地形模型。如果想得到较为平滑的地形效果，则在修改器列表中选择【涡轮平衡】修改器对其进行平滑，效果如图8-59所示。

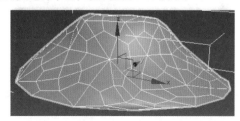

图8-59　地形平滑效果

练一练

使用【地形】命令可以很方便地创建山地模型。下面读者自己尝试使用【地形】命令创建一个较平缓的山地模型，如图8-60所示。

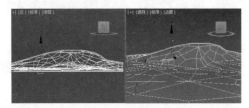

图 8-60　建筑山地模型

操作提示

（1）在顶视图中绘制山地模型的等高线，在前视图中分别调整等高线的高度，使其之间有一定的高度差。

（2）选择底层的等高线，执行【地形】命令，分别拾取其他等高线创建山地模型，然后添加【涡轮平衡】修改器进行平滑处理。

8.3.3 【一致】命令建模

扫一扫，看视频

【一致】命令类似于【图形合并】命令，可以使对象投影到另一个对象上，使被投影对象表面与投影对象保持一致，该命令非常适合在山地上制作道路。

下面继续8.3.2小节的操作，在8.3.2小节制作的山地模型上制作一条小道，学习【一致】命令建模的相关知识。

实例——使用【一致】命令创建山地小道模型

步骤 01 在顶视图的山地模型上方创建样条线对象，进入修改面板，在【渲染】卷展栏中设置样条线的可渲染参数，如图8-61所示。

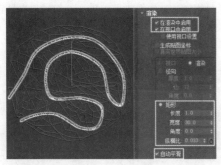

图 8-61　绘制样条线

步骤 02 选择样条线对象右击，在弹出的快捷菜单中选择【转换为】/【转换为可编辑网格】命令，将其转换为可编辑网格对象。

> **小贴士**
>
> 样条线对象不能应用【一致】命令，因此，绘制样条线对象后，需要将其转换为可编辑网格对象，可编辑网格对象是一个三维模型的编辑命令，有关该命令的应用将在后面章节详细讲解。

步骤 03 在前视图中将转换后的样条线对象沿Y轴移动到山地模型的上方，然后进入创建面板，在"几何体"列表中选择"复合对象"选项，在【对象类型】卷展栏中激活 一致 按钮，如图8-62所示。

图 8-62　激活【一致】命令

步骤 04 继续在【拾取包裹到对象】卷展栏中激活 拾取包裹对象 按钮，然后单击山地模型，此时发现样条线对象包裹到了山地模型上，如图8-63所示。

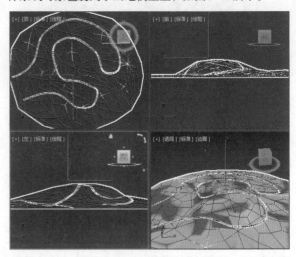

图 8-63　包裹结果

步骤 05 调整透视图并快速渲染查看效果，结果如图8-64所示。

3ds Max 2020实用教程（微课视频版）

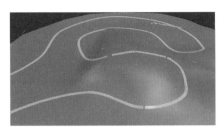

图 8-64　透视图渲染效果

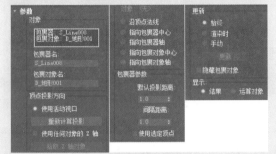
练一练

继续 8.3.2 小节的操作，输入文本 "3ds Max 2020 微课视频版"，将该文本投射到山地模型上，效果如图 8-66 所示。

图 8-66　投射文本

操作提示

（1）在顶视图的山地模型中输入 "3ds Max 2020 微课视频版" 的加强型文本内容。

（2）选择文本，执行【一致】命令，拾取山地模型，将文本投射到山地模型上。

8.3.4　【散布】命令建模

【散布】命令可以将对象零星地分布散落到对象上，如山坡上散落的树木、山石等。继续 8.3.3 小节的操作，下面通过在山地小道的模型上分布一些树木的具体实例学习【散布】命令建模的方法。

扫一扫，看视频

实例——使用【散布】命令在山坡上种树

步骤 01 进入创建面板，在 "几何体" 列表中选择 "AEC 扩展" 命令，在【对象类型】卷展栏中激活 "植物" 按钮，在【收藏的植物】列表中激活 "苏格兰松树"，在山地模型上方单击创建一棵松树对象，如图 8-67 所示。

步骤 02 再次进入创建面板，在 "几何体" 列表中选择 "复合对象" 选项，在【对象类型】卷展栏中激活 散布 按钮，在【拾取分布对象】卷展栏中激活 拾取分布对象 按钮，在视图中单击山地模型进行分布，结果如图 8-68 所示。

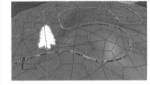　

图 8-67　创建松树　　　图 8-68　散布结果

步骤 03 向上推动面板，在 "源对象参数" 选项下设置 "重复数" 为 10，在【显示】卷展栏中勾选 "隐藏分布对象" 选项，此时分布效果如图 8-69 所示。

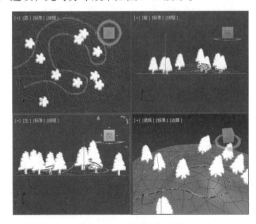

图 8-69　松树分布效果

步骤 04 在"源对象参数"选项下设置"重复数"为30，增加松树数目，然后为模型设置材质并进行渲染，效果如图8-70所示。

图8-70 设置材质后的渲染效果

小贴士

【散布】命令的设置与其他命令相同。进入修改面板，展开各卷展栏即可调整相关参数，对散布进行调整。该操作比较简单，在此不再赘述，读者可以自己尝试操作。另外，场景材质、贴图与渲染等将在后面章节讲解，读者可以解压"使用【散布】命令在山坡上种树"压缩包查看材质与贴图的制作。

练一练

继续8.3.3小节的操作，尝试在种树后的山坡上分布一些石块，效果如图8-71所示。

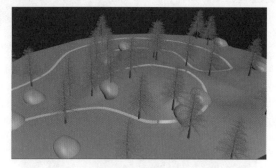

图8-71 分布石块

操作提示

（1）创建球体并添加【FFD长方体】修改器将球体编辑为鹅卵石形状，然后使用【散布】命令散布。

（2）进入修改面板对散布效果进行调整。

8.4 综合练习——制作窗帘模型

窗帘是人们日常居家中必备的生活用具，本节使用【放样】命令创建窗帘三维模型，效果如图8-72所示。本节演练内容请扫码学习。

扫一扫，看视频

扫一扫，拓展学习

图8-72 窗帘模型

8.5 职场实战——创建欧式窗三维模型

在欧式建筑中，欧式窗是比较典型的建筑构件之一，本节就来制作一个欧式窗的三维模型，效果如图8-73所示。

图8-73 欧式窗三维模型

8.5.1 创建欧式拱形窗外框三维模型

本小节首先创建欧式窗的拱形外框模型。

扫一扫，看视频

步骤 01 在前视图中绘制"半径"为800mm、从0°到180°的圆弧作为路径，在顶视图中绘制"半径1"为130mm、"半径2"为115mm、"点"为30、"圆角半径1"为15mm的星形作为截面，如图8-74所示。

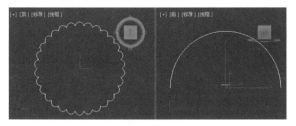

图8-74　绘制截面与路径

步骤 02 以圆弧为路径、以星形为截面进行放样，创建三维模型，结果如图8-75所示。

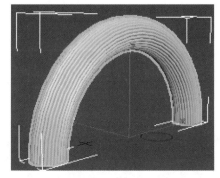

图8-75　放样创建模型

步骤 03 选择放样对象，进入修改面板，在【变形】卷展栏中单击　扭曲　按钮，在打开的【扭曲变形】对话框中选择右侧的角点，在下方的输入框中输入−300，对方法对象进行扭曲变形，如图8-76所示。

图8-76　设置扭曲变形参数

步骤 04 关闭该对话框，此时放样对象上出现胶丝效果，如图8-77所示。

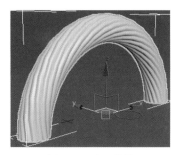

图8-77　胶丝效果

步骤 05 继续在顶视图中绘制"长度"和"宽度"均为450mm的矩形，"半径"为225mm的圆和"半径1"为180mm、"半径2"为150mm、"点"为15、"圆角半径1"为30mm的星形作为截面，在前视图中绘制长度为1680mm的垂直直线作为路径。

步骤 06 选择直线路径，在"几何体"列表中选择"复合对象"选项，在【对象类型】卷展栏中激活　放样　按钮，在【创建方法】卷展栏中激活　获取图形　按钮，在视图中单击矩形进行放样。

步骤 07 在【路径参数】卷展栏中设置"路径"为8.5，再次单击矩形进行放样；设置"路径"为8.6，单击圆进行放样；设置"路径"为15.6，再次单击圆进行放样；设置"路径"为15.7，单击星形进行放样，结果如图8-78所示。

步骤 08 继续设置"路径"为84.3，再次单击星形进行放样；设置"路径"为84.4，单击圆进行放样；设置"路径"为92.4，再次单击圆进行放样；设置"路径"为92.5，单击矩形进行放样，完成欧式窗外框模型的创建，效果如图8-79所示。

图8-78　放样结果　　　图8-79　再次放样结果

> **小贴士**
>
> 以上操作是一种典型的多截面放样建模的操作，操作时，除了要在路径的不同百分比位置获取截面，同时要注意各截面的百分数的设置，要使放样后的模型两端截面位置的百分数对应。

8.5.2 编辑欧式窗外框模型

本小节需要对制作的欧式窗外框进行编辑。

步骤 01 选择放样的模型，进入修改面板，在【变形】卷展栏中单击 缩放 按钮打开【缩放变形】对话框，激活 ✳ "插入角点"按钮，在红色线上两端圆柱形位置处各插入3个点，然后调整控制柄对曲线进行调整，如图8-80所示。

图 8-80　在圆柱形区域插入点并调整

> **小贴士**
>
> 插入点时注意看，每个截面的放样都有一个区域，在此我们是在圆柱形区域插入点并进行调整的。

步骤 02 使用相同的方法继续在矩形放样区域插入点并进行调整，如图8-81所示。

图 8-81　在矩形区域插入点并进行调整

步骤 03 关闭该对话框，查看模型发现，圆柱形和两端的矩形模型发生了变化，效果如图8-82所示。

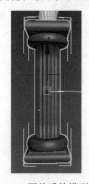

图 8-82　调整后的模型效果

步骤 04 再次在【变形】卷展栏中单击 扭曲 按钮，在打开的【扭曲变形】对话框中，在两端星形截面位置各添加1个角点，选择右侧的两个角点，在下方的输入框中输入-180，对对象进行扭曲变形，如图8-83所示。

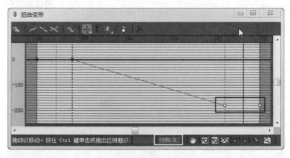

图 8-83　扭曲设置

步骤 05 关闭该对话框，查看模型效果，发现中间位置的星形模型发生了旋转扭曲效果，如图8-84所示。

步骤 06 在前视图中以"实例"方式将制作完成的模型复制到右侧拱形模型下方，在其他视图中调整位置，最后在模型下方创建一个长方体作为窗台石，并将所有模型调整为同样的颜色，完成欧式窗外框的制作，效果如图8-85所示。

图 8-84　扭曲变形效果　　图 8-85　制作完成的欧式窗外框效果

8.5.3 制作欧式窗内框三维模型

本小节制作欧式窗内框三维模型。

步骤 01 在前视图中拱形窗外框位置绘制"半径"为635mm、从0°到180°的圆弧，勾选"饼形切片"选项，该圆弧将作为拱形窗的内框。

步骤 02 进入修改面板，在【渲染】选项卡中勾选"在渲染中启用""在视口中启用"以及"矩形"3个选项，然后设置"长度"与"宽度"均为60，效果如图8-86所示。

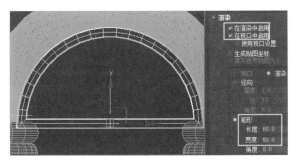

图 8-86　设置拱形窗内框参数

步骤 03 继续在拱形内框下方位置创建"长度"为1600、"宽度"为1350的矩形，进入修改面板，在【渲染】选项卡中勾选"在渲染中启用""在视口中启用"以及"矩形"3个选项，然后设置"长度"与"宽度"均为60，效果如图8-87所示。

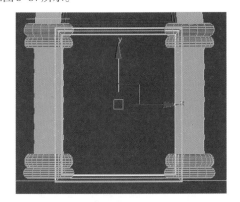

图 8-87　绘制矩形内框

步骤 04 在顶视图中选择弧形和矩形两个对象，将其沿Y轴向上移动到欧式窗外框上方位置，使其置于外框后面，效果如图8-88所示。

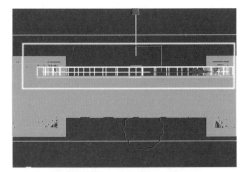

图 8-88　调整弧形与矩形的位置

步骤 05 选择矩形内框，执行【编辑】/【克隆】命令，将该矩形内框以"复制"方式原位复制，作为内窗扇。

步骤 06 进入修改面板，在【渲染】卷展栏中修改可渲染性的"长度"为30、"宽度"为40，在【参数】卷展栏中修改其"长度"为1450、"宽度"为600，效果如图8-89所示。

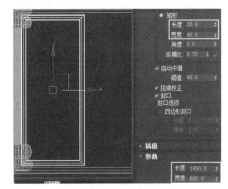

图 8-89　修改内窗扇参数

步骤 07 继续在前视图中将内窗扇沿X轴向右以"实例"方式复制一个作为另一个内窗扇，如图8-90所示。

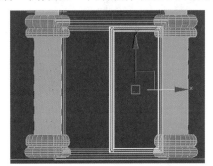

图 8-90　复制内窗扇

步骤 08 在透视图中沿Y轴调整两个内窗扇，使其位于内窗框的两边，完成欧式窗内窗的创建，效果如图8-91所示。

图 8-91　调整内窗扇的位置

步骤 09 这样，欧式窗三维模型制作完毕，调整透视图的视角，按F9键快速渲染查看效果，结果如图8-92所示。

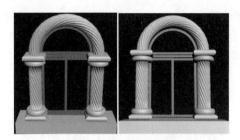

图 8-92　欧式窗最终效果

步骤 10 为欧式窗制作材质、贴图并设置灯光进行渲染，效果如图 8-93 所示。

图 8-93　制作材质后的欧式窗渲染效果

小贴士

　　欧式窗材质、贴图以及灯光设置与渲染等操作将在后面章节讲解，读者可以解压"职场实战——创建欧式窗三维模型"压缩包查看材质、贴图、灯光与渲染设置。

步骤 11 执行【文件】/【另存为】命令，将场景保存为"职场实战——创建欧式窗三维模型.max"文件。

Chapter
09
第9章

一体化建模

本章导读：

在 3ds Max 2020 三维建模中，"一体化建模"指一个三维模型是由一个几何体编辑而成的，大到一栋楼房模型，小到一个手机模型。一体化建模的主要修改器有【编辑网格】修改器、【编辑多边形】修改器以及【编辑面片】修改器，这一章继续学习一体化建模的相关知识。

本章主要内容如下：

- 【编辑网格】修改器建模；
- 【编辑多边形】修改器建模；
- 综合练习——创建遥控器三维模型；
- 职场实战——创建电风扇三维模型。

9.1 【编辑网格】修改器建模

在3ds Max 2020中,【编辑网格】修改器建模通常是针对几何体,通过其子对象编辑,将一个几何体编辑为所需三维模型,也可以将二维图形或其他对象转换为可编辑网格对象,再编辑其子对象以创建三维模型。这一节学习【编辑网格】修改器建模的相关知识。

9.1.1 认识【编辑网格】修改器及其子对象

扫一扫,看视频

下面我们通过一个简单操作认识【编辑网格】修改器及其子对象。首先,创建一个长方体三维模型,并设置相关段数,在修改器列表中选择【编辑网格】修改器,在修改堆栈下展开其子对象,发现【编辑网格】修改器的子对象包括"顶点""边""面""多边形"以及"元素",如图9-1所示。

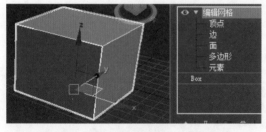

图9-1 【编辑网格】修改器及其子对象

- 顶点:连接几何体各边的点。按数字1键进入"顶点"层级,单击几何体上连接各边的点将其选择,移动该点即可改变几何体的形态;删除该点,则该点连线所组成的三角形面也被删除,如图9-2所示。

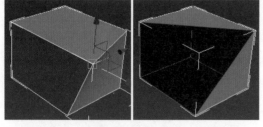

图9-2 移动与删除"顶点"改变几何体的形态

- 边:组成几何体面的边界。按数字2键进入"边"层级,单击几何体的边将其选择,移动该边即可改变几何体的形态;删除该边,则该边组成的三角形面也会被删除,如图9-3所示。

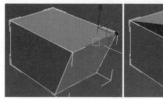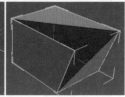

图9-3 移动与删除"边"改变几何体形态

- 面:由三条边合围形成的三角形面。按数字3键进入"面"层级,单击几何体的面选择三角形面,移动该面即可改变几何体的形态;删除该面,几何体表面形成一个空洞,如图9-4所示。

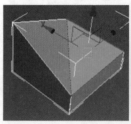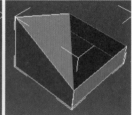

图9-4 移动与删除"面"

- 多边形:有多个三角形形成的多边形面。按数字4键进入"多边形"层级,单击几何体的面选择多边形面,移动该面即可改变几何体的形态;删除该面,几何体的一个平面形成空洞,如图9-5所示。

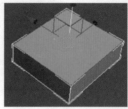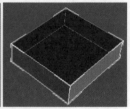

图9-5 移动与删除"多边形"

- 元素:网格对象的所有元素,按数字5键进入"元素"层级,单击几何体对象选择元素,如图9-6所示。

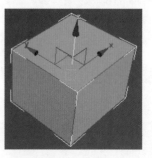

图9-6 元素

以上就是【编辑网格】修改器及其子对象的相关内容。

9.1.2 编辑"顶点"子对象

扫一扫，看视频

顶点是边的交汇点，按数字1键进入"顶点"层级，单击选择"顶点"对其进行编辑。

● 选择"顶点"：在"顶点"上单击即可将其选择，按住Ctrl键连续单击多个顶点，则多个顶点被选择，被选择的顶点显示红色，如图9-7所示。

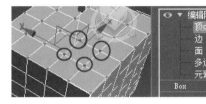

图 9-7 选择顶点

小贴士

在【选择】卷展栏下勾选"忽略背面"选项，则在其他视图框选顶点时，背面的顶点会被忽略。

● 软选择：展开【软选择】卷展栏，勾选"使用软选择"选项，并设置"衰减"与"收缩"值，单击选择一个顶点，并移动该顶点，则周围顶点形成一种衰减选择效果，如图9-8所示。

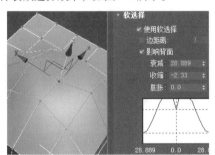

图 9-8 顶点的衰减选择效果

● 断开顶点：在【编辑几何体】卷展栏下单击 断开 按钮，然后移动该顶点，则发现该顶点被断开，三角形形成一个开口，如图9-9所示。

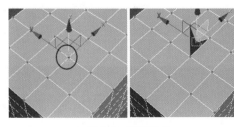

图 9-9 断开顶点

● 焊接顶点：选择断开的两个顶点，在【编辑几何体】卷展栏的"焊接"选项中设置"选定项"的值，单击"选定项"按钮，则断开的顶点被焊接，开口也被闭合了，如图9-10所示。

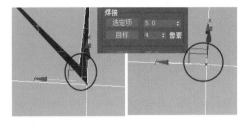

图 9-10 焊接顶点

● 切角：选择顶点，在【编辑几何体】卷展栏下激活 切角 按钮，在顶点上拖曳，将一个顶点切角形成多边形面，如图9-11所示。

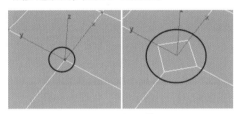

图 9-11 切角

9.1.3 编辑"边"子对象

边是面的边界，也是顶点的连线，按数字2键进入"边"层级，单击"边"将其选择，对其进行编辑。

扫一扫，看视频

● 拆分：可以将边拆分为多段，与样条线中的"拆分"相同。在【编辑几何体】卷展栏下激活 拆分 按钮，在边上单击，然后右击退出"拆分"操作，再次单击该边，发现该边被拆分为2段，如图9-12所示。

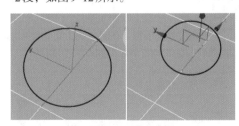

图 9-12 拆分边

● 改向：改变边的方向。在【编辑几何体】卷展栏下激活 改向 按钮，在边上单击即可改变边的方向，如图9-13所示。

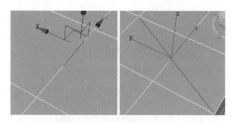

图 9-13　改变边的方向

- 挤出：将边进行挤出，生成一个面。在【编辑几何体】卷展栏下激活 挤出 按钮，在边上拖曳鼠标，将边沿Z轴挤出形成一个面，如图9-14所示。

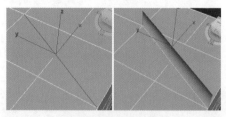

图 9-14　挤出边

- 切角：与顶点的切角相同，将边进行切角。在【编辑几何体】卷展栏下激活 切角 按钮，在边上拖曳鼠标，将边进行切角，如图9-15所示。

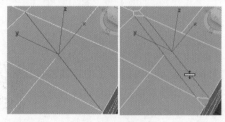

图 9-15　切角边

9.1.4　编辑"面"子对象

扫一扫，看视频

面是由边合围形成的三角面，按数字3键进入"面"层级，单击选择三角面对其进行编辑。

- 拆分：在【编辑几何体】卷展栏下激活 拆分 按钮，在三角面上单击即可将该三角面拆分为3个三角面，如图9-16所示。

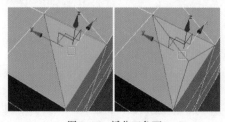

图 9-16　拆分三角面

- 分离：选择三角面，在【编辑几何体】卷展栏下激活 分离 按钮，打开【分离】对话框，可以设置将面复制分离或分离为元素，如图9-17所示。

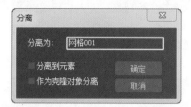

图 9-17　【分离】对话框

- 挤出：选择三角面，在【编辑几何体】卷展栏下激活 挤出 按钮，在三角面上拖曳鼠标，将面挤出，如图9-18所示。

图 9-18　挤出面

- 倒角：选择三角面，在【编辑几何体】卷展栏下激活 倒角 按钮，在三角面上拖曳鼠标，挤出面，释放鼠标并移动，对面进行倒角，如图9-19所示。

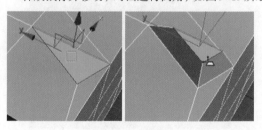

图 9-19　倒角面

- 切割：选择三角面，在【编辑几何体】卷展栏下激活 切割 按钮，在三角面上拖曳鼠标，对面进行切割，如图9-20所示。

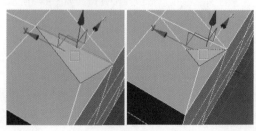

图 9-20　切割面

以上是【编辑网格】修改器子对象的编辑知识，除了以上子对象之外，用户还可以编辑"多边形"子对象，按数字4键进入"多边形"层级，单击选择多边形对其进行编辑，如挤出、拆分、分离、倒角、切割等操作，这些操作与"面"的编辑方法相同，在此不再赘述，读者可以自己尝试操作。另外，在进行相关编辑操作时，用户还可以在相关按钮后输入具体参数进行精确编辑。

9.1.5　使用【编辑网格】修改器建模

在前面章节中学习了【编辑网格】修改器建模的相关知识，这一小节使用【编辑网格】修改创建如图9-21所示的不锈钢洗菜池的三维模型，学习该修改器在建模中的使用方法和技巧。

扫一扫，看视频

图9-21　不锈钢洗菜池三维模型

实例——使用【编辑网格】修改器创建不锈钢洗菜池

步骤 01 在视图中创建"长度"为160、"宽度"为300、"高度"为10、"长度分段"为8、"宽度分段"为10的长方体。

步骤 02 在修改器列表中选择【编辑网格】修改器，按数字1键进入"顶点"层级，在顶视图中框选右侧几排顶点进行移动，效果如图9-22所示。

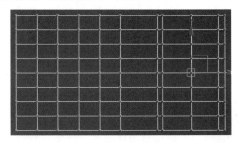

图9-22　调整顶点

步骤 03 按数字4键进入"多边形"层级，在前视图中以窗选方式选择底面所有多边形面，按Delete键将其删除，如图9-23所示。

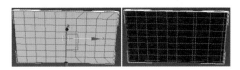

图9-23　选择并删除多边形面

步骤 04 继续调整视图，按住Ctrl键选择正面左边的多边形面，在【编辑几何体】卷展栏的"挤出"按钮右侧的输入框中输入-50，单击该按钮进行挤出，效果如图9-24所示。

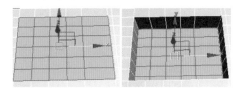

图9-24　挤出多边形面

步骤 05 使用相同的方法选择右侧的多边形面，将其挤出-15，效果如图9-25所示。

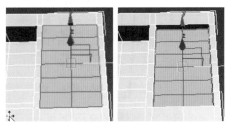

图9-25　挤出多边形面

步骤 06 按数字2键进入"边"子对象层级，在【选择】卷展栏下勾选"忽略背面"选项，按住Ctrl键在透视图中单击选择右侧挤出后的多边形的边，在【编辑几何体】卷展栏中设置"切角"参数为5，按Enter键进行切角，效果如图9-26所示。

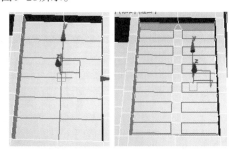

图9-26　切角边

步骤 07 重新设置切角参数为2，按Enter键再次进行切角，效果如图9-27所示。

图 9-27　再次切角

步骤 08 按数字4键进入"多边形"子对象层级，在【选择】卷展栏下勾选"忽略背面"选项，按住Ctrl键在透视图中单击选择右侧切角后形成的多边形面，按Delete键将其删除，效果如图9-28所示。

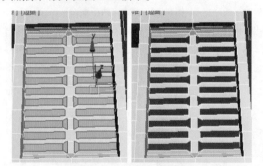

图 9-28　选择并删除多边形面

这样，不锈钢洗菜池的基本模型制作完毕。由于删除了编辑网格对象的"多边形"子对象，使得模型其实是一个薄片，没有厚度，同时模型不够光滑，下面我们继续对其进行编辑。

步骤 09 按数字4键退出"多边形"层级，在修改器类别中选择【壳】修改器，参数设置默认，为模型增加厚度，效果如图9-29所示。

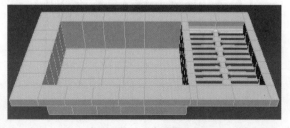

图 9-29　【壳】参数设置

步骤 10 继续在修改器列表中选择【涡轮平滑】修改器，设置其"迭代次数"为2，对模型进行平滑处理，然后按F9键快速渲染透视图，效果如图9-30所示。

图 9-30　【涡轮平滑】效果

步骤 11 为模型重新设置一种颜色，调整透视图的不同视角查看效果，结果如图9-31所示。

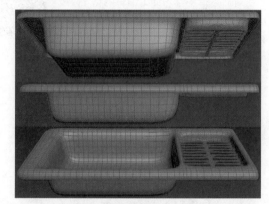

图 9-31　透视图渲染效果

步骤 12 最后为模型制作不锈钢材质，并设置灯光进行渲染，效果如图9-21所示。有关材质以及渲染请解压"使用【编辑网格】修改器创建洗菜池三维模型"压缩包查看。

9.2 【编辑多边形】修改器建模

　　【编辑多边形】修改器与【编辑网格】修改器的许多设置都相同，其建模对象也是几何体，也可以将二维图形以及其他对象转换为"可编辑多边形"对象，然后通过编辑子对象进行建模，这一节继续学习【编辑多边形】建模的相关知识。

9.2.1 【编辑多边形】修改器的"边界"子对象及其编辑

扫一扫，看视频

　　创建长方体对象，在修改器列表中添加【编辑多边形】修改器，在修改堆栈中展

3ds Max 2020实用教程（微课视频版）

开其子对象，发现【编辑多边形】修改器的子对象与【编辑网格】修改器的子对象大多数相同，其编辑方法也相似，但【编辑网格】修改器中的"面"子对象在【编辑多边形】修改器中被"边界"子对象替代。

边界其实是网格的线性部分，通常可以描述为孔洞的边缘。它通常是多边形仅位于一面时的边序列。例如，删除一个面或一个边，则该面或边相邻的一行边会形成边界。"边界"子对象的编辑方法与"面"子对象的编辑方法不同，下面我们就学习"边界"子对象的编辑方法。

按数字1键进入"顶点"层级，选择一个顶点，按Delete键将其删除，此时对象上出现孔洞，如图9-32所示。

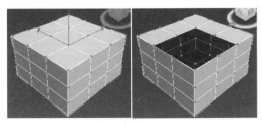

图9-32　删除顶点后的效果

下面就可以通过编辑"边界"来对出现的该孔洞进行修补。按数字3键进入"边界"子对象层级，单击孔洞边缘选取边界，在【编辑边界】卷展栏中单击 封口 按钮，此时该孔洞被封口，如图9-33所示。

图9-33　封口效果

小贴士

除了使用"边界"子对象进行封口之外，还可在【编辑边界】卷展栏以及【编辑几何体】卷展栏中对"边界"进行其他编辑，如挤出、切角、分离等，这些编辑都非常简单，在此不再赘述，读者可以自己尝试操作。

9.2.2　【编辑多边形】修改器的"多边形"子对象及其编辑

【编辑多边形】修改器的"多边形"子对象的编辑方法也与【编辑网格】修改器的

扫一扫，看视频

"多边形"子对象的编辑方法相同，但【编辑多边形】修改器的"多边形"子对象还有其他几个编辑选项是【编辑网格】修改器的"多边形"子对象所没有的，这一小节就来学习这些编辑选项。

- 插入：可以在"多边形"子对象上插入边界，使其形成另一个多边形。按数字4键进入"多边形"子对象层级，选择多边形面，在【编辑多边形】卷展栏中激活 插入 按钮，在多边形面上拖曳鼠标，插入一个边界，如图9-34所示。

图9-34　插入多边形子对象

- 翻转、从边旋转：可以将"多边形"子对象翻转或者沿某一轴进行翻转。按数字4键进入"多边形"子对象层级，选择多边形面，在【编辑多边形】卷展栏中激活 翻转 按钮，将"多边形"面进行翻转，激活 从边旋转 按钮，移动光标到"多边形"面上的一个边上，按住鼠标拖曳，将多边形沿该边旋转，如图9-35所示。

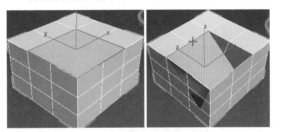

图9-35　沿边旋转"多边形"面

- 沿样条线挤出：可以将多边形面沿样条线对象挤出。在视图中绘制一个圆弧样条线对象，选择长方体对象，按数字4键进入"多边形"子对象层级，选择多边形面，在【编辑多边形】卷展栏中激活 沿样条线挤出 按钮，将"多边形"面进行翻转，激活 从边旋转 按钮，在视图中单击绘制的圆弧样条线对象，此时多边形面沿该圆弧样条线挤出，如图9-36所示。

图9-36 沿样条线挤出多边形面

小贴士

在执行"沿样条线挤出"操作时，单击 沿样条线挤出 按钮后的 "设置"按钮，此时会显示参数设置栏，设置相关参数沿样条线挤出，如设置分段数、锥化曲线参数、对齐面法线、扭曲、旋转等，如图9-37所示。

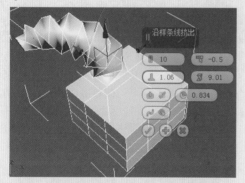

图9-37 沿样条线挤出设置

● 网格平滑：可以对"多边形"子对象进行平滑处理，按数字4键进入"多边形"子对象层级，选择多边形面，在【编辑多边形】卷展栏中单击 网格平滑 按钮，对"多边形"面进行平滑处理，如图9-38所示。

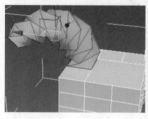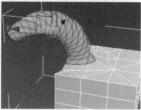

图9-38 平滑处理多边形面

● 材质ID：可以为多边形对象的不同面指定不同的材质，在指定材质前，可以根据需要选择多边形面，在【多边形：材质ID】卷展栏中设置"材质ID"，这样系统会根据该编号将相关材质指定给多边形面，如图9-39所示。

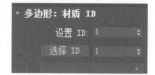

图9-39 指定材质ID

以上是【编辑多边形】修改器中子对象的编辑以及操作知识，除了以上所讲的这些操作之外，其他操作都与【编辑网格】修改器的操作相同，在此不再一一赘述，读者可以参阅【编辑网格】修改器子对象的操作方法自己尝试操作。

9.2.3 实例——使用【编辑多边形】修改器创建水龙头三维模型

扫一扫，看视频

学习了【编辑多边形】修改器的相关知识，这一小节将在上一小节创建的洗菜池模型上继续利用【编辑多边形】修改器创建一个水龙头的三维模型，如图9-40所示。

图9-40 在洗菜池上创建水龙头模型

1.编辑洗菜池以创建水龙头的多边形面

步骤01 打开"效果"/"第9章"目录下的"使用【编辑网格】修改器创建不锈钢洗菜池三维模型.max"效果文件，这是我们上一小节使用【编辑网格】修改器创建的一个不锈钢洗菜池三维模型，如图9-41所示。

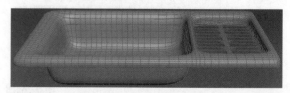

图9-41 不锈钢洗菜池三维模型

步骤02 选择洗菜池对象，右击选择【转换为】/【转换为可编辑多边形】命令，将该对象转换为可编辑多边形对象。

3ds Max 2020实用教程（微课视频版）

步骤 03 按数字1键进入"顶点"层级，在顶视图中框选洗菜池四周两排顶点，将其向外移动，以增加洗菜池边缘的宽度，如图9-42所示。

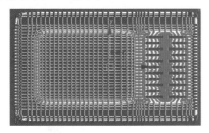

图9-42　向外调整顶点

步骤 04 选择左上角中间4个顶点，按Delete键将其删除，这样该位置就出现了一个矩形的孔洞，如图9-43所示。

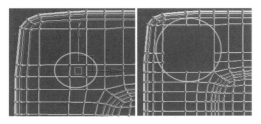

图9-43　选择顶点并删除

步骤 05 按数字3键进入"边界"层级，单击删除顶点后形成的孔洞的边界，在【编辑边界】卷展栏中单击 封口 按钮将其封口，如图9-44所示。

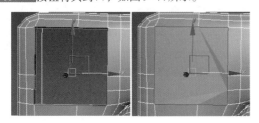

图9-44　封口效果

步骤 06 进入创建面板，在顶视图的洗菜池左上角封口位置创建"半径"为10的圆，在前视图中将其沿Y轴向上移动到洗菜池上方位置，如图9-45所示。

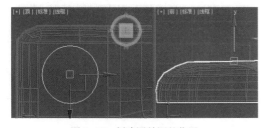

图9-45　创建圆并调整位置

步骤 07 选择洗菜池对象，按数字4键进入"多边形"层级，在【编辑几何体】卷展栏中激活 附加 按钮，在视图中单击圆，将其附加到洗菜池对象上，如图9-46所示。

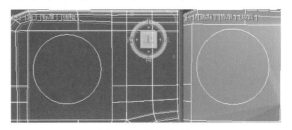

图9-46　附加圆对象

2. 挤出出水管模型

步骤 01 按数字4键进入"多边形"层级，在透视图中单击选择切角后形成的多边形面，在【编辑多边形】卷展栏中单击 挤出 按钮右侧的 "设置"按钮，在打开的参数设置列表中设置挤出"高度"为50，如图9-47所示。

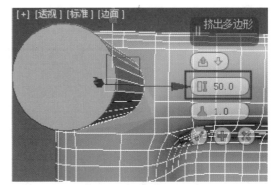

图9-47　挤出多边形

步骤 02 单击 "应用并继续"按钮，然后设置挤出"高度"为20，再次单击 "应用并继续"按钮，然后单击 "应用"按钮确认，挤出水龙头的基本模型，如图9-48所示。

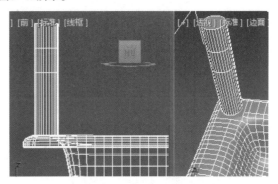

图9-48　再次挤出多边形

步骤 03 按数字4键退出"多边形"层级，在前视图的水龙头基本模型旁边位置绘制水龙头出水管的样条线路径，在顶视图中将其沿Z轴旋转45°，效果如图9-49所示。

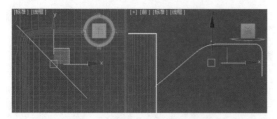

图9-49　绘制水龙头出水管路径

步骤 04 选择洗菜池模型，按数字4键进入"多边形"层级，按住Ctrl键在透视图中单击选择出水管位置的多边形，如图9-50所示。

步骤 05 在【编辑多边形】卷展栏中单击 插入 按钮旁的 ■ "设置"按钮，在打开的参数列表中设置插入"数量"为2，其他设置默认，对该多边形进行插入，效果如图9-51所示。

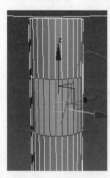 

图9-50　旋转多边形　　　图9-51　插入多边形

步骤 06 单击 ✓ "应用"按钮确认，对多边形进行插入。

步骤 07 按住Ctrl键单击插入后形成的外侧多边形面，在【编辑多边形】卷展栏中单击 沿样条线挤出 按钮旁的 ■ "设置"按钮，在打开的参数列表中单击 ✿ "拾取样条线"按钮，单击绘制的水龙头出水管路径，设置"分段"为7，其他默认，效果如图9-52所示。

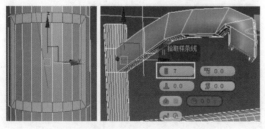

图9-52　选择多边形并设置挤出参数

步骤 08 单击 ✓ "应用"按钮确认，挤出空心的水龙头出水管模型，如图9-53所示。

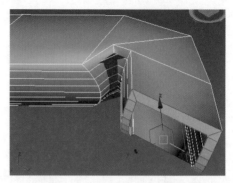

图9-53　挤出空心出水管模型

挤出后发现，出水口位置模型有些变形，这是因为路径转角位置太短导致的，下面调整模型顶点解决该问题。

步骤 09 按数字1键进入"顶点"层级，设置透视图的显示模式为"线框"，按住Ctrl键选择水龙头出水口转弯位置下方的顶点，将其沿Z轴向下移动，调整完成后设置其着色模式为"默认明暗处理"模式，效果如图9-54所示。

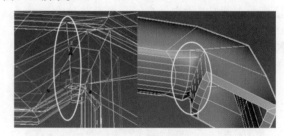

图9-54　调整模型

调整完成后发现出水管不够平滑，下面进行处理。

步骤 10 按数字4键进入"多边形"层级，选择出水管多边形，在【编辑几何体】卷展栏中单击两次 网格平滑 按钮进行平滑处理，如图9-55所示。

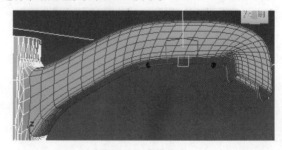

图9-55　平滑处理

步骤 11 按数字4键退出"多边形"层级，在透视图中查看效果，发现出水管已经非常平滑了，如图9-56所示。

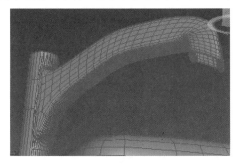

图 9-56　平滑后的出水管

3. 创建水龙头开关模型

步骤 01 按数字4键进入"多边形"层级，在透视图中选择水龙头顶部的多边形面，在【编辑多边形】卷展栏中单击 倒角 按钮旁边的 ■ "设置"按钮，在打开的参数设置列表中设置"高度"为1、"轮廓"为-1，其他设置默认，如图9-57所示。

步骤 02 单击 ⊕ "应用并继续"按钮，然后设置挤出"高度"为1、"轮廓"为2，再次单击 ⊕ "应用并继续"按钮，然后设置"高度"为20、"轮廓"为0，如图9-58所示。

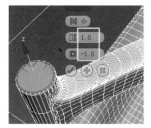
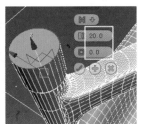

图 9-57　倒角效果　　　图 9-58　再次倒角效果

步骤 03 单击 ✔ "应用"按钮确认，挤出水龙头的基本模型，如图9-59所示。

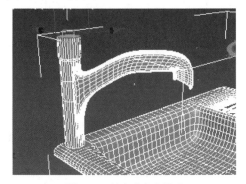

图 9-59　挤出水龙头模型

步骤 04 按住Ctrl键单击选择挤出后的多边形面，依照前面的操作将其插入2，然后确认，如图9-60所示。

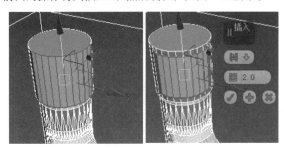

图 9-60　选择多边形并插入

步骤 05 在【编辑多边形】卷展栏中单击 从边旋转 按钮旁边的 ■ "设置"按钮，在打开的参数设置列表中单击 按钮，然后单击水龙头上方的圆弧边作为旋转轴，设置"角点"为30，其他设置默认，对多边形进行旋转，如图9-61所示。

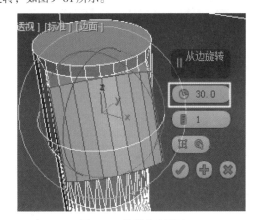

图 9-61　旋转多边形面

步骤 06 单击 ✔ "应用"按钮确认，旋转后的模型效果如图9-62所示。

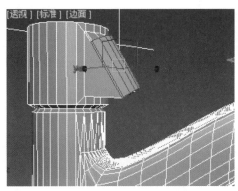

图 9-62　旋转后的多边形面

步骤 07 下面依照前面的操作，将该多边形面挤出45，如图9-63所示。

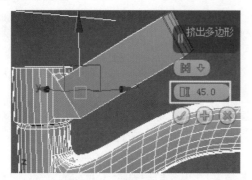

图9-63 挤出多边形面

步骤 08 单击 ✅ "应用"按钮确认，然后在透视图中将挤出的多边形沿Z轴缩放，将其压扁，效果如图9-64所示。

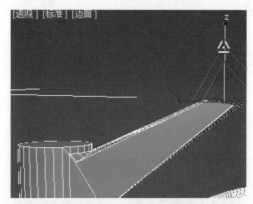

图9-64 缩放多边形面

步骤 09 选择水龙头开关的所有多边形面，在【编辑几何体】卷展栏中单击两次 网格平滑 按钮对开关进行平滑处理，如图9-65所示。

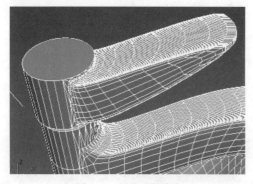

图9-65 网格平滑效果

步骤 10 按数字4键退出多边形层级，在视图中调整视角查看水龙头的整体效果，如图9-66所示。

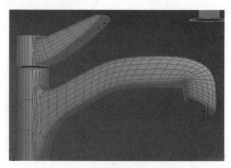

图9-66 制作的水龙头整体效果

步骤 11 这样，水龙头模型制作完毕，最后为水龙头制作不锈钢材质，为水池制作陶瓷材质，并设置参数进行渲染，结果如图9-67所示。

图9-67 洗菜池与水龙头渲染效果

步骤 12 执行【文件】/【另存为】命令，将该场景存储为"使用【编辑多边形】修改器创建不锈钢水龙头三维模型.max"文件。

以上章节讲解了【编辑网格】修改器和【编辑多边形】修改器建模的相关方法，除了这两个修改器之外，【编辑面片】修改器也是一体式建模中常用的一种修改器，该修改器的操作与【编辑网格】修改器和【编辑多边形】修改器的操作基本相同，在此不再对其进行讲解，读者可以自己尝试操作。

9.3 综合练习——创建遥控器三维模型

遥控器是我们常见的一种造型，这一节我们制作一个遥控器的三维模型，效果如图9-68所示。

图 9-68　遥控器三维模型

9.3.1　创建遥控器基本模型

这一节首先创建遥控器的基础模型。

扫一扫，看视频

步骤 01 在前视图创建"半径"为90、"边数"为3、"圆角半径"为20的多边形，将其沿Z轴旋转30°，效果如图9-69所示。

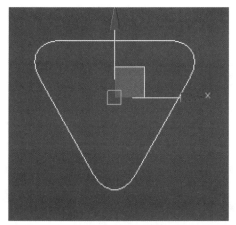

图 9-69　创建三边形

步骤 02 在视图右击选择【转换为】/【转换为可编辑样条线】命令，按数字1键进入"顶点"层级，将上方水平边调整为圆弧，并对其他角点进行圆角处理，效果如图9-70所示。

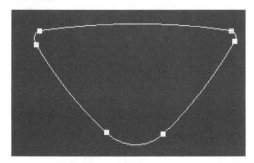

图 9-70　调整角点与曲线

步骤 03 按数字1键退出"顶点"层级，在修改器列表选择【挤出】修改器，并设置挤出"数量"为500、其他默认，效果如图9-71所示。

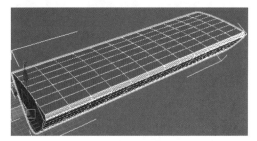

图 9-71　挤出效果

步骤 04 选择挤出后的模型，在视图右击，选择【转换为】/【转换为可编辑多边形】命令，将其转换为多边形对象。

步骤 05 在顶视图创建"长度"和"宽度"均为25、"角半径"为5的两个矩形和"半径"为12.5的圆，将其调整到遥控器模型的上方位置，如图9-72所示。

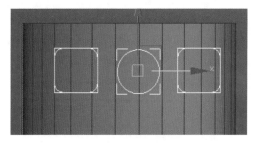

图 9-72　创建图形对象

步骤 06 在前视图将这3个图形对象调整到遥控器模型的上方，并根据模型的造型对两个矩形进行旋转，使其与模型的面匹配，效果如图9-73所示。

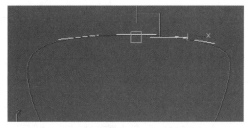

图 9-73　调整并旋转图形对象

步骤 07 选择遥控器三维模型，在【编辑几何体】卷展栏单击 附加 按钮，在视图分别单击3个图形对象将其附加，效果如图9-74所示。

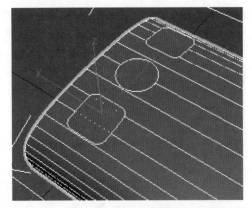

图9-74　附加图形对象

步骤 08 使用相同的方法，根据遥控器按钮的大小与位置，继续在顶视图遥控器模型的上方创建图形作为遥控器的按钮，在前视图将其调整到遥控器模型的上方，并将其附加，效果如图9-75所示。

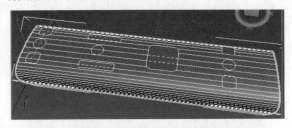

图9-75　创建并附加其他图形

9.3.2　创建遥控器按钮模型

扫一扫，看视频

这一节我们继续创建遥控器的按钮模型。

步骤 01 按数字4进入"多边形"层级，按住Ctrl键单击选择附加后形成的多边形面，在【编辑多边形】卷展栏单击 插入 按钮旁边的 "设置"按钮，在打开的参数设置列表设置"数量"为2，如图9-76所示。

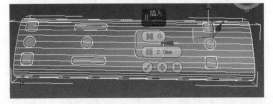

图9-76　设置插入数量

步骤 02 单击 "应用"按钮确认，将多边形进行插入。

步骤 03 继续按住Ctrl键，单击插入后形成的外边框多边形，将其挤出-0.5，使其向内凹陷，如图9-77所示。

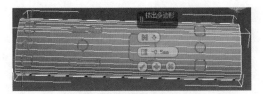

图9-77　挤出多边形

步骤 04 再次按住Ctrl键单击选择内部的多边形面，对其进行倒角处理，其中倒角"高度"为3、"轮廓"为-1.5，如图9-78所示。

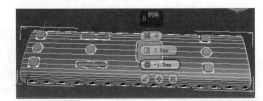

图9-78　倒角效果

步骤 05 继续选择大方形按钮的多边形，依照前面的操作方法，将其插入3个绘图单位，效果如图9-79所示。

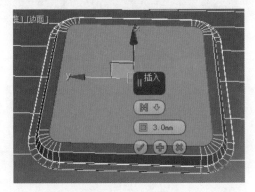

图9-79　插入多边形

步骤 06 继续依照前面的操作，对其进行倒角处理，其中倒角"高度"为-3、"轮廓"为-3，如图9-80所示。

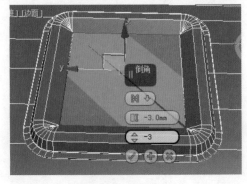

图9-80　倒角处理

步骤 07 继续在透视图选择遥控器两端的多边形面，在左视图将其沿Z轴旋转30°，完成遥控器按钮的制作，如图9-81所示。

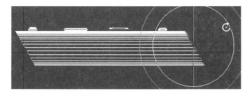

图 9-81　选择多边形面并旋转

9.3.3　创建遥控器后盖模型并平滑处理遥控器

扫一扫，看视频

这一节继续创建遥控器的后盖模型，然后对遥控器模型进行整体平滑处理，完成遥控器三维模型的创建。

步骤 01 将顶视图切换为底视图，按数字1进入"顶点"层级，在【编辑几何体】卷展栏激活 快速切片 按钮，在顶视图对遥控器模型进行水平切片，如图9-82所示。

步骤 02 进入"多边形"层级，在【选择】卷展栏勾选"忽略背面"选项，然后在底视图以窗交方式选择背面的多边形面，如图9-83所示。

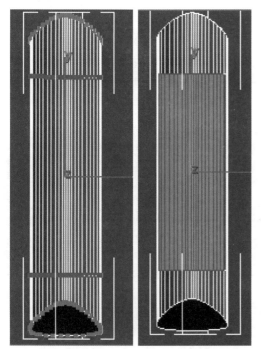

图 9-82　切片模型　　图 9-83　选择多边形面

步骤 03 依照前面的操作方法，将选择的多边形面插入0.5个绘图单位，然后选择插入后形成的边框多边形面，将其挤出-0.5，使其在遥控器背面形成一个缝隙。

步骤 04 继续在顶视图选择下端的多边形，在左视图将其旋转10°。使其形成一个凹陷，作为后盖的开启口，效果如图9-84所示。

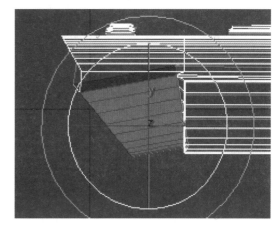

图 9-84　旋转多边形面

步骤 05 退出"多边形"层级，往后进行遥控器模型的制作，最后为其指定"多维/子对象"材质进行渲染，效果如图9-85所示。

图 9-85　遥控器三维模型

步骤 06 执行【文件】/【另存为】命令，将该场景保存为"综合练习——制作遥控器三维模型.max"文件。

9.4 职场实战——创建电风扇三维模型

天热难耐，这一节就来创建一个电风扇凉快凉快，效果如图9-86所示。

图9-86　电风扇三维模型

9.4.1 创建电风扇壳模型

扫一扫，看视频

这一小节首先来创建电风扇壳模型。

步骤 01 在前视图中创建"长度"为230、"宽度"为200的矩形，在矩形内部创建"半径"为85的圆，将圆向下移动到矩形下方位置，效果如图9-87所示。

步骤 02 选择矩形并右击，选择【转换为】/【转换为可编辑样条线】命令，将其转换为可编辑样条线对象。

步骤 03 按数字1键进入"顶点"层级，分别选择4个顶点，调整控制柄对矩形进行调整，如图9-88所示。

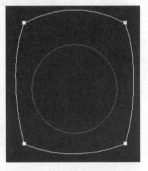

图9-87　绘制矩形和圆　　　图9-88　调整矩形

步骤 04 继续在【几何体】卷展栏的 圆角 按钮后面输入圆角度为30°，按Enter键确认，对其进行圆角处理，

效果如图9-89所示。

步骤 05 右击退出圆角操作，激活 附加 按钮，单击圆将其附加，再次右击退出"附加"操作。

步骤 06 再次右击并选择【转换为】/【转换为可编辑多边形】命令，将其再次转换为可编辑的多边形对象，然后在修改器面板中将其命名为"电风扇壳"对象。

步骤 07 执行【编辑】/【克隆】命令，以"复制"方式将"风扇壳"对象克隆为"电风扇壳01"对象以备用。

步骤 08 选择"风扇壳"对象，按数字4键进入"多边形"层级，单击选择多边形面，单击 倒角 按钮右侧的 "设置"按钮，在打开的参数设置列表中设置挤出"高度"为30，"轮廓"为5，如图9-90所示。

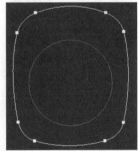

图9-89　圆角处理　　　　图9-90　倒角效果

步骤 09 单击 "应用"按钮确认，制作电风扇壳模型。

步骤 10 按数字2键进入"边"层级，在左视图的窗口选择方式中选择电风扇壳两端一圈边，在【编辑边】卷展栏中单击 切角 按钮旁边的 "设置"按钮，在打开的参数设置列表中设置"切角量"为6，如图9-91所示。

步骤 11 单击 "应用并继续"按钮，然后修改"切角量"为2，如图9-92所示。

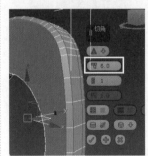
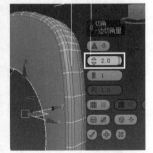

图9-91　切角效果　　　　图9-92　再次切角效果

步骤 12 单击 "应用"按钮确认，对电风扇壳进行切角，使其更平滑，效果如图9-93所示。

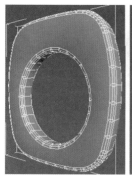

图 9-93　平滑处理后的电风扇壳模型

9.4.2　创建电风扇叶片与电机三维模型

这一小节创建风扇叶片与电机三维模型。

1. 创建电风扇叶片

步骤 01 在前视图"风扇壳"内圆的中心位置
创建"半径"为25、"高度"为25、"圆角"为
扫一扫，看视频

5、"圆角分段"为3、"边数"为33的切角圆柱体，将其命名为"电风扇电机"，在顶视图中将其移动到"风扇壳"背面位置，如图9-94所示。

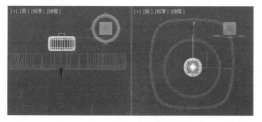

图 9-94　创建切角圆柱体

步骤 02 将"电风扇壳"对象隐藏，选择"电风扇电机"对象，右击选择【转换为】/【转换为可编辑多边形】命令，将其转换为可编辑的多边形对象修改器，按数字4键进入"多边形"层级，在透视图中每隔10个多边形面选择一个多边形面，共选择3个多边形面，如图9-95所示。

步骤 03 在【编辑多边形】卷展栏中单击 挤出 按钮右侧的 "设置"按钮，在打开的参数设置列表中设置挤出"高度"为2，单击 "应用并继续"按钮，然后设置挤出"高度"为50，如图9-96所示。

步骤 04 单击 "应用"按钮确认，挤出风扇叶模型。

步骤 05 激活主工具栏中的 "选择并均匀缩放"按钮并右击打开【缩放变换输入】对话框，设置缩放比例为300%，对风扇叶进行缩放，如图9-97所示。

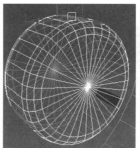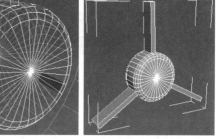

图 9-95　选择多边形面　　　图 9-96　挤出效果

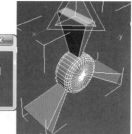

图 9-97　缩放变换效果

步骤 06 继续在主工具栏中设置"局部"坐标系，在透视图中分别选择挤出后的多边形面，将其沿各轴进行压扁，如图9-98所示。

步骤 07 按数字2键进入"边"层级，按住Ctrl键选择风扇叶顶面的短边，在【编辑边】卷展栏中单击 切角 按钮旁边的 "设置"按钮，在打开的参数设置列表中设置"切角量"为15、"分段"为10，对风扇叶进行切角以制造圆弧效果，如图9-99所示。

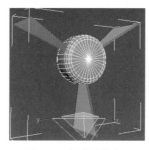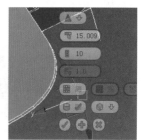

图 9-98　压扁风扇叶　　　图 9-99　切角边效果

步骤 08 单击 "应用"按钮确认，对风扇叶模型进行切角处理。

步骤 09 按数字4键进入"多边形"层级，再次在视图中选择风扇叶模型的多边形面，激活主工具栏中的 "选择并旋转"按钮并右击打开【旋转变换输入】对话框，设置Z轴的旋转角度30°，对风扇叶进行旋转，如

图9-100所示。

图9-100　旋转风扇叶

步骤 10 这样就完成了电风扇叶片的制作，在透视图中调整视角观察效果，如图9-101所示。

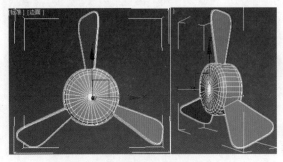

图9-101　制作完成的电风扇叶片

2. 创建电机前端模型

步骤 01 显示被隐藏的"电风扇壳"对象，在顶视图中将电风扇叶调整到电风扇壳的上方位置，在前视图中调整电风扇叶片位于电风扇壳的圆孔位置，如图9-102所示。

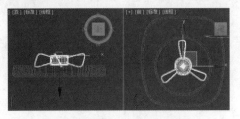

图9-102　调整电风扇叶片的位置

步骤 02 选择电风扇叶片模型，按数字4键进入"多边形"层级，在【选择】卷展栏中勾选"忽略背面"选项，在前视图中框选叶片中心位置的多边形面，如图9-103所示。

步骤 03 单击 倒角 按钮右侧的 "设置"按钮，在打开的参数设置列表中设置挤出"高度"为0、"轮廓"为-10，如图9-104所示。

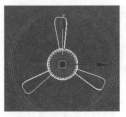 

图9-103　选择多边形面　　　图9-104　倒角设置

步骤 04 单击 "应用并继续"按钮，然后设置挤出"高度"为5、"轮廓"为0，如图9-105所示。

步骤 05 再次单击 "应用并继续"按钮，然后设置挤出"高度"为0、"轮廓"为5，如图9-106所示。

 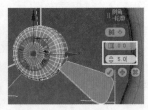

图9-105　设置倒角参数　　　图9-106　设置倒角参数

步骤 06 再次单击 "应用并继续"按钮，然后设置挤出"高度"为25、"轮廓"为0，如图9-107所示。

步骤 07 再次单击 "应用并继续"按钮，然后设置挤出"高度"为5、"轮廓"为-5，如图9-108所示。

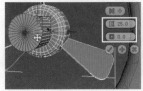 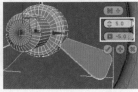

图9-107　设置倒角参数　　　图9-108　设置倒角参数

步骤 08 单击 "应用"按钮确认，按数字4键退出"多边形"层级，在透视图中调整视角查看效果，如图9-109所示。

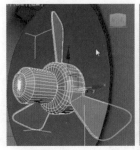 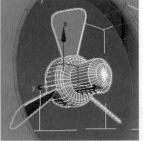

图9-109　倒角后的效果

3ds Max 2020实用教程（微课视频版）

3. 创建电机后端模型

步骤01 调整电机视角，依照前面的操作方法选择电机后端多边形面，对其进行第一次倒角，"高度"为0、"轮廓"为-5，如图9-110所示。

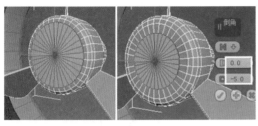

图 9-110 倒角效果

步骤02 继续进行第二次倒角，"高度"为5、"轮廓"为0；进行第三次倒角，"高度"为0、"轮廓"为15；进行第四次倒角，"高度"为25、"轮廓"为0；进行第五次倒角，"高度"为5、"轮廓"为-5。

步骤03 单击 "应用" 按钮确认，按数字4键退出"多边形"层级，在视图中查看效果，如图9-111所示。

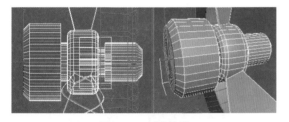

图 9-111 倒角效果

步骤04 这样，电风扇的电机与叶片模型制作完毕，调整透视图的视角查看效果，结果如图9-112所示。

图 9-112 制作完成的电风扇电机与叶片效果

9.4.3 创建风扇罩三维模型

这一小节需要创建风扇罩的三维模型。

扫一扫，看视频

步骤01 在前视图中创建"半径"为85、"高度"为70、"圆角"为25、"高度分段"为3、"圆角分段"为4、"边数"为50的切角圆柱体，在顶视图中将其移动到风扇背面位置，如图9-113所示。

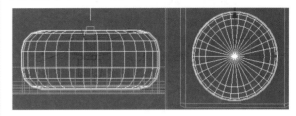

图 9-113 创建切角圆柱体

步骤02 选择圆柱体并右击，选择【转换为】/【转换为可编辑多边形】命令并将其转换为多边形对象，按数字1键进入"顶点"层级，在顶视图中框选靠近风扇的3排顶点，按Delete键将其删除，效果如图9-114所示。

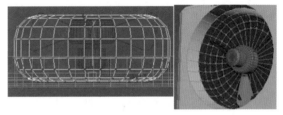

图 9-114 选择顶点并删除

步骤03 退出"顶点"层级，在修改器列表中选择【晶格】修改器，在【参数】卷展栏中修改参数，效果如图9-115所示。

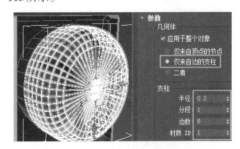

图 9-115 【晶格】参数设置

步骤04 继续在前视图中创建"半径"为85、"高度"为25、"圆角"为10、"高度分段"为1、"圆角分段"为2、"端面分段"为5、"边数"为50的切角圆柱体，在顶视图中将其移动到风扇前面位置，如图9-116所示。

步骤05 选择圆柱体并右击，选择【转换为】/【转换为可编辑多边形】命令并将其转换为多边形对象，按数字1键进入"顶点"层级，在顶视图中框选靠近风扇的1排顶点，按Delete键将其删除，效果如图9-117所示。

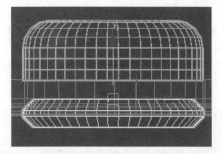

图9-116　创建切角圆柱体

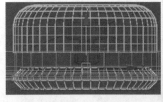

图9-117　删除顶点后的效果

步骤 06 继续为该对象添加【晶格】修改器，并设置参数，如图9-118所示。

图9-118　【晶格】参数设置

步骤 07 显示被隐藏的"电风扇壳01"模型，将其移动到风扇壳背面对其进行封口，然后为电风扇罩重新设置一种颜色，在透视图中调整视角查看效果，如图9-119所示。

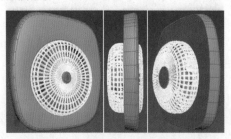

图9-119　制作前罩和后罩后的风扇效果

9.4.4　制作电风扇开关与底座三维模型

扫一扫，看视频

这一小节来制作电风扇开关与底座三维模型。

1. 制作开关按钮

步骤 01 在前视图中的电风扇外壳右上角位置创建"半径"为10的一个圆柱体和"半径"为15的两个圆柱体，在顶视图中调整其与电风扇外壳相交，如图9-120所示。

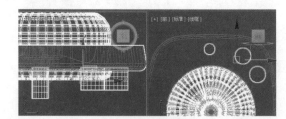

图9-120　绘制圆柱体

步骤 02 选择电风扇外壳模型。进入创建面板，在几何体创建列表中选择【符合对象】选项，在【对象类型】卷展栏中激活 ProBoolean 按钮，在【拾取运算对象】卷展栏中勾选"移动"选项，在【参数】卷展栏中勾选"差集"选项，然后激活 开始拾取 按钮，在视图中分别单击3个圆柱体，将其与电风扇模型进行超级布尔差集运算，如图9-121所示。

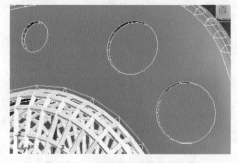

图9-121　超级布尔差集运算结果

步骤 03 选择差集运算后的电风扇外壳对象，右击选择【转换为】/【转换为可编辑多边形】命令，将其转换为多边形对象。

步骤 04 按数字2键进入"边"层级，按住Ctrl键单击选择差集后形成的边，然后在【编辑边】卷展栏中单击 切角 按钮旁边的 "设置"按钮，在打开的参数设置列表中设置"切角量"为2、"分段"为4，对边进行切角，如图9-122所示。

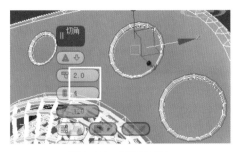

图9-122　倒角处理边

步骤05 按数字4键进入多边形层级，按住Ctrl键分别合并多边形面，单击 插入 按钮后的 ▣ "设置"按钮，在打开的参数设置列表中设置"插入量"为1，对多边形进行插入，如图9-123所示。

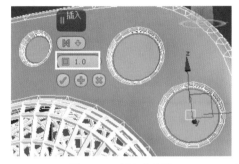

图9-123　插入多边形

步骤06 分别选择插入后的多边形面，在【编辑多边形】卷展栏中使用"挤出"命令将左侧的小圆形多边形面挤出3.5个绘图单位，将右侧的两个大圆形多边形圆挤出6.5个绘图单位，效果如图9-124所示。

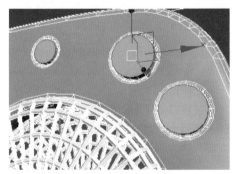

图9-124　挤出多边形面

步骤07 按数字2键进入"边"层级，继续选择3个按钮的边，对其进行切角，"切角量"为2、"分段"为4，如图9-125所示。

图9-125　切角边

步骤08 单击 ✓ "应用"按钮确认，然后在【编辑几何体】卷展栏中激活 创建 按钮，在前视图右边两个大按钮上捕捉顶点，创建4条垂直边，如图9-126所示。

步骤09 按数字4键进入"多边形"层级，在右侧两个大按钮上单击，选择由创建的边分割形成的矩形多边形面，依照前面的操作，对其进行挤出6个绘图单位，如图9-127所示。

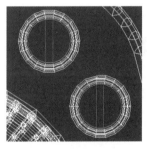

图9-126　创建线　　　　图9-127　挤出多边形

步骤10 按数字2键进入"边"层级，依照前面的操作，对挤出的多边形的各边进行切角处理，使其按钮的棱边更平滑，效果如图9-128所示。

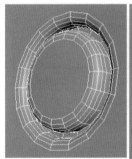
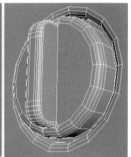

图9-128　切角处理按钮棱边

步骤11 这样，电风扇的开关按钮制作完毕。

2. 制作底座模型

步骤 01 将电风扇外壳再次以"复制"的方式原位克隆为"电风扇底座"模型，进入"顶点"层级，选择上方顶点并将其删除，然后退出"顶点"层级，再将其沿X/Y轴进行缩放，如图9-129所示。

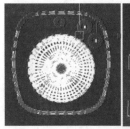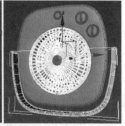

图9-129　删除顶点并缩放对象

删除顶点后的对象是一个薄片，没有厚度，下面为其设置厚度。

步骤 02 在修改器列表中选择【壳】修改器，设置"内部量"为5，为其增加厚度，如图9-130所示。

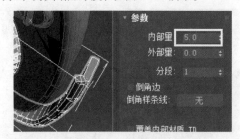

图9-130　增加底座厚度

步骤 03 在左视图的电风扇底座上方位置创建"半径"为15、"高度"为15、"边数"为8的切角圆柱体，将其转换为可编辑多边形对象，将其编辑成为一个卡扣螺丝，该操作比较简单，在此不再详述，效果如图9-131所示。

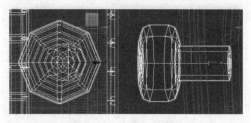

图9-131　制作卡扣螺丝

步骤 04 在前视图中将该卡扣螺丝镜像复制到底座的右边位置，在透视图中调整视角查看效果，如图9-132所示。

图9-132　制作卡扣螺丝

步骤 05 在顶视图中创建"半径"为170、"边数"为30、"半球"为0.7的球体，将其转换为多边形对象，按数字1键进入该"顶点"层级，单击选择顶上的一个顶点，在【软选择】卷展栏中设置参数，如图9-133所示。

图9-133　设置软选择的参数

步骤 06 在透视图中将该顶点沿Z轴向下调整，制作出球面凹陷效果，如图9-134所示。

步骤 07 按数字4键进入"多边形"层级，选择凹陷内部的两圈多边形面，将其挤出，使其与电风扇底座模型相交，如图9-135所示。

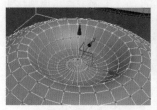

图9-134　制作凹陷效果　　　图9-135　挤出效果

步骤 08 在透视图中调整视角，按F9键从不同角度进行渲染，效果如图9-136所示。

图9-136　电风扇三维模型

3ds Max 2020实用教程（微课视频版）

步骤 09 下面请读者自己尝试制作电源线与插头模型，该模型制作比较简单，在此不再讲解，效果如图9-137所示。

图 9-137　制作电源线和插头后的效果

步骤 10 至此，电风扇三维模型制作完毕，为电风扇模型制作材质并进行渲染，效果如图9-138所示。

图 9-138　制作材质后的电风扇效果

小贴士

有关模型材质、贴图的制作以及渲染设置，将在后面章节进行讲解，读者可以解压"职场实战——创建电风扇三维模型"压缩包查看材质、贴图的制作以及渲染设置等内容。

步骤 11 执行【文件】/【另存为】命令，将场景保存为"职场实战——创建电风扇三维模型.max"文件。

Chapter
10
第10章

NURBS建模

本章导读：

    在3ds Max 2020三维建模中，除了前面章节中所讲的各种建模方法之外，"NURBS建模"也是一种较常用的建模方法，这种建模方法与二维样条线建模类似，但功能却更强大，这一章继续学习NURBS建模的相关知识。

本章主要内容如下：

- 认识与创建NURBS曲线；
- 编辑点曲线；
- 创建曲面；
- 编辑曲面；
- 综合练习——制作女式塑料凉拖模型；
- 职场实战1——创建鼠标三维模型；
- 职场实战2——创建茶壶与茶杯模型。

10.1 认识与创建NURBS曲线

在3ds Max 2020中，NURBS曲线是属于二维图形的一种二维线，所有二维图形都可以转换为NURBS曲线。这一节首先认识NURBS曲线，并掌握创建NURBS曲线的相关知识。

10.1.1 认识NURBS曲线

仅从外观来看，NURBS曲线与二维样条线对象几乎没什么区别，但实际上，NURBS曲线与二维样条线却有很大的不同。首先，NURBS曲线包括"点曲线"和"CV曲线"两种，"点曲线"包括"点"和"曲线"子对象，而"CV曲线"则包括"曲线CV"和"曲线"子对象，如图10-1所示。

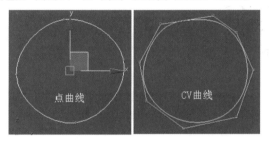

图10-1　点曲线与CV曲线

其次，在编辑建模中，NURBS曲线有专门的编辑工具，创建NURBS曲线后，进入修改面板，此时会自动弹出NURBS曲线的编辑工具组，如图10-2所示。

该工具组分为"点""曲线"和"曲面"三部分，分别用于编辑点、曲线和曲面。除此之外，在修改面板下，还包括部分卷展栏，也可以用于编辑点曲线，如图10-3所示。

图10-2　NURBS曲线工具组　　图10-3　点曲线的编辑卷展栏

以上就是NURBS曲线的基本知识，在下一小节将学习创建NURBS曲线。

10.1.2 创建NURBS曲线

"点曲线"与"CV曲线"的创建、编辑方法基本相同，都是依靠曲线上的"点"或"CV"来控制曲线的形态，同时都可以进入其子对象层级，通过编辑子对象对曲线进一步进行编辑。下面以"点曲线"为例，重点讲解创建、编辑"点曲线"的方法与技巧，"CV曲线"的创建与编辑方法将在后面章节通过精彩实例进行讲解。

动手练——创建"点曲线"

步骤 01 进入创建面板，激活 "图形"按钮，在其下拉列表中选择"NURBS曲线"选项，进入NURBS曲线创建面板，如图10-4所示。

步骤 02 激活【对象类型】卷展栏下的 点曲线 按钮，在视图中单击确定曲线的起点，然后移动光标到合适位置继续单击，依次绘制点曲线，如图10-5所示。

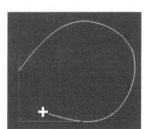

图10-4　进入NURBS创建　　　图10-5　绘制点曲线
　　　　　面板

步骤 03 将光标移动到曲线起点上单击，此时系统弹出【CV曲线】对话框，询问是否闭合曲线，单击 是① 按钮，绘制闭合的曲线，如图10-6所示。

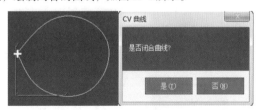

图10-6　绘制闭合的点曲线

🦉 小贴士

如果要绘制非闭合的点曲线，则在绘制的过程中右击结束绘制即可。

10.2 编辑点曲线

　　"点曲线"包括"点"子对象和"曲线"子对象，创建"点曲线"之后，在修改堆栈下展开"NURBS曲线"层级，分别进入"点"和"曲线"子对象层级，通过对"点"曲线进行编辑，从而编辑"点曲线"。这一节学习编辑点曲线的相关知识。

10.2.1 编辑"点"子对象

扫一扫，看视频

　　这一小节首先学习编辑点曲线中"点"子对象的相关知识。

动手练——编辑"点"子对象

1. 改变曲线状态

　　可以通过移动"点"子对象来改变曲线的状态，这与改变样条线对象的状态相同。

步骤01 选择绘制的"点曲线"，进入修改面板，在修改堆栈下展开"NURBS曲线"层级，进入子对象层级，激活"点"子对象，如图10-7所示。

步骤02 在视图中选择"点"并调整其位置，从而改变曲线的形态，如图10-8所示。

 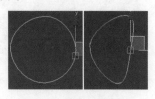

图10-7 进入点子对象层级　图10-8 调整点的位置

2. 优化

　　优化是指在曲线上添加点，这与样条线的优化相同。

步骤01 展开【点】卷展栏，激活 优化 按钮，将光标移动到曲线上，光标显示优化图标，如图10-9所示。

步骤02 单击鼠标即可在曲线上添加一个"点"，曲线的曲率发生变化，如图10-10所示。

图10-9 关闭显示优化图标　图10-10 添加点

　　使用"熔合"命令可以将两个点"熔合"，"熔合"是将一个"点"熔合到另一个"点"上（不可以将"CV"熔合到"点"上，反之亦然）。这是连接两条曲线或曲面的一种方法，也是改变曲线和曲面形状的一种方法。"熔合"点并不会把两个"点"子对象组合到一起，只是将它们连接在一起，但是保留截然不同的子对象，"熔合"的点如同一个单独的点一样，直到取消熔合。另外，"熔合"的点会以明显的颜色显示，默认设置为"紫色"。如果要取消"熔合"的点，选择熔合的"点"并单击 取消熔合 按钮即可取消熔合。

10.2.2 编辑"曲线"子对象

扫一扫，看视频

　　通过编辑"曲线"子对象，可以将非闭合曲线闭合，也可以将闭合曲线断开，还可以将"曲线"分离为独立的点曲线等，这一小节继续学习编辑"曲线"子对象的相关知识。

动手练——编辑"曲线"子对象

1. 闭合曲线

步骤01 选择非闭合的"点曲线"，在修改堆栈下进入"曲线"子对象层级，单击选择曲线，曲线显示红色，如图10-11所示。

步骤02 在【点曲线】卷展栏中单击 关闭 按钮，开放的"点曲线"被闭合，如图10-12所示。

图10-11 选取曲线　　　图10-12 闭合曲线

2. 断开曲线

　　可以将闭合的曲线断开，使其成为非闭合的曲线。

步骤01 进入闭合"点曲线"的"曲线"子对象层级，单击"点曲线"，曲线显示为红色。

步骤02 激活【曲线公用】卷展栏下的 断开 按钮，将光标移动到曲线上，光标显示"断开"图标，同时曲线显示为蓝色，如图10-13所示。

步骤03 在曲线上单击鼠标，然后右击退出"断开"操

作，进入"点"层级，选择并移动"点"，发现曲线已被断开，如图10-14所示。

 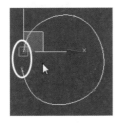

图10-13　光标显示"断开"图标　　图10-14　断开曲线

3. 分离并复制"曲线"

可以将曲线进行分离，在分离时还可以对曲线进行复制。

步骤 01 进入"点曲线"的"曲线"子对象层级，单击"点曲线"，曲线显示为红色。

步骤 02 勾选【曲线公用】卷展栏下的 分离 按钮旁边的"复制"选项，然后单击 分离 按钮，在弹出的【分离】对话框中为曲线命名，如图10-15所示。

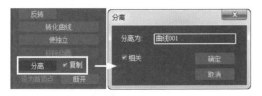

图10-15　为曲线命名

步骤 03 单击 确定 按钮，该曲线分离并复制出另一个独立的曲线，如图10-16所示。

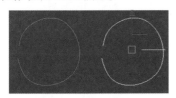

图10-16　分离并复制曲线

4. 附加

和二维样条线相同，可以将多个NURBS曲线附加在一起，附加后的NURBS曲线可以创建其他的放样曲面，如"创建U向放样曲面"等。

步骤 01 绘制两个曲线对象，如图10-17所示。

步骤 02 选择一个曲线，在【常规】卷展栏中激活 附加 按钮，移动光标到另一个曲线上，关闭显示附加图标，同时另一个曲线显示黄色，如图10-18所示。

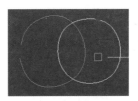 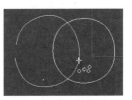

图10-17　两个曲线对象　　图10-18　附加曲线

步骤 03 单击另一个曲线对象，结果该曲线被附加到另一个曲线上，两个曲线成为一个对象，如图10-19所示。

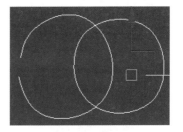

图10-19　附加曲线的结果

10.3 创建曲面

可以通过NURBS曲线创建曲面，从而创建三维模型，这一节继续学习使用NURBS曲线创建曲面的相关知识。

10.3.1　U向放样曲面

　　U向放样是指一个曲面可以穿过多曲线子对象插入一个曲面，曲线将成为曲面的U形轮廓。在创建U向放样曲面时，可以先根据模型的基本构造绘制U形轮廓，然后将这些轮廓附加，再进行U向放样。下面通过创建一个小酒杯模型的实例学习创建U向放样曲面的方法。

扫一扫，看视频

实例——使用"U向放样曲面"创建小酒杯模型

步骤 01 在视图中创建6个半径不同的圆作为小酒杯U向放样的U形轮廓，并将其沿U向(Y轴)排列，如图10-20所示。

步骤 02 选择"半径"为110的圆，右击并选择【转换为】/【转换为NURBS】命令，将其转换为NURBS对象。

步骤 03 进入修改面板，在【常规】卷展栏中激活 附加 按钮，分别单击其他圆对象，将这些圆附加到NURBS曲线上，如图10-21所示。

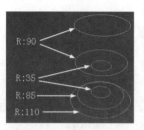

图 10-20 创建圆对象　　图 10-21 附加对象

步骤 04 选择附加的曲线，在"NURBS创建工具箱"中激活 "创建U向放样曲面"按钮，如图10-22所示。

图 10-22 激活"创建U向放样曲面"按钮

小贴士

一般情况下，当选择曲线后，系统会自动打开"NURBS创建工具箱"，如果该工具箱没有打开，可以在【常规】卷展栏中单击 "NURBS创建工具箱"按钮打开其工具箱，如图10-23所示。

图 10-23 单击按钮

步骤 05 将光标移动到曲线上，曲线显示蓝色，依次单击各曲线，创建U向放样曲面，如图10-24所示。

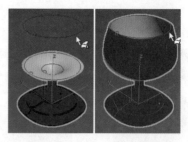

图 10-24 创建 U 向放样曲面

小贴士

创建U向放样曲面时，有时发现曲面反了，这是因为法线翻转，此时可以在没有退出"创建U向放样曲面"操作的情况下展开【U向放样曲面】卷展栏，勾选"翻转法线"选项即可，如图10-25所示。

退出"创建U向放样曲面"操作，进入修改面板，展开NURBS曲面层级，在修改堆栈中进入"曲线"子对象，在视图中选择各曲线，调整位置以调整曲面的形态，如图10-26所示。

图 10-25 翻转法线　　图 10-26 调整曲线
后的模型

创建的曲面其实没有厚度，下面可以为其添加一个修改器以增加厚度。

步骤 06 在修改器列表中选择【壳】修改器，在【参数】卷展栏中设置其"外部量"为2，为酒杯增加厚度，然后调整视角，从不同角度观察酒杯模型，效果如图10-27所示。

图 10-27 制作的酒杯模型

步骤 07 为酒杯模型制作玻璃材质并进行渲染，效果如图10-28所示。

图 10-28　制作材质后的酒杯效果

![小贴士]

小贴士

　　酒杯材质的制作与渲染设置将在后面章节进行详细讲解，读者可以解压"使用【U向放样曲面】创建小酒杯模型"压缩文件查看材质、贴图等设置。

练一练

　　使用【U向放样曲面】命令创建一个玻璃水杯模型，如图 10-29 所示。

图 10-29　玻璃水杯模型

操作提示

　　在顶视图中创建大小不等的圆作为玻璃水杯的U向轮廓线，在前视图中将其沿U向排列，并将其附加，然后激活 "创建U向放样曲面" 按钮，依次单击曲线创建玻璃水杯模型，最后为其添加【壳】修改器增加厚度，并制作材质进行渲染。有关材质与渲染设置等，读者可以解压"使用【U向放样曲面】命令创建玻璃水杯模型"压缩包进行查看。

10.3.2　封口曲面

扫一扫，看视频

　　"封口曲面"用于创建封口闭合曲面。例如，创建"U向放样曲面"后，可以通过创建"封口曲面"对曲面进行封口。在上一小节操作中创建的玻璃水杯模型底部其实没有封口，如图 10-30 所示。

图 10-30　水杯底部模型

　　这一小节使用"封口曲面"命令对水杯底部模型进行封口处理。

实例——使用"封口曲面"对酒杯和瓷碗进行封口

步骤 01 继续上一小节的操作，在视图中选择水杯模型，在修改器堆栈中回到"NURBS曲面"层级，如图 10-31 所示。

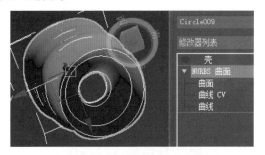

图 10-31　回到 "NURBS 曲面" 层级

步骤 02 激活 "NURBS创建工具箱" 中的 "创建封口曲面" 按钮，如图 10-32 所示。

步骤 03 将光标移动到未封口的玻璃水杯底部曲面的曲线上，曲线显示为蓝色，如图 10-33 所示。

图 10-32　激活 "封口曲面" 按钮

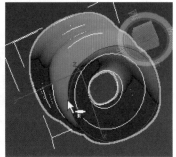

图 10-33　曲线显示为蓝色

步骤 04 在曲线上单击创建"封口曲面"，此时发现瓷碗底部被封口，效果如图10-34所示。

图10-34　水杯底部被封口

练一练

继续上一小节的操作，使用【封口曲面】命令继续对上一小节中的小酒杯底部进行封口，效果如图10-35所示。

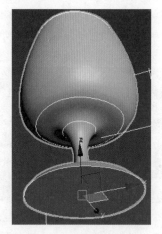

图10-35　封口酒杯底部

操作提示

选择酒杯模型，激活"NURBS创建工具箱"中的 ﹐ "创建封口曲面"按钮，在酒杯底部的曲线上单击进行封口。

10.3.3　车削曲面

扫一扫，看视频

"车削曲面"与样条线中的【车削】修改器有异曲同工之处，都是将轮廓图形沿轴中心旋转生成三维模型。二者的区别是："车削曲面"通过曲线子对象生成，而【车削】修改器则通过二维样条线生成。"车削曲面"的优势在于车削子对象是 NURBS 模型的一部分，因此可以使用它来构造曲线和曲面子对象。这一小节使用"车削曲面"创建一个圆形门把手的模型。

实例——使用"车削曲面"创建圆形门把手模型

步骤 01 在前视图中创建门把手的轮廓曲线，如图10-36所示。

步骤 02 打开【NURBS工具箱】，激活 ﹐ "创建车削曲面"按钮，如图10-37所示。

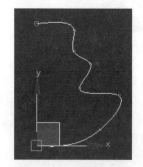

图10-36　绘制轮廓曲线　　图10-37　激活"创建车削曲面"按钮

步骤 03 将光标移动到曲线上单击，生成车削曲面，如图10-38所示。

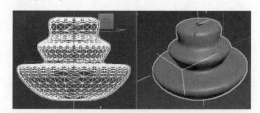

图10-38　创建车削曲面

步骤 04 将门把手模型转换为多边形对象，并为其设置材质ID号，并制作不锈钢和木纹两种材质进行渲染，材质的制作将在后面章节进行讲解，读者可以解压"使用'车削曲面'创建圆形门把手模型"压缩包查看材质的制作以及渲染设置，其效果如图10-39所示。

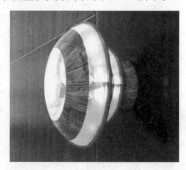

图10-39　制作材质后的门把手效果

小贴士

进入修改面板，展开【车削曲面】卷展栏，对曲面进行其他设置与调整，该设置与二维图形的【车削】修改器设置相同。

在"度数"微调器中设置车削的度数，默认为360°，即生成一个完整的模型，如果设置"度数"小于360°，则生成不完整的模型，如图10-40所示。

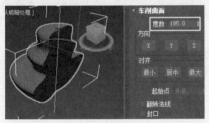

图10-40　设置旋转度数

在"方向"选项中设置"车削"的方向；在"对齐"选项中设置"车削"的对齐方式。其"方向"以及"对齐"设置与样条线中【车削】修改器的设置相同，在此不再详细讲解。另外，当创建的车削曲面翻转时，勾选"翻转法线"即可纠正，如果勾选"封口"选项，可对车削曲面进行封口。

练一练

使用【车削曲面】命令创建灯泡模型，效果如图10-41所示。

图10-41　灯泡模型

操作提示

绘制灯泡的轮廓曲线，激活"NURBS创建工具箱"中的 "创建车削曲面"按钮，单击曲线创建模型，然后将其转换为多边形对象，为其制作自发光材质与金属材质进行渲染，有关材质与渲染设置可以解压【使用【车削曲面】创建灯泡模型"压缩包进行查看。

小贴士

除了以上所讲的创建曲面的相关知识之外，用户可以创建"挤出曲面""规则曲面""混合曲面"等，这些操作方法都非常简单，在此不再讲解，读者可以自己尝试操作。

10.4　编辑曲面

改变NURBS曲面模型的方法是变换其子对象，用变换来交互更改模型的曲率和形状。变换"点"或"CV"对于调整NURBS曲线形状或曲面形状特别有用。

下面主要针对NURBS模型的一些常用编辑设置进行讲解，其他的编辑设置读者可以自行尝试操作，或参阅其他相关书籍的详细讲解。

10.4.1　转化曲面

"转换曲面"命令提供了一个将曲面（U向放样曲线、车削曲面等）转化为不同类型曲面的大体方法，可以在"放样""点"（拟合点曲面）和"CV曲面"之间转化，还可以调整其他曲面参数的数目。下面通过一个简单实例学习转化曲面的相关知识。

实例——转化曲面

步骤01 继续上一小节"练一练"的操作，选择"灯泡"模型，进入修改面板，展开"NURBS曲线"层级进入"曲面"层级，如图10-42所示。

图10-42　进入"曲面"层级

步骤02 在模型上单击选择曲面，在【曲面公用】卷展栏下单击 转化曲面 按钮，打开【转化曲面】对话框，如图10-43所示。

图10-43　【转化曲面】对话框

步骤 03 单击"放样"选项卡，进入"放样"控制面板，勾选"从U向等参线"选项，将沿曲面 U 维度使用曲线来构建 U 向放样，可以在"U向曲线"输入框中输入U向曲线数，如图10-44所示。

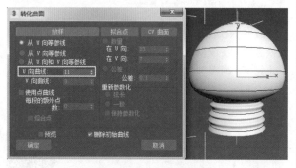

图 10-44 输入 U 向曲线数

步骤 04 勾选"从V向等参线"选项，将沿曲面 V 维度使用曲线来构建 V 向放样，可以在"V向曲线"输入框中输入V向曲线数，如图10-45所示。

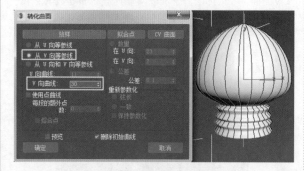

图 10-45 设置 V 向曲线数

 小贴士

如果是"点曲面"，通过"放样"将其转化为"CV曲面"；如果是"CV曲面"，勾选"使用点曲线"选项，将从"点曲线"构建放样，可以在"每段的额外数"输入框中输入点数。另外，勾选"从U向和V向等参线"选项，可以同时设置U向和V向曲线数。

步骤 05 单击"拟合点"选项卡，进入"拟合点"控制面板，可以设置"U向"和"V向"上的点数以及公差，公差值越低，重建的精确性越高，增加公差值将采用更少的点重建曲面，如图10-46所示。

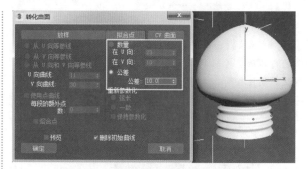

图 10-46 设置"拟合点"参数

步骤 06 单击"CV曲面"选项卡，进入"CV曲面"控制面板，可以设置"U向"和"V向"的"CV"行数，同时，容差值越低，重建的精确性越高，增加容差值将采用更少的"CV"重建曲面，如图10-47所示。

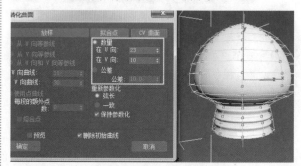

图 10-47 设置"CV 曲面"参数

10.4.2 创建放样

"创建放样"是将"曲面"子对象转化为"U放样"或"UV 放样"曲面，也可以更改用于构建U放样曲面的维度（如果曲面子对象处于错误条件中，不能使用"创建放样"）。

扫一扫，看视频

"创建放样"创建了具有均匀的空间曲线的放样，要用具有自适应空间等参曲线创建放样，可以手动创建曲线，然后用"从U 向等参线""从V 向等参线"或者"从U 向和 V 向等参线"为它们放样。下面继续通过简单操作学习"创建放样"的相关知识。

实例——创建放样

步骤 01 继续上一小节的操作，进入"灯泡"模型的"曲面"层级并选择曲面。

步骤 02 单击【曲面公用】卷展栏下的 创建放样 按钮，打开【创建放样】对话框，如图10-48所示。

3ds Max 2020实用教程（微课视频版）

图 10-48 【创建放样】对话框

步骤 03 对话框设置与【转化曲面】对话框中的"放样"选项卡设置完全相同，同样可以设置"U向"和"V向"上的曲线数。该操作简单，读者可以参阅【转化曲面】对话框中的"放样"选项卡中的相关设置，在此不再讲解。

10.4.3 在曲面上开洞

在曲面上开洞是通过"创建向量投影曲线"来完成的，首先需要在曲面上创建曲线，然后通过曲线创建"向量投影曲线"，使用投影曲线对曲面进行修剪。下面通过简单实例学习在曲面上开洞的相关知识。

扫一扫，看视频

实例——在曲面上开洞

步骤 01 创建一个平面对象，右击并选择【转换为】/【转换为NURBS】命令将其转换为NURBS曲面对象，如图10-49所示。

步骤 02 在该曲面上创建一个NURBS曲线，然后选择曲面对象，在【常规】卷展栏中激活 附加 按钮，单击曲线对象，将其附加到NURBS曲面上，如图10-50所示。

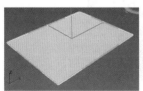

图 10-49 创建 NURBS 曲面

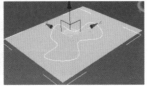

图 10-50 创建 NURBS 曲线并附加

步骤 03 激活"NURBS创建工具箱"中的 "创建向量投影曲线"按钮，将光标移动到曲线上，曲线显示蓝色，

如图 10-51 所示。

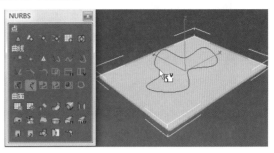

图 10-51 激活"创建向量投影曲线"按钮

步骤 04 拖曳鼠标到曲面上，释放鼠标，创建"向量投影曲线"，如图10-52所示。

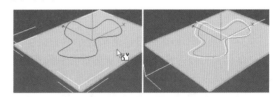

图 10-52 创建"向量投影曲线"

步骤 05 勾选【向量投影曲线】卷展栏中的"修剪"选项，即可修剪出一个孔洞，如图10-53所示。

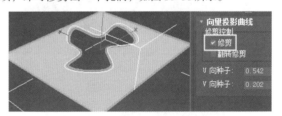

图 10-53 修剪孔洞效果

小贴士

有时会因为法线的原因使修剪效果翻转，这时勾选【向量投影曲线】卷展栏下的"翻转修剪"选项，即可使修剪效果翻转。

10.5 综合练习——制作女式塑料凉拖模型

凉拖是生活中的必需品，这一节就来制作女式塑料凉拖模型，效果如图10-54所示。此节演练内容请扫码学习。

扫一扫，看视频　　扫一扫，拓展学习

图 10-54　女式凉拖三维模型

10.6 职场实战1——创建鼠标三维模型

这一节通过NURBS曲面建模来制作一个鼠标三维模型，鼠标模型分为底部模型、中部模型和顶部模型，在制作时将分为三部分来完成，效果如图10-55所示。

图 10-55　鼠标三维模型

10.6.1　创建鼠标底部模型

扫一扫，看视频

这一小节首先创建鼠标底部模型。

步骤 01 在顶视图中创建"长度"为10、"宽度"为6的矩形，将该矩形冻结作为参考图形，然后参考矩形绘制"点曲线"的NURBS曲线，并将其命名为"鼠标底部曲线"，如图10-56所示。

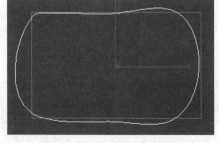

图 10-56　参照矩形绘制点曲线

步骤 02 按数字1键进入点曲线的"点"层级，选择各个点进行调整，调整出鼠标底部轮廓曲线，如图10-57所示。

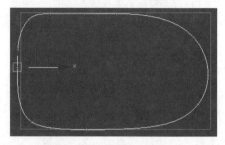

图 10-57　调整曲线形态

小贴士

在调整曲线时，可以根据具体需要使用"优化"命令在曲线上添加点，以方便调整曲线。

步骤 03 按数字1键退出"点"层级，执行【编辑】/【克隆】命令，在打开的【克隆选项】对话框中将其命名为"鼠标底部曲线001"，然后以"复制"的方式进行克隆，如图10-58所示。

图 10-58　【克隆选项】对话框设置

步骤 04 单击 确定 按钮确认，再次按数字1键进入"点"层级，在顶视图中调整曲线两端的点，使其曲线比原曲线稍长，如图10-59所示。

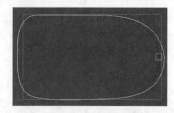

图 10-59　调整曲线

步骤 05 按数字1键退出"点"层级，在前视图中将"鼠标底部曲线001"沿Y轴向上移动到合适位置，作为鼠标底部模型的第二条曲线，如图10-60所示。

3ds Max 2020实用教程（微课视频版）

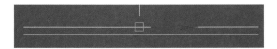

图 10-60　在左视图中调整曲线的位置

步骤 06 继续在前视图中将"鼠标底部曲线001"沿Y轴以"复制"的方式向上移动复制为"鼠标底部曲线002"，按数字1键进入"点"层级，在前视图中调整曲线上的点，调整出鼠标圆弧曲线，如图10-61所示。

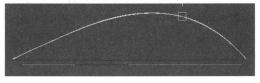

图 10-61　调整曲线

步骤 07 按数字1键退出"点"层级，依照第3步的操作，将"鼠标底部曲线002"以"复制"的方式在原位复制为"鼠标底部曲线003"对象，然后进入"点"层级，在顶视图中再次调整曲线，使其比原曲线稍小，如图10-62所示。

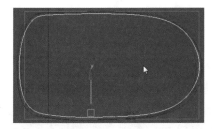

图 10-62　克隆并调整"鼠标底部曲线 003"

步骤 08 按数字1键退出"点"层级，在透视图中选择最下方的"鼠标底部曲线"对象，进入修改面板，在【常规】卷展栏下激活 附加 按钮，在透视图中依次单击其他对象将其附加，结果如图10-63所示。

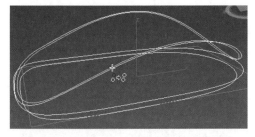

图 10-63　附加对象

步骤 09 打开【NURBS】工具箱，激活 "创建U向放样曲面"按钮，在透视图中依次由下向上单击各曲线，创建"U向放样曲面"，效果如图10-64所示。

图 10-64　创建 U 向放样曲面

小贴士

在进行U向放样时，有时会因为法线翻转出现曲面翻转的情况，这时勾选【U向放样曲面】卷展栏中的"翻转法线"选项即可。

步骤 10 再次激活【NURBS】工具箱中的 "创建封口曲面"按钮，对曲面的背面进行封口，效果如图10-65所示。

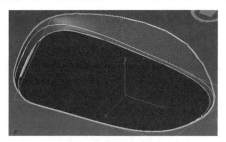

图 10-65　封口效果

步骤 11 这样，鼠标底部模型创建完毕。

10.6.2　创建鼠标中部模型

扫一扫，看视频

这一小节继续创建鼠标的中部模型，在创建时可以将底部模型的第三条曲线复制，作为中部模型的曲线。

步骤 01 继续上一小节的操作，按数字3键进入"曲线"层级，在透视图中选择模型的第三条曲线，在【曲线公用】卷展栏下勾选 分离 按钮后的"复制"选项，然后单击该按钮，在打开的【分离】对话框中将其命名为"鼠标中部曲线"，如图10-66所示。

图 10-66　命名曲线

步骤 02 单击 **确定** 按钮，将该曲线分离并复制。

步骤 03 使用"按名称选择对象"的方法选择分离并复制的"鼠标中部曲线"对象，在前视图中以"复制"的方式将其沿Y轴向上复制为"鼠标中部曲线001"对象，如图10-67所示。

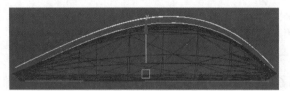

图10-67 复制曲线

步骤 04 按数字1键进入"点"层级，在顶视图中调整曲线，如图10-68所示。

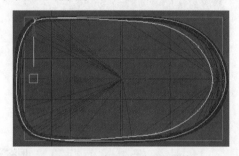

图10-68 在顶视图中调整曲线

步骤 05 继续在前视图中调整曲线的形态，效果如图10-69所示。

图10-69 在前视图中调整曲线

步骤 06 按数字1键退出"点"层级，将该曲线与"鼠标

中部曲线"附加，然后依照前面的操作，在这两个曲线之间创建U向放样曲面，完成鼠标中部模型的创建，效果如图10-70所示。

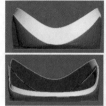

图10-70 创建的鼠标中部模型

10.6.3 创建鼠标顶部模型

扫一扫，看视频

这一小节继续创建鼠标顶部模型，顶部模型看似简单，但是在制作时有些难度，需要大家有耐心。创建顶部模型时，首先复制鼠标中部模型的曲线，然后再绘制顶部模型的外部轮廓线，以这两条曲线作为参考线，绘制出鼠标顶部模型的曲面曲线，再创建曲面模型。

步骤 01 继续上一小节的操作，10.6.2小节第1步的操作，将鼠标中部模型顶部的曲线分离并复制为"鼠标顶部曲线"对象，在前视图中绘制鼠标顶部外形的参考曲线，如图10-71所示。

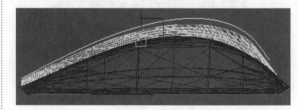

图10-71 绘制

步骤 02 将除该参考线与"鼠标顶部曲线"之外的其他对象全部隐藏，然后将参考线与"鼠标顶部曲线"冻结，如图10-72所示。

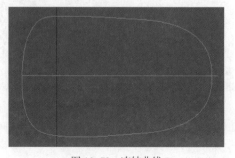

图10-72 冻结曲线

步骤 03 在顶视图中依照参考线绘制鼠标顶部模型的曲线，按数字1键进入"点"层级，根据鼠标顶部模型结构在各视图中对曲线进行调整，效果如图10-73所示。

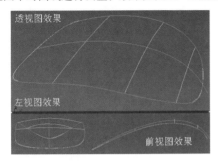

图10-73　绘制的鼠标顶部模型曲线

小贴士

顶部模型看似简单，其实在制作时需要有耐心。当绘制好曲线后，需参照顶部模型的参考线调整出顶部模型的圆弧效果曲线，这样，最终创建的模型才能与鼠标的其他模型匹配。

步骤 04 绘制并调整好曲线后，将这些曲线附加，并创建U向放样曲面，以创建出鼠标顶部模型，效果如图10-74所示。

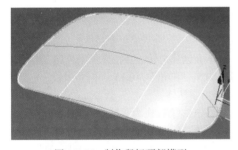

图10-74　制作鼠标顶部模型

步骤 05 将隐藏的所有模型全部显示，在透视图中调整视角查看鼠标模型，效果如图10-75所示。

图10-75　鼠标效果

观察发现模型并不光滑，这是因为在创建时曲线没有调好，下面编辑曲面进行平滑处理。

步骤 06 选择鼠标顶部模型，按数字1键进入"曲面"层级，在视图中单击选择曲面，在【曲面公用】卷展栏中单击 创建放样 按钮，打开【创建放样】对话框。

步骤 07 勾选"从U向和V向等参线"选项，然后设置"U向曲线"为15、"V向曲线"为30，此时发现模型更光滑了，这样就完成了鼠标顶部模型的创建，效果如图10-76所示。

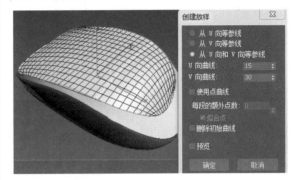

图10-76　创建放样效果

10.6.4　创建鼠标滑轮、鼠标线以及插头模型

这一小节来制作鼠标上的滚轮与左右键以及鼠标线和插头模型，这些模型使用NURBS不太好做，容易出错，将采用二维挤出与三维布尔等方式制作。

扫一扫，看视频

步骤 01 在顶视图中绘制"长度"为1、"宽度"为2、"角半径"为0.5的矩形和"长度"为0.05、"宽度"为6的两个矩形，将其移动到另一个矩形中间位置，如图10-77所示。

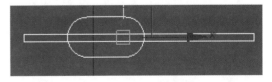

图10-77　绘制的矩形

步骤 02 将矩形复制一个备用，然后选择原矩形图形，右击选择【转换为】/【转换为可编辑样条线】命令，将其转换为样条线对象，然后将另一个矩形附加。

步骤 03 按数字3键进入"样条线"层级，选择样条线对象，在【几何体】卷展栏中选择"交集"选项，然后对这两个图形进行交集布尔运算，效果如图10-78所示。

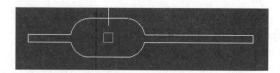

图 10-78 交集运算结果

步骤 04 在修改器列表中为该图形添加【挤出】修改器，设置挤出"数量"为0.5，将其挤出，效果如图10-79所示。

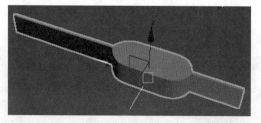

图 10-79 挤出效果

步骤 05 在前视图中将挤出后的模型沿Z轴旋转，使其与鼠标顶部模型对齐，并与该模型相交，在顶视图中将其移动到鼠标中间位置，如图10-80所示。

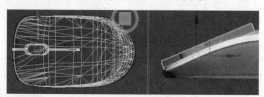

图 10-80 模型的位置

步骤 06 选择鼠标顶部模型，进入创建面板，在几何体列表中选择"复合对象"选项，在【对象类型】卷展栏中激活 ProBoolean 按钮，在【参数】卷展栏中选择运算方式为"差集"，在【拾取布尔对象】卷展栏中激活 开始拾取 按钮，在视图中单击挤出对象进行运算，制作出左右键与滑轮凹槽，效果如图10-81所示。

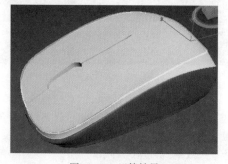

图 10-81 运算结果

步骤 07 选择前面操作中复制备用的矩形，将其转换为

样条线对象，按数字3键进入"样条线"层级，选择样条线，在【几何体】卷展栏中设置"轮廓"为0.15，效果如图10-82所示。

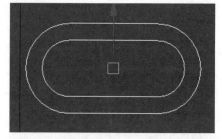

图 10-82 设置轮廓

步骤 08 按数字3键退出"样条线"层级，为该图形添加【挤出】修改器，设置挤出"数量"为1，将其挤出，然后将其移动到鼠标顶部模型位置，效果如图10-83所示。

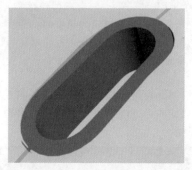

图 10-83 挤出效果

步骤 09 下面创建滑轮，在前视图中创建"半径"为0.8、"高度"为0.5、"圆角"为0.15、"圆角分段"为4、"边数"为20的切角圆柱体。

步骤 10 将该对象转换为多边形对象，按数字4键进入多边形层级，按住Ctrl键选择高度上的多边形面，然后将其挤出0.05个绘图单位，效果如图10-84所示。

步骤 11 选择挤出的多边形面，单击两次按钮对其平滑处理，效果如图10-85所示。

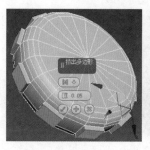 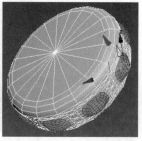

图 10-84 挤出效果　　　图 10-85 平滑处理

步骤 12 按数字4键退出多边形层级，在视图中将该模型移动到鼠标顶部模型开口位置，效果如图10-86所示。

步骤 13 创建鼠标线与插口。在顶视图中的鼠标位置创建一段NURBS曲线，在【渲染】卷展栏中勾选"在渲染中启用"和"在视口中启用"两个选项，并设置"径向"的"厚度"为1，按F9键快速渲染透视图，效果如图10-87所示。

 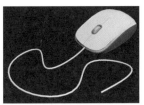

图 10-86 滑轮位置与效果 　　 图 10-87 渲染效果

步骤 14 在顶视图中创建"长度"为2、"宽度"为3、"高度"为0.6的长方体，将其转换为多边形对象，然后按数字2键进入"边"层级，选择两条短边，对其进行切角处理，效果如图10-88所示。

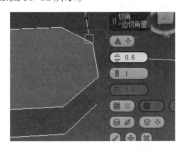

图 10-88 切角处理

步骤 15 按数字4键进入"多边形"层级，选择另一端的多边形面，对其进行插入处理，效果如图10-89所示。

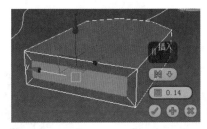

图 10-89 插入效果

步骤 16 继续对插入后的多边形面进行挤出、插入、再挤出，制作出鼠标插头效果，该效果制作比较简单，在此不再详述，读者可以自己尝试制作，效果如图10-90所示。

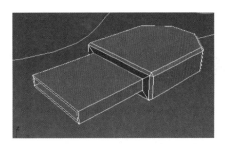

图 10-90 制作的插头效果

步骤 17 为鼠标制作材质并进行渲染，有关材质与渲染设置，读者可以解压"职场实战——创建鼠标三维模型"压缩包查看相关设置，其最终效果如图10-91所示。

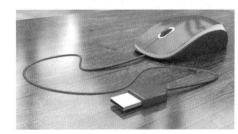

图 10-91 鼠标最终效果

步骤 18 执行【文件】/【另存为】命令，将该场景保存为"职场实战——创建鼠标三维模型.max"文件。

10.7 职场实战2——创建茶壶与茶杯模型

茶壶与茶杯是我们日常生活中的必需品，这一节继续使用NURBS曲线创建茶壶与茶杯模型，效果如图10-92所示。

图 10-92 创建茶壶与茶杯模型

10.7.1　制作茶壶的磨砂金属底座模型

扫一扫，看视频

这一小节首先来制作茶壶的磨砂金属底座模型。

步骤 01 在前视图中创建"长度"为15、"宽度"为50的矩形，并将创建的矩形转换为"可编辑的样条线"。

步骤 02 按数字1键进入样条线的"顶点"层级，在【几何体】卷展栏下激活 优化 按钮，在矩形右边线上添加4个顶点，如图10-93所示。

图10-93　添加点

步骤 03 右击退出"优化"操作，然后调整"顶点"的位置，以调整矩形形态，如图10-94所示。

图10-94　调整矩形形态

步骤 04 选择下方2个顶点，在【几何体】卷展栏下 圆角 按钮右边的输入框中输入1.5，按Enter键将2个顶点进行圆角处理，如图10-95所示。

步骤 05 右击退出"圆角"操作，选择上方2个顶点，在【几何体】卷展栏下 切角 按钮右边的输入框中输入0.5，单击 切角 按钮，对2个顶点进行切角处理，效果如图10-96所示。

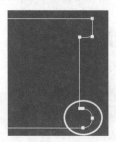　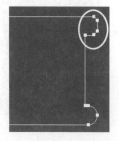

图10-95　处理"圆角"效果　　图10-96　处理"切角"效果

步骤 06 右击退出"切角"操作，然后选择矩形上的所有顶点，右击，选择【Bezier】命令，将矩形上的"顶点"全部转换为Bezier类型的角点。

> **小贴士**
>
> 在此，一定要保证矩形上的顶点全部是Bezier类型的顶点；否则，在后面进行NURBS操作时会出现错误。需要注意的是，当顶点被转换为Bezier类型时，图形形态可能会发生变化，这时可以通过拖动控制柄调整图形形态，使其恢复到原来的形态。

步骤 07 退出"顶点"层级，选择调整后的图形，将其转换为NURBS曲线，进入修改面板，打开的【NURBS】工具箱中激活 "创建车削曲面"按钮，在视图中单击曲线创建一个"车削曲面"，如图10-97所示。

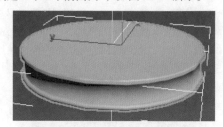

图10-97　创建的"车削曲面"效果

10.7.2　制作茶壶的磨砂金属外套模型

扫一扫，看视频

这一小节继续来制作茶壶的磨砂金属外套模型。

步骤 01 在顶视图的茶壶底座位置创建"半径"为80、"分段"为32、"半球"为0.5的球体，在前视图中将球体沿Z轴旋转135°，效果如图10-98所示。

步骤 02 将球体转换为"可编辑的多边形"，按数字4键进入"多边形"层级，在透视图中选择半球上的面并删除，如图10-99所示。

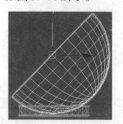

图10-98　创建球体及旋转　　图10-99　删除多边形面

步骤 03 退出"多边形"层级，选择删除面后的球体，在

"修改器列表"下选择【壳】修改器，并在【参数】卷展栏下设置"内部量"为0、外部量"为2mm，其他参数默认。

步骤 04 将半球再次转换为多边形对象，在前视图中沿半球边缘绘制一段样条线作为路径，然后进入半球的"多边形"层级，在右视图中单击选择多边形面，如图10-100所示。

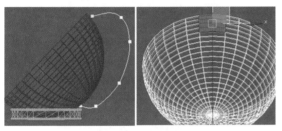

图 10-100　绘制样条线并选择面

步骤 05 进入修改面板，在【编辑多边形】卷展栏下单击 沿样条线挤出 按钮旁边的 □ "设置"按钮，在打开的【沿样条线挤出多边形】对话框中设置"分段"数为30，其他默认。

步骤 06 激活【沿样条线挤出多边形】对话框中的 拾取样条线 按钮，在视图中单击绘制的样条线，然后单击 确定 按钮确认，沿样条线挤出。

步骤 07 选择挤出后的茶壶把模型，双击 网格平滑 按钮进行平滑处理，效果如图10-101所示。

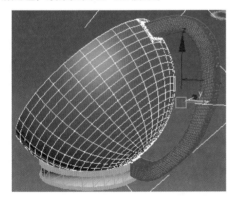

图 10-101　挤出并平滑处理

步骤 08 退出多边形层级，完成茶壶磨砂金属外套的制作。

10.7.3 制作茶壶的玻璃内胆以及茶壶盖、茶杯等模型

这一小节继续制作茶壶的玻璃内胆以及茶壶盖、茶杯等模型。

扫一扫，看视频

步骤 01 在前视图中沿半球内部边缘绘制一

段NURBS"点曲线"，按数字1键进入"点"层级，在前视图中选择各"点"进行调整，使曲线更圆滑，如图10-102所示。

步骤 02 退出"点"层级，激活【NURBS】工具箱中的 "创建车削曲面"按钮，在视图中单击曲线创建一个"车削曲面"，如图10-103所示。

 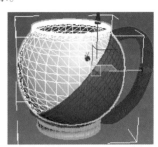

图 10-102　绘制的NURBS　　　图 10-103　创建"车削曲面"
　　　　　"点曲线"

步骤 03 选择"车削曲面"模型，按数字1键进入"曲面"层级，在视图中单击选择"曲面"，在【曲面公用】卷展栏下单击 转化曲面 按钮，在打开的【转化曲面】对话框的"CV曲面"选项卡下设置"在U向"为20、"在V向"为15，单击 确定 按钮确认。

步骤 04 按数字1键进入"曲面CV"层级，在前视图中框选左上角的一组CV，沿X轴向左拖曳到合适位置，再沿Y轴向下拖曳，制作出茶壶嘴效果，如图10-104所示。

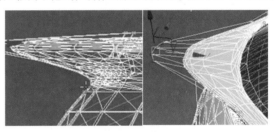

图 10-104　制作茶壶嘴的效果

步骤 05 继续在透视图中选择茶壶嘴中间的4个点，将其沿Z轴向下移动，制作出茶壶嘴向下凹陷的效果，对茶壶嘴进行完善，如图10-105所示。

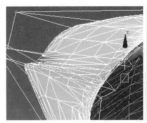 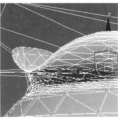

图 10-105　完善茶壶嘴

步骤 06 退出"曲面CV"层级，为模型添加【壳】修改器，并设置"内部量"为0.2，以增加厚度，完成茶壶玻璃内胆的制作，效果如图10-106所示。

下面继续制作茶壶盖、茶叶托以及茶杯等模型，这些模型的制作比较简单，在此不再详述，读者可以自己尝试操作。下面我们只对茶叶托模型的制作做简单介绍。首先使用直线创建轮廓线，使用【车削】修改器创建模型，使用【壳】修改器增加厚度，使用【晶格】修改器创建网格效果，如图10-107所示。

图10-106　茶壶玻璃内胆　　　图10-107　茶叶托模型

至于茶壶盖以及茶杯模型，这些模型的制作更简单，直接使用直线创建轮廓，使用【车削】修改器建模，完成茶壶与茶杯模型的制作，效果如图10-108所示。

最后将茶叶托放入茶壶，将茶壶盖盖到茶壶上，并对模型制作材质，设置灯光并进行渲染查看效果。材质与灯光的制作将在后面章节进行详细讲解，读者可以解压"职场实战——创建茶壶与茶杯模型"压缩包文件查看，如图10-109所示。

图10-108　创建完成的茶壶与茶杯模型

图10-109　制作材质并渲染后的玻璃茶壶与茶杯效果

最后，将该场景保存为"职场实战——创建茶壶与茶杯模型.max"文件。

Chapter
11
第11章

制作基本动画

本章导读：

在前面章节中制作的三维场景都是静态的，这一章学习制作动态三维场景，那就是三维动画。

本章主要内容如下：

- 关于动画；
- 制作动画的重要工具——轨迹视图；
- 动画控制器；
- 综合练习——关键帧动画"电风扇"；
- 职场实战——路径约束动画"林间漫步"。

11.1 关于动画

简单来说，动画其实就是多幅静态图像的连续。与静态图像相比，动画更具感染力，它可以连续表现多个视觉效果，在影视、广告、游戏、建筑表现、企业宣传等多个方面都有应用，这一节首先了解关于动画的基本知识。

11.1.1 动画原理

扫一扫，看视频

动画其实是视觉的一种反应，看一个物体时，视觉会对该物体有一个短暂的停留。例如，快速翻动一本画册，会发现画册中原来静止的图像都动了起来，形成连续的画面，这其实就已经形成了动画。在3ds Max 2020中，动画其实就是将多幅静态图像连续显示，形成动态的图像效果。

11.1.2 动画的帧速率、时间与配置

扫一扫，看视频

1. 帧速率

医学研究表明，人眼的视觉残留视觉大约是1/24秒，也就是说，看一个物体时，视觉会对该物体有一个短暂的停留，其停留时间是1/24秒。根据这一原理，在一般的影视制作中，采用了1/24秒的帧速率，而在高清影视中，则采用了1/48秒的帧速率，画面会更加细腻流畅。

那么什么是帧速率呢？帧速率是指每秒播放的画面数，1/24秒的帧速率是指每秒钟播放24幅画面，而1/48的帧速率则是指每秒钟播放48幅画面。

在3ds Max动画制作中，将动画的每一幅画面称为帧，帧速率是指动画每一秒播放的画面数，其单位是"帧/每秒"（FPS）。在一般动画制作中，帧速率都采用1/24秒。当然，对动画品质要求不同，其帧速率的设置也不同。例如，一些要求高的动画，会将帧速率设置为1/48，也有1/12或更低的帧速率，帧速率越低，动画品质就越差，简单来说，就是动画播放不流畅。

2. 时间

在3ds Max 2020动画制作中，时间是指动画的播放时间长度，短则几秒，长则十几分钟、几十分钟甚至几小时不等，这取决于动画的播放要求。

3. 动画配置

动画配置是指配置动画的帧速率、时间等相关设置。在3ds Max 2020动画控制区单击![图标]"时间配置"按钮，

打开【时间配置】对话框，如图11-1所示。

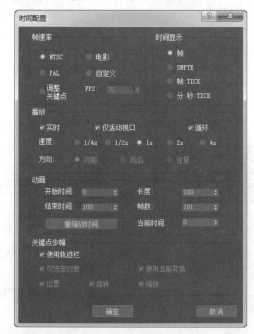

图 11-1 【时间配置】对话框

在该对话框中，可以对动画进行相关设置，具体如下。

- 帧速率：选择动画的帧速率。
  - NTSC与PAL：电视信号制式，一般为30FPS或25FPA。
  - 电影：电影信号制式。
  - 自定义：用户自定义信号制式，勾选该选择，在下方的FPS输入框中输入相关值。
- 时间显示：选择动画的时间的显示单位，有帧、SMPTE、帧:TICK以及分:秒:TICK多种选项，一般选择帧即可。
- 播放：选择播放速率。
  - 速度：选择播放的速度。
  - 方向：取消"实时"选项的勾选，则"方向"选项被激活，可以选择动画的播放方向。
- 动画：设置动画时长。
  - 开始时间：设置动画的开始时间。
  - 结束时间：设置动画的结束时间。
  - 长度/帧数：设置动画的总长度与总帧数，这两个选项相互关联。
- 关键点步幅：控制关键帧之间的移动。

在【时间配置】对话框中配置好动画的帧速率、时

3ds Max 2020实用教程（微课视频版）

间等之后，单击 确定 按钮关闭该对话框，完成对动画配置的设置，就可以开始制作动画了。例如，设置动画时间总长度为120，确定之后，在节目下方的动画时间帧窗口将显示动画时长，如图11-2所示。

图11-2　设置动画时长

11.1.3　尝试制作关键帧动画——上下跳动的茶壶

了解了动画的制作原理和相关设置，下面尝试制作一个简单的关键帧动画。关键帧动画其实就是在不同的帧上设置动画对象的变化，从而形成连续的变化，以产生动画效果，下面学习制作关键帧动画的一般制作步骤。

扫一扫，看视频

实例——创建"跳动的茶壶"动画

步骤 01 在透视图中创建一个平面对象作为地面，再创建一个茶壶对象作为运动对象。

步骤 02 在3ds Max 2020界面下方的动画控制区单击 "时间配置" 按钮，打开【时间配置】对话框，设置动画相关配置，如图11-3所示。

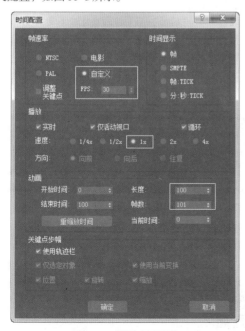

图11-3　设置动画配置

步骤 03 使用快捷键N启动 "自动关键点" 功能自动记录关键帧，然后将时间滑块拖到20帧位置，在左视图中将茶壶沿Y轴向上移动使其离开平面，如图11-4所示。

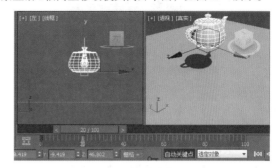

图11-4　移动茶壶

步骤 04 将时间滑块拖到40帧位置，在左视图中将茶壶沿Y轴向下移动使其与平面接触，使用缩放工具将茶壶沿Y轴缩放少许，如图11-5所示。

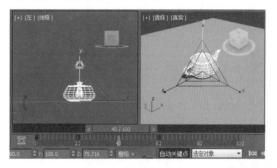

图11-5　移动与缩放茶壶

步骤 05 使用相同的方法，分别在60帧和80帧位置上下调整茶壶并对其进行缩放，系统会自动在这些帧位置添加关键帧，如图11-6所示。

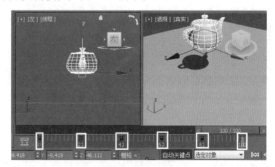

图11-6　添加关键帧

步骤 06 使用快捷键N关闭 "自动关键点" 功能，单击动画控制区中的 "播放动画" 按钮播放动画查看效果，发现茶壶在平面上上下跳动不停，如图11-7所示。

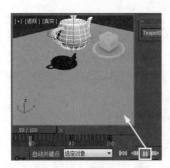

图 11-7　播放动画

步骤 07 这样，最简单的关键帧动画就制作完毕了。

11.2 制作动画的重要工具——轨迹视图

轨迹视图是制作动画不可缺少的利器，不仅可以对动画关键帧的操作进行调整，还可以直接创建对象的动画效果，同时对动画的开始时间、持续时间以及运动状态都可以进行调整，总之，使用轨迹视图可以对动画场景的每一个方面都进行精确控制。这一节就来认识【轨迹视图】窗口，同时通过【轨迹视图】窗口调整动画。

11.2.1　打开【轨迹视图】窗口

扫一扫，看视频

打开【轨迹视图】窗口有四种方法。

方法一：执行【图形编辑器】菜单栏中的【轨迹视图－曲线编辑器】子菜单，即可打开【轨迹视图－曲线编辑器】窗口，如图11-8所示。

图 11-8　【轨迹视图－曲线编辑器】窗口

方法二：单击时间轴左端的"打开迷你曲线编辑器"按钮，打开【轨迹视图－曲线编辑器】窗口，如图11-9所示。

图 11-9　【轨迹视图－曲线编辑器】窗口

方法三：右击对象并选择【曲线编辑器】命令，打开

【曲线编辑器】窗口，如图11-10所示。

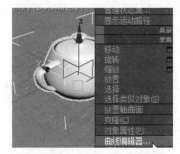

图 11-10　右击对象并选择命令

方法四：单击主工具栏中的 <!-- icon --> "曲线编辑器"按钮，打开【轨迹视图－曲线编辑器】窗口，如图11-11所示。

图 11-11　【轨迹视图－曲线编辑器】窗口

小贴士

除了【曲线编辑器】窗口模式之外，还有一种【摄影表】模式，【曲线编辑器】窗口可以通过编辑关键点的切线控制中间的帧，而【摄影表】则将动画显示为方框栅格上的关键点和范围，允许用户调整运动的时间控制，在【轨迹视图－曲线编辑器】窗口中执行【编辑器】/【摄影表】，则可以将【曲线编辑器】窗口切换为【摄影表】模式窗口，如图11-12所示。

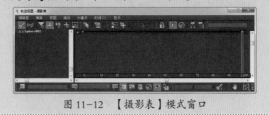

图 11-12　【摄影表】模式窗口

11.2.2　【曲线编辑器】窗口的组成与编辑

扫一扫，看视频

【曲线编辑器】窗口主要由菜单栏、工具栏、层级列表、编辑窗口等组成，具体设置如下。

- 菜单栏：包括编辑器、编辑、视图、曲线、关键点、时间以及显示菜单等，用于显示【曲线编辑器】的大部分功能。
- 工具栏：包括多种操作工具。
- 层级列表：包括声音、全局轨迹、环境、渲染效果、渲染器、场景材质等多项，通过轨迹视图进行动画控制。
- 编辑窗口：显示轨迹和功能曲线，表示时间与参数值的变化。

继续上一小节茶壶跳动动画的操作。播放动画，发现茶壶在每一帧弹跳起的高度都不同，再落下时的位置也不同。这是因为在设置动画时，在每一帧移动茶壶高度时的距离不一样造成的，对于这样的问题，用户就可以在【曲线编辑器】中调整。由于动画设置了关键帧，因此在【曲线编辑器】中会显示动画范围曲线，红绿蓝颜色的曲线代表了X/Y/Z轴，如图11-13所示。

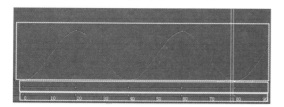

图11-13　红绿蓝代表 X/Y/Z 轴

对曲线进行编辑，会影响到场景中的动画。

下面继续上一小节的小实例操作，学习通过轨迹视图编辑动画的方法。

实例——调整茶壶的跳跃高度使其一致

步骤01 在【轨迹视图】中选择项目，如选择"位置"选项的"Z位置"选项，单击右侧曲线中的关键帧，显示白色，表示选中该关键帧，在关键帧上右击，会显示轨迹信息对话框，如图11-14所示。

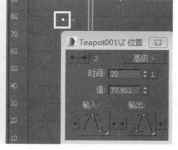

图11-14　选择关键帧

步骤02 单击 ← → 按钮分别选择各关键帧，打开信息对话框，在"值"输入框中将第2、4、6关键帧的值均设置为80，将第1、3、5关键帧的值均设置为0，以调整关键帧在Z轴的位置，如图11-15所示。

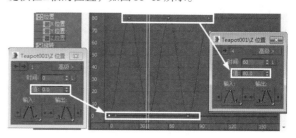

图11-15　编辑动画

步骤03 播放动画，发现茶壶挑起的高度一致，再落下时的位置也一致了。

步骤04 使用相同的方法，可以在"旋转"选项设置旋转动画；在"缩放"选项设置缩放动画等。

步骤05 单击对话框中的"输入"与"输出"按钮，可以设置动画的快慢。

11.2.3　参数曲线超出范围类型

使用【参数曲线超出范围类型】可以选择在当前关键点范围之外重复动画的方式，这样的好处是，当对一组关键点进行更改时，所做的更改会反映到整个动画中。

扫一扫，看视频

下面继续以上一小节的茶壶跳跃动画为例学习相关知识。

动手练——参数曲线超出范围类型设置

步骤01 首先设置动画时长。打开【时间配置】对话框，修改动画的结束时间为200，如图11-16所示。

图11-16　修改动画结束时间

步骤02 在左侧的列表中选择【Z位置】选项，单击工具栏中的 "参数曲线超出范围类型"按钮，弹出的对话框中显示六种曲线类型，如图11-17所示。

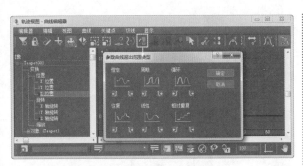

图 11-17　显示六种曲线类型

六种曲线类型如下。

- 恒定：在已确定的动画范围的两端保持恒定值，不产生动画效果。
- 周期：使轨迹中某一范围的关键帧依原样不断重复下去。
- 循环：类似于周期，但在衔接动画的最后一帧和下一个第一帧之间改变数值以产生流畅的动画。
- 往复：在选定范围内重复从前往后再重后往前的运动。
- 线性：在已确定的动画两端插入线性的动画曲线，使动画在进入和离开设定的区段时保持平衡。
- 相对重复：每次重复播放的动画都在前一次的末帧基础上进行，产生新的动画。

步骤 03 再次选择"周期"模式，回到视图播放动画，发现茶壶的下落和反弹连续进行。

11.3　动画控制器

动画控制器可以控制对象运动的规律，指定对象的位置、旋转、缩放等控制，决定动画参数如何在每一帧动画中形成规律，这一节继续学习使用【动画控制器】控制动画的相关知识。

11.3.1　使用动画控制器

扫一扫，看视频

可以在轨迹视图以及运动面板中使用动画控制器，在轨迹视图中可以看到所有动画控制器，而在运动面板中只能看到部分动画控制器。下面通过一个简单的实例学习使用动画控制器的相关知识。

实例——使用动画控制器

1. 在轨迹视图中使用动画控制器

步骤 01 打开【轨迹视图-曲线编辑器】对话框，单击 "过滤器"按钮，打开【过滤器】对话框，如图11-18所示。

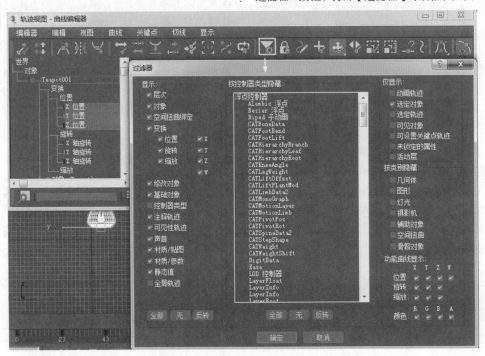

图 11-18　打开【过滤器】对话框

3ds Max 2020实用教程（微课视频版）

步骤 02 勾选"显示"选项的"控制器类型"选项，然后单击 确定 按钮确认，此时在【轨迹视图】中支持动画控制器的项目名称的右侧将显示动画控制器类型，默认为"Bezier浮点"控制器，如图11-19所示。

其他不同的控制器，如选择"线性浮点"控制器，如图11-20所示。

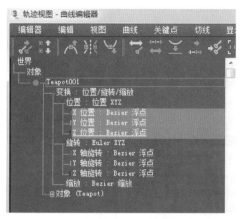

图 11-19　显示动画控制器类型

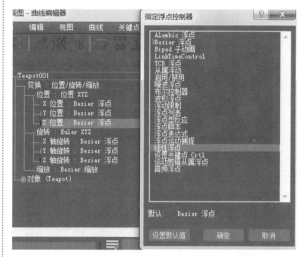

图 11-20　选择"线性浮点"控制器

步骤 03 在控制器上右击并选择【指定控制器】命令，打开【指定浮点控制器】对话框，用户可以选择

步骤 04 单击 确定 按钮确认，此时会发现动画的功能曲线发生了变化，如图11-21所示。

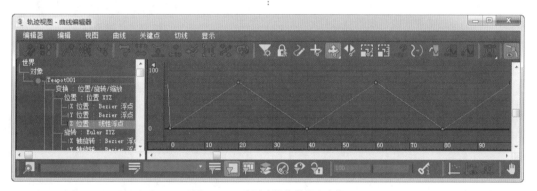

图 11-21　动画功能曲线发生变化

2. 在运动面板中使用动画控制器

下面继续学习在控制面板中使用动画控制器。

步骤 01 在场景中选择对象，单击【运动】命令面板，在【指定控制器】卷展栏中选择指定控制器的类型，如图11-22所示。

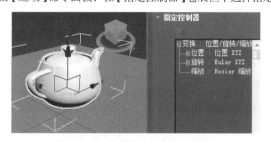

图 11-22　选择指定控制器的类型

步骤 02 展开"位置"选项，选择"X位置"选项，单击 "指定控制器"按钮，打开【指定浮点控制器】对话框，如图11-23所示。

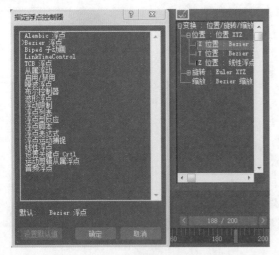

图11-23　打开【指定浮点控制器】对话框

步骤 03 在该对话框中可以选择不同的控制器，如选择"线性浮点"控制器，单击 确定 按钮，则在【轨迹视图】右侧显示线性曲线的功能曲线，如图11-24所示。

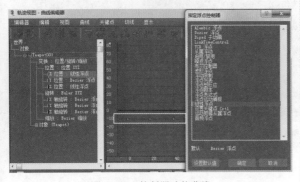

图11-24　控制器功能曲线

11.3.2　路径约束控制器

扫一扫，看视频

该控制器可以为一个静态对象赋予一个轨迹，还可以使对象抛开原来的运动轨迹，按照指定的新轨迹进行运动，可以使用任意类型的样条线作为路径。下面通过一个简单的实例操作，学习路径约束控制器的使用方法。

实例——使用路径约束控制器

步骤 01 绘制一个样条曲线，再创建一个茶壶对象，选择茶壶对象，为其添加一个"路径约束"控制器，如图11-25所示。

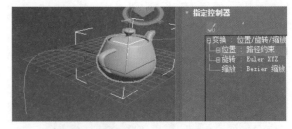

图11-25　添加控制器

步骤 02 向上推动面板，展开【路径参数】卷展栏，单击 添加路径 按钮，在视图中单击拾取样条线作为路径以约束对象，如图11-26所示。

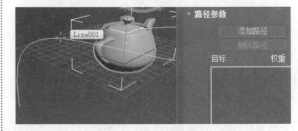

图11-26　拾取路径

步骤 03 播放动画，发现茶壶沿样条线运动形成一个动画效果，如图11-27所示。

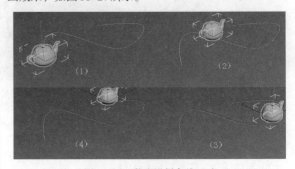

图11-27　茶壶沿样条线运动

> **小贴士**
>
> 除了添加路径之外，用户还可以进行其他相关设置。
>
> 权重：设置路径对对象的运动的影响力。
>
> 0%沿路径：设置对象沿路径的位置百分比。
>
> 跟随：使对象运动的局部坐标与路径的切线方向对齐。
>
> 倾斜：勾选该选项，产生倾斜效果，可以设置倾斜量与平滑度。

允许翻转：避免对象沿垂直方向的路径行进时产生翻转。

　　恒定速度：控制对象匀速运动，否则，对象的运动速度的变化会依赖于路径顶点之间的距离。

　　循环：循环播放。

　　相对：保持约束对象的原始位置。

　　轴：设置对象局部坐标轴。

11.3.3　位置约束控制器

　　该控制器能够使被约束的对象跟随一个对象的位置或几个对象的权重平均位置的改变而改变。当使用多个目标时，每个目标都有一个权重值，该值定义它相对于其他目标影响受约束的程度。下面通过一个简单实例学习位置约束控制器的使用方法。

扫一扫，看视频

实例——使用位置约束控制器

　　步骤 01 创建一个茶壶对象和一个圆环对象，选择茶壶对象并为其添加"位置约束"控制器，如图11-28所示。

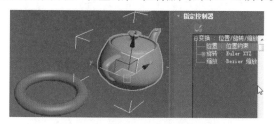

图11-28　为茶壶添加位置约束控制器

　　步骤 02 向上推动面板，展开【位置参数】卷展栏，激活 添加位置目标 按钮，在视图中单击圆环，结果茶壶被约束到了圆环上，如图11-29所示。

图11-29　茶壶被约束到圆环上

　　🔍 **小贴士**

　　除了添加路径之外，用户还可以进行其他相关设置。

　　删除位置目标：删除列表中的目标对象，使其不再影响受约束的对象。

　　权重：设置路径对对象运动过程的影响力。

　　保持初始偏移：保持受约束对象与目标对象之间的原始距离，避免将受约束对象捕捉到目标对象的轴。

11.3.4　噪波控制器

　　该控制器能够对指定对象进行一种随机不规则的运动，适用于随机运动的对象。下面通过一个简单的实例操作学习噪波控制器的使用方法。

扫一扫，看视频

实例——使用噪波控制器

　　步骤 01 创建一个圆球对象，为其添加一个"噪波位置"控制器，如图11-30所示。

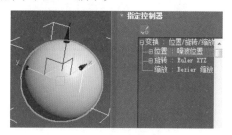

图11-30　添加控制器

　　步骤 02 此时会弹出【噪波控制器】对话框，如图11-31所示。

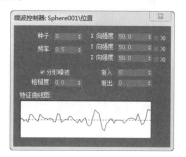

图11-31　【噪波控制器】对话框

　　步骤 03 在该对话框中设置相关参数，关闭该对话框，播放动画，发现球体出现了跳动效果动画。

11.3.5　音频控制器

　　导入一段音频，该控制器通过音频高低控制对象的运动。

扫一扫，看视频

第11章　制作基本动画

实例——使用音频控制器

步骤 01 继续上一小节的操作，选择球体对象，为其添加一个"音频位置"控制器，如图11-32所示。

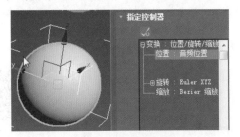

图 11-32　添加控制器

步骤 02 此时会弹出【音频控制器】对话框，如图11-33所示。

图 11-33　【音频控制器】对话框

步骤 03 单击 选择声音 按钮，选择一种声音文件，在"采样"选项中设置参数去除噪音、平滑波形以及控制显示等相关操作。

步骤 04 在"实时控制"选项中创建交互式动画，这些动画由捕获自外部音频源的声音驱动。

步骤 05 在"通道"中选择驱动控制器输出值的通道，只有立体声音文件才可使用。

步骤 06 设置完成后关闭该对话框。

11.3.6　动画的运动轨迹

扫一扫，看视频

　　运动轨迹是动画中非常重要的内容，要想完成一个动画效果，编辑轨迹是不可缺少的操作内容，通过编辑轨迹曲线上的关键点，将轨迹转换为样条曲线或者将样条曲线转换为轨迹。下面通过一个简单实例操作，了解对象运动轨迹的控制方法。

实例——设置动画的运动轨迹

步骤 01 创建一个球体并按快捷键N开启自动记录关键帧功能。

步骤 02 拖动时间滑块分别到20、40、60、80和100帧时，在视图中分别移动球体的位置，如图11-34所示。

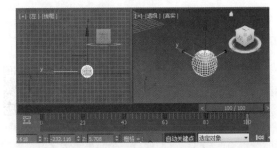

图 11-34　记录动画

步骤 03 此时系统会自动记录对象的运动轨迹，再次按快捷键N关闭自动记录关键帧功能，然后选择球体，在"运动"面板中激活 轨迹 按钮，在视图中显示球体的运动轨迹线，如图11-35所示。

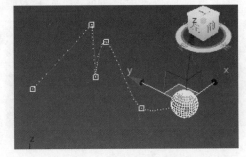

图 11-35　对象的运动轨迹线

步骤 04 可以在轨迹线上添加、删除关键点，单击 子对象 按钮，选择"关键点"层级，激活 添加关键点 按钮，在80帧和100帧之间的曲线上单击添加一个关键点，如图11-36所示。

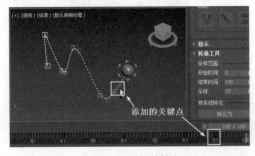

图 11-36　添加关键点

3ds Max 2020实用教程（微课视频版）

步骤 05 在视图中使用"移动并选择"工具对轨迹线上的关键点进行调整，然后播放动画查看效果。

步骤 06 打开【轨迹视图】对话框，继续对关键点进行调整，使其动画达到满意效果为止。

步骤 07 单击运动面板中的 ▢转化为▢ 按钮，将轨迹线转换为样条曲线，如图11-37所示。

步骤 08 如果想将一条样条曲线转换为轨迹线，则重新绘制一条样条线，选择球体，然后单击 ▢转化自▢ 按钮，这样就可以将样条曲线转换为轨迹线，如图11-38所示。

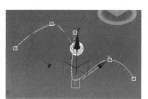 

图 11-37　转换样条曲线　　图 11-38　将曲线转换为轨迹线

步骤 09 再次播放动画，发现球体沿样条曲线转换的轨迹线进行运动。

11.4 综合练习——关键帧动画"电风扇"

电风扇要转动起来才能真正起到凉爽的作用。打开"效果"/"第9章"/"职场实战——创建电风扇三维模型.max"场景文件，这是在前面章节中制作的电风扇三维模型，如图11-39所示。此节演练内容请扫码学习。

扫一扫，看视频

扫一扫，拓展学习

图 11-39　电风扇三维模型

这一节为该电风扇制作动画，使其转动起来。

11.5 职场实战——路径约束动画"林间漫步"

为了让读者能掌握简单动画的制作方法，这一节就来制作一个"林间漫步"的漫游动画。漫游动画看似复杂，其实制作比较简单，它其实就是路径约束动画，也就是说，为摄像机指定一个路径约束就可以了，摄像机可以使用"自由"摄像机，也可以使用"目标"摄像机，制作的难点在于路径的设置，要根据场景调整路径，使漫游动画看起来更真实。

打开"效果"/"第8章"/"使用【散布】命令在山坡上散布鹅卵石.max"场景文件，这是在前面章节中创建的一个地形的三维场景，该场景是一个小山坡的三维场景，山坡上有树木、鹅卵石以及羊肠小道，如图11-40所示。

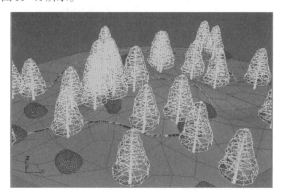

图 11-40　地形三维场景文件

下面就沿羊肠小道设置一段漫游动画，模拟人沿羊肠小道在山坡上漫步的场景，动画效果如图11-41所示。

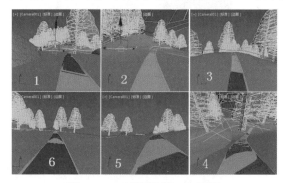

图 11-41　"林间漫步"动画效果

11.5.1 创建摄像机漫游路径

这一小节首先创建摄像机漫游路径，路径的创建并不复杂，复杂的是路径要依山地的地形走势去调整，这样才能制作出真实的漫游效果，下面就来创建路径。

步骤01 在顶视图中沿小道的形态创建一条NURBS曲线作为摄像机的路径，如图11-42所示。

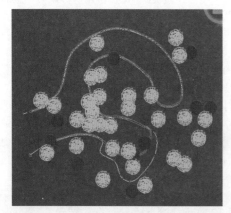

图 11-42　创建摄像机路径

下面调整曲线的高度，调整时要依山的高低走势进行调整，为了便于调整，首先将树木以及鹅卵石暂时隐藏。另外，设置透视图的着色模式为"线框"，这样方便在透视图中观察山的高低走势。

步骤02 在透视图中选择树木与鹅卵石对象，右击选择【隐藏选定对象】命令将这些对象暂时隐藏，然后在透视图左上角的视图控件按钮上单击，选择【线框覆盖】命令，如图11-43所示。

图 11-43　选择"线框覆盖"命令

步骤03 此时，透视图以线框模式显示场景，效果如图11-44所示。

图 11-44　透视图的线框模式

步骤04 下面来调整曲线路径。选择绘制的曲线，按数字1键进入点曲线的"点"层级，在透视图中选择曲线端点位置的点，沿Z轴向上调整，在前视图中观察位置，使其高度与正常人的身高相当，如图11-45所示。

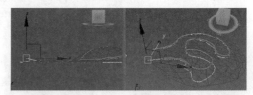

图 11-45　调好点的高度

步骤05 依照相同的方法，继续在透视图中选择各个点调整高度至人的高度，效果如图11-46所示。

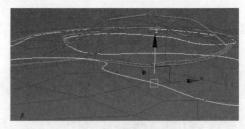

图 11-46　继续调整曲线的高度

步骤06 按住Alt键与鼠标的中间键调整透视图的角度，方便观察曲线的调整结果，在调整山坡位置的曲线路径时一定要注意，山坡不同于地面，它有高有低、凹凸不平，因此，要想达到真实的人在山坡上漫步的效果，就要使曲线路径也随山坡的高低走势进行调整，这样才能达到真实的动画效果，如图11-47所示。

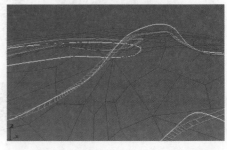

图 11-47　继续沿山坡高低走势调整曲线路径

3ds Max 2020实用教程（微课视频版）

步骤 07 继续对曲线路径进行调整，直到曲线整体走势与山坡走势相当，效果如图11-48所示。

图11-48 调整后的曲线效果

11.5.2 制作摄像机动画

扫一扫，看视频

调整好曲线路径后，下面就可以设置摄像机动画了。该操作非常简单，创建一架自由摄像机，并为其添加路径约束控制器就可以了。

步骤 01 进入创建面板，激活 "摄像机" 按钮，在【对象类型】卷展栏下激活 自由 按钮，在前视图中单击创建一架自由摄像机，如图11-49所示。

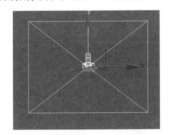

图11-49 创建自由摄像机

步骤 02 继续单击创建面板上的 "运动" 按钮进入运动面板，在【指定控制器】卷展栏下单击 "位置XYZ" 选项，单击 "指定控制器" 按钮打开【指定位置控制器】对话框，选择 "路径约束" 控制器，如图11-50所示。

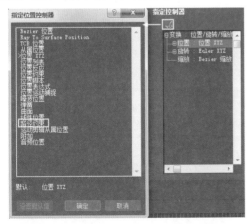

图11-50 打开【指定位置控制器】对话框

步骤 03 单击 确定 按钮确认，为摄像机添加路径约束控制器。

步骤 04 向上推动面板，在【路径参数】卷展栏下激活 添加路径 按钮，在视图中单击调整好的曲线路径，此时会发现摄像机自动移动到了曲线路径的一端，如图11-51所示。

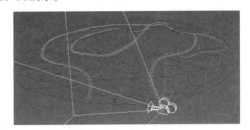

图11-51 为摄像机添加路径

步骤 05 在顶视图中观察，发现摄像机并没有对准路径，如图11-52所示。

步骤 06 继续在【路径参数】卷展栏中勾选 "跟随" 选项，然后在顶视图中沿Z轴对射线机进行旋转，使其与路径对齐，如图11-53所示。

图11-52 摄像机效果　　　图11-53 旋转摄像机与
路径对齐

步骤 07 进入修改面板，在【参数】卷展栏中单击 "备用镜头" 选项下的 "15mm" 按钮，为摄像机选择15mm的镜头，如图11-54所示。

图11-54 为摄像机选择镜头

步骤 08 这样，漫游动画基本制作完毕，激活透视图，按C键，将透视图设置为摄像机视图，并恢复其着色模式为"默认明暗处理"模式，然后显示被隐藏的树木以及鹅卵石对象。

步骤09 单击动画控制区中的▶"播放"按钮播放动画，观察动画效果，如图11-55所示。

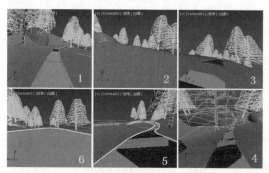

图11-55　漫游动画效果

漫游动画的整体效果看起来是不错，但有一个很大的问题，那就是摄像机漫游的速度太快了，成了快跑动画，这是因为，动画时间太短，这就好比跑步，要在10分钟内跑完1公里的路程，我们只有加快速度才能跑完，如果10小时跑完1公里，那就可以慢速跑。下面调整动画的时间，使摄像机漫游步伐放慢。

步骤10 单击动画控制区的🕐"时间配置"按钮，打开【时间配置】对话框，设置动画长度为2000，其他设置默认，如图11-56所示。

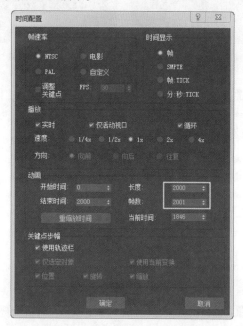

图11-56　设置动画时间

步骤11 单击"确定"按钮关闭该对话框，然后选择摄像机，在时间轴上将100帧上的关键帧拖到2000帧位置，以增加动画的时间，如图11-57所示。

图11-57　增加动画时间

步骤12 再次播放动画，发现摄像机漫游速度变慢了，但是在某些帧，摄像机前面出现鹅卵石，或者摄像机一头钻到地底下去了，这是因为摄像机路径有问题，下面还需要再次调整摄像机路径。

步骤13 选择曲线路径，按数字1键进入到"点"层级，拖动时间滑块播放动画，在透视图中观察摄像机效果，当镜头前出现鹅卵石或树木时，可以调整路径绕过鹅卵石和树木，或调整鹅卵石或树木让开镜头，总之，不要让这些对象出现在镜头正前方即可。另外，当摄像机钻入地底下时，向上调整该位置的路径曲线，调整时可以在前视图和顶视图中进行调整，必要时还可以为曲线添加点，以方便调整。依此方法调整路径，直到满意为止，如图11-58所示。

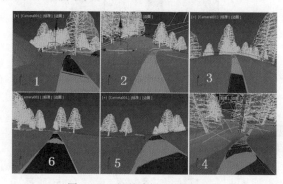

图11-58　调整路径后的漫游动画

步骤14 执行【文件】/【另存为】命令，将该场景保存为"职场实战——路径约束动画'林间漫步'.max"文件。

Chapter
12
第12章

粒子系统与空间扭曲

本章导读：

粒子系统和空间扭曲其实是3ds Max的一种建模工具，除了自身可以形成动画效果之外，其主要用途是配合动画，实现完美的动画效果。这一章继续学习粒子系统与空间扭曲的相关知识。

本章主要内容如下：

- 粒子系统；
- 空间扭曲；
- 综合练习——制作水龙头出水动画；
- 职场实战——制作喷泉广场漫游动画。

12.1 粒子系统

粒子系统的外形不固定、不规则、无规律地变化，其形状基本是由大量微小粒子图元构成，因此，常用来模拟外形比较模糊的对象。

粒子系统的每一个粒子都具有生命值、属性、大小、形状、位置、颜色、透明度以及速度等，同时会经历产生、运动变化和消亡3个过程，其生命值、形状大小等属性都会随时间的推移而变化，从而形成连续变化的动画效果。这一节来认识粒子系统，同时学习粒子系统的创建、调整等相关知识。

12.1.1 认识粒子系统

扫一扫，看视频

进入创建面板，在【几何体】列表中选择【粒子系统】选项，展开【对象类型】卷展栏，即可显示所有粒子系统，如图12-1所示。

图 12-1 粒子系统

下面对这些粒子系统做一个简单的介绍。

粒子流源：属于事件驱动粒子系统，常用于制作复杂的动画效果，如爆炸、碎片以及火焰、烟雾等动画效果。

喷射：常用于制作下雨、喷泉等动画效果。

超级喷射：与"喷射"相似，用于制作更为复杂的喷射动画。

雪：用于制作下雪、火花飞溅、碎纸片飞洒等动画效果。

暴风雪：与"雪"类似，制作更为复杂的翻飞、飞洒等效果。

粒子阵列：制作更为复杂的粒子群动画。

粒子云：制作不规则排列运动的物体，如飞翔的鸟群等。

12.1.2 【喷射】粒子系统

扫一扫，看视频

【喷射】粒子系统相对比较简单，但功能却非常强大，用途也非常广泛。下面通过一个简单的实例操作，学习创建【喷射粒子】系统的相关方法。

实例——创建"喷射"粒子系统

步骤 01 激活 喷射 按钮，在视图中拖曳鼠标，即可创建一个【喷射】粒子发射器，如图12-2所示。

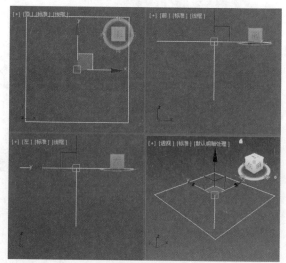

图 12-2 创建【喷射】粒子系统发射器

步骤 02 拖动时间滑块，会发现产生粒子喷射动画，如图12-3所示。

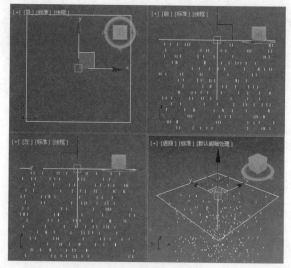

图 12-3 粒子喷射动画

步骤 03 进入修改面板，展开【参数】卷展栏，设置粒子的数量、大小、速度、形状等，如图12-4所示。

3ds Max 2020实用教程（微课视频版）

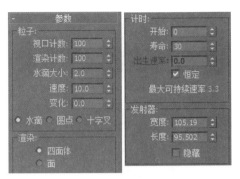

图 12-4 【参数】卷展栏

步骤04 设置好粒子的各参数后，可以为粒子制作材质并设置属性等，最后对其进行渲染，就会形成一种喷射动画效果。

下面对粒子的各参数进行简单介绍。

● 粒子：设置粒子的形状、大小喷射速度以及变化等。
  ◆ 视口计数/渲染计数：设置粒子在视口和渲染时的数量，计数分别为100和600时的粒子效果如图12-5所示。

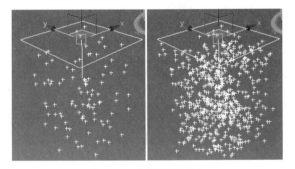

图 12-5　粒子的计数效果

  ◆ 水滴大小：设置粒子的大小，只有在渲染时才可以看到，大小为5和15时的效果如图12-6所示。

图 12-6　粒子大小比较

  ◆ 速度：控制粒子的喷射速度，速度越大，喷射的粒子越远；反之，喷射的粒子越近。 速度为

3和10时的粒子喷射效果如图12-7所示。

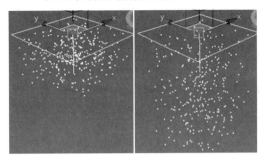

图 12-7　"速度"效果比较

  ◆ 变化：设置粒子的变化，值越大，粒子变化越大；反之，粒子变化越小，变化为0与5时的粒子变化效果如图12-8所示。

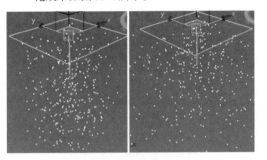

图 12-8　粒子的变化效果比较

  ◆ 水滴、圆点、十字叉：设置粒子的形状，分别是水滴、圆点和十字叉形状的粒子如图12-9所示。

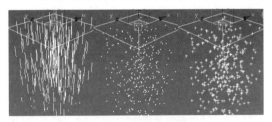

图 12-9　不同形状的粒子

● 渲染：设置粒子在渲染时的形状，有"四面体"和"面"两种，四面体和面的渲染效果如图12-10所示。

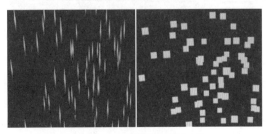

图 12-10　粒子的渲染效果比较

- 计时：设置粒子喷射开始时间和结束时间。
- 发射器：设置粒子发射器的大小，勾选"隐藏"选项，可以将发射器隐藏。

12.1.3 【雪】粒子系统

【雪】粒子系统可以模拟下雪、下落的花朵、飘飞的树叶等，其设置与【喷射】粒子系统基本相同。下面通过简单操作实例学习创建【雪】粒子系统的方法。

实例——创建"雪"粒子系统

步骤 01 激活 ▢雪 按钮，在视图中拖曳鼠标，即可创建一个【雪】粒子发射器，与【喷射】粒子系统发射器相似，如图12-11所示。

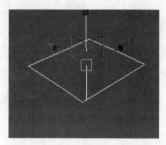

图 12-11 【雪】粒子系统发射器

步骤 02 拖动时间滑块，会发现产生粒子喷射动画，如图12-12所示。

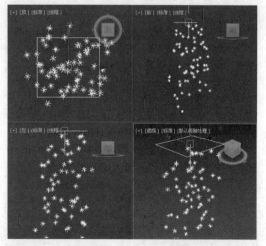

图 12-12 【雪】粒子系统

步骤 03 进入修改面板，展开【参数】卷展栏，设置粒子的数量、大小、速度、形状等，如图12-13所示。

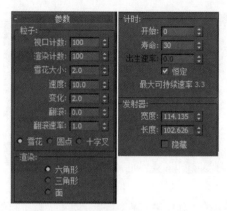

图 12-13 雪【参数】卷展栏

步骤 04 设置好各参数后，可以为【雪】粒子系统指定材质并渲染，形成动画效果。

【雪】粒子系统的相关设置与【喷射】粒子系统的参数设置基本相同，下面对个别设置进行简单介绍，其他设置请读者参阅【喷射】粒子系统的参数讲解。

- 翻滚：设置雪粒子系统的翻滚效果。
- 翻滚速率：设置翻滚的速度。
- 渲染：设置【雪】粒子系统在渲染时的形状，有六角形、三角形与面三种，如图12-14所示。

图 12-14 【雪】粒子系统的不同渲染形状

12.1.4 【超级喷射】粒子系统

【超级喷射】粒子系统是【喷射】粒子系统的加强效果，其参数设置较【喷射】更为复杂，其发射的粒子不再局限于简单的几何体，而是可以用任何三维模型作为粒子进行发射。下面通过简单实例操作学习【超级喷射】粒子系统的创建和设置方法。

实例——创建"超级喷射"粒子系统

步骤 01 激活 超级喷射 按钮，在视图中拖曳鼠标，即可创建一个【超级喷射】粒子发射器，该发射器与【喷射】发射器有所不同，如图12-15所示。

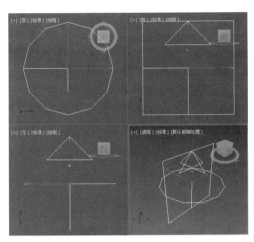

图 12-15 【茶几喷射】粒子发射器

步骤 02 拖动时间滑块，会发现产生粒子喷射动画，如图 12-16 所示。

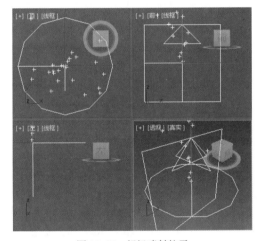

图 12-16 超级喷射粒子

步骤 03 进入修改面板，【超级喷射】粒子系统共有 8 个卷展栏，如图 12-17 所示。

+	基本参数
+	粒子生成
+	粒子类型
+	旋转和碰撞
+	对象运动继承
+	气泡运动
+	粒子繁殖
+	加载/保存预设

图 12-17 【超级喷射】粒子系统卷展栏

下面对这 8 个卷展栏中的相关设置做简单介绍。

● 【基本参数】卷展栏：设置粒子分布、显示图标大小以及视口显示形状等，如图 12-18 所示。

图 12-18 【基本参数】卷展栏

● 【粒子生成】卷展栏：设置粒子数量、粒子运动、粒子计时以及粒子大小等，如图 12-19 所示。

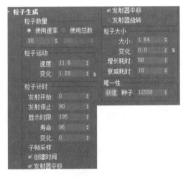

图 12-19 【粒子生成】卷展栏

● 【粒子类型】卷展栏：如图 12-20 所示，在"粒子类型"选项中指定粒子类型；在"标准粒子"选项中选择标准粒子形状；在"变形球粒子参数"选项中设置变形球粒子的参数；在"实例参数"选项中拾取实体模型作为粒子；在"材质贴图和来源"选项中拾取实例的材质。

图 12-20 【粒子类型】卷展栏

例如，创建一个茶壶，选择超级喷射粒子，在【基

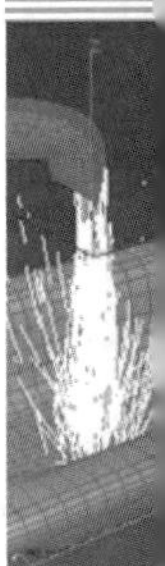

本参数】卷展栏下选择显示方式为"网格",在【粒子类型】卷展栏下选择"实例几何体"选项,激活 拾取对象 按钮拾取茶壶,这样超级喷射粒子产生的粒子就是茶壶,如图12-21所示。

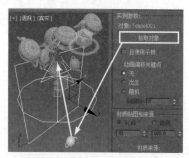

图12-21　拾取茶壶实体对象

　　除了以上卷展栏之外,还有【旋转和碰撞】【对象运动继承】【气泡运动】【粒子繁殖】【加载/保存预设】等卷展栏,这些卷展栏都用于对粒子进行相关的设置,这些卷展栏的设置不再讲解,读者可以自己尝试操作,其卷展栏如图12-22所示。

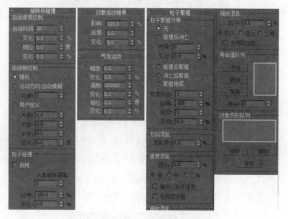

图12-22　其他卷展栏

12.1.5　【粒子云】粒子系统

扫一扫,看视频

　　【粒子云】粒子系统是让粒子在一个三维模型内产生和发射器有类似形状的粒子团,粒子可以是标准几何体、超级粒子或三维模型。下面通过一个简单操作学习【粒子云】粒子系统的使用方法。

实例——创建"粒子云"粒子系统

步骤 01 激活 粒子云 按钮,在视图中拖曳创建一个

粒子云】发射器,如图12-23所示。

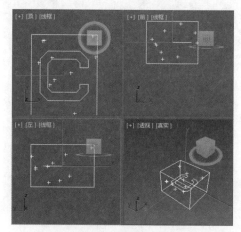

图12-23　【粒子云】发射器

步骤 02 进入修改面板,在【基本参数】卷展栏下修改发射器的粒子分布类型为"球体发射器",设置粒子的视口显示为"网格",如图12-24所示。

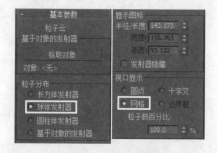

图12-24　粒子分布设置

步骤 03 在视图中创建长方体,选择粒子云,在【粒子类型】卷展栏下勾选"实例几何体"选项,激活 拾取对象 按钮拾取长方体,此时就可以看到发射器中出现了立方体的粒子云,如图12-25所示。

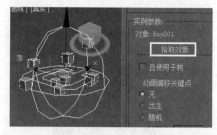

图12-25　创建粒子云

步骤 04 可以在【旋转和碰撞】卷展栏下设置"自旋速度控制"参数,然后播放动画,就可以看到立方体在反射器内旋转的动画了。

12.2 空间扭曲

空间扭曲是一种特殊对象，其本身不能渲染，与其他对象绑定后会影响其他对象。例如，在动画制作中，将【重力】空间扭曲与粒子系统绑定，制作喷泉动画。

在创建面板单击 "空间扭曲" 按钮，在其下拉列表中将显示几种空间扭曲对象，如图12-26所示。

图12-26　控件扭曲对象

这一节主要针对常用的几个空间扭曲命令进行讲解，其他空间扭曲命令在此不做讲解，读者可以自己尝试操作。

12.2.1　风

【风】可以模拟自然界中的风力，如果将其绑定到粒子系统上，粒子系统就会受到风力的影响，可以设置风力大小、衰减等参数。下面通过一个简单的实例学习创建【风】的相关方法。

扫一扫，看视频

实例——创建"风"空间扭曲对象

步骤 01 首先，在视图中创建一个【喷射粒子】系统，摄像性格参数使粒子呈喷射状态，如图12-27所示。

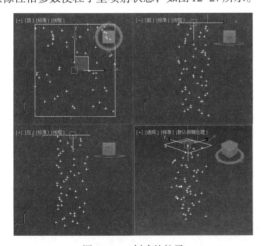

图12-27　创建的粒子

步骤 02 进入创建面板，激活 "空间扭曲" 按钮，在其下拉列表中选择【力】选项，在【对象类型】卷展栏下激活 风 按钮，在左视图中创建一个【风】空间扭曲，如图12-28所示。

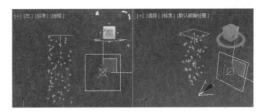

图12-28　创建"风"

步骤 03 激活主工具栏中的 "绑定到空间扭曲" 按钮，将【风】拖到粒子系统上进行绑定，此时会发现，原来向下喷射的粒子在风的作用下向一边倾斜喷射，这表示【风】已经对粒子系统产生影响，如图12-29所示。

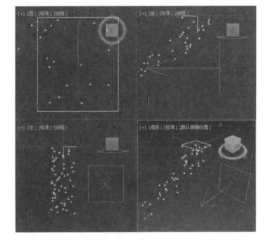

图12-29　【风】对粒子系统的作用

步骤 04 选择【风】空间扭曲对象，进入修改面板，在【参数】卷展栏下设置"强度""衰退""图标大小"等相关参数，如图12-30所示。

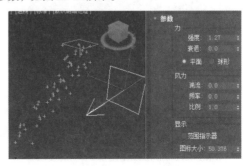

图12-30　设置参数

12.2.2 重力

扫一扫，看视频

【重力】用于模拟自然界地心引力的影响，对粒子系统产生引力作用，粒子会沿着【重力】箭头指向移动，随强度值的不同和箭头方向不同，也可以产生排斥的影响，当空间扭曲物体为球形时，粒子会被吸向球心。下面继续通过一个简单的实例学习创建【重力】空间扭曲对象的方法。

实例——创建"重力"空间扭曲对象

步骤 01 在顶视图中创建一个超级喷射粒子系统，然后进入创建面板，激活 "空间扭曲"按钮，在其下拉列表中选择【力】选项，在【对象类型】卷展栏下激活 重力 按钮，继续在顶视图中创建一个【重力】空间扭曲，如图12-31所示。

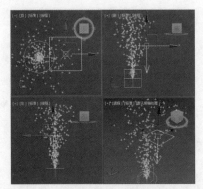

图 12-31 创建粒子系统与【重力】

步骤 02 激活主工具栏中的 "绑定到空间扭曲"按钮，将【重力】拖到粒子系统上进行绑定，此时会发现，原来向上喷射的粒子系统受重力影响，呈向下坠落效果，如图12-32所示。

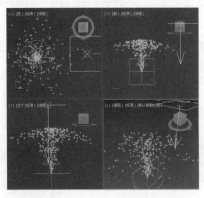

图 12-32 【重力】对粒子系统的作用

步骤 03 选择【重力】空间扭曲对象，进入修改面板，在【参数】卷展栏下设置"强度""衰退""图标大小"等相关参数，如图12-33所示。

图 12-33 【重力】对粒子的影响

步骤 04 勾选"球形"选项，会发现粒子被吸引到【重力】的球心方向，如图12-34所示。

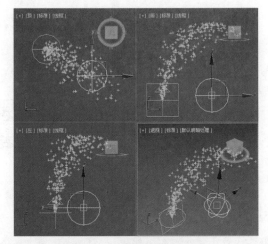

图 12-34 粒子被吸引到球心方向

小贴士

如果想要取消空间扭曲物体的绑定，在视图中选择绑定的对象，在修改命令面板中的修改器堆栈列表中选择相应的绑定修改选项，单击 按钮，将其删除即可，如图12-35所示。

图 12-35 删除绑定

12.2.3 导向板

【导向器】空间扭曲起到了导向或防护的作用，通常会与【重力】等空间扭曲结合使用，在创建列表中选择【导向器】选项，在【对象类型】卷展栏下有6种类型的导向器，如图12-36所示。

扫一扫，看视频

图12-36　6种导向器

下面通过一个简单的实例学习【导向板】的使用方法。其他类型的导向器虽然作用不同，但用法大同小异，在此不做讲解，读者可以自己尝试操作。

实例——创建【导向板】对象

步骤 01 继续上一小节的操作，在顶视图中创建一个导向板，使其位于粒子的正方向位置，如图12-37所示。

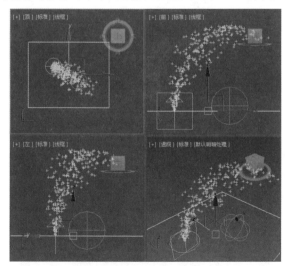

图12-37　创建导向板

步骤 02 将导向板绑定到喷射粒子系统上，选择【重力】对象，在修改面板中设置其强度，使其对粒子增加更大的重力，然后播放动画，会发现粒子系统在重力作用下下落到导向板之后又向上反弹，如图12-38所示。

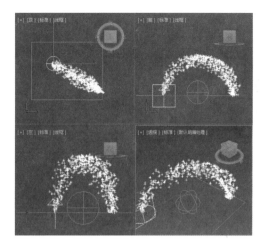

图12-38　导向板作用于粒子

步骤 03 选择【导向板】对象，进入修改面板，展开【参数】卷展栏，设置"反弹""变化"以及导向板的"长度""宽度"等参数，如图12-39所示。

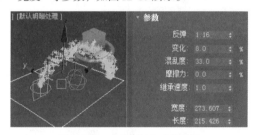

图12-39　【导向板】参数设置

步骤 04 设置更大的"反弹"值，如设置"反弹"值为2，此时会发现，粒子反弹的效果更明显，如图12-40所示。

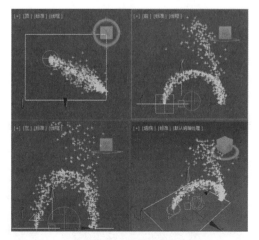

图12-40　粒子反弹效果

12.2.4 波浪

扫一扫，看视频

【波浪】空间扭曲对象可以制作水面波浪或者随风飘动的旗帜等。下面使用【波浪】空间扭曲对象制作水面波纹效果。

实例——制作水面波纹动画效果

步骤 01 在顶视图中创建一个平面对象，设置更多的分段数，便于变形。

步骤 02 进入空间扭曲创建面板，在其列表中选择【几何/可变形】选项，在【对象类型】卷展栏下激活 波浪 按钮，在顶视图中的平面对象上方创建一个【波浪】空间扭曲对象，如图12-41所示。

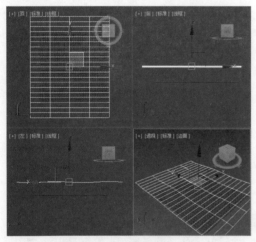

图 12-41 创建"波浪"对象

步骤 03 将"波浪"对象绑定到平面对象上，使用快捷键N打开"自动关键点"命令，开始记录动画，然后将时间滑块拖到100帧位置。

步骤 04 进入修改面板，在【参数】卷展栏下设置其相关参数，使其生成动画效果，如图12-42所示。

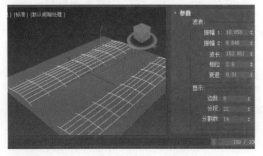

图 12-42 设置参数记录动画

步骤 05 按快捷键N关闭"自动关键帧"功能，然后播放动画，发现平面对象似波浪般波动。

12.2.5 涟漪

扫一扫，看视频

【涟漪】空间扭曲对象可以制作水面涟漪效果。下面通过简单实例学习使用【涟漪】空间扭曲对象制作水面涟漪的方法。

实例——制作水面涟漪动画效果

步骤 01 继续上一小节的操作，将"波纹"对象删除，然后在顶视图中的平面对象上创建一个涟漪对象，如图12-43所示。

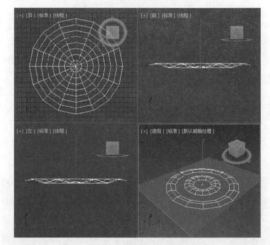

图 12-43 创建涟漪对象

步骤 02 依照前面的操作方法，将涟漪绑定到平面对象上，然后打开"自动关键点"功能，并将时间滑块拖到100帧位置。

步骤 03 进入修改面板，在【参数】卷展栏下调整各参数以记录动画，如图12-44所示。

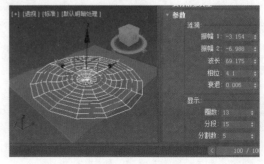

图 12-44 记录涟漪动画

步骤 04 关闭"自动关键点"功能，完成动画的记录，开始播放动画，发现平面对象上有涟漪效果出现，如图12-45所示。

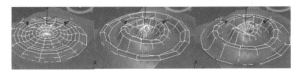

图12-45　涟漪动画效果

12.2.6　爆炸

【爆炸】空间扭曲对象可以产生物体爆炸的动画效果。下面通过简单实例学习使用【爆炸】空间扭曲对象制作爆炸效果的方法。

扫一扫，看视频

实例——制作茶壶爆炸动画效果

步骤 01 在场景中创建一个茶壶对象，进入空间扭曲创建面板，在其列表中选择【几何/可变形】选项，在【对象类型】卷展栏下激活 ▇▇爆炸▇ 按钮，在顶视图中的茶壶旁边位置创建一个"爆炸"空间扭曲对象，如图12-46所示。

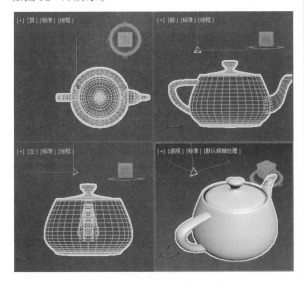

图12-46　创建茶壶与爆炸对象

步骤 02 将创建的爆炸对象绑定到茶壶对象上，进入修改面板，在【爆炸参数】卷展栏下设置强度、自旋、爆炸碎片大小、起爆时间以及重力等参数，如图12-47所示。

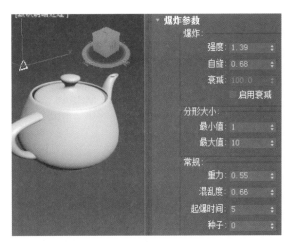

图12-47　设置爆炸参数

步骤 03 播放动画，发现茶壶在设定的时间段开始爆炸，并产生大小不等的碎片，效果如图12-48所示。

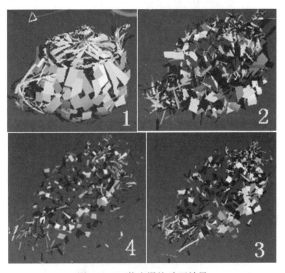

图12-48　茶壶爆炸动画效果

除了以上所讲解的几种空间扭曲对象之外，空间扭曲对象还包括【基于修改器】以及【粒子和动力学】空间扭曲，其中，【基于修改器】空间扭曲包括"弯曲""扭曲""缩化""倾斜""噪波"以及"拉伸"，这些空间扭曲与修改器列表中的相关修改器功能完全相同，区别在于需要将这些空间扭曲对象绑定到对象上，然后进行变形并记录为动画，这些操作都非常简单，在此不再讲解，读者可以自己尝试操作。

12.3 综合练习——制作水龙头出水动画

学习了空间扭曲对象后，本节就来制作一个水龙头流水的动画，学习空间扭曲对象在动画制作中的应用技巧。效果如图12-49所示。

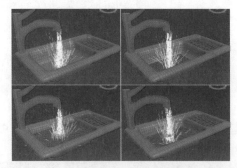

图12-49　水龙头出水动画

12.3.1 制作水面与水龙头流水效果并设置动画时间

扫一扫，看视频

这一小节首先来创建水面以及水龙头流水的效果，同时还需要设置动画的时间，这是制作水龙头流水动画的首要操作。

步骤 01 在顶视图中的洗菜池水槽位置创建一个平面对象作为水面，并为其设置较多的分段数，以便于进行变形，然后在前视图中将其沿Y轴向下移动到水池下方位置，如图12-50所示。

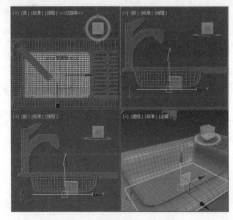

图12-50　创建平面对象

步骤 02 在顶视图中的水龙头出水口位置创建一个喷射

对象，在前视图中将其向上移动，使其位于水龙头出水口位置，如图12-51所示。

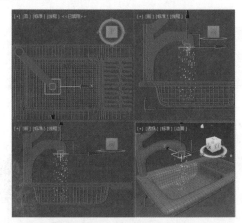

图12-51　创建粒子喷射对象

步骤 03 进入修改面板，设置"视口计数"为300、"渲染计数"为3000、"水滴大小"为10、"速度"为10、"变化"为0.5，勾选"水滴"选项，然后在下方的"发射器"选项中设置"宽度"和"长度"均为12，如图12-52所示。

图12-52　设置粒子参数

> **小贴士**
>
> "视口参数"用于设置粒子在视口中的显示，而"渲染参数"用于设置粒子在渲染时的参数。一般情况下，可以将"视口参数"值设置得小一些，而将"渲染参数"设置得更多一些，这样既便于在视口中查看粒子效果，又能使最终的渲染结果满足动画要求。

步骤 04 最后来设置动画时间，单击动画控制区中的 "时间设置"按钮，打开【时间配置】对话框，设置动画时长为300，然后关闭该对话框，为下面制作动画做好准备。

12.3.2　设置水龙头流水动画

水龙头流水到水槽，水槽中会慢慢积水，水面逐渐上升，同时水面上会有涟漪和水花喷溅，这些都是接下来要表现的动画效果。

扫一扫，看视频

步骤 01 进入创建面板，激活空间扭曲按钮，在其列表中选择"导向器"选项，在【对象类型】卷展栏下激活 导向板 按钮，在顶视图中的水槽位置创建一个导向板，如图12-53所示。

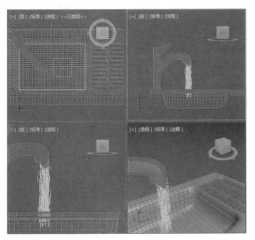

图 12-53　创建导向板

步骤 02 将导向板与粒子系统绑定，拖动时间滑块查看效果，发现粒子到达导向板后向上反弹，出现类似于水流溅起的效果，如图12-54所示。

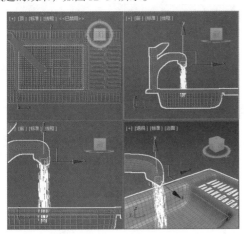

图 12-54　粒子系统的反弹效果

通过观察发现，粒子直接沿垂直方向向上反弹，这与真实情况下的水花的反弹情况不符。当水流碰到硬物反弹时，是没有规律的四散反弹效果。下面调整导向板的相关参数。

步骤 03 选择导向板，在前视图中将其沿Y轴向下移动到水槽底部位置，然后进入修改面板，设置其"反弹"为0.6、"变化"为0、"混乱度"为100%，其他设置默认，如图12-55所示。

步骤 04 继续选择粒子系统对象，进入修改面板，修改"水滴大小"为20、"速度"为20、"变化"为3，其他设置默认，如图12-56所示。

图 12-55　调整导向板参数　　图 12-56　调整粒子系统参数

步骤 05 再次播放动画，会发现这时的水流的反弹效果明显得到改善，更接近真实情况了，效果如图12-57所示。

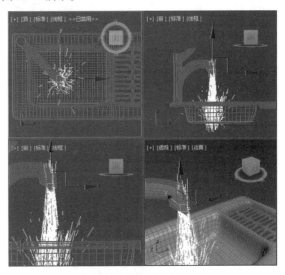

图 12-57　调好后的水流效果

下面继续来制作水面上升效果以及水面涟漪效果。

步骤 06 使用快捷键N打开"自动关键点"功能，将时间滑块拖到300帧位置，在前视图中选择平面对象，将其沿Y轴调整到水槽上方位置，模拟水槽蓄水后的水面上升效果，如图12-58所示。

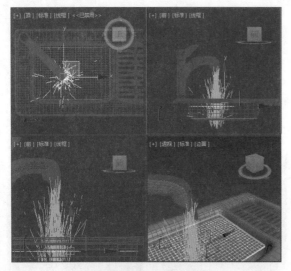

图12-58　沿 Y 轴向上调整平面对象

步骤 07 再次按N键关闭"自动关键点"功能，播放动画发现，随着水龙头不断地放水，水槽中慢慢蓄满了水，水平面在慢慢上升，效果如图12-59所示。

图12-59　水面上升动画效果

　　水面上升动画制作好了，但是，随着水面的上升，水面上不仅有飞溅的浪花，还会出现涟漪。下面继续为平面对象绑定【涟漪】空间扭曲对象。

步骤 08 继续在顶视图中的水龙头出水口正下方位置创建一个【涟漪】空间扭曲对象，并将其与平面对象绑定，此时会发现平面对象上已经出现了涟漪效果，但涟漪振

幅太大，不真实，如图12-60所示。

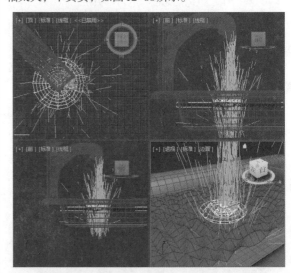

图12-60　创建并绑定【涟漪】空间扭曲对象

步骤 09 将时间滑块拖到0帧位置，使用快捷键N打开"自动关键点"功能，选择"涟漪"对象，进入修改面板，修改器涟漪的各参数均为0。

步骤 10 继续拖动时间滑块到300帧位置，修改涟漪的"振幅1"为2、"振幅2"为3.5、"波长"为8、"相位"为0.5，然后关闭"自动关键点"功能。

步骤 11 调整透视图并再次播放动画，发现随着水面的上升，水面上出现了真实的涟漪效果，如图12-61所示。

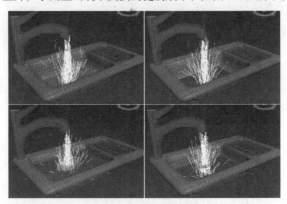

图12-61　水面出现涟漪

步骤 12 至此，水龙头流水动画制作完毕，将该场景另存为"综合练习——制作水龙头出水动画.max"文件。

👓 小贴士

可以为动画场景模型制作材质，并设置场景灯光，

然后将其渲染为动画，有关场景对象材质的制作以及场景灯光设置和渲染将在后面章节进行讲解。

12.4 职场实战——制作喷泉广场漫游动画

喷泉已成为大型广场的景观之一，这一节就来制作一个喷泉广场漫游的动画。打开"素材"/"制作喷泉广场漫游动画.max"素材文件，这是一个广场的喷泉场景的三维模型，如图12-62所示。

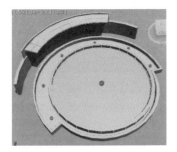

图 12-62　广场喷泉场景模型

该喷泉场景模型并没有喷泉，这一节就来为该喷泉场景模型制作喷泉，如图12-63所示。

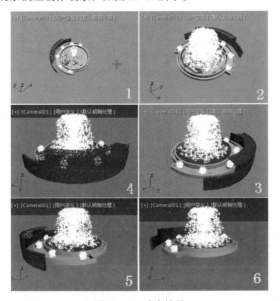

图 12-63　喷泉效果

12.4.1　设置动画时间并制作喷泉动画

这一小节首先设置动画时间，并制作喷泉动画。

扫一扫，看视频

步骤 01 单击动画控制区的 "时间设置" 按钮，打开【时间配置】对话框，设置动画时间为1200帧，然后关闭该对话框。

步骤 02 进入创建面板，在顶视图中的水池中心位置创建一个"超级喷射"粒子系统，然后进入修改面板，分别在【基本参数】卷展栏、【粒子生成】卷展栏下设置粒子的各参数，如图12-64所示。

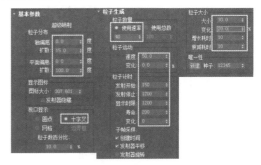

图 12-64　设置粒子参数

步骤 03 展开【旋转和碰撞】卷展栏，设置"自旋时间"为25；展开【气泡运动】卷展栏，设置"周期"为80000，其他设置默认，如图12-65所示。

图 12-65　设置自旋时间与周期

步骤 04 拖动时间滑块查看粒子效果，结果如图12-66所示。

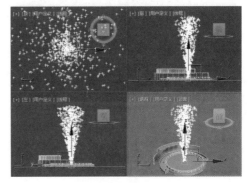

图 12-66　设置参数后的粒子效果

由以上效果可以看出，粒子只是垂直向上喷射，并没有形成像喷泉那样喷射到一定高度再自由下落的效果。下面再创建一个重力，将其作用于粒子系统，使其粒子产生喷射到一定高度再自由下落的效果。

步骤 05 进入"空间扭曲"创建面板，在其选项列表中选择"力"选项，在【对象类型】卷展栏下激活 重力 按钮，在顶视图中的粒子上方创建一个【重力】空间扭曲对象，然后在前视图中将其沿Y轴向上移动到超级粒子的上方，如图12-67所示。

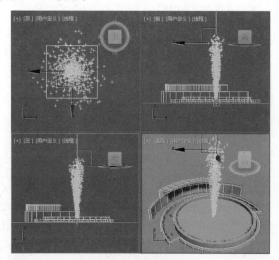

图 12-67 创建【重力】

步骤 06 将【重力】绑定到粒子系统上，此时发现，粒子喷射到一定高度后在重力作用下直接向下喷射到了地面以下，如图12-68所示。

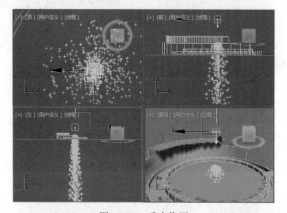

图 12-68 重力作用

这样的效果显然不能满足喷泉的要求，下面调整重力参数。

步骤 07 选择重力对象，进入修改面板，展开【参数】卷展栏，设置【重力】的"强度"为0.5，其他设置默认，此时发现【重力】作用能满足喷泉的要求了，效果如图12-69所示。

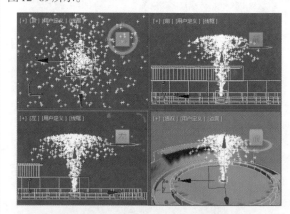

图 12-69 【重力】对粒子的影响效果

继续观察，发现喷泉喷射到一定程度下落，下落的水珠会在下方水面形成轻微反弹，并使水面出现涟漪。下面创建一个水面模型，为其施加【涟漪】空间扭曲对象，使其产生涟漪效果，然后为粒子系统绑定【导向板】空间扭曲对象，使粒子产生反弹效果，以制作真实的水面效果。

步骤 08 在顶视图中创建"半径"与喷泉水池相当，"高度"为1、"端面分段"为20、"边数"为30的圆柱体作为水面，并将其移动到水池底部位置，如图12-70所示。

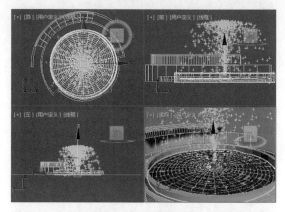

图 12-70 创建圆柱体

步骤 09 继续在顶视图中的水面模型上方位置创建一个【涟漪】空间扭曲对象，并将其与水面对象绑定，此时发现水面对象上出现了涟漪效果，拖动时间滑块发现水面并没有波动，如图12-71所示。

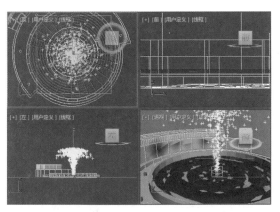

图 12-71 创建涟漪对象

水面有涟漪但并没有波动，这是因为"涟漪"空间扭曲对象需要记录动画才行。下面设置它的动画效果，喷泉是在 200 帧开始喷射，因此需要从 200 帧开始设置涟漪动画。

步骤 10 将时间滑块拖到 200 帧位置，使用快捷键 N 打开"自动关键点"功能，选择"涟漪"对象，进入修改面板，修改器涟漪的各参数如图 12-72 所示。

步骤 11 继续拖动时间滑块到 1200 帧位置，再次修改涟漪的各参数，如图 12-73 所示。

图 12-72 200 帧时的涟漪参数　图 12-73 1200 帧时的涟漪参数

步骤 12 关闭自动关键点功能，再次播放动画，当动画播放到 200 帧时水面开始出现涟漪，指定 1200 帧结束，如图 12-74 所示。

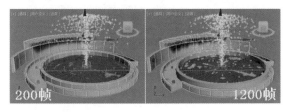

图 12-74 水面出现涟漪

喷泉水下落到水面后会有反弹，而此时并没有反弹效果出现。下面继续制作喷泉水的反弹效果。

步骤 13 继续在顶视图中创建一个【导向板】空间扭曲对象，其长度与宽度要大于水池，以便能反弹所有下落的水珠，然后设置其"反弹"值为 1，其他设置默认，拖动时间滑块，发现喷泉水下落到水池后出现向上的反弹，如图 12-75 所示。

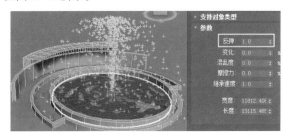

图 12-75 创建与绑定【导向板】后的效果

步骤 14 至此，主喷泉效果制作完毕。下面继续在喷泉池周围制作 6 个小喷泉，小喷泉的制作方法与主喷泉相同，在此不再详细讲解，读者可以自己尝试制作，或者打开该场景文件查看相关设置，制作好的小喷泉效果如图 12-76 所示。

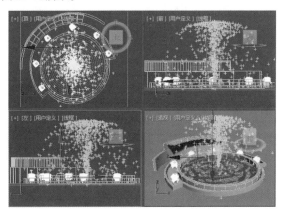

图 12-76 制作的小喷泉

这样，广场喷泉动画制作完毕。

12.4.2　制作摄像机漫游动画

这一小节继续来制作摄像机漫游动画，摄像机从高空盘旋而下，围绕喷泉漫游，最后退出广场。

扫一扫，看视频

步骤 01 进入创建面板，激活 "摄像机" 按钮，在【对象类型】卷展栏下激活 目标 按钮，在顶视图中拖曳鼠标创建一架目标摄像机，并将视点调整到主喷泉位置，在前视图中调整摄像机的目标点位置，如图 12-77 所示。

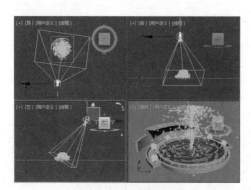

图 12-77　创建目标摄像机

步骤 02 进入修改面板，为其选择24mm的镜头，然后在顶视图中绘制一条NURBS曲线，在其他视图中对其进行调整，该NURBS曲线将作为相机视点运动的路径，位置如图12-78所示。

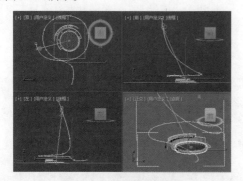

图 12-78　绘制摄像机路径

步骤 03 在视图中选择摄像机的目标点，单击创建面板上的 ⚪ "运动"按钮进入运动面板，在【指定控制器】卷展栏下单击"位置XYZ"选项，单击 ⚓ "指定控制器"按钮打开【指定位置控制器】对话框，选择"路径约束"控制器，如图12-79所示。

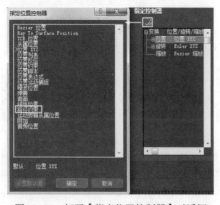

图 12-79　打开【指定位置控制器】对话框

步骤 04 单击 确定 按钮确认，为摄像机添加路径约束控制器。

步骤 05 向上推动面板，在【路径参数】卷展栏下激活 添加路径 按钮，在视图中单击调整好的曲线路径，然后激活透视图，按C键，将透视图设置为摄像机视图，效果如图12-80所示。

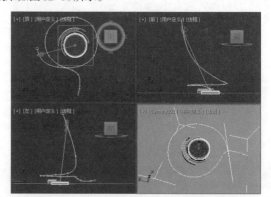

图 12-80　为摄像机添加路径并切换摄像机视图

步骤 06 激活摄像机视图，播放动画查看摄像机漫游动画效果，结果如图12-81所示。

图 12-81　摄像机漫游动画效果

通过播放动画发现，主喷泉的粒子数量太少，喷泉效果不理想。另外，喷泉旁边的墙体遮挡摄像机镜头，下面进行调整。

步骤 07 首先选择主喷泉的粒子系统，进入修改面板，在【粒子生成】卷展栏的"粒子数量"选项中勾选"使用速率"选项，并修改其参数为150，其他默认。

3ds Max 2020实用教程（微课视频版）

步骤 08 选择喷泉旁边的前提，为其指定一个半透明材质（材质的具体制作方法将在后面章节进行讲解），同时修改所有粒子系统的颜色为白色，最后将摄像机、路径等辅助对象全部隐藏，然后再次播放动画查看效果，结果如图12-82所示。

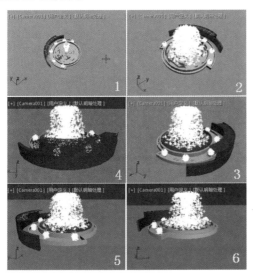

图 12-82　喷漆动画效果

步骤 09 最后执行【文件】/【另存为】命令，将该场景保存为"职场实战——制作喷泉广场漫游动画.max"文件。

Chapter
13
第13章

材质

本章导读：

在 3ds Max 2020 三维场景中，材质与贴图就像人身上穿的衣服，是反映模型质感的重要元素，这一章继续学习材质的相关知识。

本章主要内容如下：

- 认识材质与【材质编辑器】；
- 【材质编辑器】的卷展栏；
- 制作 3ds Max 材质；
- 制作 V-Ray 材质；
- 综合练习——材质制作大集锦；
- 职场实战——制作休闲沙发、椅子、茶几组合材质。

13.1 认识材质与【材质编辑器】

在现实生活中，任何物体都有它自身的表面特征，如石头表面是粗糙、坚硬的；织布表面是光滑、柔软的；金属表面具有反光效果；玻璃具有透明和反射的表面特性等。在3ds Max 2020中，物体的这些表面特性就是依靠材质来表现的，而材质是在【材质编辑器】中制作的，这一节首先学习认识材质与【材质编辑器】的相关知识。

13.1.1 材质及其类型

扫一扫，看视频

材质是3ds Max 2020系统对物体视觉效果的真实模拟，它包括颜色、光感、透明性、表面特性以及表面纹理结构等诸多要素。

3ds Max 2020支持三种材质类型，包括【通用】材质、【扫描线】材质以及【V-Ray】材质，这三种类型的材质适用于不同的渲染器，下面对其进行简单介绍。

1.【通用】材质

【通用】材质适用于除【V-Ray】渲染器之外的其他渲染器，该材质类型可以为各种模型对象制作不同质感的材质效果。例如，为一个容器类对象制作内、外两种不同的材质，为一个多边形对象的不同多边形面指定不同的材质，还可以将对象的投影真实投影到背景贴图上，实现真实的投影效果等，打开【材质/贴图浏览器】对话框，展开【材质】/【通用】选项，即可看到相关材质，如图13-1所示。

2.【扫描线】材质

【扫描线】材质只适用于【默认扫描线】渲染器，该材质类型可以表现真实的光线跟踪以及建筑质感等，在【材质/贴图浏览器】对话框中展开【材质】/【扫描线】选项，即可看到相关材质，如图13-2所示。

图13-1　【通用】材质

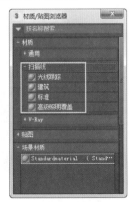

图13-2　【扫描线】材质

3.【V-Ray】材质

在3ds Max 2020中，【V-Ray】材质是【V-Ray】渲染器的专用材质，只有在安装并使用【V-Ray】渲染器时，这些材质才可以显示并使用，该材质可以制作出其他渲染器无法比拟的材质效果，并可以进行更精确的渲染输出，展开【材质】/【V-Ray】选项，即可看到相关材质，如图13-3所示。

图13-3　【V-Ray】材质

以上简单介绍了3ds Max 2020的相关材质类型，材质的具体制作将在后面章节进行详细讲解。

13.1.2 【材质编辑器】窗口

扫一扫，看视频

使用快捷键M打开【材质编辑器】对话框，默认情况下系统呈现的是【Slate材质编辑器】窗口模式，如图13-4所示。

图13-4　【Slate材质编辑器】窗口模式

对于3ds Max早期版本的用户来说，这种模式窗口可能不太习惯，这时可以在【Slate材质编辑器】窗口的【模式】菜单下选择【精简材质编辑器】命令，此时可以将其切换为精简后的【材质编辑器】窗口，如图13-5所示。

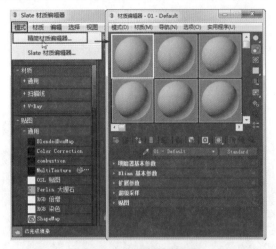

图 13-5　切换材质编辑器

精简后的【材质编辑器】更直观，操作也更简单，其主要包括"菜单栏""示例窗""工具行/工具列""材质名称"和"卷展栏"等部分内容。这一小节主要认识"示例窗"与各种工具按钮。

13.1.3　示例窗

扫一扫，看视频

示例窗显示材质和贴图的预览效果，它是【材质编辑器】界面最突出的功能。【材质编辑器】共有24个示例窗，一个示例窗可以编辑一种材质或贴图，系统默认下只显示6个示例窗，如图13-6所示。

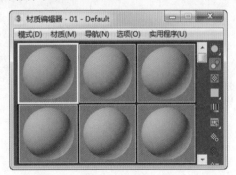

图 13-6　示例窗

将光标放在示例窗上，光标显示小推手图标，此时按住鼠标拖曳，可以查看其他示例窗，在示例窗上右击，在弹出的右键菜单上选择"3×2示例窗""5×3示例窗"以及"6×4示例窗"，可以设置示例窗的显示数目，如图13-7所示。

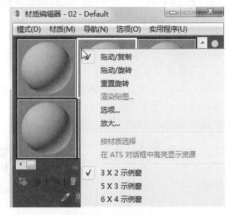

图 13-7　设置示例窗

在制作材质时，需要先单击一个示例窗将其激活，被激活的示例窗边框显示白色，未被激活的示例窗边框显示灰色，然后制作材质，材质会显示在示例窗上，如图13-8所示。

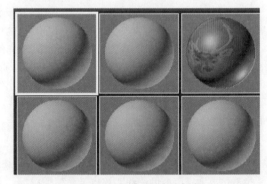

图 13-8　材质显示在示例窗

制作好材质后，选择场景对象，单击【材质编辑器】工具栏中的 "将材质指定各选定对象"按钮，就可以将其指定给场景对象，此时示例窗四周显示白色三角形，如图13-9所示。

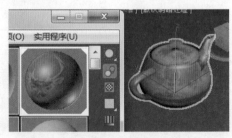

图 13-9　将材质指定给对象

将材质指定给对象后，该示例窗被称为"热材质（或热示例窗)", 当调整该"热材质"时, 场景中的材质也会同时更改, 如图13-10所示。

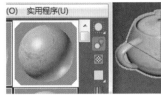

图13-10 调整材质

> **小贴士**
>
> 当删除指定了材质的对象, 或者为该对象重新指定其他材质后, 当前的"热材质"即变为"冷材质", 冷材质示例窗四周不显示白色三角形, 如图13-11所示。
>
>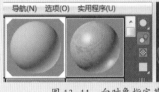
>
> 图13-11 向对象指定其他材质

13.1.4 工具按钮

工具按钮主要用于向对象指定材质、在场景显示材质以及获取材质、保存材质等, 这些按钮与材质本身的设置无关, 下面只对常用的按钮进行介绍。

扫一扫, 看视频

- "采样类型"按钮: 用于切换示例窗的显示类型, 按住该按钮不放, 可显示示例窗的不同类型, 包括圆柱体类型和立方体类型, 便于用户观察同一种材质在不同形状的对象上的表现效果, 如图13-12所示。

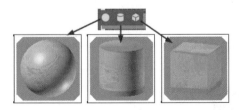

图13-12 示例球的类型

- "背光"按钮: 用于显示材质的背光效果, 按下该按钮, 将显示材质的背光效果, 用于观察有背光时材质的表现效果, 如图13-13所示。

图13-13 显示与隐藏背光

- "背景"按钮: 用于显示背景, 该功能在制作玻璃、不锈钢金属等反射、折射比较强的材质时非常有用, 可以通过背景观察反射、折射效果, 如图13-14所示。

图13-14 显示与隐藏背景

- "获取材质"按钮: 单击该按钮, 打开【材质/贴图浏览器】对话框, 用于从"材质库""场景"或其他位置加载以前存储的材质到场景。
- "将材质指定给选定对象"按钮: 单击该按钮将材质指定给选择的对象。
- "在视口中显示真实材质"按钮: 激活该按钮将在视图中可以看到贴图和材质, 但是只能显示一个层级的贴图和材质。
- "转到父对象"按钮: 单击该按钮, 回到上一级材质层级, 该按钮只有在次一级的层级上才能被激活。

除了以上所讲解的这些按钮之外, 其他按钮不常使用, 且操作简单, 在此不再对其进行讲解。

13.2 【材质编辑器】的卷展栏

卷展栏是【材质编辑器】中的主要组成部分, 也是编辑材质的主要操作内容, 它提供制作材质的各种参数设置。

卷展栏会根据使用的材质的类型不同而发生变化, 以【标准】材质为例, 【标准】材质是属于【扫描线】材质的一种, 当制作【标准】材质时, 其"卷展栏"包括【明暗器基本参数】【Blinn基本参数】【扩展参数】【超级采样】【贴图】5个卷展栏, 如图13-15所示。

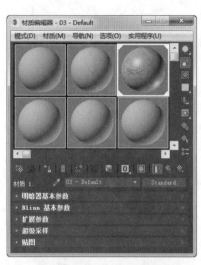

图 13-15　标准材质的卷展栏

下面以【标准】材质和【V-Ray】材质为例，对部分卷展栏进行讲解，其他卷展栏在此不做讲解，感兴趣的读者可以自己尝试操作。

13.2.1　【明暗器基本参数】卷展栏

扫一扫，看视频

该卷展栏分为两部分内容，分别是设置物体的明暗类型和着色方式，下面对其进行讲解。

1. 明暗类型

在左边的"明暗类型"下拉列表中有8种明暗类型，分别用于制作不同质感材质时进行选择，如图13-16所示。

图 13-16　设置明暗类型

- Blinn：默认的着色类型，这种着色类型比较常用，一般用于较软的物体的表面着色，如布料、织物等。
- 各向异性：该着色类型可以在模型表面产生椭圆高光，用于模拟具有反光异向性的材料，如头发、玻璃和有棱角的金属表面等。
- 金属：专门用于模拟金属材质的表面着色效果。
- 多层：产生椭圆高光，但其拥有两套高光控制参数，能生成更复杂的高光效果。

- Oren-Nayar-Blinn：主要用于模拟粗糙的布、陶土等物体的表面着色。
- Phong：可以很好地模拟从高光到阴影区自然色彩变化的材质效果，适用于塑料质感更强的物体表面着色，也可用于大理石等较坚硬的物体的表面着色。
- Strauss：用于生成金属材质，但比"金属"类型更简单。
- 半透明明暗器：同灯光配合使用可以制作出灯光的透射效果。

2. 着色方式

- 线框：该方式将以"线框"方式进行着色，只表现物体的线框结构，可以在【扩展参数】卷展栏下的"线框"选项下设置线框值，"线框"依次为0.5、1和3时的线框着色效果如图13-17所示。

图 13-17　设置线框大小

- 双面：该方式将使用双面材质对单面物体进行着色，尤其对于改善放样生成对象（如窗帘等）时的法线翻转问题很管用。
- 面贴图：该方式在物体每个多边形的边上进行贴图，一般不常用。
- 面状：该方式使物体每一个面出现棱角，一般不常用。

13.2.2　【基本参数】卷展栏

扫一扫，看视频

当选择不同的着色类型时，该卷展栏会显示所选着色类型的参数，不同着色类型的"基本参数"设置出入较大。下面以"Blinn"着色类型为例，对【基本参数】卷展栏设置进行讲解，【Blinn基本参数】卷展栏如图13-18所示。

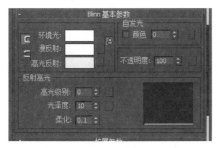

图 13-18 【Blinn 基本参数】卷展栏

- 环境光：物体在阴影中的颜色，单击该颜色块，
打开【颜色选择器】对话框设置颜色，也可以使
用一种纹理贴图来替代颜色。
- 漫反射：物体在良好的光照条件下的颜色，单击
该颜色块，打开【颜色选择器】对话框设置颜色，
或单击颜色块右边的▇ "贴图通道"按钮，打开
【材质/贴图浏览器】对话框选择一种贴图，效果如
图 13-19 所示。

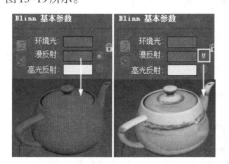

图 13-19 漫反射颜色与贴图效果

- 高光反射：物体在良好的光照条件下的高光颜色，
其颜色一般为白色，单击该颜色块，打开【颜色
选择器】对话框设置颜色，或者单击颜色块右边的
▇ "贴图通道"按钮，打开【材质/贴图浏览器】对
话框选择一种贴图。
- 自发光：设置材质自发光效果，启用复选框，使
用自发光颜色，禁用复选框，使用单色微调器调
整自发光度，如图 13-20 所示。

图 13-20 自发光效果

- 不透明度：设置材质的不透明度，100 为完全不透
明，0 为完全透明，50 为半透明，效果如图 13-21
所示。

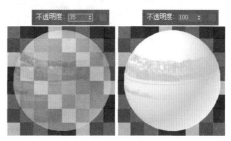

图 13-21 不透明度效果

- 高光级别/光泽度：设置物体高光强度与光泽
度，不同质感的物体具有不同的高光强度与光
泽度，一般情况下，木头为 20 ～ 40、大理石为
30 ～ 40、墙体为 10 左右、玻璃为 50 ～ 70、金属
为 100 或者更高，如图 13-22 所示。

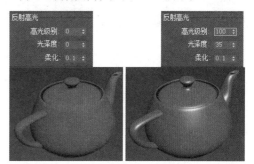

图 13-22 高光级别与光泽度效果

13.2.3 【扩展参数】卷展栏

扫一扫，看视频

【扩展参数】卷展栏包括"高级透明""线
框"以及"反射暗淡"三部分，如图 13-23 所示。

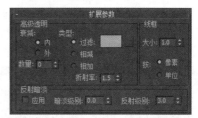

图 13-23 【扩展参数】卷展栏

"高级透明"选项组包括"衰减"和"类型"，用于设
置透明材质在"内部"还是"外部"衰减、衰减的程度以
及如何应用不透明度等。

- 内：由中心向边缘增加透明的程度，通过设置"数

量"值产生不同的透光效果，"数量"值分别为0、50和100时的衰减效果如图13-24所示。

图13-24　透光效果比较

- 外：与内相反，由边缘向中心增加透明的程度，通过设置"数量"值产生不同的透光效果，"数量"值分别为0、50和100时的衰减效果如图13-25所示。

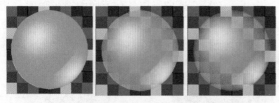

图13-25　透光效果比较

- 过滤：计算与透明物体后面的颜色相乘的过滤色。单击色样可更改过滤颜色。单击色样后的按钮可将贴图指定给过滤颜色组件。

小贴士

过滤或透射颜色是通过透明或半透明材质（如玻璃）透射的颜色。用户可以将过滤颜色与体积照明一起使用，以创建像彩色灯光穿过脏玻璃窗口这样的效果。透明对象投射的光线跟踪阴影将使用过滤颜色进行染色。

- 相减/相加："相减"是从透明物体后面的颜色中减去；而"相加"是与透明物体后面的颜色相加。如图13-26所示，依次为"过滤""相减"和"相加"的过滤方式产生的效果。

图13-26　光线的相加减效果比较

- 折射率：设置折射贴图和光线跟踪所使用的折射

率（IOR）。IOR用来控制材质对透射灯光的折射程度。1.0是空气的折射率，这表示透明对象后的对象不会产生扭曲。折射率为1.5，后面的对象就会发生严重扭曲，就像玻璃球一样。对于略低于1.0的IOR，对象沿其边缘反射，如从水面下看到的气泡。常见的折射率（假设摄影机在空气或真空中）如图13-27所示。

材质	IOR值
真空	1.0（精确）
空气	1.0003
水	1.333
玻璃	1.5（清晰的玻璃）到 1.7
钻石	2.417

图13-27　折射率

13.3　制作3ds Max材质

前面已经讲过，3ds Max 2020系统支持多种类型的材质，但常用的材质并不多，这一节主要讲解几种常用的材质制作方法，读者可以自己尝试制作其他材质。

13.3.1　制作【标准】材质

扫一扫，看视频

【标准】材质是一种较常用的材质类型，该材质制作简单，可以根据对象表面特征使用颜色或者贴图来模拟模型表面的反射属性，为表面建模提供非常直观的纹理效果。

打开"素材"/"凉拖.max"素材文件，这是一双女士凉拖，按F9键快速渲染，发现该凉拖并没有指定任何材质，如图13-28所示。

图13-28　女士凉拖渲染效果

下面为该凉拖制作一个塑料材质，塑料材质可以直接使用一种颜色来制作，效果如图13-29所示。

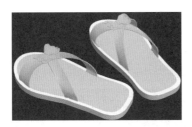

图 13-29　制作材质后的效果

实例——制作女士凉拖塑料材质

步骤 01 首先创建一个平面对象作为地面，然后在【材质编辑器】中选择一个空的示例球，将其命名为"鞋带"，然后在【Blinn基本参数】卷展栏下单击"漫反射"颜色按钮，在打开的【颜色选择器】对话框中设置颜色为粉红色（R:255、G:151、B:239）。

步骤 02 继续在"反射高光"选项中设置"高光级别"为33、"光泽度"为42、"不透明度"为90，然后在"自发光"选项中取消"颜色"选项的勾选，并设置其自发光值为50，其他设置默认，材质效果如图13-30所示。

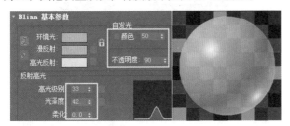

图 13-30　设置材质颜色与参数

步骤 03 按住Ctrl键单击选择凉拖的4条鞋带和蝴蝶结对象，单击"将材质指定给选定对象"按钮，将该材质指定给鞋带，按F9键快速渲染场景，效果如图13-31所示。

图 13-31　指定鞋带材质

步骤 04 下面制作鞋垫材质，鞋垫材质是一种泡沫塑料，因此其光泽度等都与鞋带材质不同，制作时可以复制"鞋带"材质，然后调整参数即可。

在【材质编辑器】中将"鞋带"示例球拖到空白示例球上进行复制，并将复制的示例球命名为"鞋垫"，然后修改各参数，效果如图13-32所示。

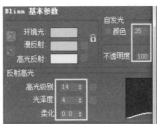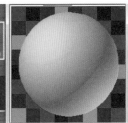

图 13-32　"鞋垫"材质

步骤 05 按住Ctrl键单击选择凉拖的鞋垫对象，单击"将材质指定给选定对象"按钮，将该材质指定给鞋底。

步骤 06 下面制作"鞋底"材质。"鞋底"的材质与"鞋垫"的材质相同，都是一种泡沫材质，但"鞋底"为白色泡沫，因此可以复制"鞋垫"材质，调整其颜色为白色，选择"鞋底"对象，为其指定材质即可，该操作简单，在此不再详述，其效果如图13-33所示。

图 13-33　指定鞋底材质

以上使用颜色制作了女士凉拖的塑料材质，在实际应用中，大多数情况下，【标准】材质都需要使用贴图来完善，以表现对象真实的表面纹理效果。

下面继续为凉拖制作一种布纹材质，学习标准材质中使用贴图的相关知识。

实例——制作凉拖布纹材质

步骤 01 在【材质编辑器】中选择凉拖"鞋带"的材质示例球，修改"高光级别"以及"光泽度"均为10、"不透明度"为100。

步骤 02 单击"漫反射"贴图按钮打开【材质/贴图浏览器】对话框，展开【通用】贴图选项，双击"位图"选项，在打开的【选择位图图像文件】对话框中双击"贴图"目录下的"24.jpg"位图文件，在【坐标】卷展栏下设置"U"向的"瓷砖"参数为15，其他设置默认，按F9键快速渲染查看材质效果，如图13-34所示。

图13-34　为鞋带指定贴图

步骤 03 继续选择"鞋垫"的材质示例球，单击"漫反射"贴图按钮打开【材质/贴图浏览器】对话框，展开【通用】贴图选项，双击"位图"选项，在打开的【选择位图图像文件】对话框中双击"贴图"目录下的"24.jpg"位图文件，在【坐标】卷展栏下设置"U"向和"V"向的"瓷砖"参数均为3，其他设置默认，按F9键快速渲染查看材质效果，如图13-35所示。

图13-35　为鞋垫指定贴图

步骤 04 继续选择"鞋底"的材质示例球，单击"漫反射"贴图按钮打开【材质/贴图浏览器】对话框，展开【通用】贴图选项，双击"位图"选项，在打开的【选择位图图像文件】对话框中双击"贴图"目录下的"床垫.jpg"位图文件，所有设置默认，按F9键快速渲染查看材质效果，如图13-36所示。

图13-36　为鞋底指定贴图

步骤 05 选择空的示例球，将其命名为"地板"，并设置"高光级别"为80、"光泽度"为55，然后单击"漫反射"贴图按钮打开【材质/贴图浏览器】对话框，展开【通用】贴图选项，双击"位图"选项，在打开的【选择位图图

像文件】对话框中双击"贴图"目录下的"实木C.jpg"位图文件。

步骤 06 选择地板对象，将制作的材质指定给地板，按F9键快速渲染查看材质效果，如图13-37所示。

图13-37　指定实木地板材质后的渲染效果

步骤 07 这样，凉拖的材质制作完毕。最后可以为场景设置一盏灯光，使用默认的"扫描线渲染器"对场景进行渲染，以增强场景对象材质的质感，渲染效果如图13-38所示。

图13-38　设置灯光后的渲染效果

小贴士

场景灯光的设置将在后面章节进行讲解。

练一练

打开"素材"/"变换对象01.max"素材文件，如图13-39所示。

图13-39　变换对象01

3ds Max 2020实用教程（微课视频版）

将花瓶移动到小桌上，将坐垫复制到小桌四周，然后自己尝试为该小桌制作实木材质，为坐垫制作布纹材质，为花瓶制作半透明玻璃材质，然后设置灯光进行场景的渲染，效果如图13-40所示。

图13-40　制作材质并设置灯光后的场景渲染效果

操作提示

打开【材质编辑器】并选择空的示例球，为"漫反射"指定贴图文件，并设置"高光级别""光泽度"以及"不透明度"参数，将其指定给相关模型对象。

场景灯光设置与渲染将在后面章节进行讲解，读者也可以解压"变换对象01"压缩包文件查看灯光设置与渲染的相关设置。

13.3.2　制作【多维/子对象】材质

【多维/子对象】材质属于复合材质的一种。使用【多维/子对象】材质可以采用几何体的子对象级别分配不同的材质，也就是说，可以给一个对象指定多种不同的材质，被指定【多维/子对象】材质的对象一般属于"可编辑多边形""可编辑网格"或者施加了【编辑多边形】或【编辑网格】修改器的对象。

打开"效果"/"第10章"/"使用【车削曲面】创建门把手模型.max"效果文件，这是在前面章节制作的一个门把手模型，按F9键快速渲染，发现该模型并没有任何材质，如图13-41所示。下面为其制作【多维/子对象】材质，使其把手位置为两种不同的木材材质，效果如图13-42所示。

扫一扫，看视频

图13-41　门把手模型　　　　图13-42　指定材质后的门把手

实例——为门把手制作【多维/子对象】材质

步骤01 使用快捷键M打开【材质编辑器】对话框，选择一个空的示例球，单击 Standard 按钮，在打开的【材质/贴图浏览器】对话框中展开【通用】选项，双击【多维/子对象】选项，如图13-43所示。

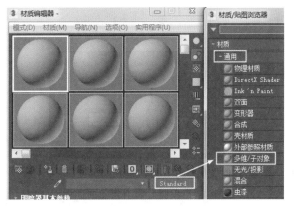

图13-43　选择【多维/子对象】材质

步骤02 此时，打开【替换材质】对话框，如图13-44所示。

图13-44　【替换材质】对话框

小贴士

此对话框有两个选项，如果当前示例窗中有材质，则勾选"丢弃旧材质？"选项，原有材质将被丢弃；如果勾选"将旧材质保存为子材质？"选项，则将当前示例窗中的材质保存为【多维/子对象】材质的一个子材质。

步骤 03 单击 确定 按钮关闭该对话框，在【材质编辑器】对话框中展开【多维/子对象基本参数】卷展栏，发现共有10个子材质。

设置"明暗方式"为Phong，然后设置"反射高光"的"高光级别"为87、"光泽度"为53，其他设置默认，如图13-47所示。

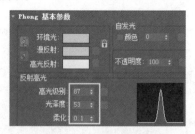

图 13-47 设置1号材质

小贴士

该卷展栏一次最多显示10个子材质，如果【多维/子对象】材质包含的子材质超过10个，则可以通过右边的滚动栏滚动列表显示其他子材质。

步骤 04 单击 设置数量 按钮，在打开的【设置材质数量】对话框中根据材质的需要设置"材质数量"，在此设置材质数量为2，如图13-45所示。

图 13-45 设置材质数量

小贴士

设置子材质的数目之后，可以在每一个子材质上应用"标准"材质、"VrayMtl"材质或其他各种材质，单击 Standard "标准"按钮，在打开的【材质/贴图浏览器】对话框中选择所需的材质类型。

步骤 07 单击"漫反射"贴图按钮，在打开的【材质/贴图浏览器】对话框的【通用】选项中双击"位图"选项，在打开的【选择位图图像文件】对话框中选择"贴图"/"黑金星.jpg"图像，完成1号材质的制作，如图13-48所示。

图 13-48 制作的1号材质

小贴士

由于茶壶模型只需要2个子材质，因此设置"材质数量"为2，表示只制作2种材质。如果对象需要5个或更多材质时，可以单击 添加 按钮，每单击一次该按钮添加一个子材质；当要删除某个子材质时，单击 删除 按钮，每单击一次将删除1个子材质。

步骤 08 双击 "转到父对象"按钮再次返回到【多维/子对象】层级，将ID 1号材质直接拖到ID 2号材质按钮上，在弹出的【实例(副本)材质】对话框中选择"复制"选项，如图13-49所示。

步骤 05 单击 确定 按钮确认并关闭【设置材质数量】对话框，此时发现【多维/子对象】只显示2种材质，同时示例球上也显示2种材质效果，如图13-46所示。

图 13-46 显示2种材质

步骤 06 单击"ID 1"子材质按钮进入到该子材质层级，

图 13-49 选择"复制"选项

3ds Max 2020实用教程（微课视频版）

步骤 09 单击 确定 按钮，将ID 1号材质复制给ID 2号材质按钮，如图13-50所示。

图13-50　复制ID 1号材质给ID 2号材质

> **小贴士**
>
> 也可以为ID 2号材质重新选择一种材质，单击ID 2号材质按钮打开【材质/贴图浏览器】对话框即可选择一种材质。

步骤 10 单击ID 2号材质按钮进入到该材质层级，单击"漫反射"贴图按钮进入【位图参数】卷展栏，单击位图路径按钮，在打开的【选择位图图像文件】对话框中选择"贴图"/"实木01.jpg"的位图图像，使用该图像替换原来的"黑金星.jpg"的位图图像，如图13-51所示。

图13-51　替换位图图像

步骤 11 双击 "转到父对象"按钮再次返回到【多维/子对象】层级，发现两种材质使用了两个不同的位图贴图，这样就制作好了【多维/子对象】材质，如图13-52所示。

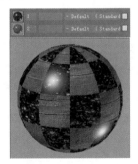

图13-52　制作好的【多维/子对象】材质

下面需要对门把手对象设置材质ID号，这样才能将该材质指定给对象。

步骤 12 选择门把手对象并右击，选择【转换为】/【转换为可编辑多边形】命令将其转换为多边形对象。

步骤 13 按数字4键进入"多边形"层级，在前视图中框选门把手上的部分多边形面，在【多边形：材质ID】卷展栏中设置ID号为1，如图13-53所示。

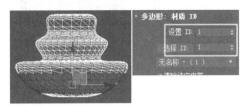

图13-53　选择多边形并设置材质ID号

步骤 14 执行【编辑】/【反选】命令反选门把手的其他多边形面，在【多边形：材质ID】卷展栏中设置ID号为2，如图13-54所示。

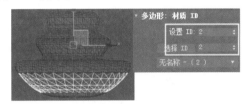

图13-54　反选并设置材质ID号

步骤 15 按数字4键退出"多边形"层级，单击【材质编辑器】中的 "将材质指定给选定对象"按钮，将制作好的【多维/子对象】材质指定给门把手对象，按F9键快速渲染场景，效果如图13-55所示。

图13-55　指定材质后的门把手模型渲染效果

练一练

打开"素材"/"玻璃鱼缸.max"实例文件，如图13-56所示。为该模型制作两种石材质，效果如图13-57所示。

图13-56　玻璃鱼缸模型　　图13-57　为玻璃鱼缸制作多维子对象材质

创建地板并制作实木材质，然后设置灯光进行渲染，效果如图13-58所示。

图13-58　制作地板材质并设置灯光渲染

操作提示

（1）打开【材质编辑器】并选择空的示例球，为其选择【多维/子对象】材质，并设置材质数量为2。

（2）单击1号材质进入其材质层级，设置"高光级别"与"光泽度"参数，然后单击"漫反射"贴图按钮，选择"贴图"目录下的"黑金星.jpg"的位图文件。

（3）返回到【多维/子对象】层级，将1号材质复制到2号材质上，进入2号材质层级，单击"漫反射"贴图按钮，选择"贴图"目录下的"SY011.jpg"的位图文件。

（4）将制作好的材质指定给玻璃鱼缸模型，将该模型转换为"多边形"对象，进入"多边形"层级，设置模型的底部和边缘多边形材质ID号为1、设置模型的其他多边形材质ID号为2。

（5）创建一个平面作为地面，为其指定木纹材质，最后设置灯光并渲染，灯光的设置将在后面章节进行讲解，读者可以解压"玻璃鱼缸"压缩包文件查看灯光设置与材质效果。

13.3.3　制作【建筑】材质

扫一扫，看视频

【建筑】材质可以模拟木材、塑料、石头、金属等多种材料的表面特征，是一种功能非常强大的材质。

在【材质编辑器】中选择一个空的示例球，单击 Standard 按钮，在打开的【材质/贴图浏览器】对话框的【扫描线】选项下双击【建筑】材质选项，即可进入该材质层级，如图13-59所示。

图13-59　【建筑】材质层级

该材质共有5个卷展栏，展开【模板】卷展栏，根据不同的材质在其列表中选择相关模板，此时【物理性质】卷展栏会显示相关参数，用于设置参数，如图13-60所示。

图13-60　选择模板

同时，示例球也会显示相关物理特性，如图13-61所示。

(a) 塑料　　(b) 撩亮的石材　　(c) 半透明纸

图13-61　示例球显示不同物理特性

展开【特殊效果】卷展栏，设置材质的特殊效果，如图13-62所示。

图13-62　【特殊效果】卷展栏

继续展开【高级照明覆盖】卷展栏和【超级采样】卷展栏,根据模板显示不同物体的物理特性设置相关参数,以制作材质,如图13-63所示。

图13-63 【高级照明覆盖】和【超级采样】卷展栏

下面通过一个具体实例学习【建筑】材质的制作方法。

打开"效果"/"第10章"/"职场实战——制作鼠标三维模型.max"实例文件,这是在前面章节创建的一个鼠标三维模型,按F9键快速渲染该模型,发现该模型并没有任何材质,如图13-64所示。

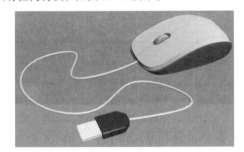

图13-64 鼠标渲染效果

下面就使用【建筑】材质为其制作塑料材质,效果如图13-65所示。

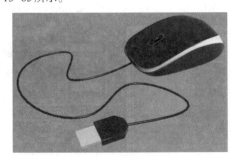

图13-65 制作材质后的鼠标渲染效果

实例——制作鼠标塑料材质

1. 制作鼠标插头材质

鼠标插头是一个多边形对象,其插头有两种材质,

因此需要制作【多维/子对象】材质为其指定不同的材质。

步骤 01 使用快捷键M打开【材质编辑器】对话框,选择一个空的示例球,单击 Standard 按钮打开【材质/贴图浏览器】对话框,展开【通用】选项,双击【多维/子对象】选项选择该材质。

步骤 02 设置【多维/子对象】的材质数量为2,然后单击"ID 1"子材质按钮进入该子材质层级,单击 Standard 按钮,在打开的【材质/贴图浏览器】对话框的【扫描线】选项下双击【建筑】材质选项,为其指定【建筑】材质,如图13-66所示。

图13-66 为1号材质选择【建筑】材质

步骤 03 进入【建筑】材质层级,在【模板】卷展栏列表中选择"塑料",在【物理性质】卷展栏下单击"漫反射颜色"按钮,设置其颜色为黑色(R: 0、G:0、B:0),设置"反光度"为45,其他设置默认,如图13-67所示。

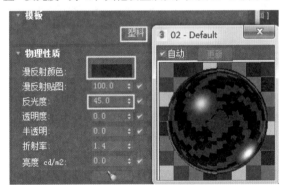

图13-67 设置材质参数与颜色

步骤 04 双击 "转到父对象"按钮再次返回到【多维/子对象】层级,将ID 1号材质直接拖到ID 2号材质按钮上,在弹出的【实例(副本)材质】对话框中选择"复制"选项,单击 确定 按钮,将ID 1号材质复制给ID 2号材质按钮。

步骤 05 单击ID 2号材质按钮进入该材质层级,在【模板】列表中选择"用户定义的金属"模板,然后单击"漫反射颜色"按钮,设置该材质的漫反射颜色为白色(R: 255、G:255、B:255),设置"反光度"为50,其他参数默认,如图13-68所示。

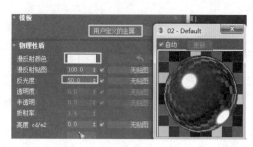

图 13-68　设置 ID 2 材质

这样，插头材质制作完毕。下面需要对插头模型设置材质ID号。

步骤 06 选择插头对象，按数字4键进入"多边形"层级，在顶视图中框选插头金属部分的多边形对象，在【多边形：材质ID】卷展栏下设置ID号为2，如图13-69所示。

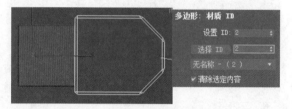

图 13-69　选择多边形并设置材质 ID 号

步骤 07 执行【编辑】/【反选】命令反选插头的其他多边形面，在【多边形：材质ID】卷展栏下设置ID号为1，然后退出多边形层级。

步骤 08 单击【材质编辑器】中的 "将材质指定给选定对象"按钮，将制作好的【多维/子对象】材质指定给鼠标的插头对象，按F9键快速渲染场景，效果如图13-70所示。

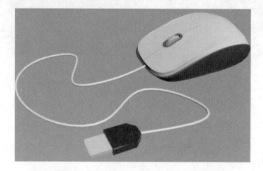

图 13-70　指定材质后的鼠标模型渲染效果

2. 制作鼠标材质

鼠标分为三部分，这三部分都是塑料材质，只是颜色不同，因此可以直接复制鼠标的插头材质，进行编辑修改，然后将其指定给鼠标模型即可。

步骤 01 在【材质编辑器】对话框中将鼠标插头材质示例球拖到空白示例球上将其复制，然后选择复制的示例球，在【多维/子对象】材质层级单击 删除 按钮，将2号材质删除，只保留1号材质，效果如图13-71所示。

图 13-71　删除 2 号材质后的效果

步骤 02 单击1号材质按钮进入其子对象层级，修改其"漫反射颜色"为深红色（R:145、G:0、B:0），其他设置默认。

步骤 03 在视图中选择鼠标底部模型，单击【材质编辑器】中的 "将材质指定给选定对象"按钮，在弹出的【指定材质】对话框中勾选"重命名材质？"选项，将其命名为"底座材质"，如图13-72所示。

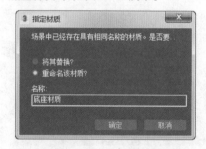

图 13-72　重命名材质

步骤 04 单击 确定 按钮，将该材质指定给鼠标底部模型对象，按F9键快速渲染场景，效果如图13-73所示。

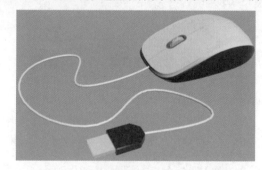

图 13-73　鼠标底部指定材质后的渲染效果

步骤 05 使用相同的方法，再次将"底座材质"复制到其他示例球，分别设置其颜色为白色和黑色，其他设置默认，然后将其分别指定给鼠标中间模型、顶部模型以及滑轮和电源线等部分，完成鼠标材质的制作，按F9键渲染场景，效果如图13-74所示。

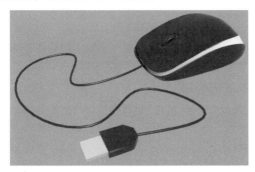

图13-74　指定材质后的鼠标渲染效果

步骤 06 创建一个平面对象作为桌面，并为其制作一个实木材质，设置灯光进行渲染，查看材质效果，结果如图13-75所示。

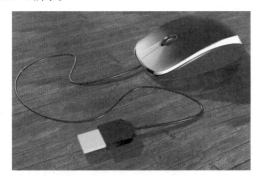

图13-75　设置灯光后的渲染效果

练一练

打开"素材"/"器皿模型.max"实例文件，为该模型制作瓷器和半透明玻璃建筑材质，效果如图13-76所示。

图13-76　为器皿模型制作建筑材质

操作提示

（1）打开【材质编辑器】并选择空的示例球，为其选择【建筑】材质，选择"瓷器：光滑的"模板，设置"漫反射颜色"为白色，"漫反射贴图"参数为65，其他参数默认，将该材质指定给器皿模型，完成瓷器材质的制作。

（2）重新选择空的示例球，为其指定【建筑材质】，选择【玻璃：半透明】，所有设置默认，将该材质指定给器皿模型，完成半透明玻璃材质的制作。

> 🔖 **小贴士**
>
> 3ds Max 2020支持的材质非常多，这些材质的使用方法都相似，操作也简单。另外，在一般的工作中，常用的材质并不多，以上讲解了几种具有代表性的材质的制作方法，由于篇幅所限，其他材质的制作在后面章节将通过具体实例进行讲解。

13.4　制作V-Ray材质

前面章节学习了标准材质与建筑材质的制作，这两种材质的效果远远不如V-Ray材质，这一节就来学习V-Ray材质。V-Ray材质是【V-Ray渲染器】自带的材质类型，当安装【V-Ray渲染器】并指定【V-Ray渲染器】为当前渲染器时，就可以应用V-Ray材质了，V-Ray材质很多，但在一般的工作中常用的并不多。这一节将选择具有代表性的几种材质进行讲解，其他材质操作非常简单，由于篇幅所限，在后面章节将通过具体实例为大家讲解。

13.4.1　显示V-Ray材质类型

扫一扫，看视频

使用快捷键F10打开【渲染设置：扫描线渲染器】对话框，在"渲染器"列表中选择V-Ray渲染器作为当前渲染器，如图13-77所示。

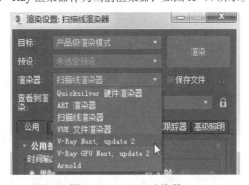

图13-77　V-Ray渲染器

使用快捷键M打开【材质编辑器】对话框，选择一个空白的示例窗，单击 Standard 材质按钮，打开【材质/贴图浏览】对话框，展开"材质"列表下的【V-Ray】列表，即可显示V-Ray材质类型，如图13-78所示。

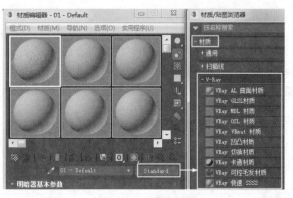

图 13-78　V-Ray 材质

13.4.2　【VRayMtl】材质

扫一扫，看视频

【VRayMtl】材质是最常用的一种材质，该材质可以制作几乎所有材质效果，如金属、塑料、布纹、大理石等，其操作方法与【标准】材质的操作基本相同，但其参数设置要比【标准】材质的设置复杂很多。

在【材质/贴图浏览】对话框中双击【VRayMtl】选项，将其应用到示例窗，同时进入该材质的【基本参数】卷展栏，如图 13-79 所示。

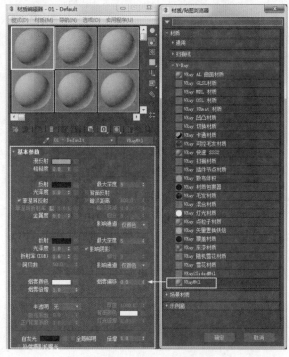

图 13-79　【VRayMtl】材质

下面重点对【基本参数】卷展栏做详细讲解，其他卷展栏的设置比较简单，不再一一讲解。

VRayMtl的【基本参数】卷展栏不同于"标准"材质的【基本参数】设置，它提供"漫反射""反射""折射"和"半透明" 4 组设置，下面对其进行一一讲解。

1. 漫反射与反射

"漫反射"与"反射"组主要提供材质的漫反射和反射的颜色、贴图、光泽度、粗糙度、高光光泽度等一系列设置。

- 漫反射：设置材质的漫反射颜色，与"标准"材质的"漫反射"相同，但在实际渲染时，该颜色会受反射和折射颜色的影响。单击颜色块后面的■贴图按钮，可以使用"位图"或其他贴图代替该颜色。
- 反射：设置材质的反射颜色，单击颜色块后面的■贴图按钮，可以使用"位图"或其他贴图代替颜色。通过设置该颜色来表现材质的反射效果，颜色一般在黑色与白色之间（特殊情况除外）。例如，在制作金属或玻璃材质时，该颜色越接近黑色，材质反射效果越不明显；颜色越接近白色，材质反射效果越明显，"反射"颜色分别为黑色、灰色和白色时的反射效果如图 13-80 所示。

图 13-80　反射效果

- 光泽度：用于设置材质反射的锐利程度，值为 1 时是一种完美的镜面反射效果，而随着该值的减小，反射效果会逐渐模糊，如图 13-81 所示。

图 13-81　反射光泽度

- 菲涅耳反射：勾选该选项，反射的强度将取决于物体表面的入射角度，如玻璃等物体的反射就是这种效果，不过该效果受材质折射率的影响较大。

- 金属度：控制材质的反射计算模型，值为1.0表现金属，值为0表现非金属。
- 最大深度：定义反射能完成的最大次数。请注意，当场景中有大量反射/折射表面时，这个参数要设置得足够大才会产生真实效果。

2. 折射

折射组主要用于设置材质折射的相关设置。

- 折射：设置折射颜色，一般配合"反射"颜色制作透明材质。
- 光泽度：设置折射的光泽度，值为1时是一种完美的镜面反射效果，随着该值的减小，折射效果会逐渐模糊。
- 折射率：不同的物体的折射率不同。
- 影响阴影：勾选该选项，使物体投射透明阴影，透明阴影的颜色取决于折射颜色和雾的颜色，一般用于表现光照穿过玻璃等透明材质时所投射的阴影，需要说明的是，该效果仅在灯光的阴影为"VRay阴影"时有效。如图13-82所示，左图为没有勾选"影响阴影"选项不产生透明阴影，右图为勾选"影响阴影"选项产生透明阴影。

图13-82　设置阴影

- 影响通道：勾选时雾效将影响Alpha通道。
- 烟雾颜色/烟雾倍增：当光线穿透透明材质时会变得稀薄，通过设置雾颜色和强度，可以模拟厚的透明物体比薄的透明物体透明度低的效果。如图13-83所示，左图是"雾倍增"为0.05时的透明效果，右图是"雾倍增"为0.5时的透明效果。

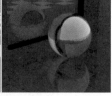

图13-83　设置雾倍增

3. 半透明

半透明组主要用于设置材质的半透明效果。在"类

型"列表中有3种半透明类型，分别是"无""硬模型"和"软模型"。

- 无：不产生半透明效果。
- 硬模型：产生较坚硬的半透明效果。
- 软模型：产生较柔软的类似于水的半透明效果。
- 背面颜色：设置半透明物体的颜色。使用了贴图后，会在透明对象的背面应用贴图。

以上讲解了【VRayMtl】材质的相关设置，下面通过一个具体实例，学习【VRayMtl】材质的制作方法。

打开"素材"/"玻璃酒杯.max"素材文件，这是一个玻璃酒杯的模型，如图13-84所示。

已经指定了该场景的渲染器为【V-Ray】渲染器，并设置好了渲染参数，但并没有制作任何材质，也没有设置灯光，如果现在渲染，将是一片黑暗。下面为酒杯制作玻璃材质，玻璃材质具有透明、反射和折射周围环境的特性，要想得到好的材质效果，必须借助环境贴图来实现，其渲染效果如图13-85所示。

图13-84　玻璃酒杯模型　　图13-85　玻璃酒杯材质渲染效果

实例——制作酒杯玻璃材质

步骤 01 在【材质编辑器】中选择一个空的示例球，为其指定【VRayMtl】材质，在【基本参数】卷展栏下设置"漫反射"颜色为灰色（R:128、G:128、B:128），"反射"颜色为灰色（R:100、G:100、B:100），"折射"颜色为白色（R:255、G:255、B:255），然后设置相关参数，如图13-86所示。

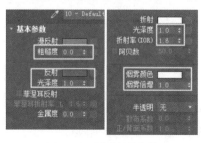

图13-86　设置材质参数

步骤 02 选择玻璃酒杯模型，将制作好的材质指定给玻璃酒杯模型。

步骤 03 现在再制作桌面材质。再次选择一个示例球，为其指定【VRayMtl】材质，在【基本参数】卷展栏下设置"漫反射"颜色为灰色（R:128、G:128、B:128），"反射"颜色为深灰色（R:38、G:38、B:38），"折射"颜色为黑色（R:0、G:0、B:0），然后设置相关参数，如图13-87所示。

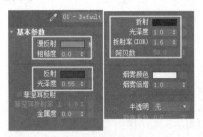

图 13-87　设置桌面材质

步骤 04 将制作好的材质指定给桌面模型，按F9键快速渲染场景，会发现场景一片漆黑，这是因为没灯光。在V-Ray中，有一种贴图既可以作为贴图，又可以充当灯光，它就是HDI贴图，下面就来制作该贴图作为环境贴图。

步骤 05 再次选择一个空的示例球，单击【材质编辑器】中的 ■ "获取材质"按钮，在打开的【材质/贴图浏览器】对话框中展开【贴图】列表下的【V-Ray】列表，双击"VRayHDRI"贴图，如图13-88所示。

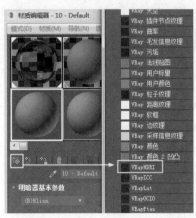

图 13-88　选择"VRayHDRI"贴图

步骤 06 进入"VRayHDRI"贴图的【参数】卷展栏，单击"位图"右侧的按钮，在打开的【选择HDRI】图像对话框中选择"贴图"/"动态贴图.hdri"图像，然后设置相关参数，如图13-89所示。

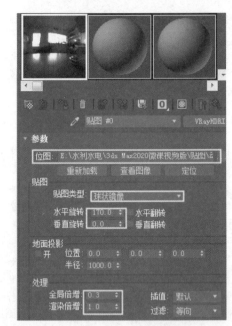

图 13-89　设置 HDRI 贴图参数

步骤 07 执行【渲染】/【环境】命令，打开【环境和效果】对话框，在【材质编辑器】中将制作好的HDRI材质拖到环境贴图按钮上，将其以"实例"方式复制，如图13-90所示。

图 13-90　复制材质给环境

步骤 08 关闭【环境和效果】对话框，按F9键渲染场景，发现玻璃酒杯模型具有了玻璃材质效果，结果如图13-85所示。

> 🐴 **小贴士**
>
> 与位图图像不同，HDRI图像是一种高动态范围图像，在3ds Max中，既可以作为贴图使用，又可以充当灯光，在制作不锈钢金属和玻璃等这类高反光材质时，是必不可少的贴图。有关该贴图的其他知识将在后面章节进行详细讲解。

练一练

继续上一小节的操作，打开"素材"/"玻璃酒杯.max"素材文件，为该模型制作不锈钢材质，效果如图13-91所示。

图13-91　为玻璃酒杯模型制作不锈钢材质

操作提示

（1）依照制作玻璃材质的方法，设置"漫反射颜色"与"反射"颜色均为白色，其他设置与玻璃材质设置相同，将该材质指定给玻璃酒杯模型。

（2）选择空示例球，为其指定VRayHDRI贴图，将其复制到背景贴图上，然后创建平面作为桌面，为其指定一种布纹材质，最后进行渲染。读者可以解压"制作不锈钢酒杯"压缩包查看相关设置。

13.4.3　【VR灯光】材质

【VR灯光材质】是VRay渲染器提供的一种特殊材质，这种材质可以使物体产生自发光效果，类似于"标准"材质中的自发光材质效果，不同的是，"VR灯光材质"还可以使用纹理贴图作为自发光的光源。

扫一扫，看视频

打开【材质编辑器】并选择一个空的示例窗，单击 `Standard` 按钮，在【材质/贴图浏览器】对话框中双击"VR灯光材质"，进入其【参数】卷展栏，如图13-92所示。

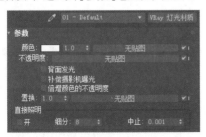

图13-92　【参数】卷展栏

VR灯光材质的设置比较简单。

● 颜色：设置自发光的颜色。在颜色块后面的微调器中设置自发光的强度，值越大，自发光越强。单击贴图按钮，选择一种纹理贴图作为发光源。

● 不透明度：单击该贴图按钮，选择一种纹理贴图作为自发光不透明度的光源。

● 直接照明：开启直接照明并设置参数。

打开"效果"/"第10章"/"使用【车削曲面】创建灯泡模型.max"素材文件，这是一个灯泡模型，下面为其制作材质。灯泡有2种材质：一种是灯泡的自发光材质；另一种是灯头金属材质。在制作时要注意这两种材质的不同质感效果，效果如图13-93所示。

图13-93　自发光材质效果比较

实例——制作灯泡的自发光与金属材质

步骤 01 设置【V-Ray】渲染器为当前渲染器，使用快捷键M打开【材质编辑器】对话框，选择一个空的示例球，为其指定【多维/子对象】材质，并设置材质数量为2，具体操作请参阅前面章节相关内容的讲解。

步骤 02 为1号材质选择【VRay灯光材质】，所有参数默认，为2号材质选择【VRayMtl】材质，在【基本参数】卷展栏下设置"漫反射"颜色为灰色（R:128、G:128、B:128），"反射"颜色为灰色（R:141、G:141、B:141），"光泽度"为0.85，取消"菲涅耳反射"选项的勾选，其他设置默认，效果如图13-94所示。

步骤 03 下面将制作的材质指定给灯泡对象，由于灯泡有两种材质，因此需要设置材质ID号。

选择灯泡对象，右击并选择【转换为】/【转换为可编辑多边形】命令，将灯泡对象转换为多边形对象，按数字4键进入"多边形"层级，在前视图中选择灯光多边形，如图13-95所示。

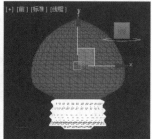

图13-94　设置2号材质　　　图13-95　选择灯泡多边形
　　　　参数

步骤 04 向上推动面板，在【多边形：材质ID】卷展栏下设置其材质ID号为1，执行【编辑】/【反选】命令反选灯头多边形，继续在【多边形：材质ID】卷展栏下设置其材质ID号为2，然后退出"多边形"层级。

步骤 05 将制作的材质指定给灯泡对象，按F9键快速渲染，效果如图13-96所示。

图13-96　灯泡对象渲染效果

> **小贴士**
>
> 　　通过渲染，发现灯泡有了自发光材质，但灯头金属材质的质感不是很好，这是因为没有背景贴图，金属灯头反射了黑色背景。可以制作一个"VRayHDRI"贴图作为背景贴图，这样就可以改善灯头的材质效果，具体制作方法可以参阅前面章节中"玻璃茶杯"材质中背景贴图的制作方法，在此不再赘述。制作背景贴图后的灯泡渲染效果如图13-97所示。

图13-97　制作背景贴图后的灯泡渲染效果

13.4.4　【VR-材质包裹器】材质

扫一扫，看视频

　　【VR-材质包裹器】材质能控制模型对象接收光线和反射光线的大小。下面通过一个简单实例讲解该材质的使用方法。

实例——制作灯泡的自发光与金属材质

步骤 01 继续上一小节的操作，在【材质编辑器】中单击 VR-灯光材质 按钮，在弹出的【材质/贴图浏览器】对话框中选择【VR-材质包裹器】材质，如图13-98所示。

图13-98　指定材质

步骤 02 单击 确定 按钮，在弹出的【替换材质】对话框中勾选"将旧材质保存为子材质？"选项，如图13-99所示。

图13-99　【替换材质】对话框

> **小贴士**
>
> 　　在此，一定要勾选"将旧材质保存为子材质？"选项，表示要将原来的【VR-灯光材质】保存为【VR-材质包裹器】材质的子材质，否则【VR-灯光材质】就会丢失。

步骤 03 单击 确定 按钮，进入【VR-材质包裹器】材质的参数卷展栏，设置"生成全局照明"参数为20，如图13-100所示。

3ds Max 2020实用教程（微课视频版）

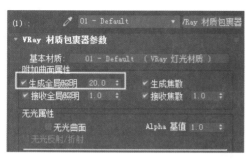

图 13-100 设置【VR-材质包裹器】材质的参数

步骤 04 再次渲染透视图，发现没有任何变化，这是因为没有接收光的环境。下面在灯泡周围创建墙体作为环境。

步骤 05 在顶视图中创建平面和L型墙体对象，将灯泡对象包围，然后为平面对象和墙体对象都指定【VRayMtl】材质，并为平面对象材质选择"贴图"/"地板.jpg"位图贴图，为墙体材质选择"贴图"/"马赛克03.jpg"位图贴图，效果如图 13-101 所示。

图 13-101 创建环境并制作材质

步骤 06 再次渲染透视图，发现在地面和墙壁上都有灯泡照亮的灯光效果，如图 13-102 所示。

图 13-102 灯泡的【VR-材质包裹器】材质渲染效果

练一练

打开"效果"/"第7章"/"【车削】修改器制作吸顶灯.max"素材文件，为该模型制作【VR灯光】材质和【VR-材质包裹器】材质，效果如图 13-103 所示。

图 13-103 吸顶灯的【VR灯光】与【VR-材质包裹器】材质渲染效果

操作提示

（1）在顶视图中创建平面对象作为吊顶，为其选择【VRayMtl】材质，并选择"贴图"/"印花瓷砖.jpg"位图贴图，将其指定给平面对象。

（2）重新选择空白示例球，为其选择【多维/子对象】材质，设置材质数量为2，为1号材质选择【VR灯光】材质，所有参数默认，为2号材质选择【VRayMtl】材质，设置参数制作金属材质。

（3）将吸顶灯转换为多边形对象，设置灯口材质ID号为2，设置灯泡材质ID号为1，将制作的材质指定给吸顶灯。

> 🤖 **小贴士**
>
> 【V-Ray渲染器】自带的材质也很多，但在一般的工作中常用的并不多，在以上章节中我们已有讲解。

13.5 综合练习——材质制作大集锦

材质是3ds Max 2020三维效果表现的重要内容，前面学习了材质的制作方法，这一节通过多个具体实例学习各种材质的制作方法。

13.5.1 制作玻璃容器材质

打开"效果"/"第7章"/"使用【横截面】与【曲面】修改器创建玻璃容器.max"文件，这是前面章节创建的一个玻璃容器模型，按F9键快速渲染，效果如图 13-104 所示。

下面使用【VRayMtl】材质为其制作玻璃材质，效

扫一扫，看视频

果如图 13-105 所示。

图 13-104　玻璃容器　　　图 13-105　制作材质后的
　　　　　　　　　　　　　　　　　　　玻璃容器

1. 制作桌面实木材质

步骤 01 在顶视图中创建一个平面对象作为桌面，在前视图中将其移动到玻璃容器下面，然后设置【V-Ray】渲染器为当前渲染器。

步骤 02 使用快捷键M打开【材质编辑器】对话框，选择空的示例球，为其指定【VRayMtl】材质，为该材质的"漫反射"指定"贴图"/"实木01.jpg"位图文件。

步骤 03 在【基本参数】卷展栏下设置"反射"颜色为白色，设置"光泽度"为0.86，勾选"菲涅耳反射"选项，其他设置默认，如图 13-106 所示。

步骤 04 将该材质指定给平面对象，完成桌面实木材质的制作。

2. 制作玻璃容器玻璃材质

步骤 01 重新选择空的示例球，为其指定【VRayMtl】材质，进入【基本参数】卷展栏，设置"反射"颜色为灰色（R:143、G:143、B:143）、"光泽度"为0.85，取消"菲涅耳反射"选项的勾选，然后设置"折射"颜色为白色、"光泽度"为0.86，其他设置默认，如图 13-107 所示。

图 13-106　桌面实木材质设置　图 13-107　玻璃材质参数设置

步骤 02 将制作好的材质指定给玻璃容器对象，按F9键

渲染场景，会发现场景一片黑暗，这是因为默认设置下打开了"全局照明"设置，可是场景中并没有能产生全局照明的对象，因此一片黑暗。下面制作一个HDRI贴图作为环境贴图。

步骤 03 重新选择空的示例球，单击【材质编辑器】中的 "获取材质"按钮，在打开的【材质/贴图浏览器】对话框中展开【贴图】列表下的【V-Ray】列表，双击"VRayHDRI"贴图。

步骤 04 进入"VRayHDRI"贴图的【参数】卷展栏，单击"位图"右侧的按钮，在打开的【选择HDRI】图像对话框中选择"贴图"/"动态贴图.hdri"图像，然后设置相关参数，如图 13-108 所示。

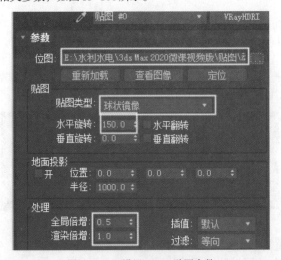

图 13-108　设置 HDRI 贴图参数

步骤 05 执行【渲染】/【环境】命令，打开【环境和效果】对话框，在【材质编辑器】中将制作好的HDRI材质拖到环境贴图按钮上，将其以"实例"方式复制到环境贴图上。

步骤 06 关闭【环境和效果】对话框，按F9键渲染场景，结果如图 13-105 所示。

步骤 07 执行【另存为】命令，将场景保存为"综合练习——制作玻璃容器材质.jpg"场景文件。

13.5.2　制作户外椅不锈钢材质

扫一扫，看视频

打开"效果"/"第6章"/"职场实战——制作户外椅.max"文件，这是前面章节创建的一个不锈钢户外椅模型，按F9键快速渲染，效果如图 13-109 所示。

3ds Max 2020实用教程（微课视频版）

图 13-109　户外椅模型

下面使用【VRayMtl】材质为其制作不锈钢材质，效果如图 13-110 所示。

图 13-110　户外椅不锈钢材质效果

1. 制作地面草地材质

步骤01 在顶视图中创建一个平面对象作为地面，在前视图中将其移动到户外椅下面，然后设置【V-Ray】渲染器为当前渲染器。

步骤02 使用快捷键M打开【材质编辑器】对话框，选择空的示例球，为其指定【VRayMtl】材质，为该材质的"漫反射"指定"贴图"/"草地.jpg"位图文件，其他设置默认。

步骤03 将该材质指定给平面对象，完成地面草地材质的制作。

2. 制作户外椅不锈钢材质

步骤01 重新选择空的示例球，为其指定【VRayMtl】材质，进入【基本参数】卷展栏，设置"漫反射"颜色为黑色，设置"反射"颜色为灰色（R:168、G:168、B:168）、"光泽度"为0.72，取消"菲涅耳反射"选项的勾选，其他设置默认，如图 13-111 所示。

图 13-111　设置不锈钢材质参数

步骤02 将制作好的材质指定给户外椅的所有对象，按F9键渲染场景，会发现场景一片黑暗，下面制作一个HDRI贴图作为环境贴图。

步骤03 重新选择空的示例球，单击【材质编辑器】中的 "获取材质"按钮，在打开的【材质/贴图浏览器】对话框中展开【贴图】列表下的【V-Ray】列表，双击"VRayHDRI"贴图。

步骤04 进入"VRayHDRI"贴图的【参数】卷展栏中，单击"位图"右侧的按钮，在打开的【选择HDRI】图像对话框中选择"贴图"/"动态贴图01.hdri"图像，然后设置相关参数，如图 13-112 所示。

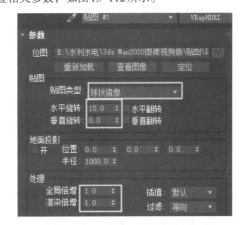

图 13-112　设置 HDRI 贴图参数

步骤05 执行【渲染】/【环境】命令，打开【环境和效果】对话框，在【材质编辑器】中将制作好的HDRI材质拖到环境贴图按钮上，将其以"实例"方式复制到环境贴图上。

步骤06 关闭【环境和效果】对话框，按F9键渲染场景，结果如图 13-110 所示。

步骤07 最后将场景另存为"综合练习——制作户外椅不锈钢材质.jpg"场景文件。

13.5.3 制作电风扇塑料材质

扫一扫，看视频

打开"效果"/"第9章"/"职场实战——创建电风扇三维模型.max"文件，这是前面章节创建的一个电风扇模型，按F9键快速渲染，效果如图13-113所示。

下面使用【VRayMtl】材质为其制作不锈钢材质，效果如图13-114所示。

图 13-113 电风扇三维模型 　图 13-114 电风扇塑料材质
效果

1. 制作桌面实木材质

步骤 01 在顶视图中创建一个平面对象作为地面，在前视图中将其移动到电风扇下方位置作为桌面模型，然后设置【V-Ray】渲染器为当前渲染器。

步骤 02 使用快捷键M打开【材质编辑器】对话框，选择空的示例球，为其指定【VRayMtl】材质，为该材质的"漫反射"指定"贴图"/"实木01.jpg"位图文件，其他设置默认。

步骤 03 将该材质指定给平面对象，完成桌面实木材质的制作。

2. 制作电风扇底座与风扇壳塑料材质

步骤 01 重新选择空的示例球，为其指定【VRayMtl】材质，进入【基本参数】卷展栏，设置"漫反射"颜色为蓝色（R:0、G:42、B:119）、"反射"颜色为灰色（R:176、G:176、B:176）、"光泽度"为0.85，勾选"菲涅耳反射"选项，其他设置默认，如图13-115所示。

图 13-115 塑料材质参数设置

步骤 02 将制作好的材质指定给底座、电源线等对象。

下面制作风扇壳材质。风扇壳有两种颜色不同的塑料材质：一种材质与底座材质相同；另一种材质是电源开关以及调速按钮材质，该材质是一种紫红色塑料材质，因此需要制作【多维/子对象】材质。

步骤 03 将风扇底座材质示例球拖到空的示例球上进行复制，然后单击按钮，在弹出的【材质/贴图浏览器】对话框中选择【多维/子对象】材质，在弹出的【替换材质】对话框中勾选"将旧材质保存为子材质？"选项，并单击 确定 按钮确认，如图13-116所示。

图 13-116 【替换材质】对话框

步骤 04 设置【多维/子对象】材质数量为2，然后将1号材质拖到2号材质上，将其以"复制"方式复制，之后单击2号材质按钮进入该材质基本参数卷展栏，修改其"漫反射"颜色为紫红色（R:255、G:0、B:60），其他设置默认，这样就制作好了风扇壳的两种材质，如图13-117所示。

图 13-117 制作好的风扇壳材质

步骤 05 将该材质指定给风扇壳对象，然后进入风扇壳对象的"多边形"层级，在前视图中选择按钮多边形，设置其材质ID号为2，如图13-118所示。

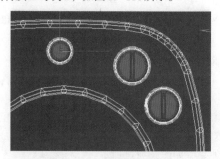

图 13-118 选择按钮多边形

步骤 06 执行【选择】/【反选】命令，反选风扇壳多边形，设置其材质ID号为1，然后退出多边形层级，这就为风扇壳指定了材质。

3. 制作其他材质

其他材质包括风扇罩、插头、风扇叶以及电机材质，可以将底座材质复制，然后调整颜色为白色，其他设置默认，将其指定给风扇罩。将风扇壳材质复制，调整2号材质为金属材质，其他默认，将其指定给插头和风扇叶对象。然后根据材质ID号分别为这两个对象设置材质ID号，完成风扇材质的制作。依照前面的操作制作一个HDRI贴图作为环境贴图，完成材质的制作，渲染场景，效果如图13-114所示。最后将场景保存为"综合练习——制作电风扇塑料材质.max"文件。

13.5.4 制作毛巾、毛发材质

打开"效果"/"第7章"/"综合练习——制作不锈钢毛巾架与毛巾三维模型.max"文件，这是前面章节创建的一个不锈钢毛巾架与毛巾模型，按F9键快速渲染，效果如图13-119所示。

扫一扫，看视频

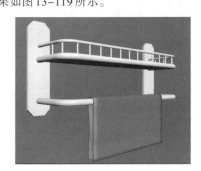

图13-119 不锈钢毛巾架与毛巾三维模型

下面为该模型制作不锈钢毛巾架材质与毛巾材质，效果如图13-120所示。

图13-120 制作材质后的毛巾架与毛巾效果

1. 制作墙面与毛巾架材质

步骤 01 设置【V-Ray】渲染器为当前渲染器，使用快捷键M打开【材质编辑器】对话框，选择空的示例球，为其指定【VRayMtl】材质，为该材质的"漫反射"指定"贴图"/"马赛克031.jpg"位图文件，其他设置默认。

步骤 02 将该材质指定给墙面对象，完成墙面瓷砖材质的制作。

步骤 03 重新选择空的示例球，为其指定【VRayMtl】材质，进入【基本参数】卷展栏，设置"反射"颜色为白色（R:255、G:255、B:255）、"光泽度"为0.9，取消"菲涅耳反射"选项，其他设置默认，如图13-121所示。

图13-121 毛巾架材质参数设置

步骤 04 将制作好的材质指定给毛巾架对象。

步骤 05 重新选择空的示例球，为其指定【VRayMtl】材质，进入【基本参数】卷展栏，设置"漫反射"颜色为深绿色（R:1、G:5、B:0）、"反射"颜色为灰色（R:168、G:168、B:168）、"光泽度"为0.85，勾选"菲涅耳反射"选项，设置"折射"颜色为灰色（R:191、G:191、B:191）、"光泽度"为0.80，其他设置默认，如图13-122所示。

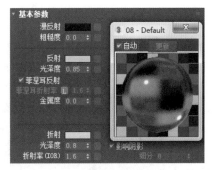

图13-122 毛巾架玻璃板材质参数设置

步骤 06 将制作好的材质指定给毛巾架玻璃板对象。

2. 制作毛巾材质与背景贴图

下面制作毛巾材质，毛巾材质要表现毛巾的绒布质感，可以使用【V-Ray】渲染器自带的【（VR）毛皮】为其制作毛绒效果，然后再为其指定一个布纹的位图贴图即可。

步骤 01 选择场景中的毛巾对象，进入创建面板，在"几何体"列表中选择【VRay】选项，在【对象类型】卷展栏下单击 (VR)毛皮 按钮，在毛巾对象上创建毛发，然后进入修改面板，在【参数】卷展栏下设置毛发的参数，如图 13-123 所示。

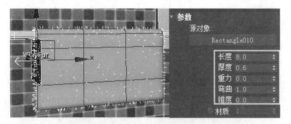

图 13-123 为毛巾添加毛发

小贴士

【V-Ray渲染器】自带的【(VR)毛发】可以在任何对象上产生毛发效果，其参数设置众多，用户可以根据具体情况进行设置，在此不再讲解，读者可以自己尝试操作。

下面继续来制作背景贴图。

步骤 02 重新选择空的示例球，单击【材质编辑器】中的 "获取材质"按钮，在打开的【材质/贴图浏览器】对话框中展开【贴图】列表下的【V-Ray】列表，双击"VRayHDRI"贴图。

步骤 03 进入"VRayHDRI"贴图的【参数】卷展栏，单击"位图"右侧的按钮，在打开的【选择HDRI】图像对话框中选择"贴图"/"动态贴图.hdri"图像，设置相关参数，如图 13-124 所示。

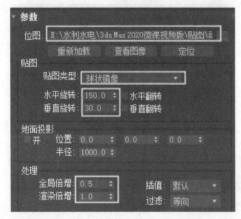

图 13-124 设置 HDRI 贴图参数

步骤 04 执行【渲染】/【环境】命令，打开【环境和效果】对话框，在【材质编辑器】中将制作好的HDRI材质拖到环境贴图按钮上，将其以"实例"方式复制到环境贴图上。

步骤 05 关闭【环境和效果】对话框，按F9键渲染场景，结果如图 13-120 所示。

步骤 06 最后将场景另存为"综合练习——制作毛巾毛发材质与毛巾架不锈钢材质.jpg"场景文件。

13.6 职场实战——制作休闲沙发、椅子、茶几组合材质

打开"效果"/"第5章"/"职场实战——制作休闲沙发、椅子、茶几组合.max"文件，这是前面章节创建的室内家具组合模型，按F9键快速渲染，效果如图 13-125 所示。

图 13-125 室内家具组合模型

下面制作茶几和休闲椅底座的不锈钢材质、沙发的皮质材质、休闲椅的布艺材质、茶几面的玻璃材质以及实木地面材质和背景HDRI贴图，然后对场景进行渲染，效果如图 13-126 所示。

图 13-126 室内家具材质渲染效果

13.6.1 制作地面实木地板材质与 HDRI背景贴图

这一小节首先来制作地板实木材质以及HDRI背景贴图，制作背景贴图可以方便随时渲染场景、查看材质效果，否则渲染时看不到场景内容。

扫一扫，看视频

步骤01 设置【V-Ray】渲染器为当前渲染器，使用快捷键M打开【材质编辑器】对话框，选择空的示例球，单击【材质编辑器】中的 ▓ "获取材质"按钮，在打开的【材质/贴图浏览器】对话框中展开【贴图】列表下的【V-Ray】列表，双击"VRayHDRI"贴图。

步骤02 进入"VRayHDRI"贴图的【参数】卷展栏，单击"位图"右侧的按钮，在打开的【选择HDRI】图像对话框中选择"贴图"/"动态贴图.hdri"图像，设置相关参数，如图13-127所示。

图 13-127　设置 HDRI 贴图参数

步骤03 执行【渲染】/【环境】命令，打开【环境和效果】对话框，在【材质编辑器】中将制作好的HDRI材质拖到环境贴图按钮上，将其以"实例"方式复制到环境贴图上。

步骤04 关闭【环境和效果】对话框，按F9键渲染场景，结果如图13-128所示。

图 13-128　制作背景贴图后的渲染效果

通过渲染发现效果并不理想，这是因为模型没有材质，下面再来制作实木地板材质。

步骤05 在顶视图中创建平面对象。在前视图中将其移动到家具下方作为地面模型，重新选择空白示例球，为其指定【VRayMtl】材质，为该材质的"漫反射"指定"贴图"/"实木C.jpg"位图文件，然后在该位图贴图的【坐标】卷展栏下设置贴图参数，如图13-129所示。

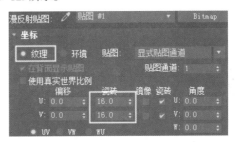

图 13-129　调整位图参数

> ### 小贴士
>
> 材质中使用位图贴图后，有时需要调整位图参数，这样才能满足材质需要。一般情况下，位图的调整都是在【坐标】卷展栏中进行的，有关位图的调整将在后面章节进行讲解，在此不再讲解。

步骤06 单击【材质编辑器】中的 ▓ "返回父对象"按钮回到【VRayMtl】材质层级，设置"反射"颜色为灰色（R:111、G:111、B:111），"光泽度"为0.65，勾选"菲涅耳反射"选项，其他设置默认，如图13-130所示。

图 13-130　设置底部材质参数

步骤07 将该材质指定给地板对象，按F9键渲染场景，效果如图13-131所示。

图 13-131　制作地板材质后的渲染效果

13.6.2　制作沙发、休闲椅材质

这一小节继续来制作沙发皮质材质和休闲椅布艺材质。

扫一扫，看视频

步骤 01 重新选择空的示例球，为其指定【VRayMtl】材质，进入【基本参数】卷展栏，为"漫反射"指定"贴图"/"CLT24016.jpg"位图文件，然后设置"反射"颜色为灰色（R:23、G:23、B:23）、"光泽度"为0.55、取消"菲涅耳反射"选项，其他设置默认，如图13-132所示。

图 13-132　真皮沙发材质参数设置

步骤 02 将制作好的材质指定给沙发模型对象，然后分别选择沙发的各个模型对象，在修改器列表中分别为其选择【UVW贴图】修改器，在【参数】卷展栏下勾选"长方体"选项，向上推动面板，在"对齐"选项下单击 适配 按钮，如图13-133所示。

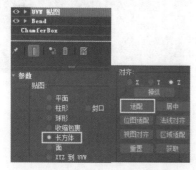

图 13-133　添加 UVW 贴图坐标

3ds Max 2020实用教程（微课视频版）

贴图坐标可以使材质中的贴图正确贴到对象的表面，有关贴图坐标的相关知识将在后面章节进行详细讲解，在此不再赘述。

步骤 03 重新选择空的示例球，为其指定【VRayMtl】材质，进入【基本参数】卷展栏，为"漫反射"指定"位图"/"DT003/jpg"位图文件，在【坐标】卷展栏下设置"U"和"V"的"瓷砖"参数均为3，其他设置默认，将该材质指定给右侧的座椅面和靠背模型。

步骤 04 重新选择空的示例球，为其指定【VRayMtl】材质，进入【基本参数】卷展栏，为"漫反射"指定"位图"/"DT008/jpg"位图文件，在【坐标】卷展栏下设置"U"和"V"的"瓷砖"参数均为3，其他设置默认，将该材质指定给左侧的休闲座椅，并为其添加【UVW贴图】修改器。

步骤 05 快速渲染场景查看效果，结果如图13-134所示。

图 13-134　制作休闲座椅和沙发材质后的渲染效果

13.6.3　制作茶几、休闲椅支撑的不锈钢材质和茶几面玻璃材质

这一小节继续来制作茶几、休闲椅支撑的不锈钢材质和茶几面玻璃材质。

扫一扫，看视频

步骤 01 重新选择空的示例球，为其指定【VRayMtl】材质，进入【基本参数】卷展栏，设置"反射"颜色为白色（R:255、G:255、B:255）、"光泽度"为0.85，取消"菲涅耳反射"选项，其他设置默认，如图13-135所示。

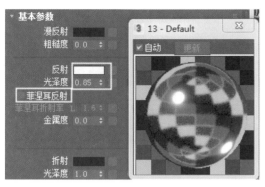

图 13-135　不锈钢材质设置

步骤 02 将该材质指定给休闲椅底座和茶几底座对象。

步骤 03 重新选择空的示例球，为其指定【VRayMtl】材质，进入【基本参数】卷展栏，设置"反射"颜色和"折射"颜色均为白色（R：255、G：255、B：255）、"光泽度"均为1，勾选"菲涅耳反射"选项，其他设置默认，如图 13-136 所示。

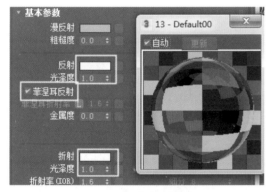

图 13-136　玻璃材质设置

步骤 04 将制作好的材质指定给茶几面对象。

步骤 05 再重新选择空的示例球，为其指定【VRayMtl】材质，进入【基本参数】卷展栏，设置"漫反射"颜色

为黑色、"反射"颜色为灰色（R：5、G：5、B：5）、"光泽度"为0.67，取消"菲涅耳反射"选项，其他设置默认，如图 13-137 所示。

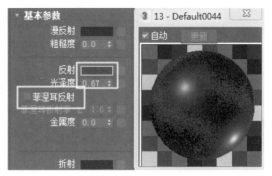

图 13-137　塑料材质参数设置

步骤 06 将制作好的材质指定给右侧休闲椅的扶手和靠背弹簧对象，这样，场景所有对象的材质均制作完毕，按F9键快速渲染场景查看效果，结果如图 13-138 所示。

图 13-138　制作材质后的场景渲染效果

步骤 07 至此，场景材质制作完毕，其渲染效果并不是特别完美，这是因为场景没有设置灯光。有关灯光的设置将在后面章节进行讲解。最后将该场景另存为"职场实战——制作休闲沙发、椅子、茶几组合材质.max"文件。

Chapter
14
第14章

贴图

本章导读：

　　在上一章中学习了有关材质的相关知识以及材质制作方法，其实，材质的制作是离不开贴图的，这一章继续学习贴图的相关知识。

本章主要内容如下：

- 认识贴图；
- 贴图坐标；
- 【贴图】通道；
- 其他贴图类型；
- 综合练习——制作"茶壶、茶杯"材质与贴图；
- 职场实战——制作"办公室一角"材质与贴图。

14.1 认识贴图

在 3ds Max 2020 三维场景效果表现中，如果说材质是骨架，那么贴图就是皮肤。贴图是对材质的一种补充和完善，使用贴图通常是为了改善材质的外观的真实感，模拟材质本身的纹理、反射、折射以及其他一些材质无法表现的效果，因此，在大多数情况下，模型对象的质感表现只依靠材质是无法完全实现的，只有材质和贴图相互配合，才能完美表现模型的外观质感特征。这一节首先来认识贴图。

14.1.1 贴图及其类型

3ds Max 2020 支持 5 种贴图类型，包括：【通用】贴图、【扫描线】贴图、【OSL】贴图、【环境】贴图以及【V-Ray】贴图，这 5 种类型的贴图可以配合不同的材质表现不同的材质质感，下面对其进行简单介绍。

扫一扫，看视频

1.【通用】贴图

【通用】贴图适用于所有通用材质。例如，为【多维/子对象】材质指定"位图"贴图，表现一个对象不同部分的不同材质感；为【双面】材质指定"RGB染色"贴图，以表现一个对象双面不同材质感等。单击材质的贴图按钮，打开【材质/贴图浏览器】对话框，展开【贴图】/【通用】选项，即可看到相关的贴图类型，如图14-1所示。

图 14-1 【通用】贴图

2.【扫描线】贴图

【扫描线】贴图有 3 种，分别是"反射/折射""平面镜"以及"薄壁折射"，这 3 种贴图用于表现高反光物体的反射效果，如玻璃、不锈钢、水面等材质的反射和折射。单击材质的贴图按钮打开【材质/贴图浏览器】对话框，展开【贴图】/【扫描线】选项，即可看到相关的贴图类型，如图 14-2 所示。

图 14-2 【扫描线】贴图

3.【OSL】贴图

这是一种新增的贴图类型，包含100多种着色器，从简单的数学节点一直到完整的程序化纹理，用户可以直接在材质编辑器中编辑OSL着色器文本，并在视口和ActiveShade中获得实时更新，其功能非常强大。单击材质的贴图按钮打开【材质/贴图浏览器】对话框，展开【贴图】/【OSL】选项，即可看到相关的贴图类型，如图14-3所示。

图 14-3 【OSL】贴图

4.【环境】贴图

这是一种创建物理太阳和天空环境的贴图，单击材质的贴图按钮打开【材质/贴图浏览器】对话框，展开【贴图】/【环境】选项，即可看到该贴图，如图14-4所示。

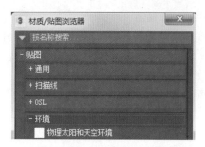

图 14-4　【环境】贴图

5.【V-Ray】贴图

这是【V-Ray】渲染器专用贴图，配合V-Ray材质，可以表现更加真实的材质质感，单击V-Ray材质的贴图按钮，打开【材质/贴图浏览器】对话框，展开【贴图】/【V-Ray】选项，即可看到该贴图，如图14-5所示。

图 14-5　【V-Ray】贴图

以上简单介绍了3ds Max 2020的相关贴图类型，贴图的具体制作将在后面章节进行详细讲解，在此不做讲解。

14.1.2　【位图】贴图及其调整

扫一扫，看视频

【位图】贴图是最常用、最简单的一种贴图类型，【位图】贴图其实就是位图图像，是使用一幅位图图像来模拟对象的外观特征。其实，在前面章节中制作材质时，已经多次使用了【位图】贴图。在如图14-6所示的场景中，在制作皮质沙发材质、布艺休闲椅材质以及实木地板材质时，就使用了皮革、布纹、木纹等位图图像来模拟这些对象的外观特征。

图 14-6　使用位图图像模拟对象外观特征

要想使【位图】贴图真实表现模型对象的外观特征，有时需要对"位图"进行调整。在材质中使用了【位图】贴图后，系统会自动切换到【位图】贴图的【坐标】卷展栏中，在该卷展栏中，可以对【位图】贴图进行一系列的设置，包括平铺、位置变化、角度等，使其符合材质的制作要求。下面通过一个简单的实例学习调整位图贴图的相关知识。

实例——调整【位图】贴图

步骤 01 创建一个长方体对象，依照前面的操作为其制作一个标准材质，并为"漫反射"指定"贴图"/"印花瓷砖.jpg"的位图文件，然后将该材质指定给长方体对象，快速渲染场景，效果如图14-7所示。

图 14-7　材质中使用了贴图后的效果

步骤 02 展开【坐标】卷展栏，对贴图进行一系列调整，使其满足贴图要求，如图14-8所示。

图 14-8　【坐标】卷展栏

3ds Max 2020实用教程（微课视频版）

- 纹理：将贴图作为纹理贴图应用到物体表面，除制作环境贴图之外，大多数情况下都使用"纹理"贴图。可以从"贴图"列表中选择坐标类型。
- 环境：当制作建筑背景贴图时使用该选项，可以将贴图作为环境贴图，然后从"贴图"列表中选择"屏幕"坐标类型。
- 贴图：其选项因选择"纹理"贴图或"环境"贴图而异，当选择"纹理"贴图时，"贴图"列表包括"显示贴图通道""顶点颜色通道""对象XYZ平面"以及"世界XYZ平面"；当选择"环境"贴图时，"贴图"列表包括"屏幕""球形环境""柱形环境"及"收缩包裹环境"。
- 使用真实世界比例：启用此选项之后，使用位图本身真实的"宽度"和"高度"值应用于对象。禁用该选项，使用UV值将贴图应用于对象。不管是否启用该选项，都可以通过设置"偏移""平铺"参数调整贴图。但一般情况下，应取消该选项的勾选。
- 偏移：沿U（水平）或V（垂直）对贴图进行水平或垂直偏移，如图14-9所示。
- 瓷砖：设置贴图U向或V向的平铺次数，U向和V向的平铺次数均为3次的效果如图14-10所示。

图14-9　偏移贴图　　图14-10　设置平铺次数为3次

- 镜像/瓷砖：使贴图在U向或V向以镜像方式平铺或以平铺方式平铺。
- 角度：设置贴图沿U（X）、V（Y）、W（Z）轴向的旋转角度，设置W（Z）轴向的旋转角度为45°时的贴图效果如图14-11所示。
- 模糊：基于贴图与视图的距离影响贴图的锐度或模糊度。贴图距离越远，模糊就越大。模糊主要是用于消除锯齿，"模糊"值为10时的贴图效果如图14-12所示。

图14-11　旋转贴图　　　　图14-12　模糊贴图

- 模糊偏移：影响贴图的锐度或模糊度，与贴图与视图的距离无关，只模糊对象空间中自身的图像。如果需要贴图的细节进行软化处理或者散焦处理以达到模糊图像的效果，可使用此选项。

14.2 贴图坐标

材质使用贴图之后，在大多数情况下并不能与模型对象匹配，此时就需要为贴图指定贴图坐标，贴图坐标可以对贴图进行调整，以满足贴图要求，这一节继续学习贴图坐标的相关知识。

14.2.1 【UVW贴图】修改器

扫一扫，看视频

在【坐标】卷展栏中调整贴图，只能调整贴图的平铺次数、旋转角度、模糊度等，要想使贴图与模型对象完全匹配，还需要为贴图应用【UVW贴图】修改器。该修改器其实是一个专用于矫正贴图的特殊命令，可以根据模型对象的形状选择不同的贴图方式，以矫正贴图在模型上的位置、大小、形状等，使位图贴图与模型对象很好地贴合。

继续上一节的操作，在修改器列表中选择【UVW贴图】修改器，默认设置下，【UVW贴图】采用"平面"贴图方式，此时贴图效果如图14-13所示。

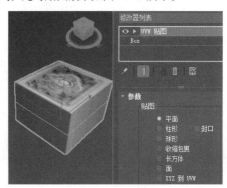

图14-13　添加贴图坐标

展开【参数】卷展栏，选择不同的贴图方式，会产生不同的贴图效果，如图14-14所示。

图14-14 【参数】设置

平面：使位图图像在对象的一个平面上展开，形成平面贴图形式，适合平面对象贴图，如图14-13所示。

柱形：以圆柱形包围的形式将位图包裹到模型对象上，适合圆柱形对象贴图，效果如图14-15所示。

球形：以球形包裹的形式将位图包裹到模型对象上，适合球形对象贴图，效果如图14-16所示。

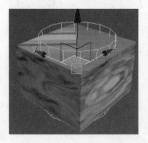 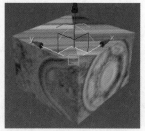

图14-15 "柱形"贴图　　图14-16 "球形"贴图

收缩包裹：以收缩包裹的形式将位图包裹到模型对象上，不太常用，效果如图14-17所示。

长方体：以长方体包裹的形式将位图包裹到模型对象上，适合长方体对象贴图，效果如图14-18所示。

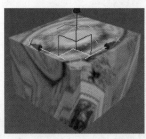 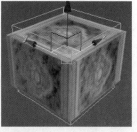

图14-17 "收缩包裹"贴图　图14-18 "长方体"贴图

面：将位图贴到模型对象的每一个面上，适合对象

的面贴图，效果如图14-19所示。

XYZ到UVW：一种坐标系贴图方式，不太常用，效果如图14-20所示。

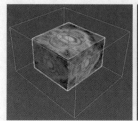 

图14-19 "面"贴图　　图14-20 "XYZ到UVW"贴图

长度/宽度/高度：设置贴图大小，参数大于原参数则贴图放大，参数小于原参数则将贴图多次平铺，以铺满对象，如图14-21所示。

图14-21 放大或缩小贴图

小贴士

贴图被放大或缩小后，单击下方的 适配 按钮，则贴图恢复为原来大小，以适配模型对象。

U向平铺/V向平铺/W向平铺：调整贴图的平铺次数，如设置"U向平铺"为2，则贴图沿U向平铺2次，如图14-22所示。

图14-22 设置U向平铺次数

下面通过一个具体实例学习【UVW贴图】的使用方法。

实例——使用【UVW贴图】调整位图贴图

步骤 01 打开"素材"/"建筑墙体模型.max"素材文件，按F9键快速渲染场景，发现该墙体没有任何材质，如图14-23所示。

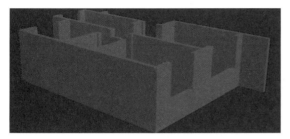

图 14-23　建筑墙体渲染效果

步骤 02 使用快捷键M打开【材质编辑器】对话框，选择一个空的示例球，为"漫反射"指定"贴图"/"Brkrun.jpg"的红砖的位图贴图，并将该材质指定给建筑墙体，如图14-24所示。

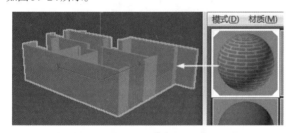

图 14-24　为建筑墙体指定红砖材质与贴图

步骤 03 再次按F9键快速渲染场景，发现该墙体一片灰色，看不到任何材质，如图14-25所示。

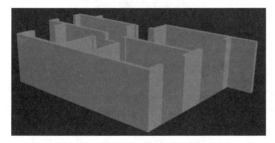

图 14-25　建筑墙体渲染效果

步骤 04 选择建筑墙体对象，在修改器列表中选择【UVW贴图】修改器，在【参数】卷展栏下勾选"长方体"选项，如图14-26所示。

步骤 05 再次按F9键快速渲染场景，这时发现该墙体有了砖墙纹理质感，但是效果并不理想，红砖纹理沿U向被拉长，与真实世界中的红砖墙体不符，如

图14-27所示。

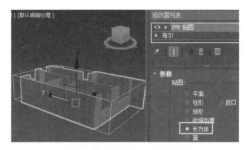

图 14-26　添加【UVW贴图】修改器

图 14-27　建筑墙体红砖材质渲染效果

下面继续对贴图进行调整。

步骤 06 向上推动面板，将"U向平铺"参数设置为5，其他设置默认，然后调整透视图的视角，再次按F9键快速渲染，此时发现红砖纹理效果与真实世界的红砖纹理效果相同，如图14-28所示。

图 14-28　调整后的红砖贴图渲染效果

14.2.2 【贴图缩放器（WSM）】修改器

　　【贴图缩放器（WSM）】修改器与【UVW贴图】修改器有些相似，可以对贴图进行缩放调整，以满足贴图的需要。这一小节通过具体实例继续学习使用【贴图缩放器（WSM）】修改器调整贴图的相关知识。

扫一扫，看视频

实例——使用【贴图缩放器(WSM)】调整位图贴图

步骤 01 打开"素材"/"屋顶模型.max"素材文件，这是一个别墅屋顶模型，按F9键快速渲染场景，发现该墙体没有任何材质，如图14-29所示。

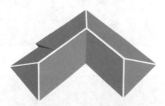

图 14-29　屋顶模型渲染效果

步骤 02 使用快捷键M打开【材质编辑器】对话框，选择一个空的示例球，为"漫反射"指定"贴图"/"蓝瓦.jpg"的位图贴图，并将该材质指定给屋顶墙体，如图14-30所示。

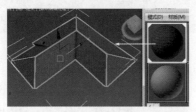

图 14-30　为屋顶指定蓝瓦材质与贴图

步骤 03 再次按F9键快速渲染场景，弹出【缺少贴图坐标】对话框，如图14-31所示。

图 14-31　【缺少贴图坐标】对话框

步骤 04 单击 取消 按钮取消，在修改器列表中选择【UVW贴图】修改器，在【参数】卷展栏下勾选"长方体"选项，再次渲染视图，效果如图14-32所示。

图 14-32　添加【UVW贴图】修改器后的渲染效果

通过渲染发现，位图纹理与模型的每一个面都不符，这说明贴图坐标不正确，下面重新设置贴图坐标。

步骤 05 在修改器堆栈中删除【UVW贴图】修改器，重新选择【贴图缩放器(WSM)】修改器，在【参数】卷展栏下设置"比例"为450，对贴图进行缩放，如图14-33所示。

图 14-33　【贴图缩放器(WSM)】修改器设置

步骤 06 按F9键快速渲染场景，这时发现贴图纹理与模型对象的每一个面都完全匹配，效果如图14-34所示。

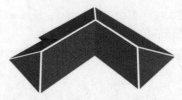

图 14-34　添加【贴图缩放器(WSM)】修改器后的贴图效果

14.3 【贴图】通道

可以在材质的多个颜色通道应用贴图，以表现更丰富的材质效果，这一节继续学习【贴图】通道的相关知识。

14.3.1 关于【贴图】通道

扫一扫，看视频

每一种材质都有多个【贴图】通道，不同的材质类型，其贴图通道也不同。以【标准】材质为例，这些【贴图】通道包括"环

3ds Max 2020实用教程（微课视频版）

境光颜色"通道、"漫反射颜色"通道、"高光颜色"通道以及"光泽度颜色"通道等。这些贴图通道用于指定贴图，以表现更为丰富的材质效果。下面以【标准】材质为例，通过一个简单实例学习在【标准】材质的颜色通道中应用贴图的相关知识。

实例——在贴图通道应用贴图

步骤 01 创建一个茶壶对象，使用快捷键M打开【材质编辑器】对话框，为其使用默认的【标准】材质展开【贴图】卷展栏，其颜色贴图通道如图14-35所示。

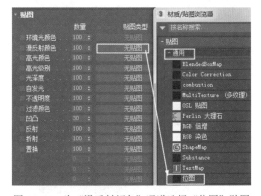

图 14-35　【标准】材质的贴图通道

步骤 02 单击"漫反射颜色"贴图按钮，在打开的【材质/贴图浏览器】对话框的"通用"贴图列表中双击"位图"选项，如图14-36所示。

图 14-36　为"漫反射颜色"通道选择"位图"贴图

步骤 03 在打开的【选择位图图像文件】对话框中选择"贴图"/"DW250砖.jpg"的位图文件，系统自动进入该"位图"贴图的【坐标】卷展栏，在该卷展栏下设置位图图像的相关参数。

步骤 04 单击 ▧ "转到父对象"按钮进入【标准】材质层级，将该材质指定给茶壶对象，然后展开【基本参数】卷展栏，设置材质的相关参数，此时会发现，"漫反射颜色"贴图其实就是"漫反射"贴图，如图14-37所示。

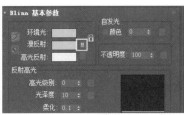

图 14-37　贴图效果

14.3.2　【自发光】贴图

扫一扫，看视频

【自发光】意味着发光区域不受场景（其环境光颜色组件消失）中的灯光影响，并且不接收阴影，因此，可以选择位图文件或程序贴图来设置自发光值的贴图，这样将使对象的部分出现发光，贴图的颜色较亮的区域（白色区域）渲染为完全自发光，颜色较暗的区域（黑色区域）渲染为不发光，而灰色区域渲染为部分自发光，具体情况取决于贴图的灰度值。下面通过一个具体实例学习【自发光】贴图的应用。

实例——使用【自发光】贴图

步骤 01 创建一个长方体对象，使用快捷键M打开【材质编辑器】对话框，选择一个空的示例球，为"漫反射"指定"贴图"/"0047.jpg"的位图贴图，并将该材质指定给长方体，按F9键渲染场景，效果如图14-38所示。

图 14-38　"漫反射"贴图渲染效果

步骤 02 在【贴图】卷展栏下将"漫反射颜色"通道的贴图以"实例"方式复制给"自发光"贴图通道，如图14-39所示。

图 14-39　复制贴图

步骤 03 再次按F9键渲染场景，会发现贴图的颜色较亮的区域（白色区域）渲染为完全自发光，颜色较暗的区域（黑色区域）渲染为不发光，而灰色区域渲染为部分自发光，效果如图14-40所示。

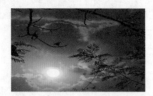

图 14-40　【自发光】贴图渲染效果

14.3.3 【不透明度】贴图

扫一扫，看视频

　　【不透明度】贴图是将贴图的浅色（较亮的颜色）区域渲染为不透明，深色（较暗的颜色）区域渲染为透明，浅色与深色之间的颜色渲染为半透明，因此，可以选择位图文件或程序贴图来生成部分透明的贴图效果。下面通过具体实例学习相关知识。

实例——使用【不透明度】贴图

步骤 01 继续上一小节的操作，将长方体复制后放在原对象的前面，选择一个空的示例球，为"漫反射颜色"指定"贴图"/"透空.tif"的位图贴图，并将该材质指定给复制的长方体，如图14-41所示。

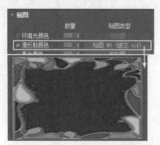

图 14-41　指定位图贴图

步骤 02 按F9键渲染场景，只能看到前面指定了"透空.tif"位图贴图的渲染效果，而后面长方体的效果看不

到，如图14-42所示。

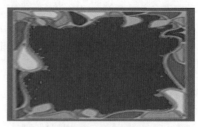

图 14-42　"漫反射"贴图渲染效果

　　下面为其"不透明度"贴图通道指定另一个位图贴图。

步骤 03 在【贴图】卷展栏下单击"不透明度"贴图通道按钮，为其指定"贴图"/"透空01.tif"的位图贴图，如图14-43所示。

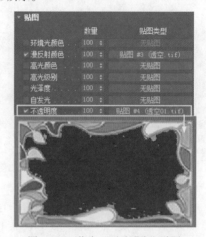

图 14-43　指定"不透明度"贴图

步骤 04 再次按F9键渲染场景，会发现此时前面模型"不透明度"贴图颜色为黑色的区域变为了透明，显示出后面对象的贴图效果，而前面模型周围其他颜色部分保持原样，效果如图14-44所示。

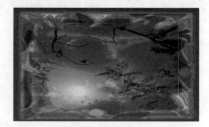

图 14-44　【不透明度】贴图渲染效果

14.3.4 【过滤色】贴图

扫一扫，看视频

　　【过滤色】贴图是通过透明或半透明材

质（如玻璃）透射贴图的颜色。可以选择位图文件或程序贴图来设置过滤色组件的贴图。此贴图基于贴图像素的强度应用透明颜色效果，下面通过具体实例学习相关知识。

实例——使用【过滤色】贴图

步骤 01 继续上一小节的操作，在【材质编辑器】中设置复制的长方体的材质"不透明度"为50%，使其成为透明对象，渲染场景，发现放在前面的长方体为半透明效果，如图14-45所示。

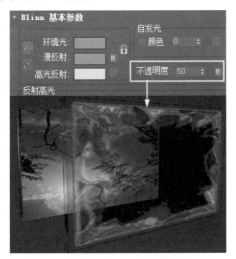

图14-45 半透明材质渲染效果

步骤 02 展开【贴图】卷展栏，将"不透明度"贴图通道上的"透空01.tif"贴图以"交换"的方式指定给"过滤颜色"贴图通道，如图14-46所示。

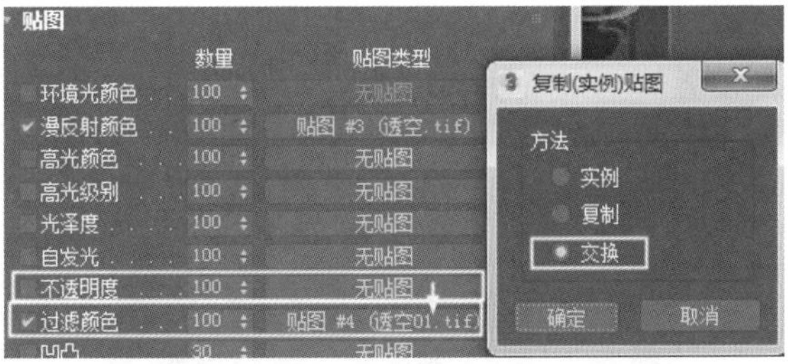

图14-46 交换贴图

步骤 03 按F9键快速渲染，发现前面的长方体不透明了，效果如图14-47所示。

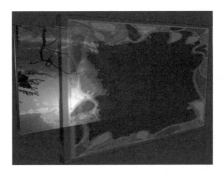

图14-47 渲染效果

前面的长方体出现不透明效果，是因为没有灯光照射，下面需要为场景设置一盏灯光。

步骤 04 进入创建面板，单击 "灯光"按钮，在【对象类型】列表中激活 目标平行光 按钮，在顶视图中拖曳鼠标创建一盏目标平行光，在【常规参数】卷展栏的"阴影"选项中勾选"启用"选项，并设置"光线跟踪阴影"，如图14-48所示。

图14-48 设置目标平行光参数

步骤 05 再次按F9键快速渲染，此时发现前面的长方体上的贴图颜色被投射到后面长方体上，效果如图14-49所示。

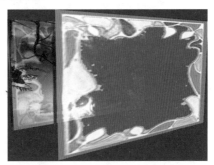

图14-49 应用"过滤色"贴图的效果

以上选择了具有代表性的3种贴图通道，讲解了使用贴图通道贴图的相关方法和技巧，其他贴图通道贴图的方法与此相同，读者可以自己尝试操作。

14.4 其他贴图类型

除了常用的【位图】贴图之外，还有几种其他贴图，也是制作材质时较常用的，这一节就来学习这些贴图。

14.4.1 【棋盘格】贴图

扫一扫，看视频

【棋盘格】贴图是将两色的棋盘图案应用于材质。默认方格贴图是黑白方块图案，也可以是位图图像。使用【棋盘格】贴图一般可以制作方格地板、方格桌布等材质。

打开"实例"/"第13章"目录下的"职场实战——制作休闲沙发、椅子、茶几组合材质.max"场景文件，该场景中已经为组合家具制作了材质，快速渲染效果如图14-50所示。

图 14-50 场景渲染效果

下面使用【棋盘格】贴图为地板重新制作一种实木材质，效果如图14-51所示。

图 14-51 【棋盘格】贴图效果

实例——使用【棋盘格】贴图制作地板材质

步骤 01 使用快捷键M打开【材质编辑器】对话框，选择地板材质示例球，单击"漫反射"贴图按钮进入【位图】贴图层级，单击 Bitmap 按钮，在打开的【材质/贴图浏览器】对话框中双击【通用】贴图列表下的【棋盘格】贴图，如图14-52所示。

图 14-52 选择【棋盘格】贴图

步骤 02 在打开的【替换贴图】对话框中选择"将旧贴图保存为子贴图"选项，然后单击"确定"按钮，进入【棋盘格参数】卷展栏，发现"颜色1"是原来的实木地板贴图，"颜色2"是一种白色，如图14-53所示。

图 14-53 【棋盘格参数】卷展栏与贴图

步骤 03 单击"颜色#2"贴图按钮，在打开的【材质/贴图浏览器】对话框中双击【位图】选项，在打开的【选择位图图像文件】对话框中选择"贴图"/"实木01.jpg"的位图文件。

步骤 04 单击 "转到父对象"按钮进入【棋盘格参数】卷展栏，发现此时"颜色2"也使用了一个位图图像，如图14-54所示。

图 14-54 【棋盘格】的两种贴图

步骤 05 按F9键快速渲染场景，发现地板使用了两种实木位图图像作为贴图，效果如图14-55所示。

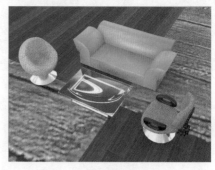

图 14-55 【棋盘格】贴图效果

3ds Max 2020实用教程（微课视频版）

步骤 06 下面调整贴图的大小。在"棋盘格"层级展开【坐标】卷展栏，设置"U向平铺"和"V向平铺"数均为15，其他设置默认，如图14-56所示。

图14-56 设置【棋盘格】贴图的平铺次数

步骤 07 按F9键快速渲染场景，效果如图14-51所示。

14.4.2 【渐变】贴图

【渐变】贴图也是2D贴图的一种，它通过创建3种颜色或位图图像的线性或径向坡度进行着色来完成贴图的制作。

打开"实例"/"第7章"目录下的"创建三维立体文字.max"场景文件，该场景中没有任何材质，快速渲染效果如图14-57所示。

扫一扫，看视频

图14-57 场景渲染效果

下面使用【渐变】贴图为其制作3种材质，效果如图14-58所示。

图14-58 【棋盘格】贴图效果

实例——使用【渐变】贴图制作文字3种材质

步骤 01 使用快捷键M打开【材质编辑器】对话框，选择空白示例球，单击"漫反射"贴图按钮，在打开的【材质/贴图浏览器】对话框中双击【通用】贴图列表下的

【渐变】贴图，如图14-59所示。

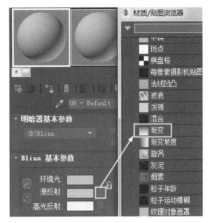

图14-59 选择【渐变】贴图

步骤 02 进入【渐变参数】卷展栏，发现该贴图有3种颜色贴图，如图14-60所示。

图14-60 【渐变参数】卷展栏与贴图

步骤 03 依照前面的操作，分别单击"颜色＃1""颜色＃2"和"颜色＃3"颜色按钮，设置其颜色分别为绿色（R:0、G:255、B:0）、黄色（R:255、G:255、B:0）和红色（R:255、G:0、B:0），如图14-61所示。

图14-61 选择位图贴图

步骤 04 将该材质指定给立体文字，按F9键快速渲染场景，效果如图14-62所示。

图14-62 【渐变】贴图渲染效果

　　除了调整三种颜色之外，用户还可以为三种颜色选择三种不同的位图图像作为贴图。另外，可以设置"颜色2"的位置、选择"径向"渐变方式、在"噪波"选项下设置"数量"、勾选"分形"或"湍流"选项，以产生变化多端的贴图效果，如图14-63所示。

图14-63　【渐变】贴图的"分形"变化效果

　　以上这些操作都比较简单，在此不再讲解，读者可以自己尝试操作。

14.4.3　【衰减】贴图

　　【衰减】贴图是3D贴图类型的一种，它是基于几何体曲面法线的角度衰减来生成从白到黑的值。用于指定角度衰减的方向会随着所选的方法而改变。然而，根据默认设置，贴图会在法线从当前视图指向外部的面上生成白色，而在法线与当前视图相平行的面上生成黑色。

扫一扫，看视频

　　在【VRayMtl】材质上使用【衰减】贴图，可以很好地表现玻璃材质、受光线影响的半透明塑料材质以及强反射效果的金属材质等。下面通过一个简单操作学习【衰减】贴图的操作方法。

实例——使用【衰减】贴图表现玻璃材质

　　步骤 01 设置【V-ray】渲染器为当前渲染器，创建一个茶壶和平面对象，为平面对象制作【VRayMtl】材质，为【VRayMtl】材质的"漫反射"指定"贴图"/"马赛克03.jpg"的位图图像，设置平铺次数为10，其他设置采用默认。

　　步骤 02 为茶壶对象制作【VRayMtl】玻璃材质，然后使用"动态贴图01.hdr"贴图文件制作环境贴图，并将其指定给环境贴图，按F9键快速渲染场景，效果如图14-64所示。

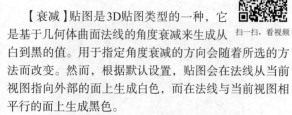

图14-64　茶壶玻璃材质渲染效果

　　通过渲染，发现玻璃材质的反射和折射效果非常强。下面为"反射"和"折射"添加【衰减】贴图，改善"反射"和"折射"效果。

　　步骤 03 单击"反射"贴图按钮，在打开的【材质/贴图浏览器】对话框中双击【衰减】贴图，进入【衰减参数】卷展栏，默认设置下，"衰减"的"前：侧"颜色分别为黑色和白色，如图14-65所示。

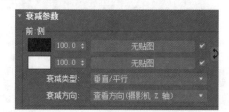

图14-65　【衰减参数】卷展栏

　　黑色颜色块代表"前"，白色颜色块代表"侧"，单击各颜色块可以重新设置"前：侧"颜色，通过颜色块后面的微调器可以设置颜色的强度，单击贴图按钮可以使用纹理贴图代替颜色。

　　步骤 04 单击"前"颜色块，设置该颜色为深灰色（R：29、G：29、B：29），白色颜色为默认，其他参数默认。

　　步骤 05 单击 "转到父对象"按钮返回【VRayMtl】材质层级，单击"折射"贴图按钮，为"折射"同样应用"衰减"贴图，并设置"前"颜色为浅灰色（R：149、G：149、B：149），"侧"颜色为白色（R：255、G：255、B：255），其他设置默认。

　　步骤 06 再次按F9键快速渲染场景，发现玻璃茶壶的反射和折射不是那么强烈了，类似于毛玻璃效果，如图14-66所示。

图14-66　【衰减】贴图效果

小贴士

【衰减】贴图的其他设置比较简单，在此不再讲解，读者可以自己尝试操作。

14.4.4 【噪波】贴图

【噪波】贴图基于两种颜色或材质的交互创建曲面的随机扰动，一般用在“凹凸贴图通道”中表现材质表面凹凸的纹理效果，如制作磨砂玻璃等材质。下面继续通过一个实例操作学习【噪波】贴图的应用方法。

扫一扫，看视频

实例——使用【噪波】贴图制作磨砂玻璃材质

步骤 01 继续上一小节的操作，选择茶壶的玻璃材质，将“反射”和“折射”添加的【衰减】贴图删除，然后展开【贴图】卷展栏，单击【凹凸】贴图按钮，在弹出的【材质/贴图浏览器】对话框中双击【噪波】贴图，如图 14-67 所示。

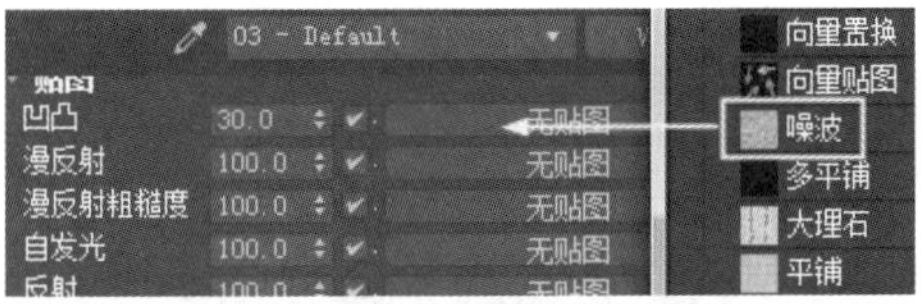

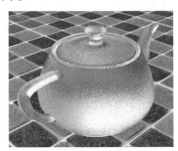

图 14-67 选择【噪波】贴图

步骤 02 进入【噪波参数】卷展栏，设置“大小”为0.5，其他设置默认，按F9键快速渲染场景，茶壶效果如图14-68所示。

图 14-68 【噪波】贴图渲染效果

14.5 综合练习——制作“茶壶、茶杯”材质与贴图

打开“效果”/“第10章”/“职场实战——创建茶壶、茶杯三维模型.max”素材文件，这是在前面章节创建的一组茶壶、茶杯的三维模型，按F9键快速渲染场景，发现该场景并没有制作任何材质与贴图，效果如图14-69所示。

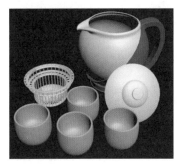

图 14-69 茶壶、茶杯三维模型

本节练习为茶壶、茶杯制作玻璃和金属材质以及背景贴图等，效果如图14-70所示。操作步骤请扫码学习。

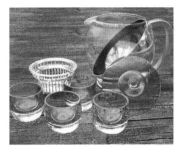

扫一扫，看视频

扫一扫，拓展学习

图 14-70 制作玻璃与不锈钢材质后的茶壶、茶杯效果

14.6 职场实战——制作“办公室一角”材质与贴图

打开“素材”/“办公室一角.max”素材文件，这是办公室一角的三维模型，按F9键快速渲染场景，发现该场景设置了简单的灯光效果，但并没有制作任何材质与贴图，效果如图14-71所示。

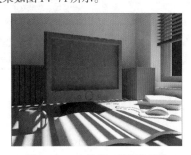

图 14-71 办公室一角渲染效果

下面来为场景制作材质与贴图等，效果如图14-72所示。

图 14-72　办公室一角材质与贴图渲染效果

14.6.1　制作墙面、桌面与百叶窗材质与背景贴图

下面首先制作墙面乳胶漆材质、桌面实木材质、百叶窗塑料材质以及背景贴图。

步骤 01 使用快捷键M打开【材质编辑器】对话框，选择一个空白的示例球，将其命名为"墙面"，然后选择【VRayMtl】材质，并设置"漫反射"颜色为白色（R:255、G:255、B:255），其他参数默认，将制作的材质指定给场景中的墙面及顶对象。

步骤 02 重新选择一个空白的示例球，将其命名为"百叶窗"，然后选择【VRayMtl】材质，并设置"漫反射"颜色为蓝灰色（R:105、G:121、B:146）、"反射"颜色为深灰色（R:50、G:50、B:50）、"光泽度"为0.75，其他设置默认，如图14-73所示。

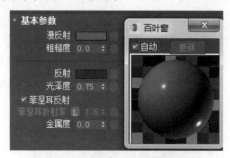

图 14-73　设置百叶窗材质

步骤 03 将制作好的材质指定给场景中的"百叶窗"对象。

步骤 04 重新选择一个空白的示例球，将其命名为"桌面"，然后选择【VRayMtl】材质，并设置"反射"颜色为深灰色（R:96、G:96、B:96）、"光泽度"为0.65，其他设置默认。

步骤 05 单击"漫反射"贴图按钮，在弹出的【材质/贴图浏览器】对话框中双击【位图】选项，选择"贴图"/"实木01.jpg"的位图贴图文件，然后将制作好的材质指定给场景中的"桌面"对象。

步骤 06 在"修改器列表"下为"桌面"对象添加"UVW贴图"修改器，选择"长方体"贴图方式，其他设置默认。

步骤 07 重新选择一个空白的示例球，将其命名为"背景"，单击"漫反射"贴图按钮，在弹出的【材质/贴图浏览器】对话框中双击【位图】选项，选择"贴图"/"SEO37BNP"的位图贴图文件，在【坐标】卷展栏中勾选"环境"选项，其他设置默认。

步骤 08 执行【渲染】/【环境】命令，打开【环境和效果】对话框，在【材质编辑器】中将制作好的位图贴图拖到环境贴图按钮上，将其以"实例"方式复制到环境贴图上，然后关闭该对话框，按F9键快速渲染场景，效果如图14-74所示。

图 14-74　场景渲染效果

14.6.2　制作显示器、鼠标与鼠标垫材质

下面继续制作显示器、鼠标与鼠标垫材质。

1.制作显示器材质

显示器材质分为多种，因此需要使用【多维/子对象】材质来制作。

步骤 01 再次选择一个空的示例球，将其命名为"显示器"，单击 Standard 按钮，在打开的【材质/贴图浏览器】对话框中双击【多维/子对象】材质，并设置材质数量为4，如图14-75所示。

图 14-75　设置材质数量

步骤 02 依照前面的操作方法分别为"ID 1""ID 2"和"ID 3"指定【VRayMtl】材质，为"ID 4"指定【VRay灯光材质】，如图 14-76 所示。

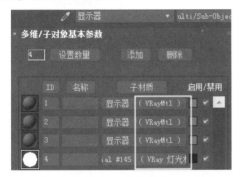

图 14-76　指定材质

步骤 03 进入"ID 1"的【VRayMtl】材质层级，设置"漫反射"与"反射"颜色均为白色（R:255、G:255、B:255）、"光泽度"为 0.9，勾选"菲涅耳反射"选项，其他参数默认，如图 14-77 所示。

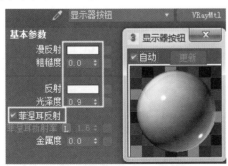

图 14-77　1 号材质设置

步骤 04 进入"ID 2"的【VRayMtl】材质层级，设置"漫反射"颜色为蓝色（R:0、G:100、B:223）、"反射"颜色为灰色（R:18、G:18、B:18）、"光泽度"为 0.85，勾选"菲涅耳反射"选项，其他参数默认，如图 14-78 所示。

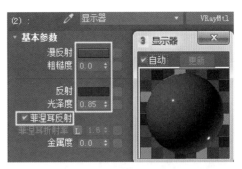

图 14-78　2 号材质设置

步骤 05 将ID 4号的【VRay灯光材质】拖到ID 3号材质上，将其原材质覆盖，然后进入"ID 3"的【VRay灯光材质】层级，设置"颜色"为红色（R:255、G:0、B:0），其他参数默认，如图 14-79 所示。

图 14-79　3 号材质设置

步骤 06 进入"ID 4"的【VRay灯光材质】层级，设置"颜色"为白色（R:255、G:255、B:255），倍增值为1.5，单击"不透明度"贴图按钮，在弹出的【材质/贴图浏览器】对话框中双击【位图】选项，选择【贴图】目录下的"显示器.tif"贴图文件，然后将该贴图文件在以"实例"的方式复制到"颜色"贴图按钮上，如图 14-80 所示。

图 14-80　4 号材质设置

步骤 07 将制作好的材质指定给场景中的"显示器"对象，然后进入"显示器"的"多边形"层级，将显示器屏幕材质ID号指定为4；将显示器3个按钮材质ID号指定为1；将指示灯材质ID号指定为3；将显示器其他部分材质

ID号指定为2，然后退出多边形层级。

步骤 08 按F9键快速渲染场景，效果如图14-81所示。

图 14-81 显示器材质效果

2. 制作鼠标与鼠标垫材质

鼠标材质也分为多种，因此需要使用【多维/子对象】材质来制作。

步骤 01 重新选择一个空的示例球，将其命名为"鼠标垫"，并为其选择【VRayMtl】材质。

步骤 02 单击"漫反射"贴图按钮，在弹出的【材质/贴图浏览器】对话框中双击【位图】选项，选择"贴图"/"鼠标垫.jpg"文件，其他设置默认。

步骤 03 将制作好的材质指定给场景中的"鼠标垫"对象，在"修改器列表"中选择"UVW贴图"修改器，选择"长方体"贴图方式，其他设置默认。

步骤 04 再次选择一个空的示例球，将其命名为"鼠标线"，然后为其选择【VRayMtl】材质。

步骤 05 设置"漫反射"颜色为蓝色（R:0、G:111、B:214）、"反射"颜色为灰色（R:18、G:18、B:18）、"光泽度"为0.75，勾选"菲涅耳反射"选项，其他参数默认，如图14-82所示。

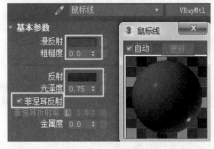

图 14-82 鼠标线材质设置

步骤 06 将制作好的材质指定给场景中的"鼠标线"对象。

步骤 07 重新选择一个空的示例球，将其命名为"鼠标"，单击 Standard 按钮，选择"多维/子对象"材质，并设置材质数量为2。

步骤 08 为"ID 1"选择【VRayMtl】材质，然后设置"漫反射"颜色为蓝色（R:0、G:100、B:223）、"反射"颜色为灰色（R:18、G:18、B:18）、"光泽度"为0.85，勾选"菲涅耳反射"选项，其他参数默认，如图14-83所示。

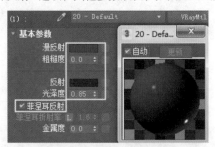

图 14-83 鼠标1号材质设置

步骤 09 返回到"多维/子对象"材质层级，将"ID 1"材质以"复制"的方式复制到ID 2材质按钮上，然后进入ID 2号材质层级，设置"漫反射"颜色为白色（R:255、G:255、B:255），其他参数默认，如图14-84所示。

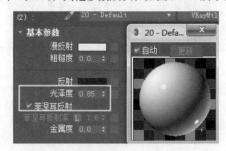

图 14-84 鼠标2号材质设置

步骤 10 将制作的材质指定给场景中的"鼠标"对象，然后在修改面板中进入"鼠标"的"多边形"层级，选择鼠标左右键的多边形面，并设置其材质ID号为2，如图14-85所示。

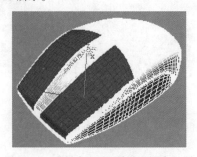

图 14-85 选择多边形面并设置材质ID号

步骤 11 执行【编辑】/【反选】命令反选鼠标的其他多边形面，并设置材质ID号为1，然后退出多边形层级，按F9键快速渲染场景，效果如图14-86所示。

图14-86 鼠标与鼠标垫渲染效果

14.6.3 制作咖啡杯瓷器材质与咖啡勺不锈钢材质

下面继续制作咖啡杯和咖啡勺材质。咖啡杯有两种材质：一种是瓷器材质；另一种为位图贴图。咖啡勺为不锈钢材质。

扫一扫，看视频

步骤 01 重新选择一个空的示例球，将其命名为"咖啡杯"，单击 Standard 按钮，选择【多维/子对象】材质，并设置材质数量为2。

步骤 02 单击 "ID" 1材质按钮回到标准材质层级，单击 Standard 按钮选择【VRayMtl】材质，设置"反射"颜色为深灰色（R:51、G:51、B:51）、"光泽度"为0.85，勾选"菲涅耳反射"选项，其他设置默认，如图14-87所示。

图14-87 咖啡杯1号材质设置

步骤 03 单击"漫反射"贴图按钮，在打开的【材质/贴图浏览器】对话框中双击【衰减】选项，进入【衰减参数】卷展栏，设置"前"颜色为灰色（R:212、G:212、B:212），其他设置默认，如图14-88所示。

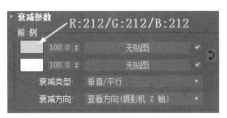

图14-88 【衰减】参数设置

步骤 04 返回【多维/子对象】材质层级，使用相同的方法为"ID"2指定【VRayMtl】材质，然后设置"反射"颜色和参数，如图14-89所示。

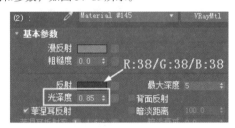

图14-89 ID 2材质设置

步骤 05 单击"漫反射"贴图按钮，在弹出的【材质/贴图浏览器】对话框中双击【位图】选项，选择"贴图"/"杯子.jpg"的位图贴图文件，然后将制作好的材质指定给"咖啡杯"对象。

步骤 06 在修改面板中进入"咖啡杯"对象的"多边形"层级，框选"咖啡杯"中的多边形面，设置其材质ID号为2，如图14-90所示。

步骤 07 执行【编辑】/【反选】命令反选"咖啡杯"其他的面，并设置其材质ID号为1。

步骤 08 重新选择空的示例球，为其指定【VRayMtl】材质，然后设置"漫反射"颜色为黑色、"反射"颜色为白色、"光泽度"为0.89，取消"菲涅耳反射"选项的勾选，然后将制作的材质指定给咖啡勺对象。

步骤 09 至此，"咖啡杯"和"咖啡勺"材质制作完毕，按F9键快速渲染场景查看效果，结果如图14-91所示。

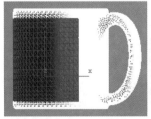 

图14-90 选择"咖啡杯"的多边形面　图14-91 咖啡杯渲染效果

14.6.4　制作书本材质与贴图

扫一扫，看视频

　　下面继续制作书本材质与贴图。书本也有两种材质，可以使用【多维/子对象】材质制作。

步骤 01 再次选择一个空的示例球，将其命名为"翻开的书"，单击 Standard 按钮，选择【多维/子对象】材质，并设置材质数量为4。

步骤 02 依照前面的操作方法为"ID 1""ID 2""ID 3"和"ID 4"指定【VRayMtl】材质，进入"ID 1"的VRayMtl材质层级，单击"漫反射"贴图按钮，在打开的【材质/贴图浏览器】对话框中双击【位图】选项，然后选择"贴图"/"书贴图.jpg"贴图文件。

步骤 03 进入"ID 2"的VRayMtl材质层级，为"漫反射"指定"贴图"/"书贴图01.jpg"贴图文件；进入"ID 3"的VRayMtl材质层级，为"漫反射"指定"平铺"贴图。

步骤 04 在"平铺"贴图的【高级控制】卷展栏中设置"平铺设置"的"纹理"颜色为白色（R:255、G:255、B:255）、"水平数"为100、"垂直数"为0，设置"砖缝设置"的"纹理"颜色为灰色（R:128、G:128、B:128）、"水平间距"为0.1、"垂直间距"为0.1，其他设置默认，如图14-92所示。

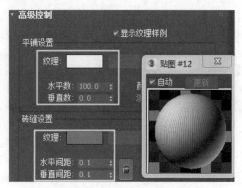

图14-92　【平铺贴图】设置

步骤 05 进入"ID 4"的VRayMtl材质层级，设置"漫反射"颜色为白色（R:255、G:255、B:255），其他设置默认。

步骤 06 将制作好的材质指定给场景中翻开的书对象，然后进入该对象的"多边形"层级，分别选择翻开的书的各多边形面，依次设置材质ID号为1、2、3和4，如图14-93所示。

图14-93　设置ID号

步骤 07 为翻开的书对象添加"UVW贴图"修改器，选择"长方体"贴图方式，其他设置默认。

步骤 08 再次选择一个空的示例球，将其命名为"书"，单击 Standard 按钮，选择"多维/子对象"材质，并设置材质数量为3。

步骤 09 依照前面的操作方法为"ID 1""ID 2"和"ID 3"指定【VRayMtl】材质，进入"ID 1"的VRayMtl材质层级，为"漫反射"指定"贴图"/"封面.png"贴图文件，在【位图参数】卷展栏下单击"查看图像"按钮，在打开的【指定裁剪/放置】对话框中对图像进行裁剪，选取合适的图像作为位图贴图文件。

步骤 10 进入"ID 2"的VRayMtl材质层级，为"漫反射"指定"贴图"/"封面.png"贴图文件，使用相同的方法对图像进行裁剪，选取合适的图像作为位图贴图文件。

步骤 11 进入"ID 3"的VRayMtl材质层级，设置"漫反射"颜色为白色（R:255、G:255、B:255），其他设置默认。

步骤 12 将制作好的材质指定给场景中的其他书本对象，然后进入书本对象的"多边形"层级，分别设置各多边形面的材质ID号依次为1、2和3，如图14-94所示。

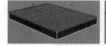

图14-94　设置材质ID号

步骤 13 退出多边形层级，为书本对象添加"UVW贴图"修改器，选择"长方体"贴图方式，其他设置默认。

步骤 14 将场景中左上角的书本对象全部删除，将右下角的书本复制到左上角显示器旁边位置，然后按F9键快速渲染场景查看效果，结果如图14-95所示。

图 14-95 场景渲染效果

通过渲染，发现场景整体光线太凌乱，这是由于光线穿过百叶窗在桌面上投射的阴影造成的。下面调整一下灯光的照射角度和方向，对其进行改善。

步骤 15 在顶视图中将灯光沿Y轴向上移动，使灯光呈斜射方式穿过窗户向桌面投射阴影，然后进入修改面板，设置灯光的"强度倍增"值为0.4、"臭氧"为0.25，如图14-96所示。

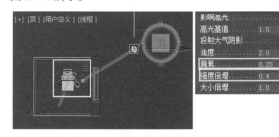

图 14-96 调整灯光的投射

步骤 16 打开【渲染设置】对话框，进入【GI】选项卡，展开"发光贴图"选项的"当前预设"列表，选择"高"，然后再次渲染透视图，效果如图14-97所示。

图 14-97 场景渲染效果

步骤 17 这样，"办公室一角"场景材质制作完毕，将该场景保存为"职场实战——制作办公室一角材质与贴图.max"文件。

小贴士

灯光设置与场景渲染是三维设计的重要内容，有关灯光设置与场景渲染相关知识将在后面章节进行详细讲解，在此不做详细讲解。

Chapter
15
第15章

灯光与渲染

本章导读：

　　灯光是三维场景中的重要组成部分。灯光为场景提供照明，再现场景对象真实的明暗阴影效果，而渲染则是3ds Max 2020三维场景设计的最终环节。本章继续学习三维场景灯光与渲染的相关知识。

本章主要内容如下：

- 灯光的作用与类型；
- 灯光属性与设置技巧；
- 创建灯光；
- 渲染；
- 综合练习——厨房灯光设置与渲染；
- 职场实战——卫生间灯光设置与渲染。

15.1 灯光的作用与类型

本节首先了解灯光的作用与类型，这对于设置场景灯光非常重要。

15.1.1 灯光的作用

现实生活中有人工光和自然光两种，这两种光都是生活中必不可少的。人工光是人为设置的照明系统发出的光，而自然光是指太阳光，也叫环境光。其中人工光除了能满足人们正常的工作、生活需求外，还能有效地烘托环境气氛，给环境带来生机，加强环境空间的容量和感觉等作用，同时，光影的质和量也对空间环境和人的心理产生一定的影响。

扫一扫，看视频

与现实生活中的光相同，3ds Max三维场景中的光也包括自然光和人工光两种。与现实生活中的光不同的是，这两种光都是对现实生活环境中光照效果的模拟，不仅能真实再现三维场景的光照效果，还能很好地表现场景对象的质感。图15-1是模拟太阳光对厨房室内环境的照明效果。

图15-1 模拟太阳光对厨房环境的照明效果

当3ds Max三维场景中没有设置灯光时，系统将使用默认的灯光照明场景。默认灯光包含两个不可见的灯光系统：一个灯光位于场景的左上方；另一个灯光位于场景的右下方，这样可以满足三维场景的基本照明。使用系统默认灯光照明的洗手间一角照明效果如图15-2所示。

默认灯光光照效果一般缺少层次感，同时不能很好地表现对象的质感，通常需要用户重新设置场景灯光以照明场景，设置灯光后的洗手间照明效果如图15-3所示。

图15-2 默认灯光照射下的洗手间一角　　图15-3 设置灯光后的洗手间一角

> **小贴士**
>
> 用户一旦在场景中创建了灯光系统，系统默认的灯光系统就会被禁用，场景将使用用户设置的照明系统进行照明，如果删除用户设置的照明系统，则系统重新启用默认照明。

15.1.2 灯光的类型

3ds Max 2020提供了两种类型的灯光系统，即【标准】灯光系统与【光度学】灯光系统。另外，安装V-Ray渲染器后，还会有【VRay】照明系统，这些照明系统有各自的照明特点，会产生不同的照明效果。

扫一扫，看视频

1.【标准】灯光系统

【标准】灯光系统是3ds Max 2020系统自带的照明系统，也是最常用、最简单的灯光照明系统。【标准】灯光是基于计算机的对象，可以模拟如家用或办公用灯光、舞台和电影工作者使用的灯光设备以及太阳光本身等的照明效果。

【标准】灯光共提供了6种不同种类的照明系统，这6种照明系统可用不同的方式投射灯光，用于模拟真实世界不同种类的光源。

进入创建面板，激活"灯光"按钮，在其列表中选择【标准】选项，在【对象类型】卷展栏下即可显示这6种不同的灯光类型，如图15-4所示。

图15-4 【标准】灯光系统

2.【光度学】灯光照明系统

光度学灯光系统使用光度学（光能）值使用户可以更精确地定义灯光，就像在真实世界一样。用户可以设置它们分布、强度、色温和其他真实世界灯光的特性。另外，也可以导入照明制造商的特定光度学文件，以便设计基于商用灯光的照明。

3ds Max系统提供了3种【光度学】灯光照明系统，这3种照明系统可用不同的方式投射灯光，用于模拟真实世界不同种类的光源。

进入创建面板，激活 💡 "灯光"按钮，在其下拉列表中选择【光度学】选项，展开【对象类型】卷展栏即可显示【光度学】灯光的3种照明系统，如图15-5所示。

图 15-5　【光度学】灯光系统

3.【VRay】灯光照明系统

【VRay】灯光是V-Ray渲染器自带的专用灯光系统，在与VRay渲染器专业材质、贴图以及阴影类型结合使用时，其效果显然要优于使用3ds Max的【标准】灯光类型。

【VRay】灯光提供了4种灯光系统，进入创建面板，激活 💡 "灯光"按钮，在其下拉列表中选择【VRay】选项，展开【对象类型】卷展栏即可显示【VRay】灯光的几种灯光，如图15-6所示。

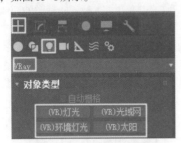

图 15-6　【VRay】灯光系统

15.2 灯光属性与设置技巧

了解了灯光的作用与类型，本节将继续了解灯光属性，同时学习灯光的设置技巧。

15.2.1　灯光属性

扫一扫，看视频

在现实世界中，当光线到达物体曲面时，曲面反射这些光线，或至少反射一些，因此我们才看到对象。对象的外观取决于到达它的光以及物体材质的属性，如颜色、平滑度和不透明度等。在3ds Max中，对象的材质可以指定对象的视觉属性，但是，由于各种因素，灯光照明的效果不尽相同。下面介绍影响灯光照明的因素。

1. 灯光强度

在3ds Max中，灯光强度受灯光"倍增"值以及灯光颜色的影响，当灯光"倍增"值越高，灯光颜色亮度越高（白色）时，灯光强度越强，灯光照射的对象越亮；反之，灯光照射的对象越暗。以【标准】灯光中的【目标聚光灯】为例，灯光颜色均为白色（R:255、G:255、B:255）、"倍增"值分别为1和0.5时的照明效果比较如图15-7所示。

图 15-7　不同"倍增"值时的照明效果

2. 灯光入射角度

对象曲面法线相对于光源的角度称为入射角，对象曲面与光源倾斜得越多，曲面接收到的光越少，被照射的对象看上去越暗。3ds Max使用从灯光对象到该面的一个向量和面法线计算入射角。当入射角为0°（也就是光源垂直曲面入射）时，曲面完全照亮。如果入射角增加，或如果灯光颜色较暗，则曲面接收的光线越少，曲面越暗。如图15-8所示，与光线垂直的球体与茶壶的高光区较亮，和光线成夹角的其他区较暗，而立方体左面与光线倾斜较小，该面较亮，另一面与光线倾斜较大，该面也较暗。

图 15-8　光线入射角度不同，照射亮度不同

3. 灯光衰减

在现实世界中，灯光的强度将随着距离的加长而减弱，远离光源的对象看起来更暗，距离光源较近的对象看起来更亮，这种效果称为衰减。在3ds Max中，标准灯光的所有类型都支持衰减，并在衰减开始和结束的位置可以显示设置，通过衰减设置，产生逼真的距离与空间效果。使用灯光衰减与不使用灯光衰减时的照明效果比较如图15-9所示。

图15-9　灯光衰减照明效果比较

4. 反射光与环境光

对象反射光可以照亮其他对象。曲面反射光越多，用于照明其环境中其他对象的光也越多。反射光创建环境光。环境光具有均匀的强度，并且属于均质漫反射，不具有可辨别的光源和方向。如图15-10所示，红色箭头指向的是光源的照射效果，而绿色箭头指向的是反射光，文字标注的区域是由反射光导致的环境光。

图15-10　反射光与环境光示例

> **小贴士**
>
> 在3ds Max中，使用默认的扫描线渲染器进行渲染时，标准灯光不计算场景中对象反射的灯光效果。因此，使用标准灯光照明场景通常要添加比实际需要更多的灯光对象。但是，当使用VRay渲染器进行渲染场景时，可以获得很好的反射光和环境光效果。

15.2.2　灯光的公用参数

灯光的公用参数有【常规参数】与【阴影参数】，这些参数用于设置灯光的照明效果。下面介绍灯光的公用参数设置知识。

1.【常规参数】设置

扫一扫，看视频

除VRay灯光之外的其他所有类型的灯光都有【常规参数】卷展栏，在该卷展栏中可以启用/禁用灯光、设置灯光的"倍增"值、包括/排除照射对象、设置投影类型等相关内容。

打开"效果"/"第13章"/"为女士凉拖制作塑料材质.max"场景文件，以该场景设置【标准】灯光中的"目标聚光灯"为例，讲解【常规参数】卷展栏中的相关设置，其他灯光的【常规参数】卷展栏设置与此相同，不再讲解。

实例——设置常规参数

步骤 01 首先在顶视图中创建平面对象，在前视图中将其移动到凉拖对象的下方作为地面，然后进入创建面板，激活 "灯光"按钮，在其列表中选择【标准】选项，在【对象类型】卷展栏下激活 目标聚光灯 按钮，在前视图中由上向下拖曳鼠标创建一盏目标聚光灯对象，如图15-11所示。

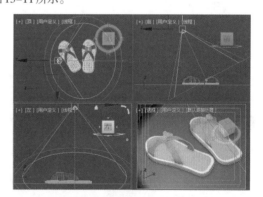

图15-11　创建目标聚光灯对象

步骤 02 进入修改面板，展开【常规参数】卷展栏，启用或禁用灯光以及设置灯光的阴影等，如图15-12所示。

图15-12　目标聚光灯的【常规参数】卷展栏

表15-1　不同类型的阴影方式所投射阴影的优缺点

步骤 **03** 勾选"启用"选项，使用灯光着色和渲染以照亮场景。如果禁用该选项，进行着色或渲染时不使用该灯光，默认设置为启用。

步骤 **04** 在"灯光类型"列表中更改灯光的类型。例如，将灯光更改为泛光灯、聚光灯或平行光。

步骤 **05** 启用"目标"选项后，灯光将成为目标，灯光与其目标之间的距离显示在复选框的右侧。

步骤 **06** 勾选"阴影"选项，设置当前灯光投射阴影，如图15-13所示。

图15-13　阴影效果

> **小贴士**
>
> 可以设置被照明的对象产生或不产生阴影，方法是选择被照明对象右击，从快捷菜单中选择【对象属性】命令，在"渲染控制"选项取消"投射阴影"选项的勾选，此时对象将不产生阴影。例如，设置左边凉拖对象不产生阴影，渲染结果如图15-14所示。

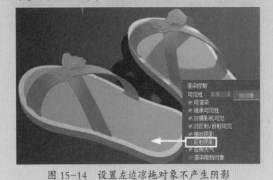

图15-14　设置左边凉拖对象不产生阴影

步骤 **07** "启用"阴影后，可以在阴影方法下拉列表中选择生成阴影的类型，有"阴影贴图""光线跟踪阴影""高级光线跟踪阴影"或"区域阴影"。另外，如果安装了VRay渲染器，还可以选择"VRay阴影"。

不同类型的阴影方式投射阴影的优缺点见表15-1。

表15-1　不同类型的阴影方式所投射阴影的优缺点

阴影类型	优　点	缺　点
高级光线跟踪	支持透明度和不透明度贴图。使用不少于 RAM 的标准光线跟踪阴影。建议对复杂场景使用一些灯光或面。	比阴影贴图更慢。不支持柔和阴影
区域阴影	支持透明度和不透明度贴图。使用很少的 RAM。建议对复杂场景使用一些灯光或面。支持区域阴影的不同格式	比阴影贴图更慢
mental ray 阴影贴图	使用 mental ray 渲染器可能比光线跟踪阴影更快	不如光线跟踪阴影精确
光线跟踪阴影	支持透明度和不透明度贴图。如果不存在对象动画，则只处理一次	可能比阴影贴图更慢。不支持柔和阴影
阴影贴图	产生柔和阴影。如果不存在对象动画，则只处理一次，是最快的阴影类型	使用很多的RAM。不支持使用透明度或不透明度贴图的对象

> **小贴士**
>
> 要向"不透明度"贴图对象投射阴影时，请使用"光线跟踪"或"高级光线跟踪阴影"。"阴影贴图"阴影不识别贴图的透明部分，因此它们看起来并不真实可信。

步骤 **08** 启用"使用全局设置"选项，以使用该灯光投射阴影的全局设置。禁用此选项，以启用阴影的单个控件。

步骤 **09** 单击"排除/包含"按钮将打开【排除/包含】对话框，基于灯光包含或排除对象。当排除对象时，对象不会被当前灯光照明，并且不接收阴影，如图15-15所示。

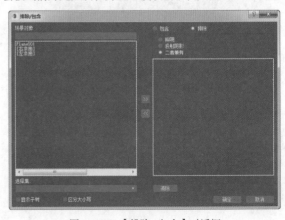

图15-15　【排除/包含】对话框

小贴士

在该对话框中，左边显示场景中的所有对象。右边是要"包含"或"排除"的对象，选择左边的对象，单击 》按钮将其调入右边，并勾选"排除"选项，单击 确定 按钮，此时渲染场景，该对象不被灯光照射。例如，将"左凉拖"排除在灯光照射外，效果如图15-16所示。

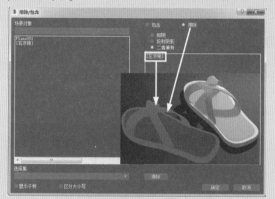

图15-16 排除"左凉拖"的灯光效果

另外，如果要使当前灯光只照射"左凉拖"对象，则勾选"包含"选项；如果要取消对象的"排除"或"包含"选项，可以在右边选择该对象，单击 《按钮将其调入左边。

2.【阴影参数】设置

【阴影参数】卷展栏用于设置阴影的明暗、颜色和其他常规阴影属性等。继续15.2.1小节的操作，通过简单实例学习设置【阴影参数】的相关方法。

实例——设置阴影参数

步骤 01 打开【阴影参数】卷展栏，设置阴影的相关参数，如图15-17所示。

图15-17 【阴影参数】卷展栏

步骤 02 单击"颜色"按钮，设置灯光投射的阴影的颜色，默认颜色为黑色。

步骤 03 在"密度"输入框中调整阴影的密度，值越大，阴影越明显；反之，阴影不明显，"密度"值为0.5时，女式凉拖的阴影效果比较暗淡，如图15-18所示。

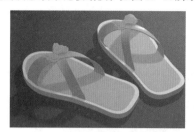

图15-18 "密度"为0.5时的阴影效果

小贴士

"密度"可以有负值，使用该值可以帮助模拟反射灯光的效果。白色阴影颜色和负"密度"渲染黑色阴影的质量没有黑色阴影颜色和正"密度"渲染黑色阴影的质量好。

步骤 04 勾选"贴图"选项，可以使用"贴图"按钮指定贴图作为阴影，贴图颜色与阴影颜色混合起来。

步骤 05 勾选"灯光影响阴影颜色"选项后，将灯光颜色与阴影颜色（如果阴影已设置贴图）混合起来。

步骤 06 在"大气阴影"选项中设置大气效果投射阴影，该设置不常用，在此不做详细讲解。

3.灯光的【强度/颜色/衰减】设置

【强度/颜色/衰减】卷展栏用于设置灯光的倍增值、灯光颜色以及衰减，继续15.2.1小节的操作，下面通过简单实例学习设置灯光【强度/颜色/衰减】的相关知识。

实例——设置灯光【强度/颜色/衰减】

步骤 01 打开【强度/颜色/衰减】卷展栏，设置灯光的颜色、倍增以及衰减等参数，如图15-19所示。

图15-19 【强度/颜色/衰减】卷展栏

步骤 02 在"倍增"输入框中输入灯光倍增值，值越大，灯光越强；反之，灯光越弱，"倍增"值为2时的灯光效果如图15-20所示。

图15-20　"倍增"值为2时的灯光效果

步骤 03 在"衰退"选项中设置远处灯光强度减小的另一种方法，可以在"类型"选项中选择一种类型。有"无""倒数"和"平方反比"3种类型，如图15-21所示。

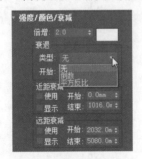

图15-21　选择衰减类型

步骤 04 选择"无"，将不应用衰退，从其源到无穷大灯光仍然保持全部强度，除非启用远距衰减；选择"倒数"，应用反向衰退；选择"平方反比"，应用平方反比衰退。

步骤 05 在"近距衰减"选项中勾选"使用"和"显示"两个选项，输入"开始"以及"结束"值，则蓝色圈显示灯光的近距离衰减范围，如图15-22所示。

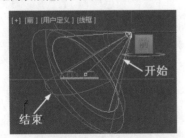

图15-22　灯光的近距离衰减范围

步骤 06 渲染场景，发现灯光出现由亮到暗的近距离强度衰减效果，如图15-23所示。

图15-23　灯光的近距离衰减效果

步骤 07 在"远距衰减"选项中勾选"使用"和"显示"两个选项，输入"开始"以及"结束"值，则灰蓝色圈显示灯光的远距离衰减范围，如图15-24所示。

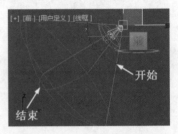

图15-24　灯光的远距离衰减范围

步骤 08 快速渲染场景，发现灯光出现由亮到暗的远距离衰减效果，如图15-25所示。

图15-25　灯光的远距离衰减效果

小贴士

　　衰退开始的点取决于是否使用衰减，如果不使用衰减，则光源处开始衰退；使用"近距衰减"，则从近距结束位置开始衰退。建立开始点之后，衰退遵循其公式到无穷大，或直到灯光本身由"远距结束"距离切除。换句话说，"近距结束"和"远距结束"不成比例，否则影响衰退灯光的明显坡度。另外，随着灯光距离的增加，衰减继续计算越来越暗值，最好至少设置衰减的"远距结束"，以消除不必要的计算。

15.3 创建灯光

了解了灯光的类型、属性以及参数设置，本节学习创建灯光的方法。灯光的创建方法非常简单，与创建其他对象无异。本节只讲解常用的灯光，其他灯光的创建与设置方法与此相同。

15.3.1 创建【目标聚光灯】与【目标平行光】

聚光灯像闪光灯一样投射聚焦的光束，适合模拟射灯等聚光的灯光效果。"聚光灯"使用目标对象指向摄像机。当添加"聚光灯"时，系统将为该灯光自动指定注视控制器，灯光目标对象被指定为"注视"目标。【目标聚光灯】的创建方法在15.2.2小节中已经进行了讲解，此处不再赘述，读者可以参阅15.2.2小节的讲解。【自由聚光灯】的创建非常简单，直接在场景中单击，即可创建【自由聚光灯】。当在场景中创建【目标聚光灯】和【自由聚光灯】后，进入修改面板，设置灯光的相关参数，即可对场景产生照明效果。

扫一扫，看视频

3ds Max 2020中，平行光（目标平行光与自由平行光）主要用于模拟太阳光，可以调整灯光的颜色和位置，并在 3D 空间中旋转灯光。与聚光灯相同，平行光使用目标对象指向灯光。但由于平行光线是平行的，所以平行光线呈圆形或矩形棱柱，而不是圆锥体。

下面通过简单实例学习创建【目标平行光】的相关方法。

实例——创建【目标平行光】

步骤 01 进入灯光创建面板，在【标准】灯光类型下激活 目标平行光 按钮，在前视图中由上向下拖曳鼠标创建【目标平行光】，拖动的初始点是平行光的位置，释放鼠标的点就是目标位置，然后在顶视图中调整灯光的照射方向，如图15-26所示。

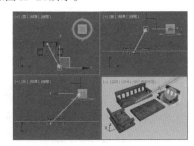

图 15-26 创建【目标平行光】

步骤 02 进入修改面板，在各卷展栏下设置平行光的"倍增""衰减""阴影"以及平行光参数等，其设置与【目标聚光灯】各设置相同，然后快速渲染场景，效果如图15-27所示。

图 15-27 【目标平行光】照明效果

> **小贴士**
>
> 【自由平行光】的创建非常简单，直接在场景中单击即可创建，读者可以自己尝试创建一盏【自由平行光】。

15.3.2 创建【泛光灯】

【泛光灯】从单个光源向各个方向投射光线。泛光灯用于将"辅助照明"添加到场景中，或模拟点光源。泛光灯可以投射阴影与投影，单个投射阴影的泛光灯等同于6个投射阴影的聚光灯，从中心指向外侧。下面继续通过简单实例学习创建泛光灯的方法。

扫一扫，看视频

步骤 01 继续15.3.1小节的操作，删除场景中的【目标平行光】对象，进入灯光创建面板，选择【标准】灯光类型，激活 泛光 按钮，在顶视图中单击鼠标即可创建一盏泛光灯，在前视图中调整灯光的高度，如图15-28所示。

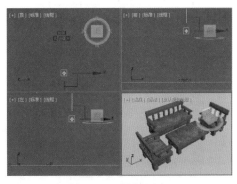

图 15-28 创建泛光灯

步骤 02 进入修改面板，设置泛光灯的各个参数，其参数设置与【目标聚光灯】的设置完全相同。该灯光适合作为主光源或者辅助光源照亮场景，后面的章节中将通过实例对该灯光进行讲解，此处不再介绍。设置完成后渲染场景，效果如图15-29所示。

图 15-29 【泛光灯】照明效果

15.3.3 创建【目标灯光】

扫一扫，看视频

【目标灯光】是光度学灯光类型，该灯光适用于装饰灯具照明，如室内射灯等。使用该灯光时，通常需要添加广域网文件，这样照明效果会更好。

打开"效果"/"第13章"/"综合练习——制作毛巾、毛发材质.max"场景文件，快速渲染场景，发现场景使用了环境光照明，效果如图15-30所示。

图 15-30 场景默认灯光照明效果

下面设置【目标灯光】照明，效果如图15-31所示。

图 15-31 【目标灯光】渲染效果

实例——设置【目标灯光】照明

步骤 01 打开【材质编辑器】对话框，修改VRayHDRI贴图的"全局倍增"为0.1，然后进入创建面板，选择【光度学】灯光类型下的【目标灯光】，在前视图中由上向下拖曳鼠标创建目标灯光，在左视图中调整灯光的位置，如图15-32所示。

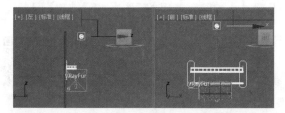

图 15-32 创建【目标灯光】系统

步骤 02 进入修改面板，在【常规参数】卷展栏下勾选"阴影"选项，并选择阴影类型为"VRay阴影"，在"灯光分布（类型）"列表中选择"光度学Web"选项，单击 〈 选择光度学文件 〉 按钮，选择"贴图"目录下的5.IES光度学文件，如图15-33所示。

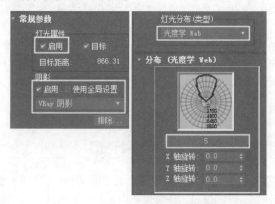

图 15-33 设置参数并选择光度学文件

步骤 03 继续在【颜色/强度/衰减】卷展栏下设置其他参数，然后快速渲染场景，发现光线太暗，如图15-34所示。

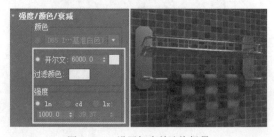

图 15-34 设置灯光并渲染场景

这是因为灯光强度不够，下面设置灯光的强度值。

步骤 04 在"强度"选项中修改Im值为500000，其他设置默认，再次渲染场景，此时发现灯光效果变亮了，如图15-32所示。

小贴士

【目标灯光】的设置比较简单，在此不再讲解，读者可以自己尝试设置各个参数。

15.3.4 创建【VRay】灯光

前面讲过，【VRay】灯光是【V-Ray】渲染器自带的一种灯光类型。【VRay】照明系统是V-Ray渲染器自带的专用灯光系统，包括【VR灯光】【VR光域网】【VR-环境灯光】以及【VR太阳】共4种。本小节主要学习【VR灯光】照明系统的创建与应用技巧，其他灯光的创建与此基本相同，在此不再讲解。

扫一扫，看视频

打开"效果"/"第14章"/"使用【棋盘格】贴图制作地面实木地板材质.max"场景文件，快速渲染场景，发现场景使用了环境光照明，效果并不理想，如图15-35所示。

图15-35 场景渲染效果

下面为该场景设置【VR灯光】照明系统，效果如图15-36所示。

图15-36 【VR灯光】照明效果

实例——使用【VR灯光】照明

步骤 01 打开【材质编辑器】，修改VRayHDRI贴图的"全局倍增"为0.02，然后在创建面板上激活◀"灯光"按钮，在其下拉列表中选择【VRay】选项，在【对象类型】卷展栏下单击 (VR)灯光 按钮，在顶视图中拖曳鼠标，创建【VR灯光】，大小与场景大小相当，在前视图中沿Y轴调整灯光的高度，如图15-37所示。

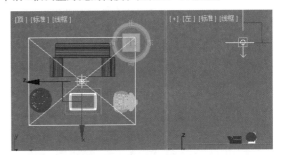

图15-37 创建【VR灯光】系统

步骤 02 进入修改面板，展开【常规】卷展栏，设置【VR灯光】的开关、大小、倍增值以及灯光颜色等，如图15-38所示。

步骤 03 展开【选项】卷展栏，设置灯光的阴影、衰减等。勾选"双面"选项，则灯光两面都发光；勾选"不可见"选项，则灯光图标不可见。单击"排除"按钮，可以将对象排除在照明外，如图15-39所示。

图15-38 【常规】卷展栏设置　图15-39 【选项】卷展栏设置

小贴士

在"类型"列表中可以选择灯光的类型，有"平面""球体""穹顶""网格"和"圆形"5种类型，显示5种不同的图标与照明效果。

步骤 04 修改"倍增"值为45，勾选"不可见"选项，其他设置默认，设置完成后，按F9键快速渲染场景，效果如图15-36所示。

15.3.5 创建【VR-太阳】灯光

扫一扫，看视频

【VR-太阳】照明系统主要用于模拟太阳光的照明效果，其创建方法与【目标平行光】系统的创建方法相同。

打开"效果"/"第13章"/"综合练习——为户外椅制作不锈钢材质.max"场景文件，按F9键快速渲染场景，发现场景使用背景贴图照明，效果如图15-40所示。

图 15-40　背景贴图照明效果

下面为其设置一盏【VR-太阳】照明系统照明场景，学习【VR-太阳】照明系统的创建与设置方法，效果如图15-41所示。

图 15-41　【VR-太阳】照明效果

实例——使用【VR-太阳】照明

步骤 01 在【V-Ray】灯光类型中激活 (VR)太阳 按钮，在前视图中的窗口位置拖曳鼠标创建一盏【VR-太阳】照明系统，此时弹出【V-Ray太阳】对话框，询问是否添加【VRay天空】贴图，如图15-42所示。

图 15-42　询问对话框 1

步骤 02 单击"是"按钮，由于该场景有背景贴图，因此会弹出另一个询问对话框，询问是否替换贴图，如图15-43所示。

图 15-43　询问对话框 2

步骤 03 再次单击"是"按钮，即可创建一个【VR-太阳】系统，然后在各视图中调整灯光的照射角度，如图15-44所示。

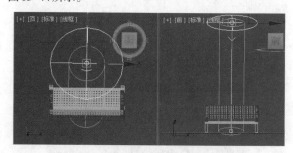

图 15-44　创建【VR-太阳】系统

步骤 04 选择【VR-天空】系统，进入修改面板，展开【VRay太阳参数】卷展栏，启用灯光并设置灯光的倍增、浊度、过滤颜色等，单击"排除"按钮，将对象排除在照明之外，如图15-45所示。

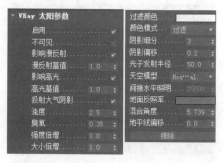

图 15-45　【VRay 太阳参数】设置

步骤 05 设置"强度倍增"值为0.035,"大小倍增"值为5,其他设置默认,按F9键快速渲染场景,效果如图15-41所示。

小贴士

除了以上讲的V-Ray的几种灯光外,还有【VR环境光】以及【VR光域网】两种灯光,这两种灯光的创建与设置都比较简单,在此不再讲解,读者可以自己尝试设置各个参数。

15.4 渲染

渲染是三维场景设计中的最后环节,也是最重要的操作内容,渲染场景时要进行相关设置,如渲染场景分辨率、渲染结果的保存等,其实这些内容在本书第2章中已经进行了详细讲解,本节主要针对【V-Ray】渲染器的相关设置进行详细讲解。

15.4.1 认识【V-Ray】渲染器

扫一扫,看视频

安装【V-Ray 渲染器】插件后,打开【渲染设置】对话框,在"渲染器"列表中选择该渲染器为当前渲染器,如图15-46所示。

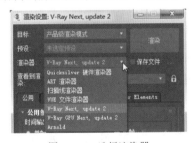

图15-46 选择渲染器

进入【V-Ray】选项卡,将显示【V-Ray渲染器】的各种参数设置卷展栏,如图15-47所示。

图15-47 【V-Ray】选项卡

这些卷展栏的设置对渲染场景非常重要。下面的章节将对其常用的一些设置进行讲解,其他设置在此不做讲解,读者可以自己尝试操作。

15.4.2 【帧缓冲区】卷展栏

扫一扫,看视频

该卷展栏用于指定是使用V-Ray帧缓冲器,还是使用3ds Max帧缓冲器,同时还可以设置出图分辨率等,如图15-48所示。

图15-48 【帧缓冲区】卷展栏

- 启用内置帧缓冲区:勾选该选项,将使用V-Ray渲染器内建的帧缓冲器渲染场景,但由于技术原因,3ds Max的帧缓冲器依旧启用,这样会占用很多内存,此时可以在3ds Max的【公用参数】卷展栏下取消"渲染帧窗口"的勾选,这样可以减少占用的系统内存。

- 内存帧缓冲区:勾选该选项,将创建V-Ray渲染器的帧缓冲器,用以存储色彩数据,便于观察渲染效果,如果要渲染较大的场景,建议取消该选项,这样可以节约内存。

- 从MAX获取分辨率:勾选该选项,可以在3ds Max的常规渲染设置中设置输出图像的大小,如果取消该选项的勾选,则下方的"宽度""高度"选项被激活,可以在V-Ray渲染器的虚拟帧缓冲区获取图像的分辨率,其设置结果与在3ds Max的常规渲染设置中设置出的图分辨率相同。

15.4.3 【全局开关】卷展栏

扫一扫,看视频

该卷展栏用于对渲染器不同特性的全局参数进行控制,包括使用默认灯光、使用反射/折射、使用替代材质等,如图15-49所示。

图15-49 【全局开关】卷展栏

- **基本模式**：单击该按钮，可以在"基本模式""高级模式"以及"专家模式"之间切换，一般情况下使用"基本模式"。
- 灯光：勾选该选项，将使用场景设置的灯光渲染；不勾选，将使用3ds Max默认灯光渲染。
- 隐藏灯光：勾选该选项，系统会渲染隐藏灯光的光照效果；取消该选项的勾选，隐藏的灯光不会被渲染。
- 覆盖材质：进行场景灯光调试时，通常使用一个"替代材质"代替场景中模型的材质，由于"替代材质"不具备任何纹理质感，只是一个灰色颜色，因此可以快速进行渲染，以方便查看灯光效果。使用"替代材质"调试好场景灯光后，取消"替代材质"选项的勾选，即可使用场景模型自身的材质进行着色渲染。

15.4.4 【图像采样器（抗锯齿）】与【图像过滤器】卷展栏

这两个卷展栏用于选择图像采样器和抗锯齿过滤器。这是采样和过滤图像的一种算法，通过这种算法，将产生最终的像素数完成图像的渲染，是渲染场景最主要的渲染设置之一，如图15-50所示。

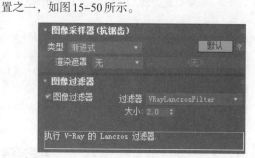

图 15-50　【图像采样器（抗锯齿）】与【图像过滤器】卷展栏

【V-Ray渲染器】提供了多种图像采样器以及抗锯齿过滤器，在"类型"列表中选择图像采样器，有"渐进式"和"渲染块"两种。"渐进式"是一次处理整张图像，"渲染块"则使用矩形区域渲染图像，"渲染块"采样器内存效率更高，更适合分布式渲染，而"渐进式"采样器可以迅速得到整张图片的反馈，在指定时间内渲染整张图像，或者一直渲染到图片足够好为止。

当选择"渲染块"采样器时，在【渲染块图像采样器】卷展栏下设置相关参数，如图15-51所示。

图 15-51　【渲染块图像采样器】卷展栏

- 最小细分：控制每个像素的最小采样数量，采样默认值即可，值过大会对极端情况下的细小物体的高度进行更好的探测，否则会出现细小的瑕疵。
- 最大细分：控制每个像素的最大采样量，以减少噪波。
- 噪波阈值：控制何时停止对于像素的采样，较低的数值会得到更少的噪点，图像质量更高。当然，渲染时间会更长。

当选择"渐进式"采样器时，在【渐进式图像采样器】卷展栏下设置相关参数，如图15-52所示。

图 15-52　【渐进式图像采样器】卷展栏

- 最小细分：控制每个像素受到采样数量的下限，实际的采样数量是细分值的平方。
- 最大细分：控制每个像素受到采样数量的上限，实际的采样数量是细分值的平方。
- 渲染时间：渲染时间的上限，以分钟为单位，这只是最终像素的渲染时间，不包含任何GI预采样，如果设置为0.0，则不限制渲染时间。
- 噪波阈值：想要图像达到噪点级别，其参数设置为0。

在【图像过滤器】卷展栏下勾选"图像过滤器"选项，在"过滤器"列表中选择过滤器，如图15-53所示。

图 15-53　选择图像过滤器

选择一个图像过滤器后，会在下方显示过滤器的功能和作用，如图15-54所示。

图15-54　过滤器及其说明

15.4.5　【全局确定性蒙特卡洛】卷展栏

默认设置下，【全局确定性蒙特卡洛】卷展栏只有两个选项，如图15-55所示。

图15-55　【全局确定性蒙特卡洛】卷展栏

- 锁定噪波图案：勾选该选项，对动画的每个帧强制使用相同的噪点分布形态，如果渲染动画看起来像是噪点，则关闭该选项。
- 使用局部细分：关闭该选项时，V-Ray会自动计算着色效果的细分；启用时，材质/灯光/GI引擎可以指定各自的细分值。

单击 默认 按钮进入高级模式，显示更多设置，如图15-56所示。

图15-56　高级模式

- 最小采样：控制在允许提前终止算法之前最少要采用几个样本，较高的值会减慢速度，但会让提前终止算法更可靠。
- 自适应数量：控制采样数量与某种模糊效果的重要性与下限数，数值为1，意味着完全自适应采样；数值为0，意味着不进行自适应采样。
- 噪波阈值：该参数直接影响图像最终的噪点，较小的值会得到较少的噪点，图像质量更高；值为0时，不进行自适应采样。

15.4.6　【颜色贴图】卷展栏

【颜色贴图】卷展栏用于设置图像最终的色彩转换，在"类型"下拉列表中可以选择需要的

类型，下面只讲解一些常用的选项，其卷展栏如图15-57所示。

图15-57　【颜色贴图】卷展栏

- 线性倍增：默认的模式，这种模式将基于最终图像色彩的亮度进行简单的倍增，限制太亮的颜色成分，但是常常会使靠近光源的区域亮度过高。
- 指数：该模式将基于亮度使图像颜色更饱和，而不限制颜色范围，这对预防曝光效果很有效。
- 暗部倍增：控制暗的颜色的倍增。
- 亮部倍增：控制亮的颜色的倍增。

15.4.7　【全局照明】卷展栏

进入【GI】选项卡，展开【全局照明】卷展
栏，该卷展栏提供了几种计算间接照明的方法。勾选"启用全局照明（GI）"选项，将计算场景中的间接照明；不勾选该选项，将不计算场景中的间接照明，如图15-58所示。

图15-58　【全局照明】卷展栏

下面只对常用设置进行简要介绍，使用方法将通过实例进行讲解。

- 首次引擎：选择初级漫反射反弹的GI渲染引擎，选择不同的渲染引擎会弹出相关卷展栏。例如，选择"发光贴图"引擎，会弹出【发光贴图】卷展栏，设置相关参数进行渲染图像，如图15-59所示。

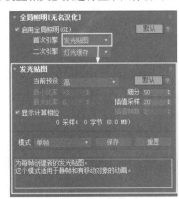

图15-59　【发光贴图】卷展栏

● 二次引擎：选择二次漫反射反弹的GI渲染引擎，选择不同的渲染引擎，会弹出该引擎的相关设置卷展栏进行相关设置。例如，选择"灯光缓存"引擎，将弹出【灯光缓存】卷展栏，设置相关参数渲染图像，如图15-60所示。

图 15-60　【灯光缓存】卷展栏

下面对"首次引擎"选择"发光贴图"时【反光贴图】卷展栏中的常用设置进行讲解，其他设置不做介绍。

● 当前预设：选择预设模式，系统提供了8种预设模式，用户可以根据具体情况选择不同的模式渲染场景。一般情况下，在测试渲染或调整灯光阶段，可以选择"非常低"模式，该模式只表现场景中的普通照明，因而渲染速度较快，但调试好灯光等设置后，做最后渲染出图时，可以选择"高"模式，这是一种高品质的模式，可以对场景灯光效果进行精细渲染，但渲染时间较长。其实，一般情况下可以首先使用"高"预置模式渲染场景的光子图并将其保存，然后再调用光子图进行最后的渲染，这样可以节省很多渲染时间。

单击"默认"按钮选择模式，然后设置相关参数。

● 细分：该设置决定了单个GI样本的品质，值越小，渲染速度越快，但场景中可能会出现黑斑；值越高，将得到较平滑的渲染效果，一般设置为80左右较好。

● 插值采样：该设置被用于定义插值计算的GI样本数量，值越大，越趋向于模糊GI细节；值越小，将趋向更光滑的细节。但使用过低的半球光线细分值，最终渲染效果会出现黑斑，一般使用默认设置较好。

在"模式"列表中选择使用发光贴图的方法，如图15-61所示。

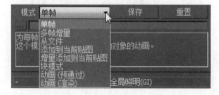

图 15-61　选择贴图方法

在渲染静态场景时，可以使用"单帧"方法渲染光子图并将其保存，渲染最终效果时使用"从文件"模式调用保存的光子图进行最后的渲染。

● 单帧：该模式下系统对整个图像计算一个单一的发光贴图，每帧都计算新的发光贴图。当使用"单帧"模式时，可以在"渲染结束后"选项下勾选"自动保存"和"切换到保存的贴图"选项，然后单击"自动保存"选项后的 浏览 按钮，将光子图命名保存。进行最终渲染时，系统会自动加载保存的光子图进行最终的效果渲染，这是节省渲染时间最有效的方法。

● 从文件：这是最终渲染场景常用的模式。使用"单帧"模式渲染并保存光子图后，在最终渲染场景时选择该模式，系统将自动加载保存的光子图，而不必再次计算发光贴图，以较短的时间完成渲染。在渲染动画场景时使用该模式，在渲染序列的开始帧，渲染器会简单地导入一个保存的光子贴图，并在动画的所有帧中都使用该光子图，而不会再计算新的发光贴图。

以上主要介绍了【V-Ray渲染器】中常用的一些设置，尽管【V-Ray渲染器】设置繁多，但是只要掌握以上相关设置就够用了，如果读者对其他设置感兴趣，可以自己尝试操作。

15.5　综合练习——厨房灯光设置与渲染

打开"素材"/"厨房.max"素材文件，这是厨房三维场景，该场景已经制作了材质，但没有设置灯光，按F9键快速渲染场景，如图15-62所示。

图 15-62　厨房三维场景渲染效果

本节为厨房设置自然光照明和人工光照明两种照明效果。

15.5.1 设置厨房自然光照明效果

下面首先为厨房设置自然光照明。所谓自然光，是指太阳光照明。一束太阳光从窗户斜射进入厨房照亮场景，效果如图15-63所示。

扫一扫，看视频

图15-63　厨房自然光照明效果

步骤01 在创建面板上单击 **灯光** 按钮，在其列表中选择"标准"选项，在【对象类型】卷展栏下激活 **目标平行光** 按钮，在顶视图中拖曳鼠标创建一盏目标平行光灯光系统，在其他视图中调整灯光的照射角度，如图15-64所示。

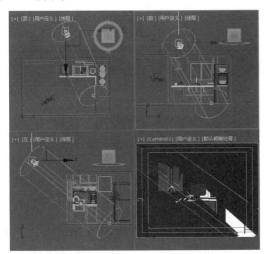

图15-64　添加目标平行光照明系统

步骤02 打开【渲染设置】对话框，进入【V-Ray】选项卡，在【图像采样器】卷展栏下设置"类型"为"渲染块"，在【图像过滤器】卷展栏下选择"过滤器"为Catmull-Rom，然后设置【渲染块图像采样器】的参数，

如图15-65所示。

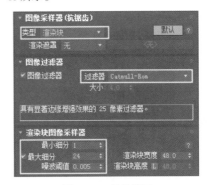

图15-65　渲染设置

步骤03 进入【GI】选项卡，在【全局照明】卷展栏下勾选"启用全局照明（GI）"选项，并设置"首次引擎"为"发光贴图"，"二次引擎"为"灯光缓存"，然后展开【发光贴图】卷展栏，设置"当前预设"为"低"，其他设置默认，如图15-66所示。

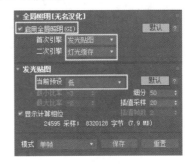

图15-66　渲染设置

步骤04 按F9键快速渲染场景，查看照明效果，如图15-67所示。

图15-67　灯光渲染效果

通过渲染，发现除了被太阳光照射的区域外，厨房其他位置的光线还是偏暗，这不合常理，因为除了太阳光外，厨房还受客厅、餐厅等其他场景环境光的影响，

下面再添加一盏灯光系统。

步骤 05 再次进入创建面板，在其列表中选择"VRay"选项，在【对象类型】卷展栏下激活 (VR)灯光 按钮，在前视图中拖曳鼠标创建一盏灯光系统，在其他视图中调整灯光的照射角度，如图 15-68 所示。

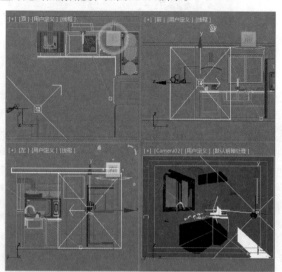

图 15-68　调整灯光参数

步骤 06 进入修改面板，在【常规】卷展栏下设置"倍增"值为 0.5，在【选项】卷展栏下勾选"不可见"选项，其他设置默认。

步骤 07 按 F9 键快速渲染摄像机视图查看效果，结果如图 15-69 所示。

图 15-69　设置灯光后的渲染效果

通过渲染，发现现在厨房整体灯光效果还可以，但是缺少层次感。下面进行最后的渲染，并对渲染结果进行调整。

步骤 08 打开【渲染设置】对话框，进入【V-Ray】选项

卡，展开【全局开关】卷展栏，勾选"不渲染最终的图像"选项，如图 15-70 所示。

图 15-70　【全局开关】设置

步骤 09 进入【GI】选项卡，在【全局照明】卷展栏下修改"发光贴图"的当前预设为"高"，单击"模式"选项的"保存"按钮，在弹出的对话框中选择任意路径，将发光图的光子图命名为"发光图a"进行保存。

步骤 10 在【灯光缓存】卷展栏下单击"模式"选项的"保存"按钮，以同样的方法将灯光缓存的光子图命名为"灯光缓存a"并保存。

步骤 11 进入【公用】选项卡，设置文件分辨率为 320 像素 ×240 像素，这样会渲染得更快，然后按 F9 键渲染摄像机视图，此时渲染的是发光贴图和灯光缓存的光子图，渲染时间会较长，渲染效果如图 15-71 所示。

图 15-71　光子图渲染效果

步骤 12 下面渲染图像最终效果，在【公用参数】卷展栏下重新设置渲染分辨率为 800 像素 ×600 像素（或更大，视具体情况而定），展开【全局开关】卷展栏，取消"不渲染最终图像"选项，进入【GI】选项卡，在【发光贴图】卷展栏的"模式"列表中选择"从文件"选项，在打开的对话框中选择保存的光子图。

步骤 13 继续在【灯光缓存】卷展栏的"模式"列表中选择"从文件"，同样加载保存的灯光缓存光子图，如图 15-72 所示。

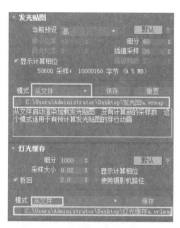

图 15-72 加载光子图

步骤 14 再次按F9键渲染图像最终效果，由于不再渲染光子图，因此这时的渲染速度会很快，渲染效果如图15-73所示。

图 15-73 厨房最终渲染效果

渲染结束后，发现场景整体光照效果很不错，但画面层次感还是不足，颜色有些发灰，下面继续进行调整。V-Ray渲染器最大的好处是自带了图像颜色矫正功能，用户可以很方便地对渲染后的图像进行颜色矫正。

步骤 15 单击【渲染帧】窗口左下角的■■"显示矫正控制"按钮，在右侧显示矫正控制对话框，勾选"曝光"选项，调整"曝光度"为-0.65、"对比度"为0.4；勾选"色阶"选项，设置"暗色"为0.07，其他设置默认，此时厨房灯光效果如图15-74所示。

图 15-74 调整后的厨房灯光效果

步骤 16 再次单击窗口左下角的■■"显示矫正控制"按钮隐藏该对话框，单击【渲染帧】窗口上方的■■"保存"按钮，将该效果图保存为"厨房自然光照明效果.tif"。

步骤 17 执行【另存为】命令，将该场景另存为"职场实战——厨房灯光与渲染（自然光照明）.max"文件。

15.5.2　设置厨房人工光照明效果

在15.5.1小节设置了厨房自然光照明效果，本小节继续设置厨房人工光照明效果。厨房人工光源来自厨房吸顶灯以及餐厅和客厅环境光，其照明效果如图15-75所示。

扫一扫，看视频

图 15-75　厨房人工光照明效果

1. 合并吸顶灯并设置主光源

步骤 01 打开"素材"/"厨房.max"素材文件，执行【文件】/【导入】/【合并】命令，在打开的【合并文件】对话框中选择"效果"/"第7章"/"【车削】修改器制作吸顶灯.max"效果文件，将该模型合并到厨房场景中。

结果发现合并的吸顶灯太大，下面对其进行调整。

步骤 02 选择吸顶灯模型，在修改器列表中进入"样条线"层级，选择"样条线"对象，使用缩放工具将其缩放到合适大小，然后将其移动到厨房吊顶位置，效果如图15-76所示。

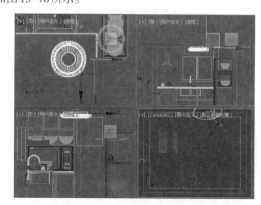

图 15-76　调整后的吸顶灯模型

下面设置主光源，主光源由吸顶灯发出，因此可以为吸顶灯制作自发光材质，让其自发光照亮场景。

步骤 03 按M键打开【材质编辑器】对话框，选择空的示例球，单击"标准"按钮，在打开的【材质/贴图浏览器】对话框中双击【VRay灯光材质】选项，进入其【参数】卷展栏，设置其颜色值为1，其他设置默认，如图15-77所示。

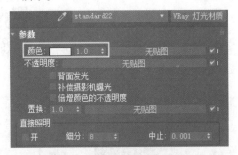

图15-77　设置灯光材质参数

步骤 04 将该材质指定给合并的吸顶灯对象，然后打开【渲染设置】对话框，进入【GI】选项卡，在【全局照明】卷展栏下设置"首次引擎"为"发光贴图"，设置"二次引擎"为"灯光缓存"，在【发光贴图】卷展栏下设置"当前预设"为"低"，其他设置默认，如图15-78所示。

图15-78　渲染设置

步骤 05 按F9键渲染摄像机视图查看效果，结果如图15-79所示。

图15-79　渲染效果

通过渲染，发现吸顶灯变亮了，但整体场景还是较暗，同时吸顶灯周围没有光感，这不符合实际情况。下面继续调整灯光材质。

步骤 06 再次在【材质编辑器】对话框中选择吸顶灯的材质示例球，单击 VRay 灯光材质 按钮，在打开的【材质/贴图浏览器】对话框中双击【VRay材质包裹器】选项，在打开的【替换材质】对话框中勾选"将旧材质保存为子材质？"选项，如图15-80所示。

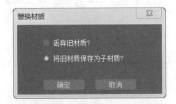

图15-80　【替换材质】对话框

步骤 07 确认并关闭该对话框，进入【VRay材质包裹器参数】卷展栏，设置"生成全局照明"参数为15，其他设置默认，如图15-81所示。

图15-81　【VRay材质包裹器】参数设置

步骤 08 再次按F9键快速渲染场景查看灯光效果，结果如图15-82所示。

图15-82　厨房灯光照明效果

通过渲染，发现现在的卫生间整体照明效果不错，下面需要调整背景贴图，将其调整为夜晚背景效果，同时设置油烟机灯光。

2. 调整背景贴图并设置油烟机灯光

步骤 01 打开【材质编辑器】对话框，选择背景贴图示例球，进入贴图层级，在【输出】卷展栏下勾选"启用颜色贴图"选项，并将曲线右端的点向下调整，以调整背景贴图的颜色，如图15-83所示。

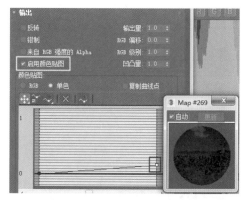

图 15-83　调整背景贴图

步骤 02 进入创建面板，在灯光列表中选择【光度学】选项，在【对象类型】卷展栏下激活 目标灯光 按钮，在前视图中的油烟机位置创建一盏目标灯光，在其他视图中调整灯光的位置，如图15-84所示。

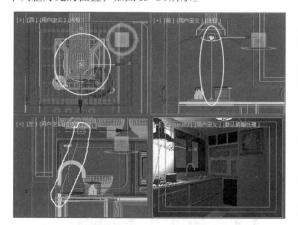

图 15-84　创建目标灯光

步骤 03 进入修改面板，在【常规参数】卷展栏下勾选"启用"阴影选项，设置阴影类型为"VRay阴影"，然后在"灯光分布"列表中选择"光度学Web"选项，如图15-85所示。

步骤 04 继续在【分布（光度学Web）】卷展栏下单击"分布"按钮，选择"贴图"／"5.IES"的光度学文件，如图15-86所示。

图 15-85　设置灯光参数　　图 15-86　选择光度学文件

步骤 05 继续在【强度/颜色/衰减】卷展栏的"颜色"列表中选择"HID陶瓷金属卤化物灯（冷色调）"选项，在"强度"选项下设置灯光的强度，如图15-87所示。

图 15-87　设置灯光颜色与强度

步骤 06 按F9键快速渲染场景，渲染结束后，单击【渲染帧】窗口左下角的 "显示矫正控制"按钮，在右侧显示矫正控制对话框，勾选"曝光"选项，调整"曝光"为−0.40、"对比度"为0.7，其他设置默认，如图15-88所示。

图 15-88　调整曝光

步骤 07 勾选"白平衡"选项，调整"温度"为4743，其他设置默认，之后再次单击窗口左下角的 "显示矫正控制"按钮隐藏该对话框，厨房效果如图15-89所示。

图 15-89　调整后的厨房人工光照明最终效果

3. 渲染最终效果

下面对厨房场景进行最终渲染。

步骤 01 打开【渲染设置】对话框，进入【V-Ray】选项卡，展开【全局开关】卷展栏，勾选"不渲染最终的图像"选项，如图 15-90 所示。

图 15-90　【全局开关】设置

步骤 02 进入【GI】选项卡，在【全局照明】卷展栏下修改"发光贴图"的当前预设为"高"，单击"模式"选项的"保存"按钮，在弹出的对话框中选择任意路径，将发光图的光子图命名为"厨房发光图"进行保存。

步骤 03 在【灯光缓存】卷展栏中单击"模式"选项的"保存"按钮，以同样的方法将灯光缓存的光子图命名为"厨房灯光缓存"并保存。

步骤 04 进入【公用】选项卡，设置文件分辨率为 320 像素 × 240 像素，这样会渲染得更快，然后按 F9 键渲染视图，此时渲染的是发光贴图和灯光缓存的光子图，渲染时间会较长，渲染效果如图 15-91 所示。

图 15-91　厨房光子图渲染效果

步骤 05 下面渲染图像最终效果。在【公用参数】卷展栏下重新设置渲染分辨率为 800 像素 × 600 像素（或更大，视具体情况而定），展开【全局开关】卷展栏，取消"不渲染最终图像"选项，进入【GI】选项卡，在【发光贴图】卷展栏的"模式"列表中选择"从文件"，在打开的对话框中选择保存的名为"厨房灯光缓存"的光子图。

步骤 06 继续在【灯光缓存】卷展栏的"模式"列表中选择"从文件"选择，同样加载保存的名为"厨房灯光缓存"的光子图，如图 15-92 所示。

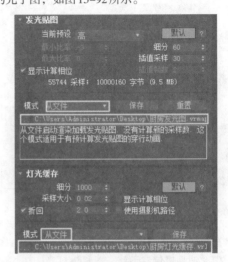

图 15-92　加载光子图

步骤 07 再次按 F9 键渲染图像最终效果，由于不再渲染光子图，因此这时的渲染速度会很快，渲染结果如图 15-93 所示。

图 15-93　厨房最终渲染效果

步骤 08 单击【渲染帧】窗口上方的 "保存"按钮，将该效果图保存为"厨房人工光照明.tif"图像文件。

步骤 09 执行【另存为】命令，将该场景另存为"职场实战——厨房灯光设置与渲染（人工光照明）.max"文件。

15.6 职场实战——卫生间 灯光设置与渲染

打开"素材"/"卫生间.max"素材文件，这是一个卫生间的三维场景，该场景已经制作了V-Ray材质，但并没有设置任何照明系统，按F9键快速渲染场景，发现该场景光线非常暗，效果如图15-94所示。

图15-94　卫生间渲染效果

本节为该场景设置照明系统并进行渲染。

15.6.1　设置卫生间环境光照明效果

本小节首先设置卫生间环境光照明效果。环境光照明是指模拟在没有设置任何人工光源的情况下采样环境光源照明场景的效果，简单来说，就是模拟太阳光照明效果，一束太阳光从卫生间门口射入，照亮卫生间，效果如图15-95所示。

扫一扫，看视频

图15-95　卫生间环境光照明效果

步骤 01 进入创建面板，激活 "灯光"按钮，在其列表中选择"VRay"选项，在【对象类型】列表中激活

 (VR)太阳 按钮，在顶视图中的卫生间门位置由右下向左上拖曳鼠标创建太阳光，此时会弹出询问对话框，询问是否添加环境贴图，如图15-96所示。

图15-96　询问对话框1

步骤 02 单击"是"按钮，由于该场景有环境贴图，因此会弹出另一个询问对话框，询问是否替换贴图，如图15-97所示。

图15-97　询问对话框2

步骤 03 再次单击"是"按钮，即可创建一个【VR-太阳】系统，然后在各视图中调整灯光的照射角度与方向，如图15-98所示。

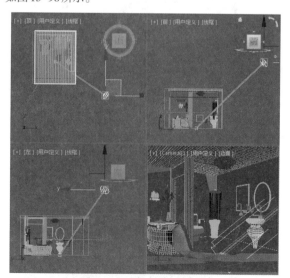

图15-98　创建VR太阳光系统

步骤 04 再次打开【渲染设置】对话框，进入【V-Ray】选项卡，在【图像采样器】卷展栏下设置"类型"为"渲染块"，在【图像过滤器】卷展栏下选择"过滤器"

为Catmull-Rom，然后设置【渲染块图像采样器】的参数，如图15-99所示。

图15-99 渲染设置

步骤 05 进入【GI】选项卡，在【全局照明】卷展栏下勾选"启用全局照明（GI）"选项，并设置"首次引擎"为"发光贴图"，"二次引擎"为"灯光缓存"，然后展开【发光贴图】卷展栏，设置"当前预设"为"低"，其他设置默认，如图15-100所示。

图15-100 渲染设置

步骤 06 按F9键快速渲染场景，查看照明效果，如图15-101所示。

图15-101 设置灯光后的卫生间照明效果

通过渲染，发现光线还是太暗，画面缺少层次感。

下面调整灯光的倍增值。

步骤 07 选择"VR太阳光"系统，进入修改面板，在【V-Ray太阳参数】卷展栏下设置"强度倍增"为5，设置"大小倍增"为10，其他设置默认，再次按F9键渲染场景查看灯光效果，结果如图15-102所示。

图15-102 调整灯光后的渲染效果

通过渲染，发现场景整体光感柔和，符合环境光的照明效果，但画面颜色发灰，缺少层次感，这是因为场景只有一盏灯光照明。下面进行最终的渲染并调整画面效果。

步骤 08 打开【渲染设置】对话框，进入【V-Ray】选项卡，展开【全局开关】卷展栏，勾选"不渲染最终的图像"选项，如图15-103所示。

图15-103 【全局开关】设置

步骤 09 进入【GI】选项卡，在【全局照明】卷展栏下修改"发光贴图"的当前预设为"高"，单击"模式"选项中的"保存"按钮，在弹出的对话框中选择任意路径，将发光图的光子图命名为"发光图"进行保存。

步骤 10 在【灯光缓存】卷展栏下单击"模式"选项中的"保存"按钮，以同样的方法将灯光缓存的光子图命名为"灯光缓存"并保存。

步骤 11 进入【公用】选项卡，设置文件分辨率为320像素×240像素，这样会渲染得更快，然后按F9键渲染视图，此时渲染的是发光贴图和灯光缓存的光子图，渲染时间会较长，渲染效果如图15-104所示。

图15-104　光子图渲染效果

步骤12 下面渲染图像最终效果，在【公用参数】卷展栏中重新设置渲染分辨率为800像素×600像素（或更大，视具体情况而定），展开【全局开关】卷展栏，取消"不渲染最终图像"选项，进入【GI】选项卡，在【发光贴图】卷展栏的"模式"列表中选择"从文件"，在打开的对话框中选择保存的光子图。

步骤13 继续在【灯光缓存】卷展栏的"模式"列表中选择"从文件"，同样加载保存的灯光缓存光子图，如图15-105所示。

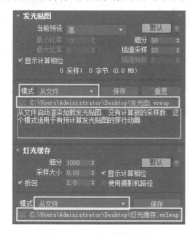

图15-105　加载光子图

步骤14 再次按F9键渲染图像的最终效果，由于不再渲染光子图，因此这时的渲染速度会很快，渲染结果如图15-106所示。

图15-106　卫生间最终渲染效果

渲染结束后，发现场景整体光照效果很不错，但画面层次感还是不足，颜色有些发灰，下面进行调整。V-Ray渲染器最大的好处是自带了图像颜色矫正功能，用户可以很方便地对渲染后的图像进行颜色矫正。

步骤15 单击【渲染帧】窗口左下角的■"显示矫正控制"按钮，在右侧显示矫正控制对话框，勾选"曝光"选项，调整"曝光"为0.25、"对比度"为0.40，其他设置默认；勾选"色相/饱和度"选项，设置"饱和度"为0.15，其他设置默认，如图15-107所示。

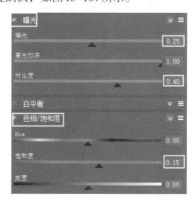

图15-107　调整图像

步骤16 之后再次单击窗口左下角的■"显示矫正控制"按钮隐藏该对话框，渲染效果如图15-108所示。

图15-108　调整后的卫生间最终效果

步骤17 单击【渲染帧】窗口上方的■"保存"按钮，将该效果图保存为"卫生间自然光照明效果.tif"图像文件。

步骤18 执行【另存为】命令，将该场景另存为"职场实战——卫生间灯光与渲染（环境光照明）.max"文件。

15.6.2　设置卫生间人工光照明效果

本小节继续设置卫生间人工光照明。人工光是指设置照明系统进行照明，简单来说，就是在室内安装照明灯具进行照明，该卫生间场景的照明灯具为吸顶灯，其照明效

扫一扫，看视频

果如图15-109所示。

图 15-109　卫生间人工光照明效果

下面设置卫生间人工光照明，卫生间照明不宜太亮，灯光以柔和为宜。

1. 制作吸顶灯自发光材质

首先来分形场景，卫生间人工照明是由吸顶灯发出的，因此要使吸顶灯发光，这样才符合实际情况，下面重新调整吸顶灯的材质。

步骤 01 继续15.6.1小节的操作，删除15.6.1小节场景中的"VR太阳"照明系统，按M键打开【材质编辑器】对话框，选择名为deng的示例球，这是吸顶灯的材质，原材质是VRayMtl。

步骤 02 单击 VRayMtl 按钮，在打开的【材质/贴图浏览器】对话框中双击【VRay灯光材质】选项，将原VRayMtl材质替换为【VRay灯光材质】，进入其【参数】卷展栏，设置其颜色值为80，其他设置默认，如图15-110所示。

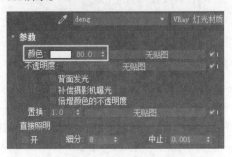

图 15-110　设置灯光材质参数

步骤 03 打开【渲染设置】对话框，进入【GI】选项卡，在【全局照明】卷展栏下设置"首次引擎"为"发光贴图"、"二次引擎"为"灯光缓存"，在【发光贴图】卷展栏下设置"当前预设"为"低"，其他设置默认，如图15-111所示。

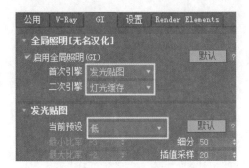

图 15-111　渲染设置

步骤 04 按F9键渲染视图查看效果，结果如图15-112所示。

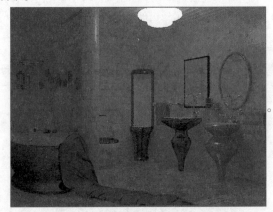

图 15-112　渲染效果

通过渲染，发现吸顶灯变亮了，但卫生间整体场景还是较暗，下面继续调整灯光材质。

步骤 05 再次在【材质编辑器】对话框中选择吸顶灯的材质示例球，单击 VRay 灯光材质 按钮，在打开的【材质/贴图浏览器】对话框中双击【VRay材质包裹器】选项，在打开的【替换材质】对话框中勾选"将旧材质保存为子材质？"选项，如图15-113所示。

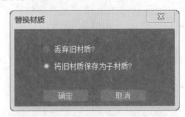

图 15-113　【替换材质】对话框设置

步骤 06 确认并关闭该对话框，进入【VRay材质包裹器参数】卷展栏，设置"生成全局照明"参数为10，其他设置默认，如图15-114所示。

图 15-114 【VRay 材质包裹器参数】设置

步骤 07 再次按F9键快速渲染场景查看灯光效果，结果如图 15-115 所示。

图 15-115 卫生间灯光照明效果

通过渲染，发现现在的卫生间整体照明效果不错，这足以说明三维场景并非只有设置灯光才能照亮场景，其实通过调整材质同样可以达到照明效果。

2. 设置洗澡间照明系统

下面继续设置洗澡间灯光。洗澡间照明系统为暗藏射灯，灯光颜色为柔和的粉红色光，这样不仅可以增加浪漫、神秘气氛，还可与洁具颜色呼应。

步骤 01 首先在前视图中选择浴巾、沐浴露以及不锈钢架，将其向下移动到浴缸水龙头上分位置，以免遮挡射灯的光线，如图 15-116 所示。

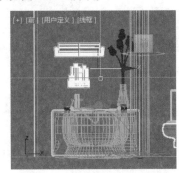

图 15-116 调整浴巾、沐浴露的位置

步骤 02 进入创建面板，在灯光列表中选择【光度学】选项，在【对象类型】卷展栏下激活 目标灯光 按钮，在左视图中的墙面位置创建一盏目标灯光，在其他视图中调整灯光的位置，如图 15-117 所示。

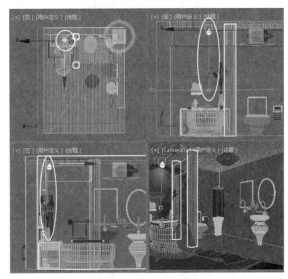

图 15-117 创建目标灯光

步骤 03 进入修改面板，在【常规参数】卷展栏下勾选"启用"阴影选项，设置阴影类型为"VRay阴影"，然后在"灯光分布"列表中选择"光度学Web"选项，如图 15-118 所示。

步骤 04 继续在【分布(光度学Web)】卷展栏下单击"分布"按钮，选择"贴图"/"5.IES"的光度学文件，如图 15-119 所示。

 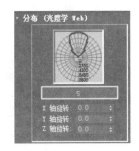

图 15-118 设置灯光参数　　图 15-119 选择光度学文件

步骤 05 继续在【强度/颜色/衰减】卷展栏的"颜色"列表中选择"HID陶瓷金属卤化物灯(冷色调)"选项，然后设置"过滤颜色"为洋红色(R:255、G:84、B:249)，在"强度"选项下设置灯光的强度，如图 15-120 所示。

图 15-120　设置灯光颜色与强度

步骤 06 按F9键快速渲染场景查看灯光效果，发现卫生间整体光照效果还不错，但画面有些灰暗，缺少层次感，结果如图15-121所示。

图 15-121　灯光渲染效果

3. 渲染最终效果

下面对卫生间场景进行最终渲染，并调整画面灰暗、缺少层次感的问题。

步骤 01 打开【渲染设置】对话框，进入【V-Ray】选项卡，展开【全局开关】卷展栏，勾选"不渲染最终的图像"选项，如图15-122所示。

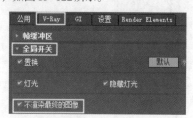

图 15-122　【全局开关】设置

步骤 02 进入【GI】选项卡，在【全局照明】卷展栏下修改"发光贴图"的当前预设为"高"，单击"模式"选项中的"保存"按钮，在弹出的对话框中选择任意路径，将发光图的光子图命名为"发光图01"进行保存。

步骤 03 在【灯光缓存】卷展栏下单击"模式"选项中的"保存"按钮，以同样的方法将灯光缓存的光子图命名为"灯光缓存01"并保存。

步骤 04 进入【公用】选项卡，设置文件分辨率为320像素×240像素，这样会渲染得更快，然后按F9键渲染视图，此时渲染的是发光贴图和灯光缓存的光子图，渲染时间会较长，渲染效果如图15-123所示。

图 15-123　光子图渲染效果

步骤 05 下面渲染图像最终效果，在【公用参数】卷展栏下重新设置渲染分辨率为800像素×600像素（或更大，视具体情况而定），展开【全局开关】卷展栏，取消"不渲染最终图像"选项，进入【GI】选项卡，在【发光贴图】卷展栏的"模式"列表中选择"从文件"，在打开的对话框中选择保存的名为"发光图01"的光子图。

步骤 06 继续在【灯光缓存】卷展栏的"模式"列表中选择"从文件"，同样加载名为"灯光缓存01"的光子图，如图15-124所示。

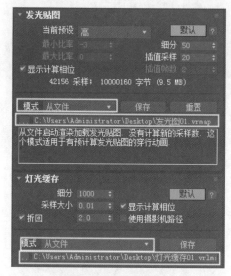

图 15-124　加载光子图

步骤 07 再次按F9键渲染图像最终效果，由于不再渲染光子图，因此这时的渲染速度会很快，渲染结果如图15-125所示。

图 15-125　卫生间最终渲染效果

渲染结束后，发现场景整体光照效果很不错，但画面层次感还是不足，颜色有些发灰，下面进行调整。V-Ray渲染器最大的好处是自带了图像颜色矫正功能，用户可以很方便地对渲染后的图像进行颜色矫正。

步骤 08 单击【渲染帧】窗口左下角的 ▣ "显示矫正控制"按钮，在右侧显示矫正控制对话框，勾选"曝光"选项，调整"曝光"为 –0.55、"对比度"为0.55，其他设置默认，如图15-126所示。

图 15-126　调整图像

步骤 09 之后再次单击窗口左下角的 ▣ "显示矫正控制"按钮隐藏该对话框，渲染最终效果如图15-127所示。

图 15-127　调整后的卫生间人工光照明最终效果

步骤 10 单击【渲染帧】窗口上方的 ▣ "保存"按钮，将该效果图保存为"卫生间人工光照明.tif"图像文件。

步骤 11 执行【另存为】命令，将该场景另存为"职场实战——卫生间灯光设置与渲染（人工光照明）.max"文件。

商业案例——绘制别墅卧室效果图

本章导读：

　　绘制室内效果图是 3ds Max 2020 三维设计的内容之一，这一章来绘制某别墅卧室室内效果图，该效果图的绘制将从创建室内模型、制作模型材质、设置室内场景灯光以及室内场景的渲染输出逐步推进，最终完成别墅卧室效果图的绘制。

本章主要内容如下：

- 创建别墅卧室模型；
- 合并场景其他模型并制作材质；
- 设置别墅卧室照明系统并渲染。

16.1 创建别墅卧室模型

别墅卧室模型主要有卧室室内墙体模型和卧室室内家具模型等，这一节就来创建这些模型。

16.1.1 创建别墅卧室室内墙体模型

这一小节首先来创建别墅卧室室内墙体模型，在创建时将以别墅卧室CAD平面图作为依据进行创建，其卧室室内墙体模型效果如图16-1所示。

扫一扫，看视频

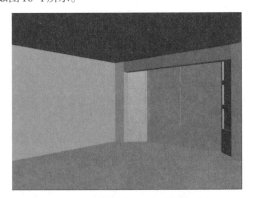

图16-1　别墅卧室室内墙体模型

1. 创建别墅卧室墙线模型

别墅卧室墙线的创建比较简单，可以在顶视图中依据CAD图纸沿卧室墙线创建闭合二维图形，然后挤出，即可创建出别墅卧室墙线模型。

步骤 01 启动3ds Max 2020程序，同时设置系统单位为"毫米"。

步骤 02 执行【文件】/【导入】命令，选择"素材"目录下的"别墅二层平面.dxf"文件，将其导入到三维场景中，效果如图16-2所示。

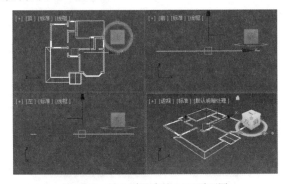

图16-2　导入别墅卧室CAD平面图

步骤 03 打开"捕捉开关"，设置"垂足"和"顶点"捕捉模式，如图16-3所示。

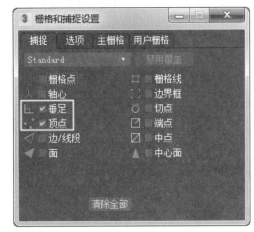

图16-3　设置捕捉模式

步骤 04 进入创建面板，激活"线"按钮，配合"顶点"和"垂足"捕捉功能，在顶视图中捕捉别墅二层平面图中卧室墙线的顶点，创建卧室墙体的闭合二维线，如图16-4所示。

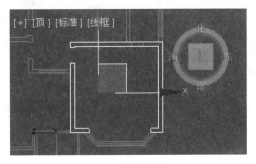

图16-4　绘制卧室墙线

> **小贴士**
>
> 一般在效果图绘制中，不出现在摄像机镜头中的场景模型可以不用创建。在该实例中，绘制卧室墙线时，由于洗手间不会出现在摄像机镜头内，因此可以将洗手间墙线忽略，这样可以减少场景的点数和面数，加快场景渲染。

步骤 05 进入修改面板，在修改器列表中选择【挤出】修改器，设置挤出"数量"为280，以挤出卧室的墙体模型，结果如图16-5所示。

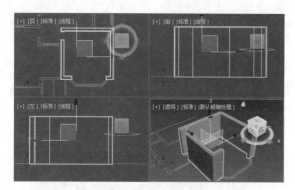

图 16-5 挤出卧室墙体模型

2. 创建别墅卧室窗户模型

创建别墅卧室窗户模型时同样要依据CAD图纸来创建。

步骤 01 依照前面的操作方法，继续导入"素材"/"别墅正立面.dxf"图形文件，在顶视图中将导入的别墅正立面图沿X轴旋转90°，并在其他视图中将其与别墅二层平面图对齐，如图16-6所示。

图 16-6 导入别墅正立面图

步骤 02 在顶视图中依照二层平面图创建卧室窗户窗台线，并为其添加【挤出】修改器，设置挤出"数量"为60，以挤出窗台模型，效果如图16-7所示。

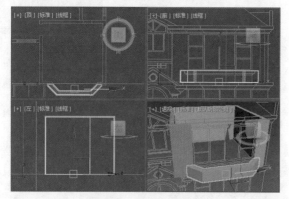

图 16-7 创建窗台模型

步骤 03 在顶视图中将窗台模型原位以"复制"的方式克隆为"窗户"对象，进入"线"的"顶点"层级，将

外侧顶点向内调整，以调整出创建的厚度，然后在前视图中将其沿Y轴向上调整到窗台模型的上方位置，如图16-8所示。

图 16-8 调整窗户线

步骤 04 进入"顶点"层级，激活"优化"按钮，依据立面图在窗户线的两条边线的中间位置插入两个顶点，结果如图16-9所示。

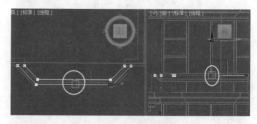

图 16-9 插入顶点

步骤 05 退出"顶点"层级，为窗户线添加【挤出】修改器，并设置挤出"数量"为200、"分段"为3，效果如图16-10所示。

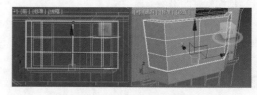

图 16-10 挤出窗户模型

步骤 06 选择窗户模型，右击并选择【转换为】/【转换为可编辑多边形】命令，将其转换为多边形对象，按数字4键进入"多边形"层级，按住Ctrl键在透视图中单击选择所有多边形，如图16-11所示。

图 16-11 选择多边形

3ds Max 2020实用教程（微课视频版）

步骤 07 打开【插入多边形】对话框，以"按多边形"的方式设置"插入量"为5，然后确认并关闭该对话框，结果如图10-13所示。

步骤 08 进入【编辑多边形】卷展栏，单击 插入 按钮旁边的"设置"按钮，选择"插入类型"为"按多边形"，然后设置插入数量为6，如图16-12所示。

图 16-12　插入多边形

步骤 09 单击 ✓ 按钮确认，然后单击 挤出 按钮旁边的"设置"按钮，设置挤出数量为-5，以挤出窗户玻璃，如图16-13所示。

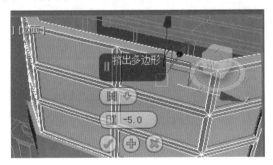

图 16-13　挤出多边形

步骤 10 单击 ✓ 按钮确认，向上推动面板，在【多边形：材质ID】卷展栏下设置玻璃的材质ID号为1，如图16-14所示。

图 16-14　设置材质 ID 号

步骤 11 执行【编辑】/【反选】命令，反选其他多边形，设置材质ID号为2。

步骤 12 调整透视图，使用相同的方法选择窗户另一面的多边形，以相同方式和参数插入和挤出玻璃模型，然后设置材质ID号为1，如图16-15所示。

图 16-15　设置窗户另一面多边形

步骤 13 按数字4键退出"多边形"层级，在顶视图中的卧室位置创建平面对象，将其作为地面，然后将其复制到顶位置作为卧室顶。

步骤 14 下面设置摄像机，进入创建面板，激活 ▣ "摄像机"按钮，在其列表中选择"标准"，在【对象类型】卷展栏下激活 目标 按钮，在顶视图中的门位置拖曳鼠标创建目标摄像机，如图16-16所示。

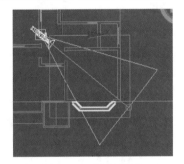

图 16-16　创建摄像机

步骤 15 激活透视图，按C键切换到摄像机视图，然后进入修改面板，在【参数】卷展栏下选择35mm的镜头，在"剪切平面"选项中勾选"手动剪切"选项，并设置相关参数调整摄像机视图的视野，效果如图16-17所示。

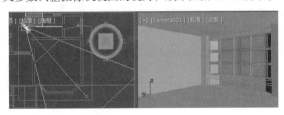

图 16-17　调整摄像机视野

步骤 16 在顶视图中的阳台门洞位置创建"长度"为24、"宽度"为365、"高度"为35的立方体对象，在前视图中将其移动到窗户门洞上方位置作为门洞的过梁，这样就完成了别墅卧室墙体的创建，激活摄像机视图，按F9键快速渲染，效果如图16-18所示。

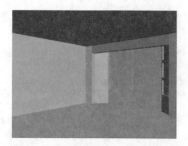

图 16-18 创建完成的别墅卧室墙体模型

步骤 17 执行【另存为】命令，将该场景另存为"商业实战——创建别墅卧室室内墙体模型.max"文件。

16.1.2 创建别墅卧室室内吊顶、角线与踢脚线模型

在上一小节制作了别墅卧室墙体模型，这一小节继续来制作别墅卧室室内吊顶、角线与踢脚线等模型，其效果如图 16-19 所示。

扫一扫，看视频

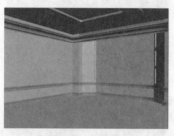

图 16-19 别墅卧室室内吊顶、角线与踢脚线模型

1. 制作吊顶角线模型

下面首先制作吊顶角线模型，该室内装饰属于欧式装修风格，其吊顶与吊顶角线为石膏板欧式风格吊顶。制作时可以使用【放样】的方法。

步骤 01 首先制作吊顶角线模型。继续上一小节的操作，将导入的CAD图形与摄像机全部隐藏。

步骤 02 在顶视图中沿卧室墙体内部墙体绘制矩形，将其命名为"吊顶角线路径"，在前视图中的卧室顶和右墙线位置绘制 31×35 的矩形，将其命名为"吊顶角线截面"，如图 16-20 所示。

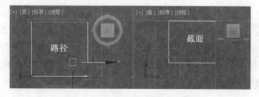

图 16-20 创建路径和截面图形

步骤 03 将截面图形转换为"可编辑样条线"对象，进入"顶点"层级，添加顶点并对其进行编辑，结果如图 16-21 所示。

图 16-21 编辑截面图形

步骤 04 选择编辑后的截面图形，进入创建面板，在几何体列表中选择【复合对象】选项，在【对象类型】卷展栏下激活 放样 按钮，在【创建方法】卷展栏下激活 获取路径 按钮，在顶视图中单击创建的矩形路径进行放样，结果如图 16-22 所示。

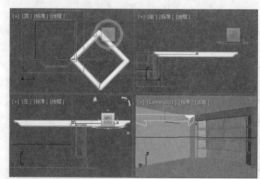

图 16-22 放样结果

步骤 05 在顶视图中对放样的对象进行旋转，在前视图中调整其高度位于顶的下方位置，此时发现，放样后的对象比卧室顶要大，同时放样对象的截面也发生了反转，效果如图 16-23 所示。

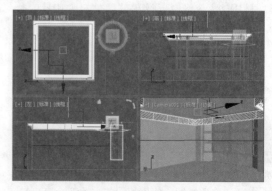

图 16-23 放样对象的效果

出现以上问题是因为，截面的中心点位于图形的中心，同时截面图形发生了反转，下面进行调整。

步骤 06 按Ctrl+Z组合键撤销放样操作，单击命令面板上的 ■ "层次"按钮进入层级面板，在【调整轴】卷展栏下激活 仅影响轴 按钮，在前视图中调整截面图形的坐标轴位于右上角位置，如图16-24所示。

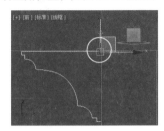

图16-24 调整截面的坐标轴

步骤 07 再次单击 仅影响轴 按钮退出该层级，然后依照前面的操作方法再次放样并调整放样对象的位置，此时会发现放样对象大小与卧室吊顶大小一致，结果如图16-25所示。

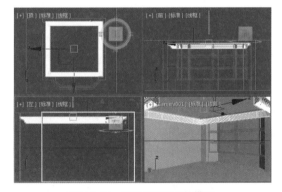

图16-25 调整后的吸顶灯模型

现在发现，吊顶角线大小与卧室顶大小一致了，但截面还是反的，下面再来调整截面。

步骤 08 选择截面图形，进入"样条线"层级，再选择"样条线"对象，在【几何体】卷展栏下单击 镜像 按钮，将截面图形的"样条线"进行水平镜像，对吊顶角线模型进行校正，效果如图16-26所示。

图16-26 校正后的吊顶角线模型

2. 制作吊顶、腰线与踢脚线模型

步骤 01 继续在顶视图中的吊顶位置绘制200×200的矩形，将其命名为"吊顶路径"，在前视图中绘制25×110的矩形，将其命名为"吊顶截面"，如图16-27所示。

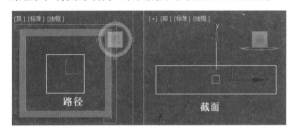

图16-27 绘制路径与截面

步骤 02 选择截面图形，将其转换为"可编辑样条线"对象，进入"顶点"层级对其进行编辑，效果如图16-28所示。

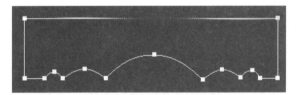

图16-28 编辑截面

步骤 03 依照前面的方法进行放样，创建吊顶模型，然后将其移动到吊顶位置。注意：如果发现模型反转，可以依照前面的操作方法进行调整，效果如图16-29所示。

图16-29 制作的吊顶模型

步骤 04 显示隐藏的摄像机，调整摄像机的镜头为35mm，并调整视角，使其能最大化显示卧室场景，效果如图16-30所示。

图 16-30　调整摄像机视角

步骤 05 下面创建墙体腰线与踢脚线模型。在顶视图中沿卧室墙体与阳台内侧再次绘制线，将其命名为"踢脚线路径"，然后将"吊顶截面"图形以"复制"的方式复制为"踢脚线截面"，并将其沿Z轴旋转90°，如图 16-31 所示。

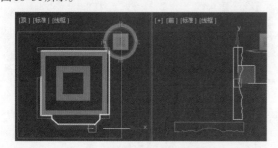

图 16-31　绘制路径并复制截面

步骤 06 依照前面的操作进行放样，然后将放样对象调整到墙面与地面位置作为踢脚线，再将其向上复制到阳台窗台高度作为腰线，效果如图 16-32 所示。

图 16-32　创建踢脚线与腰线模型

步骤 07 这样，别墅卧室的吊顶、踢脚线与腰线模型创建完毕。执行【另存为】命令，将该场景另存为"商业案例——创建别墅卧室室内吊顶、角线与踢脚线模型.max"文件。

16.1.3　创建别墅卧室墙面装饰模型

这一小节继续来创建卧室墙面装饰模型，该卧室墙面装饰主要是两个欧式立柱以及一个画框，其模型效果如图 16-33 所示。

扫一扫，看视频

图 16-33　创建卧室墙面装饰模型

步骤 01 在前视图中将"吊顶角线截面"对象以"复制"的方式复制为"卧室墙面装饰截面"对象，然后在顶视图中创建"长度"为50、"宽度"为10、"角半径"为0的矩形，将其名为"卧室墙面装饰图形"。

步骤 02 选择矩形对象，将其转换为"可编辑样条线"对象，进入"线段"层级，选择右侧的垂直边将其删除，然后退出"线段"层级。

步骤 03 在修改列表中为该图形选择【倒角剖面】修改器，在【参数】卷展栏下勾选"经典"选项，然后在【经典】卷展栏下激活　　拾取剖面　按钮，在前视图中单击拾取"卧室墙面装饰截面"对象，创建卧室墙面装饰对象。

步骤 04 在顶视图中将其向右移动到右墙面位置，在前视图中将其向上移动，使其与吊顶角线对齐，效果如图 16-34 所示。

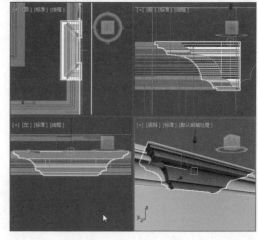

图 16-34　创建倒角剖面对象

步骤 05 在前视图中的倒角剖面对象的下方位置创建"长度"为177、"宽度"为10、"高度"为30、"长度分段"为2的立方体对象，在其他视图中调整其位置，效果如图16-35所示。

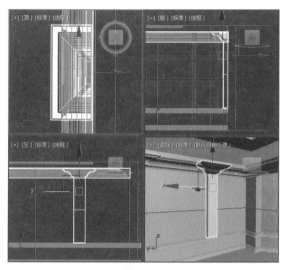

图16-35　创建并调整卧室墙面装饰位置

步骤 06 选择立方体对象，将其转换为"可编辑多边形"对象，按数字4键进入"多边形"层级，在【编辑多边形】卷展栏下单击 插入 按钮旁边的 ■ "设置"按钮，在打开的设置对话框中选择插入方式为"按多边形"，设置"数量"为4，如图16-36所示。

步骤 07 单击 ➕ "增加"按钮，然后单击 ✓ "应用"按钮确认，结果如图16-37所示。

图16-36　插入设置

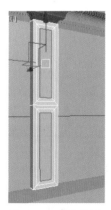
图16-37　插入结果

步骤 08 按住Ctrl键单击选择插入形成的多边形，单击 挤出 按钮旁边的 ■ "设置"按钮，在打开的设置对话框中设置"挤出高度"为5，对多边形进行挤出，如

图16-38所示。

步骤 09 单击 ✓ "应用"按钮确认，然后按数字2键进入"边"层级，按住Ctrl键单击选择挤出后的多边形的边，单击 切角 按钮旁边的 ■ "设置"按钮，在打开的设置对话框中设置"切角量"为1.5、"连接边分段"为5，其他设置默认，如图16-39所示。

图16-38　挤出结果　　　　图16-39　切边设置

步骤 10 单击 ✓ "应用"按钮确认，退出"边"层级，然后在顶视图中将制作的装饰对象以"实例"方式沿Y轴复制到墙面上方位置。

步骤 11 继续在左视图中的两个装饰柱之间的上方位置创建长方体对象，修改其长度为两个装饰柱之间的距离，宽度为两个装饰柱高度的一半左右，高度为10，然后依照编辑装饰柱的方法，将其编辑为一个画框，并为画框各个面设置材质ID号，结果如图16-40所示。

步骤 12 切换到摄像机视图，按F9键快速渲染摄像机视图查看效果，结果如图16-41所示。

图16-40　创建画框模型　　　图16-41　制作完成的墙面装饰模型

步骤 13 执行【另存为】命令，将该场景保存为"商业案例——创建别墅卧室墙面装饰模型.max"场景文件。

16.1.4　创建别墅卧室双人床模型

这一小节继续创建别墅卧室双人床模型。

1. 制作床头模型

步骤 01 在左视图中的"卧室墙面装饰"之

扫一扫，看视频

间位置创建"长度"为80、"宽度"为170、"高度"为15、"长度分段"和"宽度分段"均为15、"圆角"为5、"圆角分段"为5的切角长方体，将其命名为"床头"。

步骤 02 将长方体转换为多边形对象，按数字4键进入"多边形"层级，在左视图中选择如图16-42所示的多边形面。

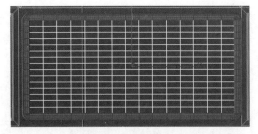

图 16-42 选择多边形面

步骤 03 在【多边形材质:ID号】卷展栏下设置该多边形面的材质ID号为1，然后执行【编辑】/【反选】命令，设置其他多边形面的材质ID号为2。

步骤 04 在修改器列表中选择【FFD长方体】修改器，在【FFD】参数卷展栏下单击 设置点数 按钮，设置点数，如图16-43所示。

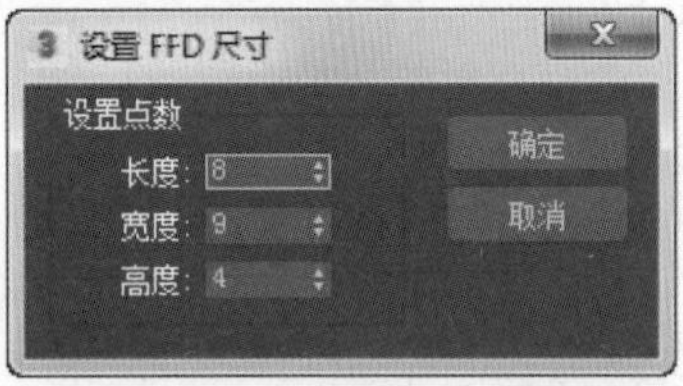

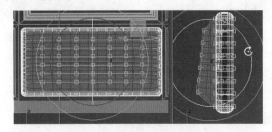

图 16-43 设置 FFD 的点数

步骤 05 确认并关闭该对话框，在修改器堆栈中进入FFD的"控制点"层级，框选中间的控制点，并在前视图中将其向左移动，然后沿Z轴进行旋转，如图16-44所示。

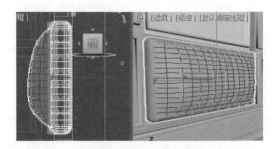

图 16-44 移动并旋转控制点

步骤 06 继续在前视图中以窗口选择方式分别选择每一列控制点，并将其向左移动，编辑出床头的软包效果，如图16-45所示。

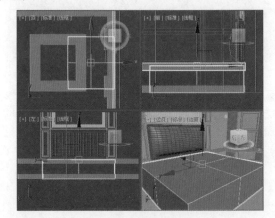

图 16-45 编辑床头软包模型

步骤 07 退出"控制点"层级，完成床头模型的创建。

2. 创建床板与床垫模型

步骤 01 继续在顶视图中创建"长度"为230、"宽度"为220、"高度"为55、"长度分段"和"宽度分段"均为2的长方体作为床板，在其他视图中将其移动到床头高度位置，如图16-46所示。

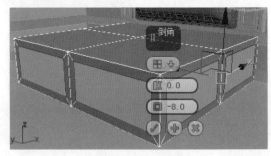

图 16-46 创建床板模型

步骤 02 将该长方体转换为多边形对象，按数字4键进入"多边形"层级，在透视图中调整视角，按住Ctrl键选择高度方向上的多边形，然后单击 倒角 按钮旁边的 "设置"按钮，在打开的设置对话框中设置倒角方式为"按多边形"、"高度"为0、"轮廓"为-8，如图16-47所示。

图 16-47 倒角设置

步骤 03 单击 ⊞ "增加"按钮，然后修改"高度"为-0.5、"轮廓"为-1，再次单击 ⊞ "增加"按钮，然后修改"高度"为1、"轮廓"为0.5，单击 ☑ "应用"按钮确认，结果如图16-48所示。

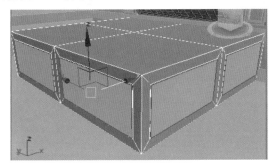

图16-48 倒角结果

步骤 04 继续选择长方体上方的多边形面，以"组"方式将其插入30个绘图单位，然后使用【倒角】命令以"组"方式进行倒角，制作床垫模型，如图16-49所示。

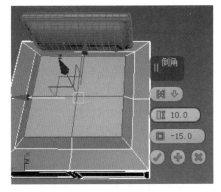

图16-49 插入与倒角效果

步骤 05 确认倒角，按数字2键进入"边"层级，选择倒角面上的边，然后对边进行切角，参数设置如图16-50所示。

图16-50 切角设置

步骤 06 确认切角，按数字4键进入"多边形"层级，按住Ctrl键选择床垫多边形面，在【多边形材质ID】卷展栏下设置材质ID号为1，如图16-51所示。

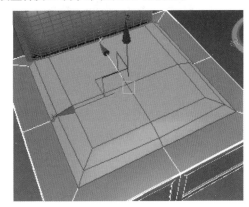

图16-51 设置床垫材质ID号

步骤 07 执行【编辑】/【反选】命令，设置材质ID号为2，然后按住Ctrl键选择床板周围的6个抽屉的多边形面，设置材质ID号为3，如图16-52所示。

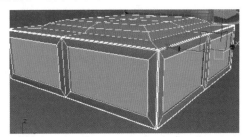

图16-52 设置抽屉材质ID号

步骤 08 按数字4键退出"多边形"层级，完成床板与床垫模型的创建。

3. 创建被子模型

步骤 01 在前视图中的床垫上方位置创建闭合二维图形，按数字1键进入"顶点"层级，调整顶点以调整出被子的轮廓，如图16-53所示。

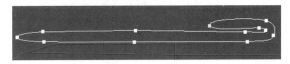

图16-53 绘制二维图形

步骤 02 按数字1键退出"顶点"层级，在顶视图中将绘制的图形以"复制"方式沿Y轴复制4个作为被子的截面图形，如图16-54所示。

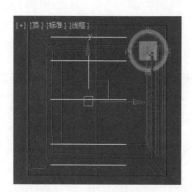

图16-54 复制截面图形

步骤 03 选择其中一个截面图形，在【几何体】卷展栏下激活 附加 按钮，分别单击其他5个截面图形将其附加，然后在修改器列表中选择【横截面】修改器，此时模型效果如图16-55所示。

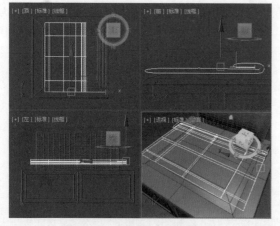

图16-55 【横截面】修改器效果

步骤 04 将添加了【横截面】修改器的对象再次转换为"可编辑样条线"对象，按数字1键进入"顶点"层级，在【几何体】卷展栏下激活"创建线"按钮，在透视图中的被子厚度截面上捕捉点以创建线，如图16-56所示。

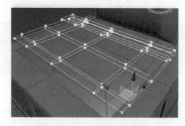

图16-56 捕捉点创建线

步骤 05 完成"创建线"后继续对被子边缘的点进行调整，以调整出被子边缘的轮廓线效果，退出"顶点"层

级，在修改器列表中选择【曲面】修改器创建被子三维模型，效果如图16-57所示。

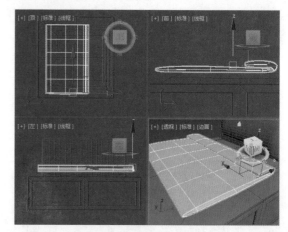

图16-57 生成被子三维模型

小贴士

在生成被子三维模型时，创建线时一定要开启捕捉功能，同时设置捕捉"顶点"模式。这样创建线时，顶点会自动焊接，有时会出现漏洞，这是因为点没有焊接在一起，此时可以调整顶点使其焊接即可。

步骤 06 再次进入"顶点"层级，在左视图和前视图中调整被子的左右两边和床尾部分，使其铺开到床垫上，调整完成后回到【曲面】层级，被子效果如图16-58所示。

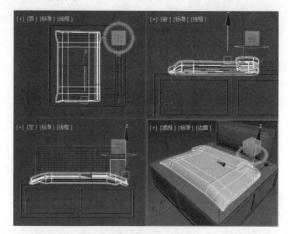

图16-58 调整后的被子效果

步骤 07 将调整后的被子对象转换为可编辑多边形对象，按数字4键进入"多边形"层级，在【选择】卷展栏下勾选"忽略背面"选项，按住Ctrl键在顶视图中选择被

3ds Max 2020实用教程（微课视频版）

子边缘的多边形面，如图16-59所示。

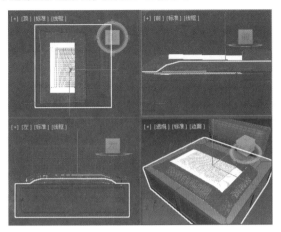

图 16-59　选择被子边缘的多边形

步骤 08 在【多边形：材质ID】卷展栏下设置材质ID号为1，之后执行【编辑】/【反选】命令，反选其他多边形面，并设置材质ID号为2，然后退出"多边形"层级。

步骤 09 继续创建长方体对象，依照前面所讲知识，使用【FFD长方体】命令结合【编辑多边形】命令以及【涡轮平滑】命令创建4个枕头和1个床凳模型，并为其指定材质ID号，然后将其移动到合适位置，其效果如图16-60所示。

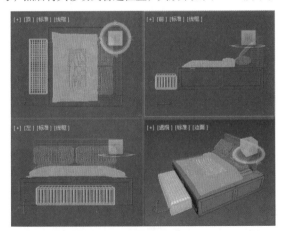

图 16-60　制作枕头与床凳模型

🐴 小贴士

枕头模型与床凳模型的创建比较简单，具体创建过程不再详述，读者可以参阅第9章相关内容的讲解，或者参阅本章视频讲解。

步骤 10 至此，别墅卧室床模型创建完毕，调整透视

图的视角，按F9键快速渲染透视图查看效果，结果如图16-61所示。

图 16-61　卧室床模型渲染效果

步骤 11 执行【另存为】命令，将该场景另存为"商业案例——创建别墅卧室双人床模型.max"场景文件。

16.2 合并场景其他模型并制作材质

这一节来合并场景其他模型并制作场景材质。

16.2.1　合并场景其他模型

在三维场景设计中，并不是场景所有模型都需要制作，用户可以将事先制作好的模型合并到当前场景中，这样可以减少工作量。这一小节就来合并别墅卧室其他模型，这些模型包括床头柜、窗帘、台灯、壁灯、吊灯、绿化植物等。

扫一扫，看视频

步骤 01 取消孤立并进入摄像机视图中，执行【文件】/【导入】/【合并】命令，选择"素材"目录下的"床头柜与台灯.max"文件，将其合并到当前场景，并在各视图中将其调整到床头两边位置，如图16-62所示。

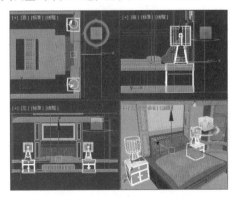

图 16-62　合并床头柜与台灯模型

步骤 02 继续使用【合并】命令，分别向场景合并"素材"目录下的"壁灯.max""小桌.max""窗帘.max""被子.max""变换对象01.max""植物.max"以及"效果"/"第7章"/【车削】修改器制作吸顶灯.max"效果文件，在各视图中调整其位置与大小，效果如图16-63所示。

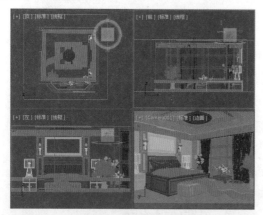

图16-63　合并其他模型对象

步骤 03 激活摄像机视图，按F9键快速渲染场景查看效果，结果如图16-64所示。

图16-64　场景渲染效果

步骤 04 这样，场景对象合并完毕。将该场景另存为"商业案例——向别墅卧室合并其他模型.max"文件。

16.2.2　制作别墅卧室材质

扫一扫，看视频

这一小节来制作别墅卧室材质。

1. 制作墙面、吊顶与地面材质

步骤 01 设置当前渲染器为V-Ray渲染器，按M键打开【材质编辑器】对话框，选择空的示例球，将其命名为"墙面材质"，并为其指定【VRayMtl】材质。

步骤 02 单击"漫反射"贴图按钮，在打开的【材质/贴图浏览器】对话框中双击【位图】贴图，在打开的对话框中选择"贴图"/"壁纸01.bmp"的贴图文件，然后设置"反射"颜色为白色、"光泽度"为0.6，其他设置默认。

步骤 03 选择场景中的墙体、顶以及窗台对象，将该材质指定给这些对象，并为这些对象添加【UVW贴图】修改器，设置"长方体"贴图方式，并设置"U向平铺"和"V向平铺"均为5。

步骤 04 将"墙体材质"示例球拖到空白示例球上进行复制，然后将其重命名为"墙体装饰材质"，然后删除"漫反射"上的贴图，设置"漫反射"颜色为白色、"光泽度"为0.75，其他设置默认。

步骤 05 选择场景中的墙体装饰模型和吊顶装饰模型以及腰线和踢脚线对象，将该材质指定给这些对象，完成墙体和吊顶材质的制作。

2. 制作窗户、窗帘材质与背景贴图

步骤 01 将"墙面材质"示例球拖到空的示例球上进行复制，将其重命名为"窗帘材质"，然后修改"反射"颜色为黑色，其他设置默认，将该材质指定给窗帘对象。

步骤 02 继续将"墙体装饰材质"示例球拖到空的示例球上进行复制，将其重命名为"窗户材质"，然后单击【VRayMtl】材质按钮，在打开的【材质/贴图浏览器】对话框中双击【多维/子对象】材质，在弹出的【替换材质】对话框中勾选"将旧材质保存为子材质？"选项，如图16-65所示。

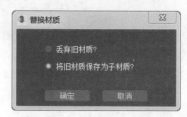

图16-65　【替换材质】对话框

步骤 03 单击"确定"按钮确认，然后设置材质数为2，如图16-66所示。

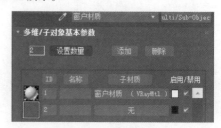

图16-66　设置材质数

步骤 04 单击ID 1号材质按钮进入到该材质层级，修改"漫反射"颜色为黑色、"反射"颜色为白色、"折射"颜色为灰色（R:62、G:62、B:62）、"光泽度"为0.8，勾选"影响阴影"选项，如图16-67所示。

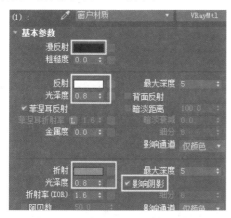

图 16-67　ID 1号材质设置

步骤 05 返回【多维/子对象】材质层级，将ID 1号材质以"复制"的方式复制给ID 2号材质，然后进入ID 2号材质层级，修改"漫反射"颜色为白色、"反射"和"折射"颜色为黑色，其他设置默认，最后将该材质指定给窗户对象。

步骤 06 重新选择空的示例球，为"漫反射"贴图按钮指定【位图】贴图，并选择"贴图"目录下的"SE037.bmp"贴图文件，然后在【坐标】卷展栏下勾选"环境"选项。

步骤 07 打开【环境和效果】对话框，将该贴图以"实例"方式复制到背景贴图按钮上，完成背景贴图的制作。

步骤 08 激活摄像机视图，按F9键快速渲染场景查看效果，结果如图16-68所示。

图 16-68　场景渲染效果

3. 制作双人床、枕头、被子与床头柜材质

步骤 01 将"窗户材质"示例球拖到空的示例球上进行复制，将其重命名为"床头材质"，进入ID 2号材质层级，修改"反射"和"折射"颜色为黑色，其他设置默认。

步骤 02 单击"漫反射"贴图按钮，为其指定【位图】贴图，并选择"贴图"目录下的"枕头02.jpg"的贴图文件。

步骤 03 进入ID 1材质层级，设置"反射"颜色为灰色（R:67、G:67、B:67）、"光泽度"为0.75，其他设置默认，然后为"漫反射"指定【位图】贴图，并选择"贴图"目录下的"实木01.jpg"的贴图文件，最后将该材质指定给床头对象，并为该对象添加【UVW贴图】修改器，选择"长方体"贴图方式。

步骤 04 继续将"床头材质"示例球拖到空的示例球上进行复制，将其重命名为"枕头材质"，进入ID 1号材质层级，设置"反射"颜色为黑色，单击"漫反射"贴图按钮，在【位图参数】卷展栏下单击"贴图"按钮，为其重新选择"贴图"目录下的"枕头01.jpg"的贴图文件，将该材质指定给枕头以及阳台位置的两个坐垫对象，并为该对象添加【UVW贴图】修改器，选择"长方体"贴图方式。

步骤 05 继续将"枕头材质"示例球拖到空的示例球上进行复制，将其重命名为"被子材质"，进入ID 1号材质层级，单击"漫反射"贴图按钮，在【位图参数】卷展栏下单击"贴图"按钮，为其重新选择"贴图"目录下的"被子.jpg"的贴图文件。

步骤 06 将该材质指定给被子对象，并为该对象添加【UVW贴图】修改器，选择"长方体"贴图方式，设置"U向平铺"和"V向平铺"均为3。

步骤 07 继续将"床头材质"示例球拖到空的示例球上进行复制，将其重命名为"双人床材质"，修改其材质数为3。

步骤 08 将2号材质以"复制"的方式复制给ID 3号材质，然后将ID 1号材质与ID 2号材质交换。

步骤 09 进入ID 1号材质层级，单击"漫反射"贴图按钮，在【位图参数】卷展栏下单击"贴图"按钮，为其重新选择"贴图"目录下的"床垫.jpg"的贴图文件。

步骤 10 进入ID 3号材质层级，清除"漫反射"上的贴图，然后设置"漫反射"和"反射"颜色均为白色，设置"光泽度"为0.85，其他设置默认。

步骤 11 将该材质指定给双人床对象、床头柜对象、床凳对象、阳台位置的小桌对象，并为这些对象添加【UVW贴图】修改器，选择"长方体"贴图方式。

步骤 12 调整透视图视角，按F9键快速渲染场景查看材质效果，结果如图16-69所示。

图 16-69　制作床材质后的渲染效果

4. 制作地板、毛毯、台灯、壁灯、吸顶灯材质以及绿化植物材质

步骤 01 将"双人床材质"示例球拖到空的示例球上进行复制，将其重命名为"台灯材质"，并修改材质数量为5。

步骤 02 进入ID 1号材质层级，删除"漫反射"上的贴图文件，修改"反射"和"漫反射"颜色为白色，设置"光泽度"为0.85，其他设置默认。

步骤 03 进入ID 3材质层级，修改"漫反射"颜色为黑色、"反射"颜色为白色、"光泽度"为1，取消"菲涅耳反射"选项的勾选，其他设置默认。

步骤 04 为ID 4号材质指定【VRay灯光材质】，参数默认；为ID 5号材质指定标准材质，设置"不透明度"为65%，然后为"漫反射"指定"贴图"/"窗帘.jpg"的位图文件。

步骤 05 将该材质指定给台灯对象，进入台灯的"多边形"层级，设置台灯两个开关按钮材质ID号为1，台灯底座材质ID号为2，台灯罩上下边缘和台灯灯杆材质ID号为3，台灯灯泡材质ID号为4，台灯灯罩材质ID号为5。

步骤 06 重新选择空地方示例球，为其指定【VRayMtl】材质，设置"反射"颜色为灰色（R:216、G:216、B:216）、"光泽度"为0.85，其他设置默认，然后为"漫反射"指定【位图】贴图，并选择"贴图"目录下的"实木01.jpg"的贴图文件，最后将该材质指定给地板对象，并为该对象添加【UVW贴图】修改器，选择"长方体"贴图方式，设置"U向平铺"与"V向平铺"均为10。

步骤 07 将"地板材质"示例球拖到空的示例球上进行复制，并将其重命名为"吸顶灯材质"，然后清除"漫反射"上的位图贴图，修改"漫反射"和"反射"颜色均为白色，最后将该材质指定给吸顶灯对象。

步骤 08 继续将"地板材质"示例球拖到空的示例球上进行复制，并将其重命名为"毛毯材质"，修改"反射"颜色为黑色，单击"漫反射"贴图按钮，在【位图参数】卷展栏下单击"贴图"贴图按钮，重新选择"贴图"/"DT01.

jpg"的位图文件，最后将该材质指定给毛毯对象。

步骤 09 选择壁灯灯罩和灯泡对象，将"吸顶灯"材质指定给这些对象，然后选择空的示例球，将其命名为"金属灯杆材质"，并为其指定【VRayMtl】材质，设置"漫反射"颜色为黑色、"反射"颜色为白色，其他设置默认，将该材质指定给壁灯的金属灯杆对象。

步骤 10 这样，场景中的主要对象的材质制作完毕。下面需要制作绿化植物和床头上方的挂画材质，这些材质的制作比较简单，可以使用【VRayMtl】材质结合【衰减贴图】进行制作。而挂画应该是主人的夫妻结婚照，在此使用一幅油画代替，以上这些材质读者可以自己尝试制作。

步骤 11 切换到摄像机视图，按F9键快速渲染场景查看材质效果，结果如图16-70所示。

图 16-70　制作材质后的场景渲染效果

小贴士

由于场景没有设置任何照明系统，因此场景看起来光线较暗，在下一节将为场景设置照明系统并进行渲染输出。

16.3　设置别墅卧室照明系统并渲染

在上一节中为别墅卧室制作了材质，这一节继续设置别墅卧室场景照明系统，该系统分两种情况：一种是自然光照明效果；另一种是人工光照明效果。

16.3.1　设置别墅卧室自然光照明效果

扫一扫，看视频

这一小节首先来设置别墅卧室自然光照明效果，早晨九十点钟，一束太阳光从卧室窗户射入照亮卧室，效果如图16-71所示。

图 16-71　别墅卧室自然光照明效果

步骤 01 继续上一节的操作，进入创建面板，激活 "灯光" 按钮，在其列表中选择 "VRay" 选项，在【对象类型】列表中激活 (VR)太阳 按钮，在顶视图中卧室窗户位置由右下向左上拖曳鼠标创建太阳光，此时会弹出询问对话框，询问是否添加背景贴图，如图 16-72 所示。

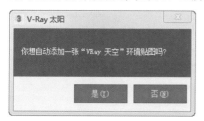

图 16-72　询问对话框

步骤 02 由于为环境设置了一个背景贴图，因此单击 "否" 按钮，不设置天空环境贴图，这样即可创建一个【VR太阳】系统，然后在各视图中调整灯光的照射角度与方向，如图 16-73 所示。

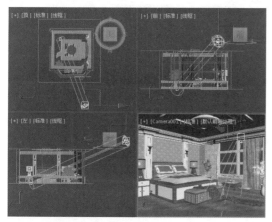

图 16-73　创建 VR 太阳光系统

步骤 03 打开【渲染设置】对话框，进入【V-Ray】选项卡，在【图像采样器】卷展栏下设置 "类型" 为 "渲

染块"，在【图像过滤器】卷展栏下选择 "过滤器" 为 "Catmull-Rom"，然后设置【渲染块图像采样器】的参数，如图 16-74 所示。

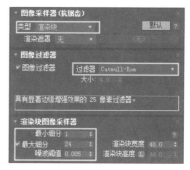

图 16-74　渲染设置

步骤 04 进入【GI】选项卡，在【全局照明】卷展栏下勾选 "启用全局照明（GI）" 选项，并设置 "首次引擎" 为 "发光贴图"、"二次引擎" 为 "灯光缓存"，然后展开【发光贴图】卷展栏，设置 "当前预设" 为 "低"，其他设置默认，如图 16-75 所示。

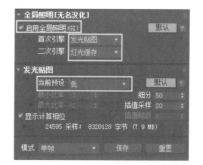

图 16-75　渲染设置

步骤 05 按 F9 键快速渲染场景，查看照明效果，如图 16-76 所示。

图 16-76　设置灯光后的卧室照明效果

通过渲染，发现光线有些暗，画面缺少层次感。下面可以进行最后的渲染，并调整灯光效果与层级感。

步骤 06 打开【渲染设置】对话框，进入【V-Ray】选项卡，展开【全局开关】卷展栏，勾选"不渲染最终的图像"选项，如图16-77所示。

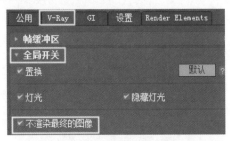

图16-77 【全局开关】设置

步骤 07 进入【GI】选项卡，在【全局照明】卷展栏下修改"发光贴图"的当前预设为"高"，单击"模式"选项中的"保存"按钮，在弹出的对话框中选择任意路径，将发光图的光子图命名为"卧室发光图"进行保存。

步骤 08 在【灯光缓存】卷展栏下单击"模式"选项中的"保存"按钮，以同样的方法将灯光缓存的光子图命名为"卧室灯光缓存图"并保存。

步骤 09 进入【公用】选项卡，设置文件分辨率为320×240，这样会渲染得更快，然后按F9键渲染摄像机视图，此时渲染的是发光贴图和灯光缓存的光子图，渲染时间会较长，渲染效果如图16-78所示。

图16-78 光子图渲染效果

步骤 10 下面渲染图像最终效果，在【公用参数】卷展栏下重新设置渲染分辨率为800×600（或更大，视具体情况而定），在【V-Ray】选项卡中展开【全局开关】卷展栏，取消"不渲染最终的图像"选项，进入【GI】选项卡，在【发光贴图】卷展栏的"模式"列表中选择"从文件"选项，在打开的对话框中选择保存的光子图。

步骤 11 继续在【灯光缓存】卷展栏的"模式"列表中选择"从文件"选择，同样加载保存的灯光缓存光子图，如图16-79所示。

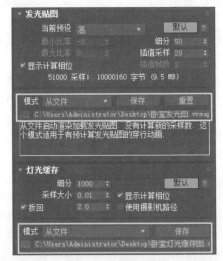

图16-79 加载光子图

步骤 12 再次按F9键渲染图像最终效果，由于不再渲染光子图，这时的渲染速度会很快，渲染结果如图16-80所示。

图16-80 别墅卧室最终渲染效果

渲染结束后，发现场景整体光照效果不错，但颜色有些发灰，下面继续进行调整。

步骤 13 单击【渲染帧】窗口左下角的 "显示矫正控制"按钮，在右侧显示矫正控制对话框，勾选"曝光"选项，调整"曝光"为-0.05、"对比度"为0.30，其他设置默认；勾选"白平衡"选项，设置"温度"为5000，其他设置默认，如图16-81所示。

3ds Max 2020实用教程（微课视频版）

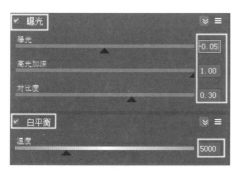

图 16-81　调整图像

步骤 14之后再次单击窗口左下角的 ▦ "显示矫正控制"按钮隐藏该对话框，渲染效果如图 16-82 所示。

图 16-82　调整后的卧室最终效果

步骤 15 单击【渲染帧】窗口上方的 🖫 "保存"按钮，将该效果图保存为"卫生间自然光照明效果.tif"图像文件。

步骤 16 执行【另存为】命令，将该场景另存为"商业案例——设置别墅卧室自然光照明效果.max"文件。

16.3.2　设置别墅卧室人工光主光源照明效果

这一小节继续设置别墅卧室人工光主光源照明，其照明效果如图 16-83 所示。

图 16-83　别墅卧室人工光照明效果

扫一扫，看视频

打开"效果"/"第16章"目录下的"商业案例——制作别墅卧室材质.max"场景文件，下面来设置别墅卧室人工光照明。

步骤 01 按 M 键打开【材质编辑器】对话框，选择名为"背景贴图"的示例球，单击位图贴图按钮进入位图层级，展开【输出】卷展栏，勾选"启用颜色贴图"选项，然后将下方曲线右侧的点向下拖到底部，使背景贴图变暗，如图 16-84 所示。

图 16-84　调整背景贴图

步骤 02 继续选择名为"吸顶灯"的示例球，单击 VRayMtl 按钮，在打开的【材质/贴图浏览器】对话框中双击【VRay灯光材质】选项，将原"VRayMtl"材质替换为【VRay灯光材质】，进入其【参数】卷展栏，设置其颜色值为 80，其他设置默认，如图 16-85 所示。

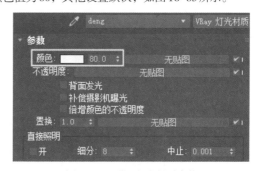

图 16-85　设置灯光材质参数

步骤 03 将该"吸顶灯材质"指定给壁灯灯泡，并使用相同的方法设置台灯灯泡材质也为自发光材质，然后打开【渲染设置】对话框，进入【GI】选项卡，在【全局照明】卷展栏下设置"首次引擎"为"发光贴图"、"二次引擎"为"灯光缓存"，在【发光贴图】卷展栏下设置"当前预设"为"低"，其他设置默认，如图 16-86 所示。

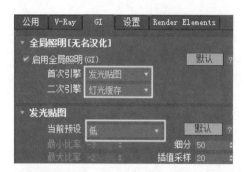

图 16-86　渲染设置

步骤 04 按F9键渲染摄像机视图查看效果，结果如图16-87所示。

图 16-87　渲染效果

通过渲染，发现场景变亮了，但整体效果不好，下面继续调整灯光材质。

步骤 05 修改"吸顶灯材质"的"VRay灯光材质"值为25，然后单击 VRay 灯光材质 按钮，在打开的【材质/贴图浏览器】对话框中双击【VRay材质包裹器】选项，在打开的【替换材质】对话框中勾选"将旧材质保存为子材质"选项。

步骤 06 确认并关闭该对话框，进入【VRay材质包裹器参数】卷展栏，设置"生成全局照明"参数为1.5，其他设置默认，如图16-88所示。

图 16-88　【VRay 材质包裹器】参数设置

步骤 07 再次按F9键快速渲染场景查看灯光效果，结果如图16-89所示。

图 16-89　调整材质后的卧室照明效果

通过渲染，发现主光源效果稍微有些暗，下面在吸顶灯位置设置一盏VR灯光系统进行完善。

步骤 08 在顶视图中的吸顶灯位置创建一盏【VR灯光】系统，在前视图中将其向上移动到吸顶灯下方位置，进入修改面板，在【常规】卷展栏下设置"倍增"为10，在【选项】卷展栏下勾选"不可见"和"投射阴影"两个选项，其他设置默认。

下面进行渲染输出。

步骤 09 打开【渲染设置】对话框，进入【V-Ray】选项卡，展开【全局开关】卷展栏，勾选"不渲染最终的图像"选项，进入【GI】选项卡，在【全局照明】卷展栏下修改"发光贴图"的当前预设为"高"，单击"模式"选项中的"保存"按钮，在弹出的对话框中选择任意路径，将发光图的光子图命名为"卧室人工光发光图"进行保存。

步骤 10 在【灯光缓存】卷展栏下单击"模式"选项中的"保存"按钮，以同样的方法将灯光缓存的光子图命名为"卧室人工光灯光缓存图"并保存。

步骤 11 进入【公用】选项卡，设置文件分辨率为320×240，这样会渲染得更快，然后按F9键渲染摄像机视图，此时渲染的是发光贴图和灯光缓存的光子图，渲染时间会较长，渲染效果如图16-90所示。

图 16-90　光子图渲染效果

步骤 12 下面渲染图像最终效果，在【公用参数】卷展栏下重新设置渲染分辨率为 800×600（或更大，视具体情况而定），展开【全局开关】卷展栏，取消"不渲染最终的图像"选项，进入【GI】选项卡，在【发光贴图】卷展栏的"模式"列表中选择"从文件"选项，在打开的对话框中选择保存的名为"卧室人工光发光图"的光子图。

步骤 13 继续在【灯光缓存】卷展栏的"模式"列表中选择"从文件"选择，同样加载保存的名为"卧室人工光灯光缓存图"的光子图。

步骤 14 再次按F9键渲染图像最终效果，由于不再渲染光子图，这时的渲染速度会很快，渲染结果如图16-91所示。

图 16-91　别墅卧室人工光主光源照明渲染效果

步骤 15 单击【渲染帧】窗口左下角的 🔲 "显示矫正控制"按钮，在右侧显示矫正控制对话框，勾选"曝光"选项，调整"对比度"为0.35，其他设置默认，勾选"白平衡"选项，设置"温度"为5700，如图16-92所示。

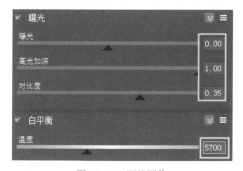

图 16-92　调整图像

步骤 16 之后再次单击窗口左下角的 🔲 "显示矫正控制"按钮隐藏该对话框，渲染最终效果如图16-93所示。

图 16-93　调整后的别墅卧室人工光主光源照明最终效果

步骤 17 单击【渲染帧】窗口上方的 🔲 "保存"按钮，将该效果图保存为"别墅卧室人工光主光源照明效果.tif"图像文件。

步骤 18 执行【另存为】命令，将该场景另存为"商业案例——设置别墅卧室人工光主光源照明效果.max"文件。

16.3.3　设置别墅卧室人工光辅助光照明效果

上一小节设置了别墅卧室人工光主光源照明效果，主光源是指卧室吸顶灯，这一小节继续设置别墅卧室辅助光照明效果，辅助光大多数情况下以营造场景气氛为主，因此，其光线较柔和。在该卧室场景中，壁灯营造场景气氛，台灯则用作辅助照明设备。

扫一扫，看视频

打开"效果"/"第16章"目录下的"商业案例——设置别墅卧室人工光主光源照明效果.max"场景文件，下面就来设置别墅卧室人工光辅助光照明效果，如图16-94所示。

图 16-94　别墅卧室人工光辅助光照明效果

步骤 01 删除场景中设置的"VR灯光"系统，按M键打开【材质编辑器】对话框，选择名为"吸顶灯"的示例球。由于是辅助光源照明，卧室吸顶灯不发光，因此需要调整吸顶灯的灯光材质。

步骤 02单击【VRay材质包裹器】按钮，在打开的【材质/贴图浏览器】对话框中双击【VRayMtl】材质将其替换，然后设置"漫反射"和"反射"颜色均为白色，设置"光泽度"为0.9，其他设置默认，如图16-95所示。

图16-95　调整吸顶灯材质

步骤 03继续找到"台灯材质"示例球，进入ID 5号材质层级，将原材质替换为【VRay灯光材质】，设置"颜色"值为1.5，并为其指定"窗帘.jpg"的位图文件，如图16-96所示。

图16-96　设置台灯灯罩材质

步骤 04进入ID 4号材质层级，将【VRay灯光材质】替换为【VRayMtl】材质，设置"反射"与"折射"颜色均为白色、"光泽度"均为1，勾选"影响阴影"选项，使其为玻璃材质，如图16-97所示。

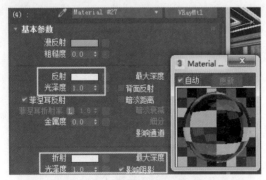

图16-97　调整台灯灯泡材质

步骤 05继续找到"壁灯灯泡"材质示例球，依照前面的操作将【VRay灯光材质】替换为【VRayMtl】材质，设置"反射"与"折射"颜色均为白色、"光泽度"均为1，勾选"影响阴影"选项，使其为玻璃材质。

下面还要调整壁灯灯盘材质，该材质应该是一种半

透明钢化玻璃材质。

步骤 06选择一个空的示例球，为其指定【VRayMtl】材质，然后调整"漫反射""反射"颜色为白色、"光泽度"为0.95，调整"折射"颜色为灰色（R:131、G:131、B:131）、"光泽度"为0.85，勾选"影响阴影"选项，其他设置默认，如图16-98所示。

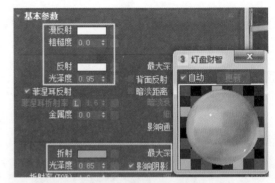

图16-98　调整壁灯灯盘材质

步骤 07将该材质指定给壁灯灯盘对象以覆盖原材质，然后进入创建面板，在"灯光"列表中选择"光度学"选项，激活 自由灯光 按钮，在左视图中的两个壁灯灯泡中间位置各创建一盏自由灯光，在其他各视图中将其调整到壁灯灯泡中间位置，如图16-99所示。

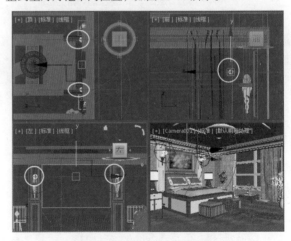

图16-99　创建自由灯光系统

步骤 08进入修改面板，在【常规参数】卷展栏的"阴影"选项中设置阴影类型为"VRay阴影"，选择"灯光分布（类型）"为"统一球形"，在【强度/颜色/衰减】卷展栏下选择一种"HID陶瓷金属卤化物灯（暖色调）"的灯，并设置其强度为160，然后设置"远距衰减"参数，如图16-100所示。

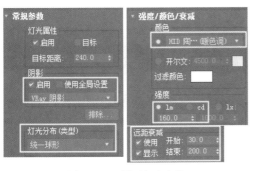

图 16-100　设置灯光参数

步骤 09 打开【渲染设置】对话框，进入【V-Ray】选项卡，在【图像采样器】卷展栏下设置"类型"为"渲染块"，在【图像过滤器】卷展栏下选择"过滤器"为"Catmull-Rom"，然后设置【渲染块图像采样器】的参数，如图 16-101 所示。

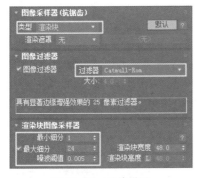

图 16-101　渲染设置

步骤 10 进入【GI】选项卡，在【全局照明】卷展栏下勾选"启用全局照明（GI）"选项，并设置"首次引擎"为"发光贴图"、"二次引擎"为"灯光缓存"，然后展开【发光贴图】卷展栏，设置"当前预设"为"低"、"模式"为"单帧"，其他设置默认，如图 16-102 所示。

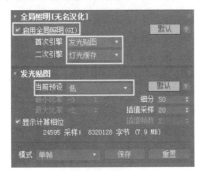

图 16-102　渲染设置

步骤 11 继续在【灯光缓存】卷展栏下设置"模式"也为

"单帧"，其他设置默认，如图 16-103 所示。

图 16-103　【灯光缓存】设置

步骤 12 将该场景另存为"商业案例——设置别墅卧室人工光辅助光源照明效果.max"场景文件，然后按F9键快速渲染场景，在打开的【帧缓冲区】对话框中取消右侧"曝光"和"白平衡"两个选项的勾选以渲染场景，查看辅助光照明效果，如图 16-104 所示。

图 16-104　辅助光照明效果

通过渲染，发现辅助光照明效果还不错。下面设置台灯灯光。

步骤 13 进入"台灯材质"的ID 5号材质层级，修改【VRay灯光材质】的"颜色"值为5，其他设置默认，然后在左视图中将壁灯上的"自由灯光"以"复制"的方式复制到两个台灯灯泡内部，如图 16-105 所示。

图 16-105　复制自由灯光系统

步骤 14 选择复制的自由灯光系统，进入修改面板，在【强度/颜色/衰减】卷展栏下修改"强度"为200、"远距衰减"的"开始"值为45，其他设置默认，按F9键再次渲染摄像机视图查看灯光效果，结果如图16-106所示。

图16-106　场景渲染效果

通过渲染，发现卧室整体照明效果都不错，只是场景层次感不强，颜色有些灰暗。下面进行最后的渲染，并对这些缺陷进行调整。

步骤 15 打开【渲染设置】对话框，进入【V-Ray】选项卡，展开【全局开关】卷展栏，勾选"不渲染的最终图像"选项，进入【GI】选项卡，在【全局照明】卷展栏下修改"发光贴图"的当前预设为"高"，单击"模式"选项中的"保存"按钮，在弹出的对话框中选择任意路径，将发光图的光子图命名为"卧室人工光辅助光源发光图"进行保存。

步骤 16 在【灯光缓存】卷展栏下单击"模式"选项的"保存"按钮，以同样的方法将灯光缓存的光子图命名为"卧室人工光辅助光源灯光缓存图"并保存。

步骤 17 进入【公用】选项卡，设置文件分辨率为320×240，这样会渲染得更快，然后按F9键渲染摄像机视图，此时渲染的是发光贴图和灯光缓存的光子图，渲染时间会较长，渲染效果如图16-107所示。

图16-107　光子图渲染效果

步骤 18 下面渲染图像最终效果，在【公用参数】卷展栏下重新设置渲染分辨率为800×600（或更大，视具体

情况而定），展开【全局开关】卷展栏，取消"不渲染最终的图像"选项，进入【GI】选项卡，在【发光贴图】卷展栏的"模式"列表中选择"从文件"选项，在打开的对话框中选择保存的名为"卧室人工光辅助光源发光图"的光子图。

步骤 19 继续在【灯光缓存】卷展栏的"模式"列表中选择"从文件"选择，同样加载保存的名为"卧室人工光辅助光源灯光缓存图"的光子图。

步骤 20 再次按F9键渲染图像最终效果，由于不再渲染光子图，这时的渲染速度会很快，渲染结果如图16-108所示。

图16-108　别墅卧室人工光辅助光源照明渲染效果

步骤 21 单击【渲染帧】窗口左下角的▢"显示矫正控制"按钮，在右侧显示矫正控制对话框中勾选"曝光"选项，调整"对比度"为0.30，以增强图像对比度，其他设置默认，此时卧室效果如图16-109所示。

图16-109　调整后的别墅卧室人工光辅助光源照明最终效果

步骤 22 单击【渲染帧】窗口上方的▢"保存"按钮，将该效果图保存为"别墅卧室人工光主光源照明效果.tif"图像文件。

步骤 23 执行【另存为】命令，将该场景另存为"商业案例——设置别墅卧室人工光辅助光照明效果.max"文件。

步骤 24 执行【文件】/【归档】命令，将该场景文件归档为"商业案例——设置别墅卧室人工光辅助光照明效果.max"压缩包文件。

商业案例——绘制普通
住宅楼效果图

本章导读：

　　住宅楼效果图也是3ds Max 2020三维设计的内容之一，这一章继续来绘制某住宅楼效果图。该效果图的绘制同样要从创建模型、制作材质、设置灯光、渲染输出以及后期处理逐步推进，最终完成该住宅楼效果图的绘制。

本章主要内容如下：

- 创建住宅楼建筑模型；
- 设置摄像机、灯光并制作住宅楼材质；
- 住宅楼效果图后期处理。

17.1 创建住宅楼建筑模型

住宅楼建筑一般分为首层建筑、标准层以及顶层建筑。首层就是底层，简单来说，就是指一楼，在大多数的住宅建筑中，一楼其实与标准层的结构相同，都属于住宅建筑；而在高层建筑中，一般一楼都作为商业性比较强的商场、公共事业营业厅等场所，其建筑结构与标准层有所不同，这一节就来创建住宅楼建筑模型。

17.1.1 创建住宅楼首层外墙建筑模型

扫一扫，看视频

住宅楼外墙建筑从首层到顶层基本都一致，因此，其外墙建筑模型创建也比较简单，在创建时我们可以直接对CAD平面图进行挤出，以创建出外墙建筑模型。另外，室外建筑设计注重的是建筑物外观效果，因此，其内部模型一般可以不用创建。这一小节首先来创建住宅楼的首层外墙建筑模型，它包括建筑墙体、门窗和阳台灯模型，其效果如图17-1所示。

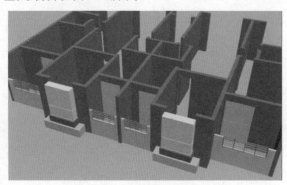

图 17-1　住宅楼首层建筑模型

1. 导入CAD图纸并挤出墙体模型

在创建住宅楼建筑模型时，一般需要导入CAD图纸，依照CAD图纸来创建建筑模型，这样不仅速度快，而且创建的模型比较标准。

步骤 01 启动3ds Max 2020程序，同时设置系统单位为"毫米"。

步骤 02 执行【文件】/【导入】命令，选择"素材"目录下的"标注建筑立面图的标高与墙体序号.dwg"素材文件，导入后发现这其实是两幅图：一幅是建筑平面图；另一幅是建筑立面图，效果如图17-2所示。

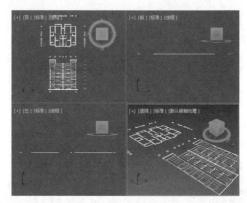

图 17-2　导入住宅楼 CAD 平面图和立面图

步骤 03 在主工具栏的 ↳ "角度捕捉切换"按钮上单击将其激活，然后右击打开【栅格和捕捉设置】对话框，设置角度为90°，如图17-3所示。

图 17-3　设置捕捉角度

步骤 04 关闭该对话框，激活 C "选择并旋转"按钮，在顶视图中框选下方的CAD立面图，将其沿Z轴旋转90°，并将其沿Y轴向上移动到平面图的下水平线对齐，在前视图中将其沿Y轴移动，使其底部水平线与平面图对齐，效果如图17-4所示。

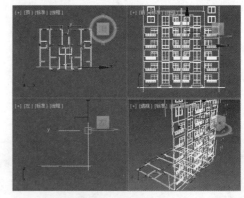

图 17-4　调整 CAD 图纸

下面创建墙体模型。

步骤 05 在顶视图中单击选择平面图中的墙线，按数字1键进入"顶点"层级，框选所有顶点，在【几何体】卷展栏的"焊接"输入框中输入10，单击"焊接"按钮，将平面图中的所有顶点焊接，使其形成一个个闭合的二维图形，这样便于挤出墙体模型。

小贴士

CAD图形属于矢量图，当导入3ds Max中时，其线段并不是一个闭合的图形，因此需要将其点焊接，使其成为闭合图形，这样便于挤出三维模型。焊接时，焊接值不能过大或过小，过大会将周围的点都焊接，影响图形的形状，过小又不能焊接成功，因此需要多次尝试，设置一个合适的值进行焊接。

步骤 06 焊接完成后，按数字1键退出"顶点"层级，在修改器列表中选择【挤出】修改器，设置挤出"数量"为3793、"分段"为2，以挤出墙体的高度，结果如图17-5所示。

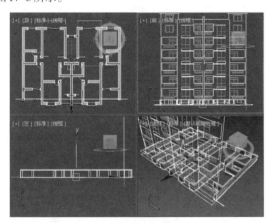

图17-5 挤出墙体模型

小贴士

实际上，在室外效果图制作中，一般只需要制作出两个面的模型即可，其他面不会在摄像机视角中出现，就没有必要去创建，在此可以将内部以及背面不需要的墙体删除，以减少模型的面数。另外，挤出后，如果发现墙体显示为黑色，可以为其指定任意颜色的材质，以改变其黑色颜色。

步骤 07 将挤出后的墙体转换为多边形对象，按数字1键进入"顶点"层级，在前视图中框选中间的挤出分

段顶点，将其沿Y轴向上移动到样条门顶端位置，如图17-6所示。

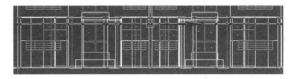

图17-6 调整墙体顶点

步骤 08 按数字4键进入"多边形"层级，调整透视图视角，分别选择阳台隔墙上方的多边形对其进行挤出，以挤出门上方的过梁模型，效果如图17-7所示。

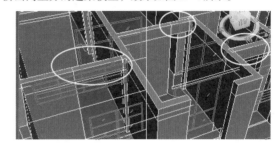

图17-7 挤出门上方的过梁模型

小贴士

由于阳台门大小不同，因此挤出门上方的过梁模型时，其挤出数量也不同，可以以CAD图纸作为参照进行挤出。

2. 创建首层阳台与门窗模型

下面创建首层的阳台、阳台门以及窗户，该住宅楼左边阳台为开放式阳台，阳台墙体为"凹"字形墙体，墙体上有不锈钢栏杆，而窗户为飘窗，下面开始创建这些模型。

步骤 01 在顶视图中创建长方体作为地面，然后在前视图中依照CAD图纸绘制一层左边阳台的"凹"字形外墙轮廓线，如图17-8所示。

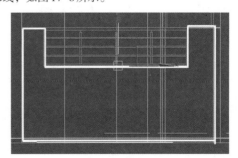

图17-8 绘制阳台墙线

步骤 02 进入修改面板，为样条外墙轮廓线添加【挤出】修改器，设置挤出"数量"为120，然后在顶视图中将其调整到阳台位置，如图17-9所示。

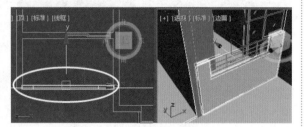

图17-9　挤出阳台墙体

小贴士

　　一般情况下，住宅楼建筑中，阳台墙体不是承重墙，其厚度一般为120个绘图单位，因此在此设置挤出"数量"为120即可。

步骤 03 继续在前视图中依照阳台墙体上的栏杆大小创建"高度"为120个绘图单位、"长度分段"和"宽度分段"均为4的长方体，在修改器列表中为其添加【晶格】修改器，并设置"半径"为15，其他设置默认，制作出不锈钢栏杆模型，然后将其移动到阳台墙位置，效果如图17-10所示。

图17-10　创建阳台栏杆模型

下面创建阳台的推拉门。

步骤 04 在前视图中依照CAD图纸在左边阳台门位置创建"高度"为50个绘图单位、"长度分段"和"宽度分段"均为2的长方体，并将其转换为多边形对象。

步骤 05 按数字4键进入"多边形"层级，按住Ctrl键单击选择4个多边形面，进入【编辑多边形】卷展栏，在【插入】选项中选择插入方式为"按多边形"方式，并设置插入值为30，将其插入，如图17-11所示。

步骤 06 继续打开【挤出】选项，设置挤出参数为-10，以挤出阳台门的玻璃模型，效果如图17-12所示。

 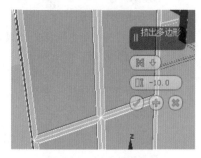

图17-11　插入多　　　图17-12　挤出玻璃模型
　　　　　边形

步骤 07 向上推动面板，在【多边形：材质ID】卷展栏下设置阳台门玻璃的材质ID号为1，然后执行【编辑】/【反选】命令反选阳台门框模型，设置材质ID号为2，最后按数字4键退出多边形层级。

步骤 08 在顶视图中将制作的阳台推拉门调整到阳台门位置，然后将其以"实例"方式复制出另一扇门，并将其移动到另一边位置，完成阳台门的创建，如图17-13所示。

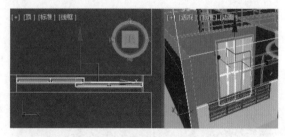

图17-13　制作完成的阳台门

3. 制作飘窗模型

　　飘窗是指突出外墙的窗户，类似于阳台，但与阳台有所区别。下面继续创建飘窗模型。

步骤 01 在前视图中依据CAD图纸创建"长度"为495、"宽度"为2060、"高度"为600和"长度"为640、"宽度"为2930、"高度"为700的两个长方体，将其移动到一层飘窗下方位置，如图17-14所示。

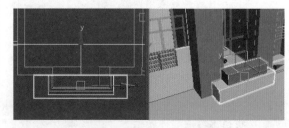

图17-14　创建长方体

步骤 02 继续在前视图中依据CAD图纸创建"长度"为2400、"宽度"为1918、"高度"为474、"长度分段"和"宽度分段"均为2的长方体，如图17-15所示。

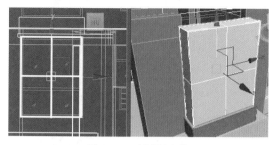

图17-15 创建长方体

步骤 03 将该长方体转换为多边形对象，按数字1键进入"顶点"层级，框选中间的水平顶点，将其向下移动到飘窗下方的窗格位置，然后按数字4键进入"多边形"层级，调整透视图并选择左右和前面的多边形面，依照前面的操作，将其以"按多边形"方式进行插入，插入"数量"为25，以创建窗框模型，如图17-16所示。

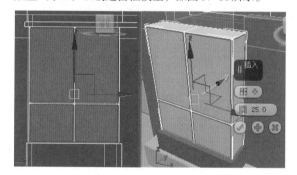

图17-16 插入多边形以创建窗框模型

步骤 04 继续对插入的多边形进行挤出，挤出"数量"为-25，以挤出飘窗的玻璃模型，如图17-17所示。

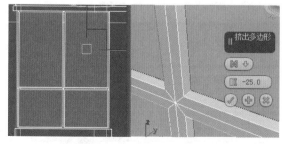

图17-17 挤出玻璃模型

步骤 05 确认挤出，然后依照前面的操作为玻璃模型设置材质ID号为1，设置窗框材质ID号为2，完成飘窗模型的创建，效果如图17-18所示。

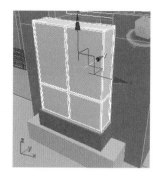

图17-18 创建的飘窗模型

下面继续创建中间阳台与推拉门，可以直接将左边阳台以及推拉门复制到中间阳台位置，然后根据中间阳台大小，调整阳台墙和栏杆尺寸即可。

步骤 06 在前视图中将左边阳台以及不锈钢栏杆模型以"复制"的方式复制到中间阳台位置，在顶视图中将其向下移动到中间阳台位置，然后进入阳台墙的"顶点"层级，依据CAD图纸调整墙线的顶点，最后对栏杆沿X轴进行缩放，创建中间阳台墙与栏杆模型，效果如图17-19所示。

图17-19 创建中间阳台墙和栏杆模型

步骤 07 继续以"复制"方式将左边样条推拉门复制到中间阳台门位置，作为中间阳台的推拉门，效果如图17-20所示。

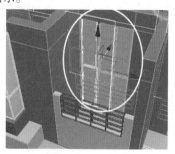

图17-20 复制阳台推拉门

前面章节创建了住宅楼左半边阳台墙、栏杆和阳台推拉门模型，下面继续创建住宅楼右半边的阳台墙、栏杆和阳台推拉门。该住宅楼建筑结构为左右对称型，因此，只需要将左半边制作好的阳台墙、栏杆和阳台推拉门镜像复制到右半边即可。

步骤 08 在顶视图中选择住宅楼左半边创建的阳台墙、栏杆以及阳台推拉门等对象，将其以"实例"方式沿Y轴镜像复制到右边位置，完成一层建筑模型的创建，效果如图17-21所示。

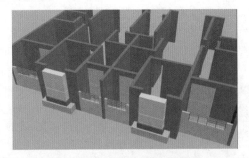

图 17-21　住宅楼首层建筑模型

步骤 09 这样，住宅楼首层建筑模型制作完毕，将该场景另存为"商业案例——创建住宅楼首层外墙建筑模型.max"文件。

17.1.2　创建住宅楼标准层建筑模型

扫一扫，看视频

一般情况下，住宅楼首层与标准层建筑模型基本一致。在该住宅楼建筑中，2~5层为标准层，在创建标准层建筑模型时，只需要将首层中的阳台墙体、栏杆和窗户进行复制，然后进行修改，即可完成标准层的建筑模型，标准层建筑模型效果如图17-22所示。

图 17-22　标准层建筑模型

步骤 01 在顶视图中沿平面图的墙线内绘制闭合二维

图形，为其添加【挤出】修改器，将其挤出50个绘图单位，然后移动到首层墙线的上方，作为楼板模型，如图17-23所示。

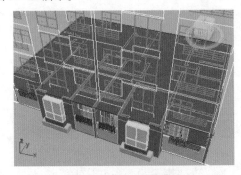

图 17-23　创建楼板模型

步骤 02 在前视图中选取住宅楼首层墙线、左半部分阳台墙线、栏杆、飘窗、阳台门等模型对象，将其以"复制"的方式沿Y轴向上复制到首层上方位置，效果如图17-24所示。

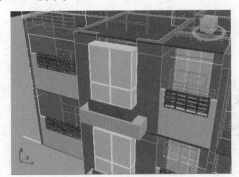

图 17-24　复制首层模型到二层

步骤 03 选择左边阳台墙线，按数字1键进入"顶点"层级，根据CAD立面图上二层阳台墙线，对复制的样条墙线模型进行调整，效果如图17-25所示。

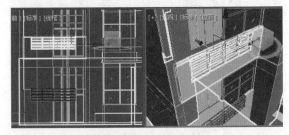

图 17-25　调整左边阳台墙线

步骤 04 使用相同的方法在前视图以及CAD立面图中复制二层阳台墙线的高度、阳台门大小以及飘窗大小等，对复制的模型进行调整，效果如图17-26所示。

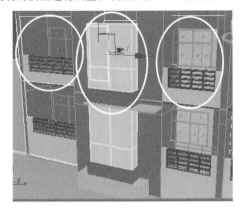

图 17-26　调整后的二层阳台与门窗效果

步骤 05 选择左边调整后的二层阳台墙线、栏杆、样条推拉门对象，在前视图中将其以"实例"方式沿X轴镜像复制到住宅楼右边，完成二层住宅楼模型的创建，效果如图17-27所示。

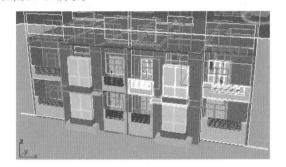

图 17-27　镜像复制二层模型

步骤 06 继续在前视图中选择二层所有墙线、阳台墙线、栏杆、推拉门对象，继续将其以"实例"方式沿Y轴进行移动复制3份，创建出3~5标准层建筑模型，效果如图17-28所示。

图 17-28　复制3~5标准层建筑模型

步骤 07 调整透视图，按F9键快速渲染透视图查看模型

效果，结果如图17-29所示。

图 17-29　复制3~5层模型渲染效果

步骤 08 将该场景另存为"商业案例——创建住宅楼标准层建筑模型.max"场景文件。

17.1.3　创建住宅楼顶层模型

顶层是指建筑物顶层，在该住宅楼建筑中，顶层模型与标准层在外观上有所不同，这一小节继续来创建住宅楼的顶层模型，其模型效果如图17-30所示。

扫一扫，看视频

图 17-30　创建住宅楼顶层模型

1. 创建顶层中间阳台、飘窗以及墙体模型

步骤 01 继续在前视图中将住宅楼5楼中间位置的飘窗以及阳台墙、栏杆和阳台推拉门向上复制到顶层，效果如图17-31所示。

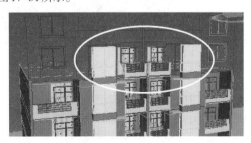

图 17-31　复制飘窗、阳台墙、栏杆和推拉门

步骤 02 将5楼楼板暂时隐藏，选择5楼墙体，按数字4键进入"多边形"层级，调整透视图的视角，按住Ctrl键选择中间墙体的多边形面，如图17-32所示。

图17-32　选择中间墙体的多边形面

步骤 03 在【编辑多边形】卷展栏下激活【挤出】选项，依照CAD图纸，将其向上挤出到顶层位置，挤出"分段"为2，效果如图17-33所示。

图17-33　挤出中间墙体

步骤 04 按数字1键进入"顶点"层级，在前视图中将挤出分段形成的顶点调整到飘窗上方位置，然后按数字4键进入"多边形"层级，选择飘窗上方墙体上的多边形面将其向右拖动，使其与右侧的墙体相接，形成一面墙，效果如图17-34所示。

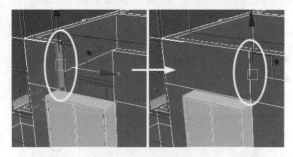

图17-34　拖动多边形面

步骤 05 使用相同的方法对右侧飘窗上方的墙体进行编辑，然后进入创建面板，在前视图中依照CAD图纸，在中间阳台上方创建"高度"为120、"宽度分段"为2的长方体作为阳台上方的墙体，效果如图17-35所示。

图17-35　创建长方体

步骤 06 将该长方体转换为"可编辑多边形"对象，按数字1键进入"顶点"层级，将宽度分段形成的两排顶点向中间移动，使其与中间墙体对齐，然后进入"多边形"层级，选择对齐后的多边形面，将其向上挤出，使其高度与CAD图纸中的中间墙体高度一致，如图17-36所示。

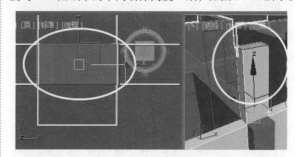

图17-36　挤出中间墙体

步骤 07 继续选择正面多边形面，将其挤出，使其与中间墙体对齐，再调整视角，选择背面多边形面，继续挤出，以创建出中间阳台上方的墙体，效果如图17-37所示。

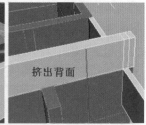

图17-37　挤出中间阳台上方的墙体对象

步骤 08 为挤出后的墙体调整一种与原墙体相同的颜色，然后在前视图中将飘窗下方的长方体复制到飘窗上方，效果如图17-38所示。

3ds Max 2020实用教程（微课视频版）

图 17-38　创建完成的中间飘窗、阳台以及墙体模型

步骤 09 显示隐藏的 5 楼楼板，将其向上复制到顶层，完成中间墙体以及阳台和飘窗模型的创建，效果如图 17-39 所示。

图 17-39　复制楼板模型

2. 创建两侧的塔楼模型

步骤 01 在前视图中依照 CAD 立面图在左上角塔楼位置创建矩形，然后在创建面板中取消"开始新图像"选项的勾选，继续依照塔楼窗户大小创建两个小矩形，效果如图 17-40 所示。

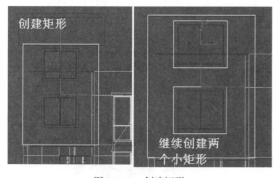

图 17-40　创建矩形

> **小贴士**
>
> 在创建二维图形时，取消"开始新图形"选项的勾选，则创建的二维图形会自动附加为一个二维图形对象。

步骤 02 在顶视图中将创建的二维图形沿 Y 轴移动，使其与左侧阳台墙体对齐，然后进入修改面板，在修改器列表中为该二维图形添加【挤出】修改器，将其挤出到后墙体位置，效果如图 17-41 所示。

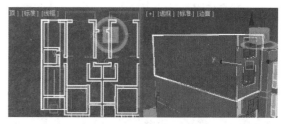

图 17-41　挤出塔楼模型

步骤 03 下面创建塔楼窗户模型。在前视图中依照塔楼窗洞大小创建"高度"为 100、"宽度分段"为 2 的长方体，将其转换为多边形对象，依照前面章节中创建窗户的方法，通过"插入"和"挤出"等方法编辑出塔楼的两个窗户模型，并为窗框和玻璃设置材质 ID 号，效果如图 17-42 所示。

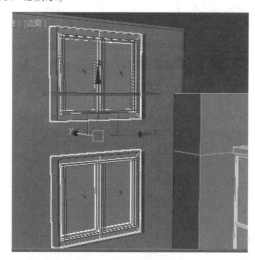

图 17-42　创建塔楼窗户模型

步骤 04 继续在前视图中依照 CAD 图纸创建塔楼顶部的轮廓线，然后为其添加【挤出】修改器，以挤出塔楼顶部模型，效果如图 17-43 所示。

图 17-43　挤出塔楼顶部模型

步骤 05 在前视图中选择塔楼的所有模型对象，将其以"实例"方式向右复制到住宅楼右侧塔楼位置，完成住宅楼顶层模型的创建，效果如图 17-44 所示。

图 17-44　顶楼模型

步骤 06 将CAD立面图全部删除，调整透视图视角，按F9键快速渲染场景查看模型效果，结果如图 17-45 所示。

图 17-45　制作完成的住宅楼模型

步骤 07 执行【另存为】命令，将该场景保存为"商业案例——创建住宅楼顶层模型.max"场景文件。

17.2 设置摄像机、灯光并制作住宅楼材质

完成了住宅楼模型后，这一节来设置场景摄像机、灯光并制作住宅楼材质。

17.2.1　制作住宅楼材质

扫一扫，看视频

这一小节首先来制作住宅楼材质。根据CAD图纸，该住宅楼外墙材质分为4种，1/2楼外墙为土黄色石材装饰块，顶楼材质为藤黄色乳胶漆，顶楼楼顶有蓝色瓦，3~5层外墙为白色乳胶漆。另外，窗户为蓝色铝合金材质，阳台栏杆为不锈钢材质，如图 17-46 所示。

图 17-46　住宅楼正立面图

下面根据CAD图纸制作住宅楼外墙材质。在制作材质时要注意，由于该住宅楼阳台为开放式，既能看到墙体外部，也能看到墙体内部，同时，墙面内外部材质不同，因此，墙体需要两种不同的材质来表现，制作材质后的住宅楼效果如图 17-47 所示。

图 17-47　制作材质后的住宅楼效果

3ds Max 2020实用教程（微课视频版）

1. 制作1、2层外墙材质

步骤 01 设置当前渲染器为V-Ray渲染器，按M键打开【材质编辑器】对话框，选择空的示例球，将其命名为"1、2层墙面材质"，并为其指定【多维/子对象】材质。

步骤 02 设置【多维/子对象】材质数量为2，并为这两个材质指定【VRayMtl】材质，单击ID 1号材质的"漫反射"贴图按钮，在打开的【材质/贴图浏览器】对话框中双击【位图】贴图，在打开的对话框中选择"贴图"/"斧石.jpg"的贴图文件。

步骤 03 进入ID 2号材质层级，设置"漫反射"颜色为白色，其他设置默认，之后将该材质指定给1/2层墙体对象。

下面设置墙体的材质ID号。

步骤 04 选择1层墙体对象，右击并选择【孤立当前选择】命令将其孤立，按数字4键进入"多边形"层级，在透视图中选择墙体内部多边形面，设置其材质ID号为2，然后执行【编辑】/【反选】命令，反选其他多边形面，设置材质ID号为1，如图17-48所示。

图17-48　选择多边形面并设置材质ID号

步骤 05 使用相同的方法为2层墙体设置材质ID号，然后为这两个墙体添加【UVW贴图】修改器，选择"长方体"贴图方式，其他设置默认。

步骤 06 在场景中右击并选择【结束隔离】命令取消孤立，在透视图中查看材质效果，结果如图17-49所示。

图17-49　制作材质后的1、2层外墙效果

2. 制作1、2层其他材质以及其他层的外墙材质

步骤 01 重新选择空的示例球，为其指定【VRayMtl】材质，然后为"漫反射"指定"贴图"/"斧石.jpg"的贴图文件。

步骤 02 选择1、2层中的阳台墙体对象以及飘窗下方的台阶对象，将该材质指定给这些对象，然后分别为这些对象添加【UVW贴图】修改器，并选择"长方体"贴图方式。

步骤 03 重新选择空的示例球，为其指定【VRayMtl】材质，设置"漫反射"颜色为白色，其他设置默认，然后将该材质指定给3~5层的墙体以及阳台墙等对象。

步骤 04 继续选择空的示例球，为其指定【VRayMtl】材质，设置"反射"颜色为白色，取消"菲涅耳反射"选项的勾选，其他设置默认，然后将该材质指定给所有层的阳台栏杆对象。

3. 制作窗户以及推拉门材质与背景贴图

步骤 01 将"1、2层墙面材质"示例球拖到空的示例球上进行复制，将其重命名为"窗户材质"，进入ID 1号材质层级，单击"漫反射"贴图按钮，为其指定"贴图"/"室外玻璃047.jpg"的贴图文件，然后设置"反射"为灰色（R:176、G:176、B:176）、"光泽度"为0.9，设置"折射"颜色为深灰色（R:104、G:104、B:104）、"光泽度"为0.85，其他设置默认。

步骤 02 进入ID 2号材质层级，修改"漫反射"颜色为浅蓝色（R:0、G:58、B:144），其他设置默认，之后将该材质指定给1~5层的飘窗以及顶层的4个窗户对象。

步骤 03 继续将飘窗的材质示例球拖到空的示例球上进行复制，将其重命名为"推拉门材质"，进入ID 2号材质层级，修改"漫反射"颜色为白色，其他设置默认，然后将该材质指定给所有推拉门对象。

步骤 04 重新选择空的示例球，为"漫反射"贴图按钮指定【位图】贴图，并选择"贴图"目录下的"SE037.bmp"贴图文件，然后在【坐标】卷展栏下勾选"环境"选项。

步骤 05 打开【环境和效果】对话框，将该贴图以"实例"方式复制到背景贴图按钮上，完成背景贴图的制作。

4. 制作顶层材质

步骤 01 将"1、2层墙面材质"示例球拖到空的示例球上进行复制，将其重命名为"顶层材质"，进入ID 1号材质层级，删除"漫反射"上的贴图，设置"漫反射"颜色为土黄色（R:231、G:123、B:71），其他设置默认。

步骤 02 将塔楼对象转换为多边形对象，按数字4键进入"多边形"层级，选择塔楼模型的外表面多边形，设置材质ID号为1，然后反选塔楼内部多边形对象，设置材质ID号为2，然后将该材质指定给塔楼对象。

步骤 03 继续将"顶层材质"示例球拖到空的示例球上进行复制，将其重命名为"塔楼顶材质"，进入ID 2号材质层级，单击"漫反射"贴图按钮，为其选择"贴图"/"蓝瓦.jpg"的贴图文件。

步骤 04 将该材质指定给塔楼顶对象，将该对象转换为多边形对象，按数字4键进入"多边形"层级，选择周围多边形对象，设置材质ID号为2，然后反选并设置材质ID号为1，退出"多边形"层级，并为该对象添加【贴图缩放器绑定（WSM）】修改器，设置"比例"为3000，选择"世界坐标系Z轴"选项，此时塔楼顶贴图效果如图17-50所示。

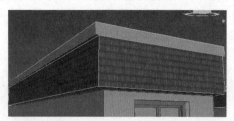

图 17-50 塔楼顶贴图效果

步骤 05 这样，住宅楼的材质全部制作完毕，将该场景另存为"商业案例——制作住宅楼材质.max"文件。

> 🐴 **小贴士**
> 由于场景没有设置任何照明系统，因此场景材质看起来不那么真实，在下一小节将为场景设置照明系统并进行渲染输出。

17.2.2 设置摄像机、照明系统并渲染输出

在上一小节中制作了住宅楼材质，这一小节继续来设置住宅楼场景摄像机和照明系统，并进行最后的渲染输出，效果如图17-51所示。

扫一扫，看视频

图 17-51 渲染输出后的住宅楼效果图

步骤 01 继续上一小节的操作，进入创建面板，激活 "摄像机"按钮，在其列表中选择"标准"选项，在【对象类型】卷展栏下激活 目标 按钮，在顶视图中由左下角到右上角拖曳鼠标创建目标摄像机。

步骤 02 进入修改面板，选择28mm的镜头，然后激活透视图，按C键将其转换为摄像机视图，效果如图17-52所示。

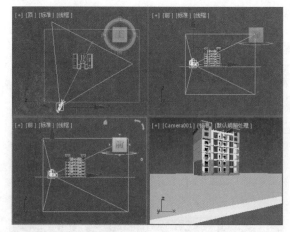

图 17-52 设置摄像机

> 🐴 **小贴士**
> 在场景中设置摄像机后，如果视图不合适，可以调整摄像机的视角与位置，使其达到漫游效果。

下面设置场景照明系统。

步骤 03 继续在创建面板中单击 "系统"，在其【对象类型】卷展栏下激活 太阳光 按钮，在顶视图中创建一个太阳光系统，然后进入修改面板，在【常规参数】卷展栏下取消"启用"选项的勾选，如图17-53所示。

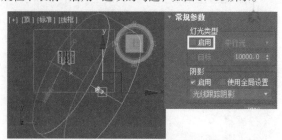

图 17-53 设置太阳光系统

步骤 04 再次激活 "灯光"按钮，在其列表中选择"VRay"选项，在【对象类型】列表中激活 (VR)太阳按钮，在顶视图中由右下向左上拖曳鼠标创建太阳光，

3ds Max 2020实用教程（微课视频版）

此时会弹出询问对话框，询问是否添加背景贴图，如图17-54所示。

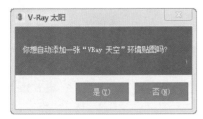

图17-54　询问对话框

步骤 05 由于场景中已经设置了背景贴图，单击"是"按钮会弹出另一个对话框，再次单击"是"按钮，将使用太阳光的背景贴图替换设置的位图贴图文件，这样就创建了太阳光照明系统，效果如图17-55所示。

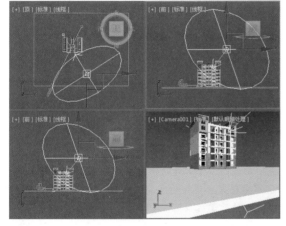

图17-55　创建太阳光系统

步骤 06 进入修改面板，展开【V-Ray阳光参数】卷展栏，设置"浊度"为2.0、"臭氧"为0、"强度倍增值"为0.02、"大小倍增值"为3.0、"阴影细分"为15、"光子发射半径"为145，其他设置默认。

🐮 **小贴士**

　　VR阳光是一个设置非常简单的灯光系统，它可以与VRay天光贴图关联起来进行调整，可以模拟出一天中不同时间的日光和天空效果，但是，VR阳光并没有一个精确的定位系统，只能手动进行调整，但可以利用3ds max 2009的太阳光定位系统来精确定位VR阳光。

步骤 07 选择VR阳光，单击主工具栏中的🔗"选择并链接"按钮，将光标移动到场景中的VR阳光上，拖曳鼠标

到太阳光上释放鼠标，将其作为子物体链接到太阳光上。

步骤 08 继续选择VR阳光，激活主工具栏中的🔳"对齐"按钮，然后单击太阳光，在弹出的【对齐当前选择】对话框中勾选"X位置""Y位置""Z位置"，同时勾选"轴点"选项，单击 确定 按钮关闭该对话框，使两个灯光对齐。

步骤 09 在场景中选择太阳光，进入运动面板，在【控制参数】卷展栏下设置年月日、时分秒等，以定位VR阳光在特定时间的光照效果，如设置为12点钟，此时太阳高度如图17-56所示。

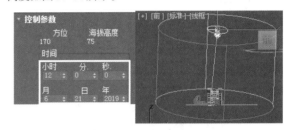

图17-56　设置太阳时间

　　这样就设置完成了场景照明系统，下面进行渲染设置。

步骤 10 打开【渲染设置】对话框，进入【V-Ray】选项卡，在【图像采样器】卷展栏下设置"类型"为"渲染块"，在【图像过滤器】卷展栏下选择"过滤器"为"Catmull-Rom"，然后设置【渲染块图像采样器】的参数，如图17-57所示。

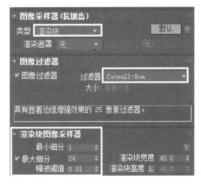

图17-57　渲染设置

步骤 11 进入【GI】选项卡，在【全局照明】卷展栏下勾选"启用全局照明（GI）"选项，并设置"首次引擎"为"发光贴图"、"二次引擎"为"灯光缓存"，然后展开【发光贴图】卷展栏，设置"当前预设"为"低"，其他设置默认，如图17-58所示。

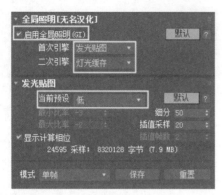

图 17-58　渲染设置

步骤12 按F9键快速渲染场景，查看照明效果，如图 17-59 所示。

图 17-59　设置灯光后的住宅楼照明效果

通过渲染，发现照明效果还不错，下面可以进行最后的渲染。

步骤13 再次打开【渲染设置】对话框，进入【V-Ray】选项卡，展开【全局开关】卷展栏，勾选"不渲染最终的图像"选项。

步骤14 进入【GI】选项卡，在【全局照明】卷展栏下修改"发光贴图"的当前预设为"高"，单击"模式"选项中的"保存"按钮，在弹出的对话框中选择任意路径，将发光图的光子图命名为"住宅楼发光图"进行保存。

步骤15 在【灯光缓存】卷展栏下单击"模式"选项中的"保存"按钮，以同样的方法将灯光缓存的光子图命名为"住宅楼灯光缓存"并保存。

步骤16 进入【公用】选项卡，设置文件分辨率为600×800，这样会渲染得更快，然后按F9键渲染摄像机视图，此时渲染的是发光贴图和灯光缓存的光子图，渲染时间会较长，渲染效果如图 17-60 所示。

图 17-60　住宅楼光子图渲染效果

步骤17 下面渲染图像最终效果，在【公用参数】卷展栏下重新设置渲染分辨率为2000×1500（或更大，视具体情况而定），在【V-Ray】选项卡中展开【全局开关】卷展栏，取消"不渲染最终的图像"选项，进入【GI】选项卡，在【发光贴图】卷展栏的"模式"列表中选择"从文件"选项，在打开的对话框中选择保存的光子图。

步骤18 继续在【灯光缓存】卷展栏的"模式"列表中选择"从文件"选项，同样加载保存的灯光缓存光子图，如图 17-61 所示。

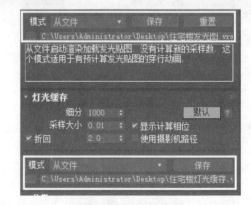

图 17-61　加载光子图

步骤19 再次按F9键渲染图像最终效果，由于不再渲染光子图，这时的渲染速度会很快，渲染结果如图 17-62 所示。

图 17-62　住宅楼最终渲染效果

步骤 20 渲染结束后单击【渲染帧】窗口上方的 🖫 "保存"按钮，将该效果图保存为"住宅楼渲染效果.tif"图像文件。

步骤 21 执行【另存为】命令，将该场景另存为"商业案例——设置住宅楼场景相机与灯光.max"文件。

17.3 住宅楼效果图后期处理

住宅楼效果图的后期处理，除了要增强建筑的结构效果外，还要制作建筑的周边环境，包括背景、绿地、植物、人物和公共设施等，表现出住宅小区热闹的气氛和良好的生态环境。

这一节就来使用制作的住宅楼效果图，对其进行后期处理，制作该住宅小区的建筑效果图，其效果如图 17-63 所示。

图 17-63　住宅楼后期处理效果

17.3.1　修饰住宅楼效果图

由于自身的局限，利用 3ds Max 渲染输出的效果图虽然已经有了很好的效果，但一些细节的表现依然不能令人满意，这就要利用后期进一步调整，包括色调、明暗和光照的衰减变化等，使之符合要求。这一小节首先来对效果图进行修饰，其效果如图 17-64 所示。

图 17-64　修饰后的住宅楼效果图

步骤 01 启动 PS2019，打开"渲染效果"/"住宅楼渲染效果.tif"的图像文件。

步骤 02 激活"快速选择"工具，在图像背景上拖曳将除住宅楼之外的其他背景全部选择，然后右击并选择【通过剪切的图层】命令，将住宅楼图像剪切到图层 1，如图 17-65 所示。

图 17-65　剪切住宅楼图像到图层 1

步骤 03 激活 🪄 "魔术棒工具"，设置"容差"为 10，在飘窗玻璃上单击将其选择，然后激活"渐变工具"，设置深蓝色到浅蓝色的渐变色，并选择"线性渐变"方式，如图 17-66 所示。

图 17-66 设置渐变色

步骤 04 新建图层2，在窗户选区中由下向上拉渐变色，之后设置图层2的混合模式为"排除"模式，此时窗户玻璃效果如图17-67所示。

图 17-67 调整窗户玻璃

步骤 05 打开"贴图"/"SE037.jpg"的位图图像，执行【图像】/【模式】/【RGB】命令将其颜色模式转换为RGB颜色模式，然后按Ctrl+A组合键将其全部选择，按Ctrl+C组合键将其复制，之后将其关闭。

步骤 06 执行【编辑】/【选择性粘贴】/【贴入】命令将其粘贴到窗户选区内，生成图层3，然后设置图层3的混合模式为"正片叠底"模式、"不透明度"为60%，此时玻璃效果如图17-68所示。

图 17-68 再次处理玻璃

步骤 07 按住Ctrl键单击图层1、图层2和图层3将其选择，按Ctrl+E组合键将其合并为新的图层1，然后执行【图像】/【调整】/【亮度/对比度】命令，设置"亮度"为-40、"对比度"为60，确认已调整住宅楼的亮度/对比度，效果如图17-69所示。

图 17-69 调整亮度对比度

步骤 08 这样就完成了住宅楼效果图的修饰。

17.3.2 调整画布、替换背景并添加配景

扫一扫，看视频

这一小节来调整画布并替换住宅楼背景，同时添加树木、花草等配景，完成该住宅楼的后期处理，其效果如图17-70所示。

图 17-70 替换背景并添加花草配景的效果

1.调整画布、替换背景并复制住宅楼图像

步骤 01 继续上一小节的操作。将背景层删除，执行【图像】/【画布大小】命令，在弹出的【画布大小】对话框中设置参数，如图17-71所示。

图 17-71 设置画布参数

步骤 02 单击 **确定** 按钮确认调整画布大小，然后打开"素材"目录下的"天空.jpg"文件，使用 ➤ "移动工具"将其拖到当前文件中，该图像生成图层2。

步骤 03 执行【编辑】/【变换】/【水平翻转】命令，将添加的背景图水平翻转，使其光感效果与住宅楼光源方向一致。

步骤 04 按Ctrl+T组合键为图像添加自由变换工具，调整图像大小，使其与画布大小一致，然后在【图层】面板上按住图层2，将其拖到图层1的下方，效果如图 17-72 所示。

图 17-72 添加背景图像

该住宅楼依山而建，因此需要有山体地形图。由于在3ds Max中并没有制作山体地形，在这里将使用一幅山体地形图像来代替场景地形。

步骤 05 继续打开"素材"目录下的"地形.jpg"文件，使用 ➤ "移动工具"将其拖到当前文件下方位置，该图像生成图层3。

步骤 06 使用"魔术棒"工具选择图像上方的白色区域将其删除，然后在【图层】面板上将其调整图层1

的下方位置，调整图像大小，使其与画布匹配，效果如图 17-73 所示。

图 17-73 继续添加背景图像

添加背景图像后，发现背景图像的草地颜色有些灰暗，下面调整背景图像的颜色。

步骤 07 激活背景图像所在的图层3，执行【图像】/【调整】/【自然饱和度】命令，设置参数如图 17-74 所示。

图 17-74 设置参数

步骤 08 单击"确定"按钮确认，此时背景草地颜色效果如图 17-75 所示。

图 17-75 调整草地颜色

步骤 09 激活图层1，将住宅楼移动到画面左下方位置，然后按Ctrl+J组合键进行复制，并按Ctrl+T组合键添加自由变换工具，调整住宅楼的大小与位置，结果如图 17-76 所示。

图 17-76　复制住宅楼

步骤 10 使用相同的方法继续对住宅楼进行复制，并调整大小，并将其移动到合适的位置，以制作出后面一排住宅楼对象，效果如图 17-77 所示。

图 17-77　复制住宅楼

小贴士

在创建其他住宅楼对象时，要根据"近大远小"的透视原理，使用自由变换工具调整住宅楼的大小。另外，还要根据住宅楼的前后关系，调整住宅楼所在图层的顺序，后面一排住宅楼的图层在前面一排住宅楼的下方。调整图层顺序时，可以直接使用鼠标将图层拖到其他图层的下方，然后释放鼠标，或者激活图层，执行【图层】/【排列】菜单下的子菜单，以调整图层的前后顺序。

2. 添加道路与树木等其他配景

下面添加道路，道路是住宅小区中必不可少的部分，除了有增加画面景深感和满足构图的需要外，还起到衬托建筑的作用，使建筑在这些环境的陪衬下更加完整和突出，但道路不要喧宾夺主。

步骤 01 继续打开"素材"/"路面.psd"的素材文件，

将该图像拖到当前文件的下方位置，图像生成图层 4，效果如图 17-78 所示。

图 17-78　添加道路图像

步骤 02 继续打开"素材"/"树 01.psd"图像，利用工具箱中的 "移动工具"将其拖到前排住宅楼左后方位置，然后按 Ctrl+J 组合键将其复制，并将其移动到前排左边两栋住宅楼的中间位置，根据透视原理调整大小，效果如图 17-79 所示。

图 17-79　添加树 01 配景

小贴士

效果图后期处理中所使用的配景图像都是经过处理的，其处理方法是，在【图层】面板中双击原图像背景层，在弹出的对话框中直接确认，将背景层转换为一般图层，然后选取原图像背景并将其删除，保留所需要的树木图像，之后将其保存为.psd 格式的图像，这样就可以作为后期处理时的素材使用了。

步骤 03 按住空格键，光标显示 "抓手工具"图标，右击并选择"100%"，将图像以实际大小显示，然后移动图像以查看左边添加的树木图像，发现该配景中树木投影与住宅楼光源照射方向相反，如图 17-80 所示。

3ds Max 2020实用教程（微课视频版）

图 17-80　查看图像

步骤 04 分别激活这两处树木所在图层，执行【编辑】/【变换】/【水平翻转】命令，将这两个配景图像都做水平翻转，使其树木投影与住宅楼光源方向一致。

> 🤖 **小贴士**
>
> 在效果图后期处理中，所使用的配景图像的光影要与效果图的光源方向一致，其大小也要符合透视原理以及实物的大小比例，这是效果图后期处理中的最基本要求。

步骤 05 继续打开"素材"/"树03.psd"和"树04.psd"图像，将其移动到前排住宅楼左下方和右边位置，效果如图 17-81 所示。

图 17-81　树 03 和树 04 的位置

步骤 06 将图像以实际像素显示，激活 🔾 "自由套索"工具，设置"羽化值"为5像素，选取"树03"左边多余的图像，按Delete键将其删除，然后按Ctrl+D组合键取消选区，如图 17-82 所示。

图 17-82　删除树 03 图像中多余部分

步骤 07 继续将"树03"图像复制并移动到前排两栋住宅楼中间位置，继续使用 🔾 "自由套索"工具选取两边以及草坪等多余的图像，按Delete键将其删除，之后取消选择区，效果如图 17-83 所示。

图 17-83　删除多余树木

步骤 08 下面为该树木制作阴影。激活草坪所在图层3，然后激活 ✏ "加深工具"，选择"范围"为"阴影"，并选择合适大小的画笔，在该树木左下方草坪上拖曳鼠标，以加深该草坪颜色，制作出该树木的阴影效果，如图 17-84 所示。

图 17-84　制作树木阴影效果

步骤 09 将该树木图像分别复制到前排住宅楼的左边和右边位置，调整大小，然后使用相同的方法制作左边树木的阴影，效果如图17-85所示。

图 17-85　复制树木并制作阴影

步骤 10 继续打开"素材"/"山石.jpg"的素材文件，该图像带有蓝色背景，在【图层】面板上双击该背景层，在弹出的对话框中直接单击"确定"按钮，将背景层转换为一般图层。

步骤 11 激活 "魔术棒工具"，在蓝色背景上单击将其选中，然后按Delete键删除，效果如图17-86所示。

图 17-86　处理素材图像

小贴士

可以将处理背景后的山石图像保存，方便以后使用。需要注意的是，在保存该图像时，一定要将其保存为".psd"格式，这样可以保留该图像的透明背景。

步骤 12 将删除背景后的山石图像移动到前排住宅楼前面，使用自由变换工具调整大小，然后继续打开"素材"/"椅子.jpg"的素材文件，使用相同的方法删除其蓝色背景，将其移动到道路一边，效果如图17-87所示。

图 17-87　添加山石与椅子配景图像

3. 添加汽车、人物配景并调整整体色彩

汽车和人物是建筑效果图中不可缺少的配景，特别是住宅建筑效果图，为其添加这些配景不但可以丰富画面效果，还可以增加效果图的人文气息，更加具有亲和力。

步骤 01 继续打开"素材"/"汽车01.psd"和"汽车01.psd"文件，将这两幅图像移动到道路合适位置，效果如图17-88所示。

图 17-88　添加汽车图像

步骤 02 继续打开"素材"目录下的"单人01.psd"～"单人03.psd""多人01.psd"～"多人03.psd"以及"近景树01.psd"的素材文件，将其移动到当前图像中，并根据透视关系调整前后位置、大小，效果如图17-89所示。

图 17-89　添加人物配景

下面调整色彩以及亮度等。

步骤 03 激活背景所在的图层2，执行【图像】/【调整】/【亮度/对比度】命令，设置"亮度"为90，然后确认，以调整天空的亮度，效果如图17-90所示。

图 17-90　调整天空亮度

步骤 04 继续激活道路所在图层4，继续执行【亮度/对比度】命令，设置"亮度"为30，以调整道路的亮度，效果如图17-91所示。

图 17-91　调整道路亮度

步骤 05 将"近景树01"图像复制一层，将其向下移动到道路位置，然后为其添加自由变换工具调整其形态，并在【图层】面板上调整其"不透明度"为50%，以制作出树木的投影效果，结果如图17-92所示。

图 17-92　制作树木投影

步骤 06 按Shift+Ctrl+Alt+E组合键盖印图层，执行【图像】/【调整】/【亮度/对比度】命令，设置"对比度"为50，以调整效果图的整体对比度，结果如图17-93所示。

图 17-93　调整效果图整体对比度

步骤 07 至此，该住宅小区效果图制作完毕。执行【另存为】命令，将该图像存储为"住宅楼效果图后期处理.psd"图像文件。